中国石油大学(北京)学术专著系列

碳酸盐岩油气藏转向酸化
酸压理论与应用

周福建 等 编著

科 学 出 版 社

北 京

内 容 简 介

本书围绕碳酸盐岩储层增产改造中的转向酸化酸压理论与应用,对碳酸盐岩储层改造的发展历史,伤害机理与解除方法,转向酸化酸压原理与方法、体系材料及数值模拟、数学模型等进行了分门别类的介绍;详细阐述转向酸化酸压技术在碳酸盐岩储层的应用适应性及改造优势,为转向酸化技术和转向酸压技术适用储层条件的优选、酸液体系性能优化和方案设计提供理论基础和应用实例。

本书对碳酸盐岩储层转向酸化酸压理论与应用介绍较为全面,可供从事碳酸盐岩储层增产改造技术的科技人员,以及院校师生参考使用。

图书在版编目(CIP)数据

碳酸盐岩油气藏转向酸化酸压理论与应用 / 周福建等编著. —北京:科学出版社,2021.2

(中国石油大学(北京)学术专著系列)

ISBN 978-7-03-068033-4

Ⅰ. ①碳… Ⅱ. ①周… Ⅲ. ①碳酸盐岩-酸化压裂-研究 Ⅳ. ①TE357.2

中国版本图书馆CIP数据核字(2021)第021245号

责任编辑:万群霞 陈娇娇 / 责任校对:王萌萌
责任印制:师艳茹 / 封面设计:无极书装

科学出版社 出版
北京东黄城根北街 16 号
邮政编码:100717
http://www.sciencep.com
三河市春园印刷有限公司 印刷
科学出版社发行 各地新华书店经销
*
2021 年 2 月第 一 版 开本:720×1000 1/16
2021 年 2 月第一次印刷 印张:26 1/4
字数:534 000
定价:318.00 元
(如有印装质量问题,我社负责调换)

丛 书 序

　　大学是以追求和传播真理为目的，并对社会文明进步和人类素质提高产生重要影响力和推动力的教育机构和学术组织。1953 年，为适应国民经济和石油工业的发展需求，北京石油学院在清华大学石油系并吸收北京大学、天津大学等院校力量的基础上创立，成为新中国第一所石油高等院校。1960 年被确定为全国重点大学。历经 1969 年迁校山东改称华东石油学院；1981 年又在北京办学，数次搬迁，几易其名。在半个多世纪的历史征程中，几代石大人秉承追求真理、实事求是的科学精神，在曲折中奋进，在奋进中实现了一次次跨越。目前，学校已成为石油特色鲜明，以工为主，多学科协调发展的"211 工程"建设的全国重点大学。

　　2006 年 12 月，学校进入"国家优势学科创新平台"高校行列。学校在发展历程中，有着深厚的学术记忆。学术记忆是一种历史的责任，也是人类科学技术发展的坐标。许多专家学者把智慧的涓涓细流，汇聚到人类学术发展的历史长河之中。据学校的史料记载：1953 年建校之初，在专业课中有 90%的课程采用苏联等国的教材和学术研究成果。广大教师不断消化吸收国外先进技术，并深入石油厂矿进行学术探索，到 1956 年，编辑整理出学术研究成果和教学用书 65 种。1956 年 4 月，北京石油学院第一次科学报告会成功召开，活跃了全院的学术气氛。1957～1966 年，由于受到全国形势的影响，学校的学术研究在曲折中前进。然而许多教师继续深入石油生产第一线，进行技术革新和科学研究。到 1964 年，学院的科研物质条件逐渐改善，学术研究成果及译著得到出版。党的十一届三中全会之后，科学研究被提到应有的中心位置，学术交流活动也日趋活跃，同时社会科学研究成果也在逐年增多。1986 年起，学校设立科研基金，学术探索的氛围更加浓厚。学校始终以国家战略需求为使命，进入"十一五"之后，学校科学研究继续走"产学研相结合"的道路，尤其重视基础和应用基础研究。"十五"以来，学校的科研实力和学术水平明显提高，成为石油与石化工业应用基础理论研究和超前储备技术研究，以及科技信息和学术交流的主要基地。

　　在追溯学校学术记忆的过程中，我们感受到了石大学者的学术风采。石大学者不但传道授业解惑，而且以人类进步和民族复兴为己任，做经世济时、关乎国家发展的大学问，写心存天下、裨益民生的大文章。在半个多世纪的发展历程中，石大学者历经磨难、不言放弃，发扬了石油人"实事求是、艰苦奋斗"的优良作风，创造了不凡的学术成就。

　　学术事业的发展犹如长江大河，前浪后浪，滔滔不绝，又如薪火传承，代代相继,火焰愈盛。后人做学问,总要了解前人已经做过的工作,继承前人的成就和经验,并在此基础上继续前进。为了更好地反映学校科研与学术水平,凸显石油科技特色,弘扬科学精神,积淀学术财富,学校从 2007 年开始,建立"中国石油大学(北京)学术专著出版基金",专款资助教师以科学研究成果为基础的优秀学术专著的出版,形成了"中国石油大学(北京)学术专著系列"。受学校资助出版的每一部专著,均经过初审评议、校外同行评议、校学术委员会评审等程序,确保所出版专著的学术水平和学术价值。学术专著的出版覆盖学校所有的研究领域。可以说,学术专著的出版为科学研究的先行者提供了积淀、总结科学发现的平台,也为科学研究的后来者提供了传承科学成果和学术思想的重要文字载体。

石大一代代优秀的专家学者,在人类学术事业发展尤其是石油与石化科学技术的发展中确立了一个个坐标,并且在不断产生着引领学术前沿的新军,他们形成了一道道亮丽的风景线。"莫道桑榆晚,为霞尚满天"。我们期待着更多优秀的学术著作,在园丁灯下伏案或电脑键盘的敲击声中诞生,而展现在我们眼前的一定是石大寥廓邃远、星光灿烂的学术天地。

祝愿这套专著系列伴随新世纪的脚步,不断迈向新的高度!

中国石油大学(北京)校长

2008 年 3 月 31 日

序

    碳酸盐岩分布面积占全球沉积岩总面积的 20%，所蕴藏的油气储量占世界总储量的 60% 以上。中东、北美、俄罗斯等国家和地区有许多大型或特大型油气田都分布在碳酸盐岩储层中。中国的碳酸盐岩分布面积有约 $300 \times 10^{10} m^2$，约占中国陆上国土面积的 1/3。海相碳酸盐岩油气资源量巨大。塔里木盆地、四川盆地、鄂尔多斯盆地和华北地区广泛发育碳酸盐岩储层，具有广阔的油气勘探开发前景。碳酸盐岩储层具有很强的非均质性，储层极强的纵横向非均质性使钻井多无自然产能，超过 80% 的油气井需要进行压裂酸化措施改造才能新建产能和准确评价储层。我国碳酸盐岩地层年代老，埋藏深、温度高、灰岩成分高、非均质性强，压裂酸化改造难度很大。

    转向酸化酸压技术作为碳酸盐岩储层增产改造中的一项新技术，克服了常规酸压改造技术单一、酸岩反应速度快、工作液滤失大、酸液穿透距离短、布酸不均匀，以及增产改造效果不理想等缺点，转向酸化酸压裂技术的发展与创新，不仅打破了国外碳酸盐岩油气藏改造的先进技术对我国的封锁，同时标志着中国石油行业在碳酸盐岩酸化酸压增产改造基础理论的进步与革新。

    该书汇集了周福建教授和他的研究团队 20 多年来在碳酸盐岩油气藏转向酸化酸压方面的科研成果，揭示了转向酸化酸压技术机理；研发了新型转向酸液体系及转向新材料；系统开展了不同酸液体系的酸岩反应模拟、酸蚀裂缝导流能力测试，以及高温转向酸压物模实验；建立了转向酸化酸压数学模型及转向效果评价方法，最后阐述了转向酸化酸压工艺技术在碳酸盐岩储层的成功应用及效果。

    该书理论与实践紧密结合，系统地提出了适应不同类型碳酸盐岩转向酸化酸压酸液体系及现场施工工艺技术，为复杂碳酸盐岩油气藏的勘探与开发基础理论研究提供了全新的增产改造工程技术。

    该书对碳酸盐岩储层转向酸化酸压理论与应用做了系统的介绍，可供从事碳酸盐岩储层改造的研究人员和现场工程师阅读，对石油高等院校的研究生和本科生也具有参考价值。

苏义脑

中国工程院院士

2020 年 5 月

前　言

　　碳酸盐岩油气资源勘探开发潜力巨大，其油气储量占世界总储量的 50%～70%，大约 70%以上的碳酸盐岩石油储量来自中东地区，70%以上的天然气储量来自俄罗斯、中东地区、美国和中国。目前已确认的全球 10 口日产量万吨以上的油井都来自碳酸盐岩油气田，而日产量稳定在千吨以上的油井，绝大多数分布在碳酸盐岩油气田中。中东地区石油产量约占全球总产量的 2/3，其中，80%以上的产量来自碳酸盐岩地层。北美的碳酸盐岩储层中的石油产量约占北美整个石油产量的 50%。我国碳酸盐岩油气藏也有着广泛的分布，已经在四川、塔里木、渤海湾、鄂尔多斯等盆地获得发现。这充分显示了碳酸盐岩油气资源勘探开发的巨大潜力，在今后数十年全球油气资源供给中，碳酸盐岩油气资源将发挥着举足轻重的作用。

　　碳酸盐岩储层一般具有低孔、低渗的特点，多具有很强的非均质性，钻井后多无自然产能或产量低。因此，近 80%的井需要进行改造才能获得产能或准确认识储层。酸化压裂工艺比其他油气井增产技术都要早，是目前仍在应用的最古老的碳酸盐岩增产技术。初期的碳酸盐岩增产改造以解堵为主。经过多年的研究与发展，针对碳酸盐岩的储层改造，实现了由酸化解堵向深度酸压转变，由笼统酸化到分层酸化或选择性酸化转变，由部分井段(层位)改造向全井段(层段)充分改造转变。为了实现最大化改造储层的效果，酸化中如何控制均匀布酸并实现酸液深穿透，酸压中如何控制好活性酸深入储层的距离及酸液非均匀刻蚀岩石壁面而获得导流能力，长期以来是国内外学者共同关注的碳酸盐岩储层改造的难题。

　　笔者长期从事碳酸盐岩储层酸化酸压改造技术的研究工作，具备国内外典型碳酸盐岩储层工程技术服务经历，主持并完成了"复杂碳酸盐岩油气藏无级次转向酸压技术研究"和"超深裂缝性气藏井筒失稳机理及转向工艺优化研究"等十余项碳酸盐岩储层改造与储层保护项目，形成了一套完整的碳酸盐岩增产改造方法，并编写出《碳酸盐岩油气藏转向酸化酸压理论与应用》一书。本书从碳酸盐岩储层认识和碳酸盐岩改造历史出发，第一部分讲述了碳酸盐岩储层的伤害来源与评价手段，使用转向酸化酸压技术实现碳酸盐岩深度改造的技术机理及酸液体系。第二部分详细介绍了转向酸化与转向酸压的物理模拟方法，同时阐明了转向酸化的数值模拟方法和转向酸压的数值模型。第三部分介绍了转向酸化和转向酸压技术的推广应用，论述了该碳酸盐岩改造方法的适应性及改造优势，为转向酸化技术和转向酸压技术适用储层条件的优选、酸液体系性能优化和方案设计提供理论基础和应用实例参考。

　　本书共 8 章，前言和第 1 章由周福建编写，第 2 章由叶艳和杨贤友编写，第 3 章由邹洪岚和汪杰编写，第 4 章由周福建和石阳编写，第 5 章由董凯和张路锋编写，第 6 章由汪道兵和杨晨编写，第 7 章、第 8 章由刘雄飞和苏航编写，全书由周福建统稿。参与本书研究工作的还有中国石油勘探开发研究院刘玉章教授、熊春明教授、杨贤友教授、连胜江高级工程师，中国石油塔里木油田分公司张福祥教授、杨向同教授、彭建新高级工程师、袁学方高级工程师、李元斌高级工程师、刘洪涛高级工程师、练以峰高级工程师和刘举高级工程师，以及中国石油长城钻探工程有限公司柳明高级工程师。感谢中国石油天然气股份有限公司勘探开发研究院和塔里木油田分公司对碳酸盐岩油气藏转向酸化酸压理论与应用的研究提供的大力支持；也感谢中国石油大学(北京)对本书编写的大力支持。

　　由于笔者水平所限，如有疏漏和不妥之处，敬请批评指正。

作　者

2020 年 8 月

目　　录

第1章 绪 论

1.1 碳酸盐岩油气藏定义

一般认为，碳酸盐岩油气藏是碳酸钙矿物含量超过 50%的油气藏(张琪，2000)。岩石类型主要包括石灰岩和白云岩两种基本类型及它们与黏土岩、硅质岩等的过渡类型。90%以上自然形成的碳酸盐岩储层和含水层是由石灰岩和白云岩构成的(Reeder，1983)。其中内碎屑灰岩、生物灰岩、鲕粒灰岩、生物礁灰岩、白云质灰岩、藻屑白云岩、次生白云岩都是较好的储层。碳酸盐岩经过成岩和次生作用，其岩石矿物成分从工程应用角度命名如图 1-1 所示，图中不同矿物组分组成的储层在发育年代、深度、储集空间组合关系等方面存在许多差异。1983 年美国碳酸盐岩储集岩研究成果表明，石灰岩储集岩约占整个碳酸盐岩储集岩的四分之三；但碳酸盐岩埋藏时间越长，深度越深，白云岩作为储集岩的可能性越大。碳酸盐岩中混入的非碳酸盐成分有石膏、重晶石、岩盐及钾镁盐矿物等，还有少量蛋白石、自生石英、海绿石、磷酸盐矿物和有机质。常见的陆源混入物有黏土、碎屑石英和长石及微量重矿物。陆源矿物含量超过 50%时，则碳酸盐岩过渡为黏土或碎屑岩。

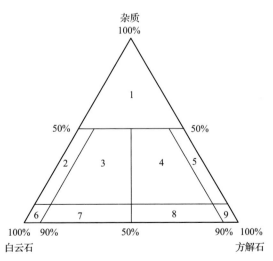

图 1-1 碳酸盐岩矿物成分及命名(伊向艺等，2014)

1-非碳酸盐岩；2-不纯白云岩；3-不纯灰质白云岩；4-不纯白云质灰岩；5-不纯石灰岩；
6-白云岩；7-灰质白云岩；8-白云质灰岩；9-石灰岩

碳酸盐由阴离子 CO_3^{2-} 和二价金属阳离子 Ca^{2+}、Mg^{2+}、Fe^{2+}、Mn^{2+}、Zn^{2+}、Ba^{2+}、Sr^{2+} 和 Cu^{2+}，以及其他一些不常见的阳离子结合而成。其中，分布最广的 Ca^{2+} 和 Mg^{2+} 的碳酸盐矿物是碳酸盐岩中主要的造岩矿物，常常构成分布广、厚度大的湖相和海相碳酸盐岩。这类矿物以离子晶格为主，矿物呈无色、白色或灰白色，但含有 Mg^{2+}、Fe^{2+}、Cu^{2+} 等离子的矿物呈各种色彩，玻璃光泽，硬度小于 4.5，密度为 $2.7\sim5.0g/cm^3$，含 Pb^{2+}、Ca^{2+} 的碳酸盐矿物密度大(司马立强和疏壮志，2014)。金属阳离子和 CO_3^{2-} 之间的结合力不如 CO_3^{2-} 内部的结合力强，而 CO_3^{2-} 内部原子间的结合力又没有二氧化碳原子间共价键结合力强。CO_3^{2-} 加入 H^+，分解成 CO_2 和 H_2O。通常，起泡测试被用于区分碳酸盐岩。同样也可用于区分白云岩和石灰岩，白云岩起泡缓慢或不发泡，仅受侵蚀，而石灰岩起泡迅速。

目前，世界上已经发现的油气储量 99% 以上集中在沉积岩中，而沉积岩中又以碎屑岩和碳酸盐岩储层为主(何更生和唐海，2004)。与碎屑岩相比，碳酸盐岩储层最大的特点是次生变化非常明显且重要，其经历了后期的强烈改造，因而具有储集空间类型多样、彼此间相互搭配叠合、结构复杂和分布不均等特点(表 1-1)。Ham 和 Pray(1962)早在 1962 年就识别出了碳酸盐岩的部分特殊属性：碳酸盐岩沉积物是内源的，绝大部分碳酸盐岩沉积物由残留的骨骼和其他生物成分构成，包括粪球粒、灰泥(骨骼)、微生物作用形成的胶结物和灰泥。其很大程度取决于生物活动，并且易于发生快速和广泛的成岩改造。碳酸盐矿物容易在各种成岩环境下被快速溶蚀、胶结、重结晶和交代。虽然 Ham 和 Pray(1962)没有强调这一点，但裂缝储层在碳酸盐岩中比在硅质碎屑岩中更普遍。总而言之，碳酸盐岩储层的孔隙度和渗透率更多取决于各种岩石特征，发生在从沉积到深埋全过程的各种成岩作用中，并受应力场几何形态控制而与岩石类型无关的裂缝样式。Choquette 和 Pray(1970)高度概括了碳酸盐岩储层和硅质碎屑储层之间的差别。

表 1-1　陆源碎屑岩和碳酸盐岩储层特征的对比

储层特征	陆源碎屑岩	碳酸盐岩
原生孔隙度大小	25%~40%	40%~70%
最终孔隙度大小	原生孔隙度的一半或更多	原生孔隙度的很小一部分，通常为 5%~15%
原生孔隙类型	几乎全是粒间孔	粒间孔、粒内孔、晶间孔、铸模孔、晶洞、洞穴、窗格孔或"构造孔"
典型孔隙大小	孔隙和喉道的直径与沉积结构相关	孔隙和喉道的直径可能与沉积结构无关
典型孔隙类型	取决于颗粒形态，通常是非颗粒部分	从与颗粒形态强烈相关到完全无关的各种孔隙形态

续表

储层特征	陆源碎屑岩	碳酸盐岩
孔隙大小和形态分布	在砂岩储层中可能相对均一	从相对均一到极其非均质性
成岩作用的影响	很小——通常因压实或胶结作用而使孔隙减小	很大——可以形成、破坏或完全改造孔隙、胶结和溶蚀作用很重要
断裂的影响	对储层的影响不是最重要的	如果存在裂缝，对储层性质有重要影响
对孔隙度和渗透率直观估测	半定量的估测可能相对容易	半定量的估测可能容易或者不可能，通常需要仪器测量
储层评价所需要的岩心分析	1in[①]直径大小的岩心柱塞就可以满足基质孔隙度和渗透率的测量	2.54cm 直径大小的岩心柱塞不够，可能需要整个岩心(10.16cm 直径，30cm 长的岩心段)
孔渗关系	相关性好，可能取决于颗粒结构	变化很大，可能与颗粒结构无关
测井特征作为沉积相指示标志的可靠性	可以提供可靠的沉积相指示标志	并不可靠，因为测井一般不能识别碳酸盐颗粒类型或结构的差别

注：①1in=2.54cm

　　实际上碳酸盐岩储层与陆源碎屑岩储层的差异不仅如此，还在许多方面反映出自身的特点。例如，两者孔隙的形成就不一致，陆源碎屑岩储层的孔隙形成在一定程度上取决于沉积环境，而碳酸盐岩储层的孔隙形成则部分取决于沉积环境，主要取决于成岩作用。在沉积环境方面两者也完全不同，岩石中形成的孔隙明显不同，孔隙的类型、大小、形状、分布也不同，这就导致碳酸盐岩储层与陆源碎屑岩储层的孔隙度、渗透率不一样。由此可见，碳酸盐岩储层与陆源碎屑岩储层特征具有明显不同。大量资料表明，碳酸盐岩储层更加复杂，具有从微观到宏观范围的非均质性，因此这类储层的连通介质的特征认识难度更大。

1.2　全球碳酸盐岩油气资源概述

　　根据美国能源信息署(EIA)发布的《2020 年度能源展望报告》[①]，全球超过60%的油和40%的气都储藏在碳酸盐岩储层内。截至 2013 年已确认的全球 10 口日产量万吨以上的油井都来自碳酸盐岩油气田，而日产量稳定在千吨以上的油井，绝大多数分布在碳酸盐岩油气田中。中东地区石油产量约占全球总产量的 2/3，其中 80%以上的产量来自碳酸盐岩地层。北美的碳酸盐岩储层中的石油产量约占北美整个石油产量的 1/2 (沈安江等，2016；贾爱林等，2017)。这充分显示了碳酸盐岩油气资源勘探开发的巨大潜力，在今后数十年全球油气资源供给中，碳酸盐岩油气资源将会发挥着举足轻重的作用。

---

① 数据来源：EIA. 2020. Annual Energy Outlook 2019. U.S. Information Administration.

1.2.1 碳酸盐岩油气藏分布情况

大油田是指最终石油可采储量超过 $5×10^8$Bbl[①]的油田,大气田是指最终天然气可采储量超过 $3×10^{12}$ft^3[②]的气田(Halbouty,2003)。若石油的储量超过天然气,则该大油气田归类为大油田,反之则归类为大气田。截至 2009 年,全球共发现大型、特大型油气田 1012 个,其中碳酸盐岩油气田 399 个,占 39.4%。从全球来看,碳酸盐岩储层以其展布广、厚度均一稳定、物性好而成为重要的产油气层。表 1-2、表 1-3 列举了世界十大油气田基本特征。

地域上,碳酸盐岩油气藏主要分布在北半球的波斯湾盆地、滨里海盆地、西西伯利亚盆地、墨西哥湾盆地、阿拉斯加北坡与塔里木盆地、四川盆地、渤海湾盆地,层位上以中、新生界为主。

(1)中东地区:截至 2009 年,共发现碳酸盐岩油气藏 141 个,最终可采油 $545.77×10^8$t、可采气 $644353.32×10^8$m^3,是碳酸盐岩油气藏最为富集的地区。储层为碳酸盐岩建隆及裂缝-喀斯特储层;烃源岩以泥质灰岩为主,少量海相泥岩;盖层为蒸发岩及细粒碎屑岩。生储盖组合主要分布于侏罗系、白垩系和古近系—新近系。

表 1-2　世界十大油田基本特征(白国平,2006)

序号	油田名称	所在国家	盆地	可采储量			圈闭类型	主力储层	
				油/10^{4}t	气/10^{8}m^3	油当量/10^{4}t		层位	岩性
1	盖瓦尔	沙特	波斯湾	1659600	56633	2114400	背斜	上侏罗统	碳酸盐岩
2	大布尔干	科威特	波斯湾	819900	12035	916600	背斜	下白垩统	砂岩
3	萨法尼亚	沙特	波斯湾	477500	1444	489100	背斜	下白垩统	砂岩
4	马伦	伊朗	扎格罗斯	259200	21917	435200	背斜	中新统	碳酸盐岩
5	南鲁迈拉北鲁迈拉	伊拉克	波斯湾	327400	4531	363800	背斜	下白垩统	砂岩
6	阿瓦士	伊朗	扎格罗斯	300100	6796	354700	背斜	中新统	砂岩
7	加奇萨兰	伊朗	扎格罗斯	272900	9016	345600	背斜	中新统	碳酸盐岩
8	扎库姆	阿联酋	波斯湾	2909000	3681	320500	背斜	下白垩统	碳酸盐岩
9	马尼法	沙特	波斯湾	233300	1356	244200	背斜	下白垩统	碳酸盐岩
10	基尔库克	伊拉克	扎格罗斯	219600	1133	228700	背斜	渐新统	碳酸盐岩

① 1Bbl=$1.58987×10^2$dm^3,石油桶。

② 1ft^3=$2.831685×10^{-2}$m^3。

表 1-3　世界十大气田基本特征(白国平，2006)

序号	油田名称	所在国家	盆地	可采储量				圈闭类型	主力储层	
				油/10^4t	气/10^8m³	凝析油/10^4t	油当量/10^4t		层位	岩性
1	诺斯	卡塔尔	波斯湾		283166	354700	2628500	构造	上二叠统下三叠统	碳酸盐岩
2	南帕尔斯	伊朗	波斯湾	23200	130256	233300	1302400	构造	上二叠统下三叠统	碳酸盐岩
3	乌连戈伊	俄罗斯	西西伯利亚	14500	104035	51300	901200	构造	上白垩统	砂岩
4	扬堡	俄罗斯	西西伯利亚	500	67266	12500	553200	构造	上白垩统	砂岩
5	哈西鲁迈勒	阿尔及利亚	古达米斯	1100	29732	67300	307200	构造	上三叠统	砂岩
6	扎波利亚尔	俄罗斯	西西伯利亚	6400	36251	9600	307100	构造	上白垩统	砂岩
7	阿斯特拉罕	俄罗斯	滨里海		26334	65500	276900	礁	上石炭统	碳酸盐岩
8	卡拉恰加纳克	哈萨克斯坦	滨里海	18900	14332	71100	205000	礁	上石炭统	碳酸盐岩
9	拉格萨费德	伊朗	扎格罗斯	51800	16990	1400	189600	构造	中新统	碳酸盐岩
10	博瓦年科夫	俄罗斯	西西伯利亚		21634		173700	构造	下白垩统	砂岩

(2)中亚—里海地区：截至 2009 年，共发现碳酸盐岩油气藏近 15 个，最终可采油 $9.50×10^8$t、可采气 $32574×10^8$m³。储层以碳酸盐岩建隆为主，少量裂缝-喀斯特储层；烃源岩以泥质灰岩为主，少量海相泥岩；盖层为蒸发岩及细粒碎屑岩。生储盖组合主要分布于上古生界，少量石炭系及侏罗系。

(3)亚洲地区：截至 2009 年，共发现碳酸盐岩油气藏近 40 个，最终可采油 $11.35×10^8$t、可采气 $32359.00×10^8$m³。储层在中国以裂缝-喀斯特储层为主，少量礁滩和白云岩储层，在远东以碳酸盐岩建隆为主；烃源岩以海相泥页岩为主；盖层以细粒碎屑岩为主。生储盖组合分布可以从前寒武系—新近系。

(4)非洲地区：截至 2009 年，共发现碳酸盐岩油气藏近 19 个，最终可采油 $16.66×10^8$t、可采气 $2107.00×10^8$m³。储层以碳酸盐岩建隆为主，少量白云岩和裂缝-喀斯特储层；烃源岩以海相泥页岩为主；盖层以蒸发岩及细粒碎屑岩为主，少量致密碳酸盐岩。生储盖组合主要分布于白垩系和古近系—新近系。

(5)欧洲地区：截至 2009 年，共发现碳酸盐岩油气藏近 44 个，最终可采油 22.21×10^{8}t，可采气 61684.00×10^{8}m^3。储层以裂缝-喀斯特储层及白垩系为主，少量碳酸盐岩建隆；烃源岩以海相泥页岩为主，盖层以细粒碎屑岩为主，少量蒸发岩及致密碳酸盐岩。生储盖组合主要分布于二叠系、三叠系、侏罗系和白垩系。

(6)北美地区：截至 2009 年，共发现碳酸盐岩油气藏近 132 个，最终可采油 73.62×10^{8}t，可采气 32214.00×10^{8}m^3。储层以裂缝-喀斯特储层、碳酸盐岩建隆为主；烃源岩以海相泥页岩为主，少量泥质灰岩；盖层以细粒碎屑岩为主，少量蒸发岩。生储盖组合主要分布于奥陶系、志留系、泥盆系和石炭系。

(7)南美地区：截至 2009 年，共发现碳酸盐岩油气藏近 7 个，最终可采油 3.05×10^{8}t，最终可采气 311.00×10^{8}m^3。储层类型有裂缝-喀斯特储层、白云岩储层、碳酸盐砂及前斜坡/远端碳酸盐岩；烃源岩以海相泥页岩为主；盖层以细粒碎屑岩及致密碳酸盐岩为主。生储盖组合主要分布于侏罗系和白垩系。

我国的碳酸盐岩油气藏探明储量分布在中国石油、中国石化和中国海油三家油公司矿权内，延长石油没有发现碳酸盐岩油气藏探明储量。油气主要分布于四川盆地、塔里木盆地、鄂尔多斯盆地、渤海湾盆地和珠江口地区。这些储层大多位于叠合盆地中深层的古生界及中生界中下部，形态规模不一，地层沉积类型多样、年代古老、时间跨度大、埋藏深度大、埋藏-成岩史漫长而复杂。海相地层分布广泛，蕴藏有丰富的资源，正成为我国重要的油气供应基地。谢锦龙等(2009)统计了各个矿区的资源分布情况，见表 1-4。

(1)塔里木盆地：碳酸盐岩油气藏主要分布于塔中和塔北两大地区。塔北探明面积 1700km^2，探明储量油 9.7×10^{8}t、气 1200×10^{8}m^3，包括塔河—轮南奥陶系潜山油气藏、南缘围斜区奥陶系顺层岩溶储层油气藏、英买 1—英买 2 井区奥陶系裂缝型岩溶储层油气藏、牙哈—英买力地区寒武系白云岩潜山构造油气藏。塔中奥陶系良里塔格组礁滩储层探明油 6078×10^{4}t、气 972×10^{8}m^3。塔中鹰山组岩溶储层探明油 5783×10^{4}t、气 1683×10^{8}m^3。另外，塔西南马玛扎塔格构造发现和田河气田，探明天然气地质储量 616.94×10^{8}m^3，储层为鹰山组白云岩和石炭系生屑灰岩。

(2)鄂尔多斯盆地：碳酸盐岩储层主要发育在下古生界马家沟组，储层类型为风化壳岩溶型白云岩储层。1989 年，位于伊陕斜坡中部的陕参 1 井在下古生界奥陶系马家沟组碳酸盐岩风化壳储层测试获得 28.34×10^{4}m^3/d 的高产工业气流，由此发现了当时中国规模最大的海相碳酸盐岩气田——靖边大气田，该气田以其独特的碳酸盐岩风化壳型气藏类型吸引了诸多学者的关注与研究。

表1-4　我国四大石油公司矿权区块内碳酸盐岩油气探明储量分布状况

盆地	石油公司	矿权面积/km²	石油/10⁴t		天然气/10⁸m³		油气当量/10⁴t		平均发现率/(t/km²)
			地质储量	可采储量	地质储量	可采储量	地质储量	可采储量	
塔里木	中国石油	444702.0	18262.6	2583.7	1857.8	1095.3	37026.4	13536.4	833.0
	中国石化	153250.5	70382.6	8301.4	821.6	217.6	78598.8	104477.7	5129.0
鄂尔多斯	中国石油	212655.6	0.0	0.0	4834.2	3164.2	48341.6	31641.6	2273.0
	中国石化	25890.6	0.0	0.0	0.0	0.0	0.0	0.0	0.0
	延长石油	16470.2							
四川	中国石油	162797.9	8600.1	536.5	8209.5	5729.6	90695.5	57832.1	5571.0
	中国石化	56702.9	110.0	8.2	3950.3	2928.3	39612.5	29291.5	6986.0
渤海湾	中国石油	76491.8	70450.5	20624.5	544.3	287.8	75893.3	23502.4	9922.0
	中国石化	69659.1	28039.6	5260.1	311.8	94.0	31157.8	6199.8	4473.0
	中国海油	44216.4	2699.8	602.1	151.1	85.5	4210.6	1456.7	952.0
珠江口	中国海油	270904.7	16054.1	2713.7	13.9	2.4	16192.7	2738.0	598.0
合计	中国石油	896647.3	97313.2	23744.7	15445.8	10276.9	251956.8	126512.5	18599.0
	中国石化	305503.1	98532.4	13569.7	5083.7	3239.9	149369.1	139969.0	16588.0
	中国海油	315121.1	18753.9	3315.8	165.0	87.9	20403.3	4194.7	1550.0
	延长石油	16470.2	0.0	0.0	0.0	0.0	0.0	0.0	0.0

(3)四川盆地:19个含油气层系中有12个为碳酸盐岩层系,层位跨度从震旦系灯影组至中三叠统雷口坡组,主要含油气层位为川东石炭系薄层白云岩及川东北二叠系—三叠系礁滩白云岩。长兴组—飞仙关组代表性气藏有龙岗、元坝、毛坝、罗家寨、渡口河、铁山坡和普光等;石炭系黄龙组代表性气藏有卧龙河、五百梯、沙坪场、沙罐坪、雷音铺、相国寺和板东等。另有雷口坡组的磨溪气藏、中坝气藏和卧龙河气藏,震旦系灯影组的威远气田,栖霞组—茅口组的圣灯山、宋家场、阳高寺、老翁场等气藏。

(4)渤海湾盆地:渤海湾盆地古近系自下而上为孔店组、沙河街组、东营组,有近万米厚的砂岩、泥岩、油页岩及碳酸盐岩,是生油、储油层系。在陆相碎屑岩系中的湖相碳酸盐岩地层厚度一般为2~50m,单层厚2~5m,最大累计厚17m。出现于沙四段上部、沙三段上部和沙一段中、下部,主要分布于沙四段上部及沙一段中、下部,也是渤海湾地区古近系重要的储层之一。例如,济阳坳陷的平方王气田、商河气田、垦利气田和高青气田,黄骅坳陷的王徐庄油田、周清庄油田,辽河坳陷的高升油田、曙光油田,冀中坳陷任丘中—新元古界古潜山东部任井区气田,辽东湾地区 JZ20-2 凝析气田等,都是以湖相碳酸盐岩作为储层的中—高产油气田。冀中地区的河间、任丘、饶阳一带,通过广泛的勘探发现古近系沙河街组内有一组厚度不等的碳酸盐岩。岩层厚度薄,岩性变化大(罗平等,2008;张宁宁等,2014;王大鹏等,2016;廖仕孟和胡勇,2016;贾爱林等,2017;李阳等,2018)。

碳酸盐岩对世界油气藏产量做出了巨大的贡献。沙特阿拉伯、伊朗、伊拉克、美国、俄罗斯、加拿大、墨西哥等产油大国的很多大油气田来自碳酸盐岩。从全球范围内观察,碳酸盐岩油气储量的分布无论是从时间上还是空间上都是不均衡的。中国碳酸盐岩的特点是总体上地层时代古老、埋藏深度大(5000~7000m,孔隙度只有 5%左右)、构造作用强、储层极为致密。而国外的碳酸盐岩大油气田多以中、新生代为主,埋深一般较小(1000~3500m,孔隙度通常在 10%以上)。另一个重要特点是我国碳酸盐岩层系规模小,大多经历了多旋回发育和多次构造运动,盆地叠合关系复杂,发育多个不整合面,国外碳酸盐岩层系一般位于构造简单的沉积盆地。

1.2.2 碳酸盐岩油气藏勘探开发历程与趋势

1884 年,在美国密歇根盆地俄亥俄州西北部储层顶部埋深 348~402m 的中奥陶统 Trenton 组和 Black River 组白云岩内发现了第一个海相碳酸盐岩大油田——Lima Indiana 大油田,但直到 20 世纪初,中东和美国发现了油气储量,碳酸盐岩油气藏才成为石油工业的重要组成部分。20 世纪 50 年代后期和 60 年代早期,共深度点地震技术的出现使碳酸盐岩圈闭的精确确定和描述得以实现,带来了碳酸盐岩油气藏数量和规模的突破。

在北美,大多数碳酸盐岩油气藏发现于 20 世纪 50~60 年代,70 年代开始下降,反映从那以后碳酸盐岩油气勘探进入了成熟期。在中东,从 20 世纪 20 年代开始,碳酸盐岩油气储量稳步增长,60 年代达到高峰,70 年代和 80 年代,油气工业的国有化使储量增长速度明显下降。中国海相碳酸盐岩油气勘探开发已经有很长的历史。如位于四川省自贡市、富顺县、荣县境内的自流井是最早开发利用天然气的气田,其开发历程和工艺技术,居当时世界前列。我国海相碳酸盐岩的油气勘探开发远远落后于陆相碎屑岩领域中所取得的油气成果,其原因主要与海相地层时代老、埋深大、非均质性强、受构造改造作用强烈、勘探难度大有关。70~90 年代我国才进入碳酸盐岩的最佳发现期。世界上其余地区的碳酸盐岩油气藏大多发现于 20 世纪 70 年代。

20 世纪 80 年代,由于低油价的影响,全球碳酸盐岩油气勘探投入受到影响,仅在少数地区有大发现。这些发现包括我国南海的流花-11 油气田、鄂尔多斯盆地靖边气田,意大利 Tempo Rossa 油气田,菲律宾 West Linapacan 和美国 Cotton

Valley/Lodgepole 礁型油气田。中国四川盆地勘探以大中型气田为目标，以裂缝-孔隙型储层为主要勘探对象，发现了大池干井、五百梯和相国寺等一批大中型整装气藏；鄂尔多斯盆地下奥陶统古风化壳孔隙型地层-岩性复合圈闭气藏勘探取得重大突破，发现了靖边气田。

近 20 年来，全球海相碳酸盐岩大油气田仍不断有重大发现，如滨里海盆地的 Kashagan、Rakushechnoye 及 Aktote 油气田，中东地区的 Kushk、UmmNiqa 及 Karan 油气田，扎格罗斯盆地的 Yadavaran、Kish 和 Yadavaran 油气田，总探明可采储量 92.63×10^8t。中国陆上碳酸盐岩油气勘探近 20 年来也取得了重大进展，近 24.35×10^8t 石油总探明储量的 45.17%及近 $22000 \times 10^8 m^3$ 天然气总探明储量的 81.82%发现于这一时期。四川盆地打破了以石炭系为主的勘探思路，相继发现了罗家寨、普光、龙岗为代表的大型整装气藏，由此进入了储量增长高峰期；塔里木盆地成为碳酸盐岩油气勘探的重要战场，相继发现了和田河气藏、塔河-轮南潜山油藏、塔中良里塔格组和鹰山组、塔北南缘围斜区奥陶系大型整装油气藏(罗平等，2008；张宁宁等，2014；王大鹏等，2016；廖仕孟和胡勇，2016；贾爱林等，2017；李阳等，2018)。

1.3　碳酸盐岩储层特征

碳酸盐岩具有复杂的孔隙系统，包括孔隙结构、大小、形状及连通方式。孔隙大小变化范围很广，小到直径为 1μm 甚至更小，大到数十米(大型溶洞)。在同一岩组或岩心样品中，各种大小孔隙并存是非常普遍的现象。储层储集空间分为孔隙、溶蚀孔洞和裂缝三类，作为一种多重介质，其裂缝和基质系统的发育程度有所差异，这样就形成了具有不同渗流系统的储层，它们在油气开发过程中有不同的表现，对开发技术的选择起到决定性作用。国内外学者从不同角度出发，根据各个地区的特点提出了许多种分类方案和评价方法，大致归纳起来主要有成因分类方法、岩石成分分类方法、孔隙结构分类方法、成因-结构组合分类方法等。本书将溶蚀孔归入孔隙，将溶洞归于较大的裂缝，再考虑到孔隙与裂缝之间的不同配置关系，可将碳酸盐岩储层划分为以下三种类型。

(1)孔隙型碳酸盐岩：以喉道为渗流通道，包括孔隙型碳酸盐岩和孔隙-溶孔型碳酸盐岩。油气主要储存在粒间孔隙和结构与之类似的孔洞中，流体主要通过喉道系统渗流，孔隙的渗透率起着主要作用，裂缝渗透率影响较小，这反映出孔隙型碳酸盐岩储层具有较小的裂缝-基质渗透率级差。

(2)裂缝型碳酸盐岩：以裂缝为渗流通道，包括裂缝型碳酸盐岩和裂缝-溶孔型碳酸盐岩。油气主要储存在裂缝和与裂缝有关的溶孔中，流体主要在裂缝系统内渗流。裂缝的渗透率起着主要作用，基质渗透率影响较小，这反映出裂缝型碳酸盐岩储层具有很大的裂缝-基质渗透率级差。

(3) 缝洞型碳酸盐岩：以裂缝、喉道为渗流通道，包括裂缝-孔隙型碳酸盐岩和裂缝-溶孔型碳酸盐岩。该类碳酸盐岩油气藏中最常见的油气产层，具有两类基本性质不同的渗流介质——裂缝系统和基质系统，它们不但渗流特性完全不同，而且在渗流过程中存在流体交换，形成裂缝和基质两个交错的水动力场，每个水动力场有着不同的压力和流速。

尽管这三类碳酸盐岩储集空间的结构十分复杂，千变万化，但它们都与裂缝-基质渗透率级差之间存在紧密的关联，即渗透率级差越小，储层越体现出孔隙的特征；渗透率级差越大，储层越体现出裂缝的特征。裂缝-孔隙型储层的特点就是裂缝渗透率比孔隙渗透率明显大，这可作为识别这类储层的一个主要标志。孔隙型储层的裂缝-基质渗透率级差较小或大致相近，这是与裂缝-孔隙型储层的重要差别。而纯裂缝型储层是指那些只有裂缝储油，基质几乎没有渗透能力的油层，这种油层中裂缝十分发育，裂缝-基质渗透率级差极大（程林松，2011；司马立强和疏壮志，2014；廖仕孟和胡勇，2016；沈安江等，2016；贾爱林等，2017）。

1.3.1 孔隙型碳酸盐岩

孔隙型碳酸盐岩储层的储集空间以孔隙（孔隙型）和溶洞（孔隙-溶孔型）为主，主要发育粒间孔、晶间孔、生物骨架孔、生物体腔孔等孔隙空间。这些孔隙既有原生成因的，也有次生成因的。属于这类储层的有鲕粒灰岩、生物碎屑灰岩、生物灰岩、礁灰岩等。其成因和分布多与沉积相带（沉积环境）有关。

孔隙型碳酸盐岩储层以孔隙为主，但也常常拥有一定数量的裂缝和溶蚀孔洞，只是这些裂缝和溶蚀孔洞不占主导地位。孔隙为储集空间，喉道为渗流通道，裂缝在开发生产中基本不起作用或可以忽略不计。在碳酸盐岩中，孔隙型储层多见于岩石结构比较粗的岩类中，其分布范围受沉积环境及成岩过程控制。因其分布通常都有一定范围，油气储存于孔隙之中，因此其开采过程一般比较平和，采收率高低与孔隙结构有明显关系。相比砂岩储层，孔隙型碳酸盐岩储层非均质性强，通过薄片鉴定及扫描电镜结果分析，当孔隙类型较为单一时，以晶间微孔为主，溶孔和粒内孔较少时，均质性相对较好，但孔渗的相关性仍然很低。当孔隙类型较多时（包括晶间微孔、粒间孔、粒内孔、溶孔或藻模孔等），相关性就会急剧下降，渗透率与孔隙度和其他储层特性之间的相关性较差甚至没有关联关系。

世界上有许多大型、特大型油田就是这种孔隙型碳酸盐岩储层。例如，波斯湾著名的大油田加瓦尔油田（沙特阿拉伯），其储层为上侏罗统阿拉伯组的砂屑灰岩（钙藻、有孔虫骨屑），其孔隙度达到21%，渗透率高达 $4000 \times 10^{-3} \mu m^2$。各种以生物骨架孔和生物体腔孔为储集空间的礁灰岩储层的油田，如基尔库克（伊拉克）、黄金巷（墨西哥）等，大都是著名的大型、特大型油气田（Alsharhan and Nairn，1997；司马立强和疏壮志，2014；刘广为等，2018；张凤生等，2018；刘航宇等，2018）。

1.3.2 裂缝型碳酸盐岩

裂缝型碳酸盐岩储层中的裂缝既是储层的储集空间，又是渗流通道(裂缝-溶孔型储存空间为溶孔和裂缝，渗流通道为裂缝)，所以其储量有限。裂缝型碳酸盐岩主要发育在致密、性脆、质纯的碳酸盐岩中，裂缝主要为构造缝，大多数为剪切裂缝，其次为张性裂缝，并具有明显的组系性；这类储层一般发育在褶皱剧烈部位或断裂、断层附近；基岩孔隙度小于 1%，孔径极小，一般小于 0.01mm；这类储层只有当储层厚度较大，裂缝(溶孔)很发育且延伸较远时，才能形成工业储层。纯粹的裂缝型储层比较少见。

由于裂缝型碳酸盐岩主要储集空间为裂缝或和裂缝沟通的少量的孤立的溶蚀孔洞，横向分布不稳定、储层非均质性极强，一个裂缝型碳酸盐岩储层常常包括几个、几十个甚至更多的裂缝系统，一口井就有可能是一个独立的系统，缺乏空间上广泛分布的基质岩块作为储集空间的基础，因此具有单裂缝系统控制储量很小的特征。从而表现出储层原始无阻流量大，初始产能高，但稳产性极差(一般只有几个月时间)，之后产量快速递减，当递减到较低产量时，则可以实现几年、十几年的低产稳产。裂缝型碳酸盐岩也普遍存在地层水，裂缝型气藏的裂缝渗透率较高，导致了油-气-水分异充分，一般无油水或油气过渡带存在。通常情况下，这类油藏初始含水极少，但一旦见水，含水率则会随时间呈直线上升。这类裂缝型碳酸盐岩储层在改造与开发过程中，不能立足于单个裂缝的开发，必须依托多裂缝系统获得规模产量，坚持"滚动勘探开发"的方式，以一个或几个裂缝系统为一个开发单元，发现一个就开发一个，通过发现新产层、新井和新裂缝系统实现产能交替，并要合理控制好老井的采油速度，最终才能实现效益开发。

叙利亚 Gbeibe 油田就是典型的裂缝型碳酸盐岩储层。Gbeibe 油田的产油井，特别是高产井，主要沿断裂带分布，特别是沿较大的断裂带分布或分布在断裂带附近；而干井、低产井附近几乎没有大的断裂带存在。四川盆地川南地区三叠系飞仙关组和二叠系阳新组偶尔见到该类储层，其基质岩块低渗、低孔，不具备储集条件，由于广泛发育了构造裂缝，以及沿构造裂缝形成的溶蚀孔洞，才能形成良好的天然气储层(司马立强和疏壮志，2014；沈安江等，2016；贾爱林等，2017)。

1.3.3 缝洞型碳酸盐岩

缝洞型碳酸盐岩储层是碳酸盐岩中分布最为广泛的一类储层。基岩孔隙和各种大小不同的溶孔、溶洞为主要的储集空间，喉道是储集空间与裂缝连通的通道。裂缝除了提供部分储集空间外，最主要的作用是连通基岩岩块，作为储层流体的渗流通道。孔隙和裂缝可以形成非常复杂的孔缝网络，一般具备典型的双重介质特征(裂缝-溶洞型储层是孔隙-溶洞-裂缝系统的三重介质特征)。这类储层主要由各种孔隙和孔洞承担油气储集作用,裂缝承担连通渗流的通道作用。相比孔隙型及裂缝型碳酸盐岩储层,次生溶蚀孔洞和裂缝的存在大大提高了地层的储集能力,改善了地层的渗流能力,因此缝洞型碳酸盐岩储层常能形成高产大型油气田。

缝洞型碳酸盐岩储层储集空间多样化,基本包括所有的碳酸盐岩储集空间类型,如大型溶洞、溶蚀孔洞、溶蚀孔隙、构造裂缝等,非均质性极强,各储集类型在空间上分隔性显著,形成了油层压力、连通程度、天然能量、油水界面各异的缝洞单元。这类油藏流动规律及油水关系复杂,在不同流动通道中呈现不同的流动形式,既有管流特征也有渗流特征。该类碳酸盐岩储层缝洞结构复杂、油水关系复杂、流体流动机理不明确,其勘探开发成为一个世界级难题,目前还没有形成成熟的开发理论和合理的开发方式。国内外对于这类油藏通常是先进行天然能量衰竭式开采,天然能量不足后再进行注水开发,一些油藏考虑用注气等方式。

缝洞型油藏在亚洲、东欧和北美等地区均有分布,在全球范围内碳酸盐岩缝洞型油藏超过 65 个,占比超过 30%。大多数孔隙-裂缝型碳酸盐岩油藏都具有地质构造复杂、油水界面关系复杂的特点。伊朗 MIS 油田就是典型的缝洞型(裂缝-孔隙型)碳酸盐岩储层。该油藏的孔隙类型有粒内溶孔粒间溶孔、铸模孔、体腔孔、晶间微孔、晶间溶孔等;构造裂缝发育,主要为层内高角度缝,倾角为 70°～90°,缝宽一般小于 1.0mm。储层为裂缝-孔隙型,大量的溶蚀孔洞为储油空间,大量的构造裂缝为流体的渗流通道。我国缝洞型油气藏主要分布在塔里木盆地和四川盆地。20 世纪 70～80 年代,在四川盆地、鄂尔多斯盆地、长庆油田、任丘油田均发现了缝洞型碳酸盐岩储层,90 年代又发现了大港的千米桥气田和塔里木盆地超亿吨级的塔河油田(李培廉等,2003;焦方正和窦之林,2008;Shafiei et al.,2013;金强和田飞,2013;Rashid et al.,2015)。

1.4 碳酸盐岩储层改造技术发展

碳酸盐岩储层一般具有低孔、低渗的特点,多具有很强的非均质性,钻井后多无自然产能或产量低。因此,近 80% 的井需要进行改造才能获得产能或准确认识储层。目前,碳酸盐岩油气藏储层改造技术主要包括基质酸化技术、酸化压裂技术、加砂压裂技术等。

1. 基质酸化技术

该技术指在低于地层破裂压力的条件下,以较低的排量通过井筒向地层中注入酸液,与储层岩石反应形成蚓孔状的孔道(又称溶蚀孔、蚓孔),解除近井地带的污染，使井筒与远处地层沟通。然而，蚓孔的形成受很多因素的影响，如注入排量、酸液类型、酸液浓度、地层温度(或地层深度)、地层非均质性(孔隙度或渗透率)等，其中排量是最重要的影响因素。当储层渗透性较差，处于超低渗、致密这个范围时，基质酸化并不能根本性地解决问题。

2. 酸化压裂技术

该技术指在高于地层破裂压力的条件下，以较大的排量通过井筒向地层中注入前置液或酸液形成动态人工裂缝，再利用酸液的溶蚀裂缝壁面形成具有一定导流能力的酸蚀裂缝的技术。与水力压裂不同，一般采用盐酸代替水力压裂的支撑压裂，酸液沿裂缝壁面反应，有些地方的矿物极易溶解(如方解石等)，而有些地方则难以被盐酸溶解，甚至不溶解(如石膏、砂等)。易溶解的地方刻蚀得很厉害，形成较深的坑沟或沟槽，难溶解的地方保持原状。此外渗透率好的壁面易形成较深的凹坑，甚至酸蚀孔道，从而进一步加重非均匀刻蚀。酸化施工结束后，由于裂缝壁面凹凸不平，裂缝在许多支撑点的作用下，不能完全闭合，最终形成具有一定几何尺寸和导流能力的人工裂缝，大大提高了储层的渗流能力。

酸蚀裂缝的深度取决于储层岩石与压裂流体的化学反应速率，而且酸蚀裂缝的导流能力是由酸蚀形态来决定的，而不是取决于给定应力条件下支撑剂的性质。因而，酸压的两个关键参数是裂缝的酸蚀作用距离(或称有效酸蚀裂缝长度)及酸蚀裂缝导流能力。一般而言，碳酸盐岩酸压改造面临的技术难点：①储层温度高，酸岩反应速率较快，酸液的深穿透能力有限；②天然裂缝和小溶洞的发育造成酸液漏失严重；③由于储层较厚，通常没有岩性隔层，缝高控制难度较大；④一些储层残酸返排困难，对储层造成二次污染。

3. 加砂压裂技术

该技术指利用地面高压泵组，将高黏液体以大大超过地层吸收能力的排量注入井中，在井底憋起高压，当此压力大于井壁附近的地应力和地层岩石抗张强度时，便在井底附近地层产生裂缝。继续注入带有支撑剂的携砂液，裂缝向前延伸并填以支撑剂，关井后裂缝闭合在支撑剂上，从而在井底附近地层内形成具有一定几何尺寸和高导流能力的填砂裂缝，使井达到增产增注的目的。加砂压裂方法相比酸压改造，能够形成较长的人工裂缝，且裂缝中有支撑剂支撑，因此裂缝更易于保持较长的导流能力。但碳酸盐岩储层一般破裂压力都比较高，天然裂缝或溶洞导致高的滤失，施工难度增加，砂堵的风险也相对较大。相比酸压而言，由于压裂液为非反应性液体，不与碳酸盐岩发生反应，不能很好地沟通储层中的微裂缝和缝洞。因此，对于碳酸盐岩储层一般采用酸压的改造措施更为有利。

另外，还有一些新型改造方法，如酸携砂压裂。有文献认为其能够形成与水力压裂相当的较长的人工裂缝,更好地沟通储层中的微裂缝,形成具有更高、更长期的导流能力的腐蚀-支撑复合裂缝的特点。但该压裂方法对酸液的要求较高,要求具备携砂性就要具有一定的初始黏度,还要具有一定的温度稳定性和抗剪切性能(Economides and Nolte,2006;Kalfayan,2008;Economides,2012)。

1.4.1 碳酸盐岩储层改造发展历史

　　碳酸盐岩储层酸化压裂工艺比其他油气井增产技术都要早,是目前仍在应用的最古老的增产技术。最早的油井酸化处理作业可以追溯到 1895 年,美孚石油公司用浓盐酸对美国俄亥俄州 Lima 地区太阳炼油厂的一口油井进行增产处理。1896 年 3 月 17 日,美孚石油公司化学家 Herman Frasch 申请了第一个酸化工艺的专利,这是碳酸盐岩储层改造历史上具有里程碑意义的事件。在专利中,Herman Frasch 建议在施工中使用工业盐酸,并在高压下注酸将酸注入地层,并与岩石反应,作用于原始井眼以外的一段距离。他也提到"能够形成长的孔道",还推荐使用后顶替液并声明:采用中性的或便宜的液体,如将水注入井中驱替酸,这对酸穿透得更深非常有利。Herman Frasch 还提出了防腐建议:使用碱性液体(特别是石灰乳)中和施工后返排到井筒中的残酸,能够避免使用设备受到腐蚀的危险。Herman Frasch 建议使用的管柱是有涂层或铅衬里的管子。最后,Herman Frasch 指出,施工需要橡胶封隔器去分隔小层,使酸进入需要处理的地层。在后来的 30 年或更长一段时间内,酸化工艺的应用越来越少。

　　酸化历史上第二个具有里程碑意义的事件是 Dow Chemical 公司的研究员 Stoesser 与 Grebe 在 1932 年共同开发出酸液缓蚀剂,通过在酸液中加缓蚀剂的措施,实现了油井增产的需求,导致酸化技术成为一种广为接受的开发工艺。很多酸化作业者发现,当高于某个"破裂"压力时,酸液的注入量会大幅增加。大部分早期的酸化处理实际上都可能是酸化压裂。对酸压的认识和进一步发展,实际上是在 20 世纪 30 年代末期和 40 年代早期。1935 年,Clason 首次提出酸液径向渗入对碳酸盐岩储层时(基质酸化),于增产无益;他认为,肯定是形成了裂缝,并且解释说只有通过扩大裂缝,并清除掉裂缝中的钻井液和其他沉积物,产量才会大幅度增加。1940 年,基于挤水泥作业的观察结果,Torrey 认识到压力诱发地层破裂的本质:这些挤水泥作业中产生的压力会将岩石沿层理面或其他"沉积弱化"面压开裂缝。1943 年和 1945 年,Grebe 和 Yuster/Calhoun 分别在注水井中获得了类似的观察结果。1945 年,人们发现酸化作业的确是形成了裂缝。压裂的原理很快发展起来,从此以后,包括加支撑剂和未加支撑剂的压裂技术就得到了迅速发展。20 世纪 50 年代以后,储层改造技术在中国开始应用。1955 年,四川地区在隆 9 井进行了第一次解堵酸化作业(李月丽等,2008)。

酸化历史上第三个具有里程碑意义的事件是 Nierode 和 Williams 在 1972 年提出了一种盐酸和石灰岩反应的动力学模型，使碳酸盐岩储层酸化工艺从一门神秘的科学变成了一门稍微能被预知的科学。Nierode 和 Williams 用他们的模型预测了作业过程中酸岩反应的过程，并进行酸压工艺设计。有学者通过往石膏制成的岩心中注入水来模拟酸液溶蚀岩心，改变注入速度可以得到不同的溶蚀形态。形成的溶解形态与实验室观察到的岩心的溶解形态非常相近。当注入速度较小时，岩心入口的溶解比较多，形成面溶蚀；当注入速度较大时，整个岩心的溶解率比较低，形成均一溶蚀；当注入速度适中时，形成了清晰可辨的蚯蚓状的孔道，称为蚓孔。1976 年 Coulter 等提出采用多级交替注入前置液和酸液的方法来实现控制滤失后，多级交替注入酸压技术得到了广泛的应用。为了使均质程度较高的储层也获得较高的酸蚀裂缝导流能力，国内外还发展了闭合裂缝酸化技术。

初期的碳酸盐岩增产改造以解堵为主。经过多年的研究与发展，针对碳酸盐岩的储层改造，实现了由酸化解堵向深度酸压转变，由笼统酸化到分层酸化或选择性酸化转变，由部分井段(层位)改造向全井段(层段)充分改造转变。碳酸盐岩储层温度高，酸岩反应速度快；储层孔洞发育，滤失量大，酸液作用距离有限。要获得理想的增产效果，必须实现深度改造。近年来，国内外逐步完善和发展了以控滤失、延缓酸岩反应速度从而实现深穿透为主体的各种酸压技术，如前置液酸压、胶凝酸酸压、化学缓速酸酸压、降滤失酸酸压、泡沫酸酸压、高效酸酸压、自生酸酸压等。

20 世纪 80 年代初开始，国内油气田开始开展前置液酸压、胶凝酸酸压等工艺技术的研究与应用。同时开始引进国外技术服务公司的增产改造技术和液体体系，取得了不同程度的效益和实践经验。1998 年原四川石油管理局引进 Dowell 公司的滤失控制酸在川中进行了施工，这是该类酸液体系在国内的首次应用。目前，深度酸压技术在碳酸盐岩气田开发中得到了广泛的应用。针对水平井笼统酸化效果差，国内外先后发展了连续油管拖动酸化工艺、水力喷射分段酸化工艺和裸眼封隔器分段酸化工艺。这些技术的应用，大大提高了水平井改造效果，目前工具已经能够满足 10 级以上的水平井分段改造需要(丁云宏，2005；Economides and Nolte，2006；Kalfayan，2008；Economides，2012)。

1.4.2　转向酸的提出及发展趋势

普通盐酸酸化碳酸盐岩地层时，在基岩中由酸溶蚀形成一些主要通道，酸液就会更倾向于沿着这些通道流动，而难以对其他的岩层进行充分的酸化处理。这时，如果通过技术手段暂时堵住这些通道，改变注酸流动剖面，使酸液进入相对低渗透区域，与未酸化的储层部分反应。即通过对储层的大孔道或高渗透带进行暂堵，迫使酸液转向低渗透带，以达到对储层高渗透带和低渗透带的同时改造，这就是转向酸化技术。在酸压过程中，暂堵已经压开的裂缝，提高缝内净压力迫使新缝开启并转向，然后再酸蚀新裂缝的表面形成具有导流能力的裂缝通道，这就是转向酸压技术。

自 20 世纪 30 年代，国内外开始了转向酸化酸压技术的研究和应用。按照转向机理，主要分为机械转向和化学转向两大类。其中机械转向既可以应用在转向酸化中，也可以应用在转向酸压中；化学转向分为黏度转向和缝内暂堵转向两类，黏度转向主要应用在转向酸化中，缝内暂堵转向则应用在转向酸压中。

1. 机械转向技术

机械转向主要分为封隔器转向和堵球转向。封隔器转向是通过水力或者机械作用，借助机械设备将目的层与其他层隔开，从而对目的层进行酸化酸压施工的技术。1950 年，使用膨胀性封隔器作为跨式工具，在不改变完井结构的情况下，可处理封隔器中间的井段，这使封隔器转向酸化酸压技术进一步发展。1965 年发明压裂挡圈及回收的封隔器，使封隔器转向施工费用降低。堵球转向是另一种主要的机械转向技术。在进行酸化酸压处理时，将堵球加到酸化处理液中，液体将堵球带至需要暂堵的炮眼处进行封堵。然而，这需要有足够排量来维持堵球的封堵，压力的波动会影响封堵的有效性。总的来说，运用这些机械方法，能将液体完全注入每个处理井段中。然而，机械技术工艺烦琐，现场设备复杂，既费时又昂贵（Gabriel and Erbstoesser，1984；刘天良和施纪泽，2002；李春德等，2002）。

2. 黏度转向技术

黏度转向技术是指通过提高酸液黏度起到对高渗地层的暂堵作用，从而迫使酸液转向低渗储层，实现转向酸化。按照提黏机理的不同，黏度转向技术可分为以下几种。

1) 泡沫转向技术

泡沫至少从 20 世纪 60 年代就开始用作酸化转向。加入气体和表面活性剂后，酸液就产生泡沫，泡沫也可与酸交替注入。酸可为盐酸、氢氟酸或混合酸；气体可为氮气、空气、天然气或者二氧化碳。表面活性剂包括起泡剂和稳泡剂，常用的起泡剂有阴离子型起泡剂、阳离子型起泡剂、非离子型起泡剂、两性离子型起泡剂、聚合物型起泡剂及复合型起泡剂等。泡沫转向原理与用泡沫提高采收率的原理相似，二者的区别主要是施工设计及应用上的差异，泡沫导致酸液具有高黏度。当这种流体注入高渗透地层区域后，可阻止其他流体进入该地层区域。注入压力随之上升，当总的注入压力超过某一压力极限时，低渗透地层区域开始接受注入流体。此时，酸液与低渗透地层接触并作用，实现对低渗透带的改造。然而，用作转向酸化的泡沫既不强韧也不持久。在油润湿性岩石中，油对泡沫的破坏作用十分巨大，使大多数泡沫的强度削弱甚至破坏。温度高于 93℃时，大多数泡沫不稳定，该技术受到温度的限制。另外，在高渗透率储层中，泡沫转向酸出现强滤失现象，此时泡沫的有效性很小（Zerhbouh，1993；Al-Anazi et al.，1998；关富佳等，2004；吴信荣等，2005）。

2) 聚合物转向酸化技术

在酸液中添加聚合物可提高酸液的黏度，因此聚合物可以应用于转向酸化。聚合物转向酸液一般由酸溶性聚合物、pH 缓冲剂、交联剂（使体系黏度增大）及破胶剂（使体系黏度降低）组成。聚合物一般为聚丙烯酰胺类聚合物、氨基聚合物等；交联剂可为锆盐和铁盐，如三氯化铁等；解聚剂可为树脂包覆的氟化钙或氯化肼等。例如，高聚物交联凝胶酸已经在油田中作为转向流体来使用。在此体系中，pH 改变可以激发黏度的增加。这是因为 pH 的改变活化了体系中的金属试剂，金属试剂使聚合物分子链发生交联，增加了聚合物流体的黏度和流体流动的阻力。进一步增加 pH 会钝化金属试剂的交联，打破聚合物的交联，使聚合物分子链相互分开，黏度下降。Taylor（2001）指出，在 pH 为 2 时，聚合物与交联剂完成反应，形成一种黏性凝胶，黏度达到 1000mPa·s，可以将新注入的酸液转向没有酸化的区域。当 pH 为 4～5 时，存在的解聚剂使聚合物和交联剂解体，残酸的黏度下降，因此大部分残酸可以从地层排出。裂缝中会有部分聚合物残余，降低裂缝的导流能力，最终导致处理有效性降低。据有关返排液的系统分析表明，酸化处理过程中，仅有 30%～45%的注入高聚物在返排阶段得到回收。此结果表明，相当多的聚合物留在地层中。尽管尝试一系列的措施来清除残留聚合物，然而收效甚微（Barree and Hemanta，1995；Anderson et al.，1996；赵学昌等，1996；张玄奇和尉立岗，2002）。

每一种聚合物交联酸使用的交联化学技术会稍微有所不同。表 1-5 是一种聚合物交联酸化配方的例子。

表 1-5　一种凝胶酸液配方的组成

试剂	配方
基本试剂	盐酸
凝胶试剂	丙烯酰胺聚合物及烷氧基化烷基酚化合物
交联剂	锆盐
解聚剂	树脂覆膜的无机盐，85%～90%氟化钙
铁络合剂	柠檬酸
抗乳化剂	表面活性剂
腐蚀抑制剂	炔醇、胺、甲酰胺

尽管泡沫转向酸化技术、聚合物转向酸化技术的应用还较普遍，但由于这些转

向酸化技术的种种缺陷，有被新型黏弹性表面活性剂转向酸化技术取代的趋势。

3) 黏弹性表面活性剂转向技术

黏弹性表面活性剂(VES)转向酸，又称自转向酸，其中的表面活性剂通常是双子季铵盐类表面活性剂，其特点是在 pH 较小，Ca^{2+}浓度较低时，黏度很小(接近水的黏度)；当酸液 pH 增大，并且 Ca^{2+}浓度较大时，VES 自转向酸的黏度会自动增大，比在井筒内的黏度要大得多。酸液进入渗透率不同的地层时，可由达西定律来描述。变黏后的残酸还可以进入较大渗透率地层，对大孔道和高渗透地层进行堵塞。由于酸岩反应发生前，VES 自转向酸的黏度很小，因此，刚注入的鲜酸可以进入较低渗透率的地层，实施酸化作用。另外，残酸对较大渗透率的储层进行暂堵，迫使注入酸液压力上升。由于上升的压力，新注入的鲜酸会进入渗透率较小的储层，并再次与储层岩石进行反应，发生黏度升高，注入酸压力升高的现象。直到上升的压力使酸液冲破对渗透率较大的大孔道的暂堵，酸液才会继续前进。这样，酸液不仅对渗透率较大的储层进行了酸化，对渗透率较小的储层也产生了酸化作用。

VES 自转向酸的另一个特点是当酸液遇到地层中的烃类时(已经达到酸化效果)，VES 自转向酸会自动迅速地降低其黏度，直至其黏度再次接近水的黏度。因此返排较为彻底，不会对储层造成伤害和污染。普通酸往往沿着高渗透带、大孔道实施酸化作用，对低渗透带、非均质储层几乎没有酸化效果。泡沫转向酸体系的稳定性较差。聚合物交联转向酸，则往往导致地层损害或是酸化效果不好。聚合物交联转向酸液的黏性，主要来自高分子量(分子量可达百万)的聚合物分子之间的相互作用。VES 自转向酸液的黏性，来自表面活性剂分子相互聚集产生的胶束结构。胶束结构是紧密填充的表面活性剂分子的聚集体，对所使用的表面活性剂的浓度，以及较高温度(135℃)敏感程度较低，因此在没有地层烃类时，VES 自转向酸液体系是较稳定的。

VES 清洁转向酸可在一定程度上具有降滤失效果，在施工现场容易制备，并且在施工中不占用单独的转向施工阶段，大大降低施工操作的复杂性，目前在酸化施工中已经进行了工业化应用(McCarthy et al.，2002；Al-Mutawa et al.，2003；Nasr-EI-Din et al.，2006)。

4) 温控变黏转向技术

温控变黏酸(TCA)是一种靠温度来控制酸液黏度的酸液体系。温控变黏酸酸液体系的胶凝剂在不同浓度酸液中应均具有良好的溶解性和稳定性，在储层温度下不同酸浓度的酸液中，酸液吸收储层岩石的热能，酸液温度升高，当酸液温度升高到一定值时，酸液的黏度急剧增大。

温控变黏酸首先进入高渗地层后温度将很快恢复，使变黏酸变黏，从而阻止了酸蚀蚓孔的过度发育，迫使更多的活性酸转向低渗区域。变黏酸在酸性条件下未变黏前，其黏度与目前应用的胶凝酸基本相当，但在高温（120℃）酸性条件下黏度还可保持在 80mPa·s（170s^{-1}）以上的凝胶，这样既能缓速又能降滤。变黏酸只有在酸性和一定温度条件下才会产生变黏作用，且残酸在高温下又能降解，减少堵塞和对地层伤害，增加酸蚀裂缝的导流能力。

3. 化学颗粒暂堵转向技术

化学颗粒暂堵转向技术是指在酸化或酸压过程中通过注入转向剂（diverters），使其在高渗带形成封堵，迫使酸液转向其他未改造区域。既可应用于酸化的暂堵转向，也可应用于酸压的缝内暂堵，缝内暂堵不受压力波动影响，封堵适应性高，而且可在缝内任意位置形成封堵，迫使酸液转向其他层段或者在层内开启新缝。最早的颗粒转向剂可追溯到 1936 年 Halliburton 公司应用的皂液，后来豆胶、硫黄酸、岩盐、苯酸、萘、蜡珠、油溶性树脂等均在不同时代被用作转向剂，Kalfayan（2005）和 Glasbergen 等（2006）对各种转向材料的性能进行了系统的总结。基于聚乳酸（PLA）的可降解转向材料是近十年发展起来的新技术，它可以被加工成任意形状，施工结束后可在地层温度下自动降解，不会对储层造成伤害，目前已在国内外酸压现场广泛应用。

从 20 世纪 60 年代开始，人们开始重视酸液的发展。国内于 1984 年引进 Halliburton 技术并在四川施工。为了不断解决各类碳酸盐岩储层的问题，酸液也从最初的单一型经过几代的更迭，已经向复合型发展，逐步成为降滤失、缓速、缓蚀、降阻和助排的多功能酸液体系。高黏度胶凝酸和低摩阻乳化酸的发展实现了大排量、高泵压、深穿透的目标。酸液的注入工艺已发展为不同酸液体系的交替注入或多级交替注入，在深层碳酸盐岩储层能同时实现裂缝深穿透及获得高导流能力。未来将更明确地细化适用于不同储层特性的转向酸液体系，明确各类体系的转向机理，优化工艺，最大限度地提高碳酸盐岩储层油井产量。

参 考 文 献

白国平. 2006. 世界碳酸盐岩大油气田分布特征. 古地理学报, 8(2): 242-250.

程林松. 2011. 高等渗流力学. 北京: 石油工业出版社.

丁云宏. 2005. 难动用储量开发压裂酸化技术. 北京: 石油工业出版社.

关富佳, 姚光庆, 刘建民. 2004. 泡沫酸性能影响因素及其应用. 西南石油学院学报, 26(1): 56-60.

何更生, 唐海. 2004. 油层物理. 北京: 石油工业出版社.

贾爱林, 闫海军, 李建芳, 等. 2017. 中国海相碳酸盐岩气藏开发理论与技术. 北京: 石油工业出版社.

焦方正, 窦之林, 等. 2008. 塔河碳酸盐岩缝洞型油藏开发研究与实践. 北京: 石油工业出版社.

金强, 田飞. 2013. 塔河油田岩溶型碳酸盐岩缝洞结构研究. 中国石油大学学报(自然科学版), 37(5): 15-21.

李春德, 徐新俊, 任民. 2002. 投球分层酸化技术在大港油田灰岩地层中的应用. 石油钻采工艺, 24(增刊): 87-91.

李培廉, 张希明, 陈志海. 2003. 塔河油田奥陶系缝洞型碳酸盐岩油藏开发. 北京: 石油工业出版社.

李阳, 康志江, 薛兆杰, 等. 2018. 中国碳酸盐岩油气藏开发理论与实践. 石油勘探与开发, 45(4): 669-678.

李月丽, 宋毅, 伊向艺, 等. 2008. 酸化压裂: 历史、现状和对未来的展望. 国外油田工程, (8): 14-19.

廖仕孟, 胡勇. 2016. 碳酸盐岩气田开发. 北京: 石油工业出版社.

刘广为, 李长勇, 皮建, 等. 2018. 考虑低渗点启动压力梯度的中东孔隙型碳酸盐岩油藏波及系数修正方法. 科技导报, 36(23): 87-92.

刘航宇, 田中元, 郭睿, 等. 2018. 碳酸盐岩不同孔隙类型储层特征及孔隙成因: 以伊拉克西古尔纳油田中白垩统 Mishrif 组为例. 地质科技情报, 37(6): 154-162.

刘天良, 施纪泽. 2002. 封隔器模拟实验研究. 断块油气田, 7(4): 51-54.

罗平, 张静, 刘伟, 等. 2008. 中国海相碳酸盐岩油气储层基本性质. 地学前缘, 15(1): 36-50.

沈安江, 建峰, 张宝民, 等. 2016. 中国海相碳酸盐岩储层特征、成因和分布. 北京: 石油工业出版社.

司马立强, 疏壮志. 2014. 碳酸盐岩储层测井评价方法及应用. 北京: 科学出版社.

王大鹏, 白国平, 徐艳, 等. 2016. 全球古生界海相碳酸盐岩大油气田特征及油气分布. 古地理学报, 18(1): 80-92.

吴信荣, 孙建华, 尚根华. 2005. FSH01 泡沫酸对高温高盐油层适应性动态评价. 石油天然气学报, 27(1): 83-88.

谢锦龙, 黄冲, 王晓星. 2009. 中国碳酸盐岩油气藏探明储量分布特征. 海相油气地质, 14(2): 24-30.

伊向艺, 卢渊, 赵振峰, 等. 2014. 碳酸盐岩储层携砂压裂技术研究与应用. 北京: 科学出版社.

张凤生, 隋秀英, 段朝伟, 等. 2018. 高孔隙度低渗透率碳酸盐岩储层岩心核磁共振实验研究. 测井技术, 42(5): 497-502, 529.

张宁宁, 何登发, 孙衍鹏, 等. 2014. 全球碳酸盐岩大油气田分布特征及其控制因素. 中国石油勘探, 19(6): 54-65.

张琪. 2000. 采油工程原理与设计. 北京: 石油大学出版社.

张玄奇, 尉立岗. 2002. 低渗油田选择性酸化机理及室内试验. 石油钻采工艺, 24(5): 47-51.

赵学昌, 王秀臣, 尹仲英. 1996. 几种新型酸液在油水井酸化中的应用. 大庆石油地质与开发, 15(1): 56-59.

Al-Anazi H A, Nasr-El-Din H A, Mohamed S K. 1998. Stimulation of tight carbonate reservoirs using acid-in -diesel emulsions- field application //The SPE Formation Damage Control Conference, Lafayette.

Al-Mutawa M, Al-Anzi E, Ravula C, et al. 2003. Field cases of a zero damaging stimulation and diversion fluid from the carbonate formations in North Kuwait//The International Symposium on Oilfield Chemistry, Houston.

Alsharhan A S, Nairn A E M. 1997. Sedimentary Basins and Petroleum Geology of the Middle East. Amsterdam: Elsevier Science.

Anderson A J, Ashton P J, Lang J, et al. 1996. Production enhancement through aggressive flowback procedures in the odell Formation// The SPE Annual Technical Conference and Exhibition, Houston.

Barree R D, Hemanta Mukherjee. 1995. Engineering criteria for fracture flowback procedures//The Low Permeability Reservoirs Symposium, Denver.

Choquette P W, Pray L C. 1970. Geological nomenclature and classification of porosity in sedimentary carbonates. AAPG Bulletin, 54(2): 207-250.

Economides M J, Nolte K G. 2006. 油藏增产措施(第三版). 张保平, 蒋阗, 刘立云, 等译. 北京: 石油工业出版社.

Economides M J. 2012. 现代压裂技术: 提高天然气产量的有效方法. 北京: 石油工业出版社.

Gabriel G A, Erbstoesser S R. 1984. The design of buoyant ball sealer treatments//The SPE Annual Technical Conference and Exhibition, Houston.

Glasbergen G, Todd B, Domelen V, et al. 2006. Design and field testing of a truly novel diverting agent//The SPE Annual Technical Conference and Exhibition, San Antonio.

Halbouty M T. 2003. Giant oil and gas fields of the 1990s: An introduction//Halbouty M T. Giant Oil and Gas Fields of the Decade 1990-1999: AAPG Memoir 78. Tulsa: AAPG: 1-13.

Ham W E, Pray L C. 1962. Modern concepts and classifications of carbonate rocks//Ham W E. Classification of Carbonate Rocks. AAPG Memoir No.1. Tulsa: AAPG: 2-19.

Kalfayan L J. 2005. The art and practice of acid placement and diversion: History, present state, and future//The SPE Annual Technical Conference and Exhibition, New Orleans.

Kalfayan L.2008. Production Enhancement with Acid Stimulation. 2nd Ed. Tulsa: PennWell.

McCarthy S M, Qi Q, Dan V. 2002. The successful use of polymer-free diverting agents for acid treatments in the Gulf of Mexico//The International Symposium and Exhibition on Formation Damage Control, Lafayette.

Nasr-El-Din H A, Alhabib N S, Al-Mumen A A, et al. A new effective stimulation treatment for long horizontal wells drilled in carbonate reservoirs[J]. SPE Production & Operations, 2006, 21 (3): 330-338.

Rashid F, Glover P W J, Lorinczi P, et al. 2015. Porosity and permeability of tight carbonate reservoir rocks in the north of Iraq. Journal of Petroleum Science and Engineering, 133:147-161.

Reeder R J. 1983. Crystal chemistry of the rhombohedral carbonates. Reviews in Mineralogy & Geochemistry, 11: 1-47.

Shafiei A, Dusseault M B, Zendehboudi S, et al. 2013. A new screening tool for evaluation of steamflooding performance in Naturally Fractured Carbonate Reservoirs. Fuel, 108 (11): 502-514.

Taylor K C, Nasr-El-Din H A. 2003. Laboratory evaluation of in-situ gelled acids for carbonate reservoirs. SPE Journal, 8: 426-434.

Zerhbouh M. 1993. Product and process for acid diversion in the treatment of subterranean formations Geothermics, 22 (4): II.

第2章 碳酸盐岩储层伤害评价

储层伤害机理是指在油气井作业中油气层受到损害的原因及物理化学变化过程,对储层伤害的研究是进一步对储层进行改造设计的依据。储层损害的原因复杂多样,它涉及黏土矿物学、岩相学和岩类学、有机和无机化学、储层地质学、物理化学、胶体和界面化学、油层物理学、流体力学、渗流力学等多种学科,以及钻井、固井等专业知识(张绍槐和罗平亚,1992)。

国内学者认为,储层损害是由内伤害源(储层内固有的)、外伤害源(外来的)和复合伤害源(内、外伤害源相互作用)导致的。具体损害形式有固相微粒(外来和内部的)运移造成的储层损害;外来流体与储层岩石、流体不配伍造成的损害(如水敏性损害、碱敏性损害和无机垢、有机垢堵塞等),以及微生物对储层的损害(张厚福,1992)。国外自20世纪50年代就开始了储层损害机理的研究,国内则始于80年代初期。近年来,储层损害机理已从定性研究发展到定量研究。在解决问题方法上,主要是引入数值模拟技术进行模型化研究,比较突出的是多元统计回归、灰色理论和神经网络等专家系统的应用。

碳酸盐岩是重要的储集岩,但对碳酸盐岩储层损害机理的研究及保护技术的关注却不如砂岩储层,这是因为在碳酸盐岩储层损害的认识上存在误区。普遍认为由于碳酸盐岩油气田产量较高,即使开发生产过程中储层受到了损害,也不会对产量有太大的影响;此外,还认为黏土矿物是砂岩储层产生损害的潜在因素,而碳酸盐岩中黏土矿物含量很少,所以碳酸盐岩储层的敏感性弱。

研究表明,碳酸盐岩储层敏感程度(如碱敏、水敏等)常呈现变强的趋势(崔迎春和张琰,1999)。在实钻条件下,固相颗粒、微粒运移及钻井液中各种组分的泥饼及泥膜是导致裂缝、孔隙型碳酸盐岩储层伤害的主要因素。泥饼以嵌入井壁部分孔、洞、缝的形式附着在井壁上,滤饼则以侵入裂缝方式深入裂缝。但是碳酸盐岩裂缝开度变化和岩性差异导致的损害机理也不尽相同,较大裂缝主要是固相堵塞造成的损害,液相损害对泥质碳酸盐岩裂缝更严重。对于碳酸盐岩油气藏(特别是气藏)中的微裂缝,水敏伤害尤为严重,储层岩石原始含水饱和度、渗透率、润湿性和界面张力等也有较大影响(樊世忠和鄢捷年,1996)。针对裂缝存在的多样性、伤害的复杂性,有必要对碳酸盐岩储层进行伤害研究。

2.1　孔隙型碳酸盐岩伤害机理

目前对孔隙型均质砂岩储层损害机理的研究已比较深入，而对于碳酸盐岩储层损害机理的研究还不够深入。国内外学者研究表明（王新建，1991，1997；王允诚，1992；陈忠等，1998；张振华等，1999），碳酸盐岩油气层的损害因素主要是外来固相侵入、滤液侵入、应力敏感、岩石的水敏性和速敏性等，水相圈闭和滤膜是损害孔隙型碳酸盐岩油气层的主要因素。滤液和固相颗粒堵塞是损害碳酸盐岩油气层的共同因素，但裂缝特征不同和岩性差异导致的化学组成不同，其损害机理也不尽相同，总体来看，孔隙型砂岩油藏的损害机理一般会在碳酸盐岩油藏中出现。

2.1.1　储层伤害影响因素

Buchsteiner 等（1993）和许多其他研究人员已经详细描述了在现场遇到的影响油气产能下降的各种问题。Udegbunam 和 Amaefule（1998）列举了四种影响地层伤害的因素，即残留矿物的类型、形态和位置，原地的和外来的流体组成，地下多孔介质的温度、应力条件和性质，油井开采和油藏开发实践。

Udegbunam 和 Amaefule（1998）将影响储层伤害的因素分为以下几种：①外部流体的侵入，如水、用于提高采收率的化学剂、钻井液侵入和修井液；②外来颗粒的侵入和原生颗粒的移动，如砂粒、泥质颗粒、细菌和碎屑；③作业状况，如井的产量、井筒压力、温度；④储层流体的性质和孔隙介质。

Bennion 等（1996）按重要性对常见的地层伤害机理进行了排序（图 2-1），Bennion 等描述的七种储层伤害机理概述如下。

（1）流体与流体之间的不配伍性，如侵入的泥浆滤液与地层水之间产生的乳状液。

（2）岩石与流体之间的不配伍性，如因水基流体的势能不平衡造成膨胀性蒙脱石黏土或反凝高岭土的接触可能严重降低井区渗透性。

（3）侵入，如加重剂或钻井固体的侵入。

（4）相捕获或封堵，如水基流体在近气井井区的侵入和捕获。

（5）化学吸附，润湿性反转，如乳化剂的吸附使地层润湿性和流体流动性质改变。

（6）颗粒运移，如微粒在岩石孔隙结构内部运移导致孔喉桥塞和堵塞。

（7）生物活动，如钻井过程中菌体进入地层并随后产生降低渗透率的多糖聚合物黏液。

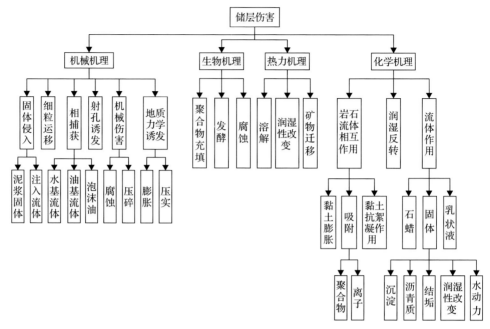

图 2-1 常见地层伤害机理分类和排序

2.1.2 储层伤害评价方法

塔里木盆地作为我国最大的含油气盆地，拥有巨大的油气资源潜力，现已发现多套含油气层系和多个油气田，是我国重要的能源战略基地。其中，奥陶系碳酸盐岩油气成藏条件优越，是塔里木盆地台盆区油气勘探的重要领域，塔中Ⅰ号礁滩复合体位于长期稳定发育的塔中古隆起北边缘，油气聚集条件优越，油层厚度大，单井产量高，产量稳定，具有多个目的层和有利勘探领域，具备形成特大型整装原生岩性油气藏的条件。

但塔里木盆地碳酸盐岩储层的油藏类型不同于中东地区缝洞非常发育的碳酸盐岩油藏，与华北任丘以断层控制的碳酸盐岩油藏相比也有很大的区别。其储层埋藏较深，一般都大于 5300m，缝洞分布的随机性很强。油藏的碳酸盐岩基质部分基本不含油，油气的有效储集空间均为岩溶缝洞，区内所产原油既有含硫、高蜡、低黏度的轻质油，也有高硫、高蜡的重质油，油藏中所含天然气多为成熟油田气，是迄今为止国内外少见的一种特殊油气藏类型。本节主要以塔里木油田孔隙型碳酸盐岩为例讨论碳酸盐岩伤害的评价方法。

1. 速敏性评价实验

速敏性是指在试油、采油、注水等作业过程中，当流体在储层中流动时，流体流动速度变化引起地层微粒运移、堵塞孔隙喉道，造成储层岩石渗透率变化的现象。实践证明，微粒运移在各个环节都有可能发生，而且在各种损害的可能性原因中是最主要的一种。它主要取决于流体动力的大小，流速过大或压力波动过大都会促使微粒运移，地层微粒主要有以下几种来源。

（1）地层中原有的自由颗粒和可能自由运移的黏土颗粒。

（2）受水动力冲击脱落的颗粒。

（3）由于黏土矿物水化膨胀、分散、脱落并参与运移的颗粒。

它们将随流体运动而运移至孔喉处，要么单个颗粒堵塞孔隙，要么几个颗粒架桥在孔喉处形成桥堵，并拦截后来的颗粒造成堵塞性伤害。

对孔隙发育的储层进行速敏性评价实验时，随流速增加，岩心内部孔隙压力增加，因此在一定围压下，有效应力会逐渐减小，而有效应力的减小必然导致渗透率增加。这种情况下，一方面当流速增至临界流速时，微粒运移的发生使岩样渗透率下降，另一方面有效应力的减小使岩样渗透率增加，即同时产生了两种不同的影响。如果后者的影响超过了前者的影响，可能导致测不出或测不准临界流速，也就不能对速敏性损害做出正确的评价。为此，必须对实验结果进行校正（即排除有效应力对渗透率的影响）。

在对大量实验数据进行多元非线性回归之后，可得到孔隙型岩样的渗透率变量（ΔK_f）与有效应力变量（σ_e）之间的函数关系（张振华，2000），即

$$\Delta K_f = a\sigma_e^b \qquad (2\text{-}1)$$

式中，a，b 均为常数，可由岩样应力敏感性的实验数据经数学处理后得到。因此，对裂缝型岩样，其速敏性评价应与应力敏感性实验配合进行。

速敏性评价实验的程序如下（中国石化股份有限公司胜利油田分公司地质科学研究院，2002）。

（1）将制备好的孔隙型岩样用模拟地层水完全饱和，并浸泡老化 48h。

（2）将岩样置于岩心夹持器中，将平流泵的流量调至 0.1mL/min。用经处理的煤油进行驱替，待岩样出口端压力稳定后，测得该流量下油相有效渗透率。

（3）按 0.1mL/min，0.25mL/min，0.5mL/min，1.0mL/min，1.5mL/min，2.0mL/min，……，6.0mL/min 的顺序依次增大流量，用同样方法分别测定每一流量所对应的油相有效渗透率 K_i。

（4）绘制渗透率随流量的变化曲线，确定导致渗透率明显下降的临界流速 v_c。

关于临界流速的判断方法：如果流量 Q_{i-1} 对应的渗透率 K_{i-1} 与流量 Q_i 对应的渗透率 K_i 满足式（2-2）：

$$[(K_{i-1} - K_i)\,/\,K_{i-1}] \times 100\% \geqslant 5\% \qquad (2\text{-}2)$$

则表明发生了速敏损害。

　　使用塔中某井孔隙型岩样测得的气测渗透率为 $8.504 \times 10^{-3} \mu m^2$，岩样速敏性实验结果见表 2-1。

表 2-1　塔中某井孔隙型岩样速敏性评价实验数据

流量/(mL/min)	σ_e /MPa	K_f (校正前)/$10^{-3}\mu m^2$	$\Delta K/10^{-3}\mu m^2$	K_f (校正后)/$10^{-3}\mu m^2$
0.1333	2.0827	0.141	0	0.1410
0.3084	1.9429	0.284	−0.1025	0.1815
0.4530	1.8779	0.393	−0.1619	0.2311
0.6040	1.8239	0.500	−0.2184	0.2816
0.7778	1.8202	0.642	−0.2226	0.4194
0.9556	1.8055	0.779	−0.2394	0.5396
1.5778	1.8006	1.461	−0.2451	1.2159
2.0000	1.7058	1.504	−0.3706	1.1334
2.3444	1.6028	1.633	−0.5457	1.0873
2.9121	1.7418	2.252	−0.3195	1.9325
3.4000	1.7197	2.585	−0.3503	2.2347
4.0667	1.7148	3.080	−0.3574	2.7226
4.5113	1.7000	3.713	−0.3793	3.3337

　　由表 2-1 实验结果可知，在给定流量下，校正前后的渗透率存在明显的差异。采用上述修正后的程序对该岩样速敏性进行评价，评价结果见图 2-2，从图中渗透率随流速的变化曲线可以看出，该岩心的临界流速为 2.47mL/min，渗透率的损害率为 67.83%，速敏损害程度属中偏强速敏。

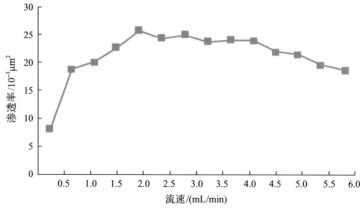

图 2-2　速敏性实验渗透率随流速的变化曲线

2. 水敏性损害评价实验

水敏性是指较低矿化度的注入水进入储层后引起黏土膨胀、分散、运移，使渗流通道发生变化，导致储层岩石渗透率发生变化的现象。产生水敏性的原因主要与储层中黏土矿物的特性有关，如蒙脱石、伊/蒙混层矿物在接触到淡水时发生膨胀后体积比正常体积要大许多倍，并且高岭石在接触到淡水时由于离子强度突变会扩散运移。膨胀的黏土矿物占据许多孔隙空间，非膨胀黏土的扩散释放许多微粒，因此水敏性实验的目的在于评价产生黏土膨胀或微粒运移时引起储层岩石的渗透率变化的最大程度。黏土矿物含量的高低直接影响储层水敏性的强弱。储层水敏性伤害的大小不仅与黏土矿物的种类和含量有关，还与黏土矿物在地层中的分布形态及地层孔隙结构特征等有关。

水敏性评价实验所使用的初始测试流体应选择现场地层水、模拟地层水或同矿化度下的标准盐水。无地层水数据的可选择 8%(质量分数)标准盐水作为初始测试流体。中间测试流体应为 1/2 初始流体矿化度盐水，其获取可根据流体化学成分室内配制或用蒸馏水将现场地层水、模拟地层水或同矿化度下的标准盐水按照一定比例稀释。

本书采用的水敏性评价实验程序按照颁布的标准实验程序《储层敏感性流动实验评价方法》(SY/T 5358—2010)进行，在临界流量下连续驱替进行水敏实验，中间不停泵；因为停泵将会使部分微粒在孔隙或喉道处发生沉淀，破坏微粒的动态平衡，影响实验效果。

水敏性评价实验使用塔中某井的两块岩样(气测渗透率分别为 $0.98 \times 10^{-3} \mu m^2$ 和 $1.49 \times 10^{-3} \mu m^2$)，其实验结果见表 2-2。

表 2-2　塔中储层岩样水敏性评价实验结果

试验介质	渗透率/$10^{-3} \mu m^2$
地层水	3.75
1/2 地层水	3.72
蒸馏水	0.83

3. 储层盐敏性评价实验

储层的盐敏性评价实验是指找出使地层渗透率显著降低的临界矿化度值。按照《储层敏感性流动实验评价方法》(SY/T 5358—2010)进行实验，使用塔中某井两块岩样(气测渗透率分别为 $9.61 \times 10^{-3} \mu m^2$ 和 $8.73 \times 10^{-3} \mu m^2$)进行盐敏性评价实验。所用流体为标准盐水，依据表 2-3 所示的地层水组成配制而成，测得的盐敏性评价实验结果见图 2-3。

表 2-3　所使用的标准盐水的组分及含量　　　　　　　　（单位：g/L）

NaCl	CaCl$_2$	MgCl$_4$
70	6	4

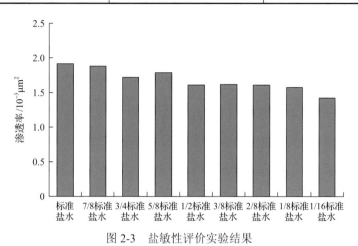

图 2-3　盐敏性评价实验结果

盐敏性评价实验表明：该区储层存在盐敏，临界矿化度为 1.85×10^{-2}g/mL，盐敏程度为中等偏弱。

4. 碱敏性评价实验

在现场进行碱驱作业或在钻井过程中与储层接触的外来流体一般都呈碱性。这类碱性的外来流体一方面可能加剧储层中的黏土矿物发生水化膨胀，堵塞油气流动通道；另一方面可能与储层中的流体（一般指地层水）发生相互作用，生成沉淀物。进行储层碱敏性研究就是找出碱敏发生的条件，即确定临界 pH。

实验选用塔中某井取心岩样，按照《储层敏感性流动实验评价方法》(SY/T 5358—2010)对其碱敏性进行评价，评价实验结果见表 2-4。综合分析结果认为，塔中碳酸盐岩储层各种碱敏程度并存，灰岩碱敏程度较高，白云岩碱敏程度最弱，临界 pH 为 7.5～8.0。储层碱敏程度与地层水成分有关，塔中地层水型均为 CaCl$_2$型，水中含有大量 Ca^{2+}、Mg^{2+}，遇碱性流体后会产生 Ca(OH)$_2$、Mg(OH)$_2$沉淀。因此，在该区储层的钻井过程中，所采用的钻井完井液体系 pH 最好维持在 8 左右。

5. 酸敏性评价实验

储层的酸敏性是指用于基质酸化的酸液（盐酸或土酸）与储层中的某些矿物及地层流体发生反应产生沉淀或释放出微粒，引起渗透率降低的现象。该项评价实验的目的是通过模拟酸液注入地层的过程，测定酸化前后储层岩样渗透率的变化，从而判断储层是否存在酸敏及其所引起损害的程度。实验采用现场常用的盐酸

(10%)和土酸(6%盐酸+3%氢氟酸)进行酸敏性评价。实验结果见表 2-5。

表 2-4　岩心碱敏性评价实验结果

岩心号	岩性	$K_0/10^{-3}\mu m^2$	$D_{k7.5}$/%	$D_{k8.0}$/%	$D_{k8.5}$/%	$D_{k9.0}$/%	$D_{k9.5}$/%	D_{k10}/%	碱敏程度
167	白云岩	1.4	114.0	−5.4	−8.8	−12.7	−14.0	−15.8	无
109	灰岩	1.5	119.0	9.1	48.1	56.1	68.1	73.8	弱
283	白云岩	2.4	801.0	−1.9	6.5	9.2	1.1	2.7	弱
120	白云岩	1.9	38.0	4.6	2.9	2.6	5.3	21.7	强
110	灰岩	1.0	38.5	43.8	53.7	61.3	71.9	87.1	强
101	灰岩	1.3	69.0	29.2	21.3	53.4	55.5	79.9	强
123	灰岩	1.1	12.7	57.0	49.2	59.9	69.5	69.0	强
214	白云岩	1.4	13.0	8.7	4.3	8.9	9.3	10.6	弱
172-1	白云岩	1.7	39.0	3.0	40.3	43.4	44.0	43.6	中偏弱
282	白云岩	1.3	64.7	6.7	8.2	12.4	16.0	16.2	弱
188	白云岩	1.9	6.5	4.6	10.5	19.5	34.3	36.4	中
53-3	白云岩	3.9	2.0	−5.2	−20.3	−35.3	−11.1	−64.5	无
56	灰岩	0.8	6.4	42.8	44.1	59.9	60.6	60.9	强
61	灰岩	0.4	2.2	2.4	12.7	22.1	22.7	22.2	弱
7-1	白云岩	2.5	8.5	0.4	1.2	3.5	6.4	8.8	弱

注：K_0-初始渗透率；$D_{k7.5}$-pH 为 7.5 时渗透率的变化率，余类同。

表 2-5　岩心酸敏性评价实验结果

酸液配方	岩心号	井深/m	$K_a/10^{-3}\mu m^2$	孔隙度/%	$K_{ws}/10^{-3}\mu m^2$	$K_{wa}/10^{-3}\mu m^2$	I_w	酸敏程度
	25-6	3704.30	48.22	15.77	4.33	3.74	0.136	弱
10%HCl	26-6	3699.07	326.80	10.13	306.18	249.54	0.185	弱
	45	3708.10	147.71	21.74	83.35	85.17	−0.022	无
	34	3615.90	57.78	12.56	28.48	26.86	0.075	弱
	38-6	3606.00	32.48	12.59	13.91	12.66	0.090	弱
6%HCl +3%HF	18-19	3685.70	164.48	18.48	63.50	66.21	−0.043	无
	15-6	3660.20	124.94	21.08	80.94	82.63	−0.021	无
	33	3716.20	76.73	13.41	43.54	39.67	0.009	弱

注：K_a-绝对渗透率；K_{ws}-酸化前地层渗透率；K_{wa}-酸化后地层渗透率；I_w-酸敏损害程度。

从表 2-1～表 2-5 可以看出，气测渗透率较大的岩心，酸处理后渗透率稍有提高，而气测渗透率相对较小的岩心，酸处理后渗透率稍有降低，岩心酸敏性评价实验结果为弱偏无酸敏。

综合上述评价实验结果可知，该区碳酸盐岩储层的五敏性为中偏强速敏，临界流速为 2.47mL/min；中偏弱水敏；中偏弱盐敏，临界矿化度为 1.85×10^4mg/L；中偏强碱敏。

6. 储层应力敏感性评价

储层岩石受到上覆岩层压力和孔隙流体压力的共同作用。上覆岩层压力的大小取决于储层岩石埋藏深度和上覆岩层的密度，而孔隙流体压力的大小会随着某些因素而变化。当岩石受到的有效应力发生改变，就会导致天然裂缝或孔隙发生变化，引起储层渗透率的改变。对于裂缝型储层来说，这种改变就更为明显，我们通常称这种现象为储层的应力敏感性。也就是说，储层应力敏感性是指当储层有效应力发生改变时，引起储层渗透率变化的现象（高尔夫·拉特，1989；蒋官澄，1998；蒋海军等，2000）。该敏感性的强弱主要与储层岩石的岩性和孔隙结构有关，评价实验常采用式 (2-3) 进行有效应力变化模拟，以测得储层岩样的应力敏感程度（张振华，2000）。

$$\sigma_{有效} = P_{上覆岩层} - P_{孔隙} \approx P_{围岩} - 0.5P_{驱替} \tag{2-3}$$

式中，$\sigma_{有效}$ 为有效应力；$P_{上覆岩层}$ 为上覆岩层压力；$P_{孔隙}$ 为孔隙压力；$P_{围岩}$ 为围岩压力；$P_{驱替}$ 为驱替压力。

研究结果表明：有效压力存在一个应力敏感点，当岩样所受有效压力低于此压力敏感点时，有效压力越大，储层渗透率降低越严重；高于此压力敏感点时，有效压力对储层渗透率的影响变小，当有效压力继续增大到可以将岩石压破时，渗透率将大幅度增高。这是因为当岩心具有较大的初始开裂度或承受较低的载荷时，岩石裂缝两表面间的接触面积很小，裂缝容易闭合；随着岩心所受载荷的增加，裂缝两表面间的接触面积增大，裂缝的闭合趋势逐渐减缓；当载荷增至某一临界值时，裂缝两表面间的接触面积也增至某一极值，裂缝很难再继续被压缩（袁士义等，2004）。

本节对塔中某井储层六块岩样的应力敏感性进行了评价，选定的实验流速为 1.5mL/min，实验采用的应力敏感性评价指标为

$$R = [(K_{max} - K_{min}) / K_{max}] \times 100\% \tag{2-4}$$

式中，K_{max} 为各渗透率点中的最大值，mm^2；K_{min} 为各渗透率点中的最小值，mm^2；R 为损害程度，%。

当 $R \leq 30\%$ 时，定义为弱应力敏感性；当 $30\% < R < 70\%$ 时，定义为中等应力敏感性；当 $R \geq 70\%$ 时，定义为强应力敏感性。

塔中某井储层岩样应力敏感性评价实验结果见表 2-6。根据以上数据绘制出

岩样渗透率随有效应力(近似等于围压)变化的关系曲线(图 2-4)。由此可以看出，与大多数裂缝型储层一样，该区岩心渗透率随有效应力的增大而减小，且降低曲线均明显存在陡降段和平缓段，说明该地区储层具有很强的应力敏感性。

表 2-6　塔中某井储层岩样应力敏感性评价

岩心号	渗透率 /$10^{-3}\mu m^2$	渗透率变化	围压升高							
			2.0MPa	3.5MPa	5.0MPa	7.0MPa	9.0MPa	11.0MPa	15.0MPa	20.0MPa
79	105.3	渗透率/$10^{-3}\mu m^2$	26.41	19.76	14.69	10.13	7.64	5.95	3.45	2.43
		渗透率比值/%	100.00	74.82	55.62	38.36	28.93	22.53	13.06	9.20
180	145.1	渗透率/$10^{-3}\mu m^2$	8.54	4.31	1.93	1.18	0.79	0.64	0.35	0.19
		渗透率比值/%	100.00	50.52	22.65	13.80	9.21	7.45	4.09	2.27
112	121.8	渗透率/$10^{-3}\mu m^2$	11.79	5.80	2.02	1.07	0.44	0.41	0.05	0.03
		渗透率比值/%	100.00	49.19	17.11	9.04	3.72	3.45	0.40	0.24
136	126.6	渗透率/$10^{-3}\mu m^2$	10.29	5.49	3.20	1.74	1.34	0.96	0.70	0.50
		渗透率比值/%	100.00	53.39	31.08	16.92	13.07	9.36	6.81	4.87
162	146.4	渗透率/$10^{-3}\mu m^2$	3.48	1.27	0.99	0.66	0.46	0.33	0.22	0.06
		渗透率比值/%	100.00	36.63	28.35	19.06	13.14	9.60	6.41	1.59

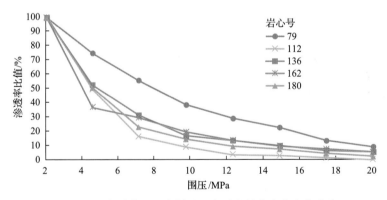

图 2-4　塔中某井储层岩样渗透率随有效应力的变化曲线

　　为了进一步认识塔中奥陶系裂缝型碳酸盐岩岩样中存在的有效应力变化对储层损害及有效应力减小时渗透率的恢复过程，选用 TZ-X1、TZ-X2 两口井的 8 块储层岩心，分别研究天然裂缝型碳酸盐岩岩心和人造裂缝型碳酸盐岩岩心的渗透率与围压变化的关系。

　　首先将岩心置于夹持器中恒温半小时以上，然后对样品在逐渐上升的围压下进行气体渗透率测定，再逐渐减小围压，测定其渗透率恢复幅度，流体流速限定在临界流速下，选定的实验流速为 1.5mL/min。实验围压从预定的最低压力(密封压力)开始逐步增加到预定的最高压力,这是模拟有效应力逐渐增加的过程;在围压达到预定最高值后,再逐渐降低围压至最低压力值,这是有效应力逐渐降低的过程,实验可同时观察到这两个过程中渗透率的变化。得到的实验结果见表2-7。

表 2-7　塔中孔隙型碳酸盐岩岩样的渗透率与围压的关系

井号	样品号	增压时渗透率的变化			减压时渗透率的变化			备注
		围压	气测渗透率 /$10^{-3}\mu m^2$	降幅/%	围压	气测渗透率 /$10^{-3}\mu m^2$	恢复幅度/%	
TZ-X1	13	从1MPa升至12MPa	8.1～0.22	97.3	从12MPa降至1MPa	0.2～0.9	11.5	人造裂缝岩心
	16		573.3～9.7	98.3		10.4～86.2	15.0	
	27		725.4～6.7	99.1		6.9～262.2	36.1	
	30		697.0～0.7	99.1		0.7～16.3	2.3	
TZ-X2	3		1005.7～76.1	92.4		78.7～262.4	26.1	天然裂缝岩心
	6		113.2～7.16	93.7		7.3～31.3	27.7	
	7		37.0～2.07	94.4		2.1～6.3	17.0	
	10		2076.4～232.2	88.8		238.8～771.6	37.2	

分析表2-7的实验结果可以得出如下结论。

(1)在不同的围压作用下,不论是人造裂缝岩心还是天然裂缝岩心的裂缝都将闭合,引起渗透率的逐步下降。外界压力对裂缝渗透率的影响至关重要,最高降幅可达99.1%。

(2)在降低围压作用后岩心渗透率都有所回升,人造裂缝岩心渗透率恢复幅度为2.3%～36.1%,天然裂缝岩心渗透率恢复幅度为17.0%～37.2%,岩心渗透率恢复幅度都较低,表现出较明显的裂缝滞后效应,在低净应力条件下的滞后效应比高净应力条件下的滞后效应更显著。

(3)裂缝岩心渗透率过高或过低时,增加围压时渗透率的降幅较小,而当岩心渗透率在573.3×10^{-3}～$697.0\times10^{-3}\mu m^2$时,增加围压使其渗透率降幅增大。

(4)减小围压时岩心渗透率恢复幅度与加压时渗透率降幅的规律正好相反。储层应力敏感性的强弱还取决于储层类型和储层岩石的岩性。对塔中储层特征分析表明,塔中奥陶系储层碳酸盐岩主要是具有颗粒结构的石灰岩,颗粒主要由泥晶颗粒组成,具有粒间孔。粒间孔多为泥晶基质和黏土矿物充填,碳酸盐颗粒表面覆盖黏土矿物或泥晶基质,岩石具有塑性,在高压下颗粒容易发生粒间滑动,使岩石发生整体流变,同时可能岩块沿裂缝壁滑移,改变了岩石孔喉网络结构,使原先开放的裂缝闭合,导致储层渗透率降低,这可能是造成该区储层应力敏感性极强的主要原因。

对于实际的某井储层,当已知该井的有效应力时,即可通过该井岩样的裂缝滞后效应曲线,控制其有效应力在一定范围内的变化,从而避免因裂缝滞后性而引起的损害。在作业过程中应该保持储层较高的孔隙压力，特别在采油气过程中要控制一定的生产压差，防止因局部压缩造成储层的伤害；要尽量避免不必要的关井，防止由于关井而引起应力敏感性损害；在欠平衡钻井过程也要将负压差控制在合理的范围，防止由于负压过大、孔隙流体压力局部降低过大而造成储层应力敏感性损害。在起下钻过程中，应特别注意防止激动压力的产生或减少正负激动压力的差值，要严格控制起下钻速度，以免激动压力过大造成储层损害。

7. 水锁效应评价

在油气层开发过程中，由于钻井液、完井液、固井液及酸化压裂液等外来流体侵入储层后难以完全排出，储层的含水饱和度增加，油气相渗透率降低，即为常说的水锁效应(朱法银，1996)。根据有关学者的研究，认为引起水锁效应的原因表现在热力学和动力学两个方面(Kleelan and Koepf，1977；杨呈德和汪建军，1990；樊世忠，1996；Bennion et al.，1996)：

1) 热力学原因

假设储层孔隙结构可视为毛细管束，按 Laplace 公式，驱动压力 P 与毛细管压力平衡时，储层中未被水充满的毛细管半径 r_k (即所谓的临界毛细管半径)应为

$$r_k = \frac{2\sigma\cos\theta}{P} \qquad (2-5)$$

式中，σ 为流体的表面张力，mN/m，；θ 为接触角，(°)。

按照 Purcell 公式，油气相的渗透率 K 可表示为

$$K = \frac{\phi}{2}\sum_{r_k}^{r_{max}} r_i^2 S_i \qquad (2-6)$$

式中，ϕ 为孔隙度，%；r_i 为第 i 组毛细管的半径，m；S_i 为第 i 组毛细管体积分数，%；r_{max} 为最大孔隙半径，m；r_k 为毛细管半径，m。

在排液达到平衡时，由式(2-5)可以看出，液体的黏附张力 $\sigma\cos\theta$ 越大，r_k 越大，因而式(2-6)中的求和下限越高，油气相渗透率越低。由此可见，排液过程达到平衡时的水锁效应取决于外来流体和地层水之间的黏附张力相对大小。如果外来流体的黏附张力大于地层水的黏附张力，则会产生水锁效应。

2) 动力学原因

在分析热力学原因产生的水锁效应时，是以排液达到平衡为前提的。但由于水锁效应一般发生在微裂缝或小孔隙之中，所以排液达到平衡的时间非常长，即使外来流体的黏附张力小于地层水的黏附张力，也会产生水锁效应，这即是动力学原因。根据 Paiseuille 定律，毛细管中排出液柱的体积 Q 为

$$Q = \frac{\pi r^4 \left(P - \dfrac{2\sigma\cos\theta}{r} \right)}{8\mu L} \tag{2-7}$$

式中，r 为毛细管半径，m；L 为外来流体的侵入深度，m；P 为驱动压力，MPa；μ 为外来流体的黏度，mPa·s；σ 为流体的表面张力，mN/m；θ 为接触角，(°)。若换算为线速度，则式(2-7)成为

$$\frac{\mathrm{d}L}{\mathrm{d}t} = \frac{r^2 \left(P - \dfrac{2\sigma\cos\theta}{r} \right)}{8\mu L} \tag{2-8}$$

对式(2-8)进行积分，得到从半径为 r 的毛细管中排出长度为 L 的液柱所需要的时间为

$$t = \frac{4\mu L^2}{Pr^2 - 2r\sigma\cos\theta} \tag{2-9}$$

由式(2-9)可以看出，排液时间同地层的驱动压力 P、毛细管半径 r、外来流体的侵入深度 L、黏附张力 $\sigma\cos\theta$ 及黏度有关，排液时间随 L、μ、$\sigma\cos\theta$ 的增大而增加，随 P、r 的增大而减小。

由以上分析可知，在致密储层中由于孔隙喉道半径极为细小，毛细管现象导致水锁效应尤为突出。由于阻碍油气流向井筒的毛细管压力主要取决于孔喉直径，而流动摩擦阻力的大小主要与流体的黏度大小和孔壁的粗糙程度有关。所以，孔隙直径越小，流体黏度越大，孔壁越粗糙，阻力越大，水锁损害越严重。根据国内外资料统计，水锁损害严重程度与储层气测渗透率及储层初始水饱和度的关系如表 2-8 所示(Holditch，1979；Raible and Gall，1985)。

表 2-8　气测渗透率与水锁损害严重程度关系表

气测渗透率/$10^{-3}\mu m^2$	水锁损害严重程度				
	<10%	10%~20%	20%~30%	30%~50%	>50%
≤0.1	严重	严重	中等	中等	较弱
0.1~1	严重	中等	较弱	较弱	弱
1~10	严重	中等	较弱	弱	无
10~100	中等	较弱	弱	无	无
100~500	较弱	较弱	无	无	无
≥500	弱	无	无	无	无

注：严重-油/气有效渗透率可能下降 90%；中等-油/气有效渗透率可能下降 50%~90%；较弱-油/气有效渗透率可能下降 20%~50%；弱-油/气有效渗透率可能下降 0~20%；无-对油/气有效渗透率几乎无影响。

由表 2-8 中数据看出，岩心的气测渗透率越大，初始水饱和度越大，水锁损害的程度越小，气测渗透率 $>100\times10^{-3}\mu m^2$ 的岩心基本不会发生水锁损害。

实验测得塔中 I 号气田开发试验区 TZ-X3 井的油水相对渗透率曲线见图2-5，由图可知 TZ-X3 井的基质岩块油水相对渗透率有以下特点：①测定的岩样空气渗透率为 $0.406\times10^{-3}\mu m^2$，显示塔中 I 号气田的孔洞型储层具有低渗特征；②岩样分析的束缚水饱和度为 27.3%；③岩样等渗点饱和度大于 50%，具亲水特征。

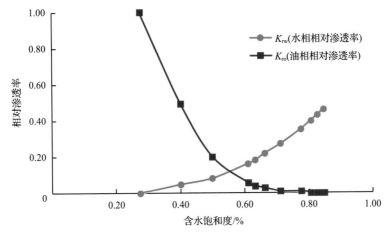

图 2-5　TZ-X3 井相对渗透率曲线

共有 13 块样品用于塔中 I 号坡折带储层岩石表面润湿性评价，实验结果见表 2-9。综合岩石表面润湿性实验结果为中性润湿，亲水孔喉稍多于亲油孔喉。

表 2-9　塔中 I 号气田奥陶系储层岩石表面润湿性统计表

井号	岩样总块数	亲油	弱亲油	中性	弱亲水	综合评价
TZ-X4	2		1	1		弱亲油
TZ-X5	3			1	2	弱亲水
TZ-X6	6			5	1	中性
TZ-X7	2			1	1	弱亲水

在较大的孔隙或裂缝中，由于固相颗粒的入侵，能在其中逐渐形成致密泥饼层，从而在一定程度上能阻止滤液的进一步入侵。但在致密储层中，由于难于形成这种致密泥饼，滤液会大量侵入，而且随着侵入深度增大，滤液的水化作用可能使岩石的亲水性增加，水锁效应发生的可能性增大。研究区碳酸盐岩储层属低孔、低渗 II 类裂缝-孔隙型储层，储层基体以各种微孔隙、晶间孔、粒间孔、溶蚀孔隙为主，裂缝以构造微裂缝、压溶缝和构造溶蚀缝为主，储层岩石矿物的亲水性和微孔隙导致储层岩石束缚水饱和度过高，基体孔隙和层间缝发生不同水基溶

液侵入后，增加束缚水饱和度，从而导致油气相渗透率大幅度降低，使油气在孔隙中难以流动，发生水锁效应，最终影响储层的产能。故水锁损害是该区碳酸盐岩储层损害的主要因素之一。

发生水锁效应后，液体和岩石表面之间的接触角低于 90°，毛细管压力很高，表面和界面张力也很高。可以通过加入某种化学剂来降低油水之间的界面张力，增大毛细管的有效渗流半径，或改变岩石表面的润湿性均可以有效地减小或消除水锁效应对于储层的损害。此外在这类处理剂的作用下，即使滤液进入地层，由于它们具有降低表面张力的作用，能够改善地层流体的流动状况，从而能有效减少油气层伤害。

现场应用表明(叶艳等，2007)，聚合醇类处理剂可导致局部油水界面张力降低，并逐步扩展，致使液膜变薄，从而降低泡沫稳定性，聚乙二醇的浊点效应还能降低钻井液的滤失量，增加润滑性，提高储层保护效果。本实验选取多元聚合醇 PE-1 工业品，进行降低界面张力能力评价实验，实验结果见表 2-10 和图 2-6。

表 2-10　聚合醇加量与界面张力的关系 　　　　　　　(单位：mN/m)

水	1%PE-1	3%PE-1	4%PE-1	5%PE-1	水-油	3%PE-1-油
69.6	37.2	31.0	30.8	29.7	21.9	8.5

分析表 2-10 中 3% PE-1 对水-油界面张力降低结果可知，加入 3%PE-1 后，水-油界面张力明显从 21.9mN/m 降至 8.5mN/m，使油气返排压差降低从而有利于减少储层的水锁伤害。

从图 2-6 可以看出，聚合醇具有明显降低表面张力的作用，但在加量超过 3%以后，降张力作用变缓，故聚合醇用量在 2%～3%较为经济合理。

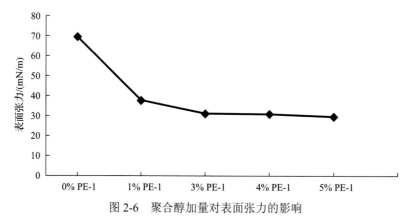

图 2-6　聚合醇加量对表面张力的影响

分析该区储层特征可知，该区地层水矿化度高，所用钻井完井液中无机盐用量较大，为了考察在高矿化度钻井完井液中，聚合多元醇降低油水界面张力的能力是否受到较大影响,实验将聚合醇以 2%的加量分别加入不同的盐溶液和无固相弱凝胶钻井完井液中,测得各种体系的表面张力数据见表 2-11。

表 2-11　2%聚合醇在不同盐水溶液和无固相弱凝胶钻井液中的表面张力

序号	配方	密度/(g/cm³)	表面张力/(mN/m)
1	蒸馏水+2%PE-1		40.5
2	7%KCl+15%NaCl+2%PE-1	1.13	42.3
3	7%KCl+15%NaCl+10%CaCl₂+2%PE-1	1.20	43.8
4	7%KCl+15%NaCl+5%HCOONa+2%PE-1	1.17	44.2
5	7%KCl+15%NaCl+5%HCOONa+2%PE+0.3%CX216+1%PF-PRD	1.17	44.7
6	7%KCl+15%NaCl+10%HCOONa+10%CaCl₂+2%PE-1	1.22	45.7
7	7%KCl+15%NaCl+10%HCOONa+10%CaCl₂+0.3%CX216+1.5%PF-PRD+2%PE	1.22	44.8

从表 2-11 可以看出,对于不同盐水溶液及无固相弱凝胶钻井液,2%PE-1 均能显著降低溶液表面张力值,平均降幅达到 30%。即使在高液相黏度的弱凝胶钻井液中,聚合醇也能使体系的局部表面张力显著降低。

8. 碳酸盐岩储层"四液"配伍性

所谓"四液"是塔里木孔隙型碳酸盐岩储层试油中常用的工作液,即钻井液、完井液、压裂液和酸液。各种工作液相互之间配伍性较好(表 2-12)。

表 2-12　"四液"及地层流体配伍情况统计表

液体类型	无固相低土相钻井液	聚磺钻井液	完井液	压裂液	酸液	地层水	地层油
无固相低土相钻井液		√	√	√	√	√	√
聚磺钻井液	√		√	√	√	√	√
完井液	√	√		√	√	√	√
压裂液	√	√	√		√	√	√
酸液	√	√	√	√		√	√
地层水	√	√	√	√	√		√
地层油	√	√	√	√	√	√	

1)"四液"分段损害实验评价

"四液"分段损害实验评价是指模拟现场工作液损害顺序,按钻井液损害—测损害程度—完井液损害—测损害程度—压裂液损害—测损害程度—酸液损害—测损害程度的过程评价岩心损害程度。

实验成果表明，钻井液对岩心损害程度最大，其次是完井液，再次是压裂液。酸液能改善岩心的渗透性，并完全解除先前钻井液、完井液和压裂液对岩心的损害，并可以使其渗透率提高到原始渗透率的 324%。

2）"四液"连续损害实验评价

"四液"连续损害实验评价是指模拟现场工作顺序，将岩心依次使用钻井液、完井液、压裂液和酸液模拟井下的工况条件对储层岩心进行损害，最后评价"四液"对储层的综合损害程度。实验表明，钻井液、完井液、压裂液和酸液对储层岩心进行连续损害后，酸液可以改善岩心的渗透性，可以完全解除先前钻井液、完井液和压裂液对岩心的损害，并可以使其渗透率提高到原始渗透率的 361%。

"四液"对储层的损害程度顺序为钻井液的损害程度＞完井液的损害程度＞压裂液的损害程度，酸液对储层岩心无损害。分析形成这种损害的原因在于工作液中固相颗粒和聚合物的存在，储层应力敏感程度较强。

9. 储层主要损害因素分析

根据上述预测及评价实验结果，对塔中 I 号气田奥陶系碳酸盐岩储层的主要潜在损害因素进行以下分析。

(1) 储层物性差是导致发生储层伤害的根本原因。研究证明奥陶系碳酸盐岩油气藏储层岩石以微孔、微喉和微裂缝为特征，强烈压实作用和胶结充填使储层面孔率极低，有效孔隙度不高，胶结致密是储层低孔、低渗的主要原因。

(2) 地层压力不足是储层伤害的主要原因。由于储集岩具有微细孔隙，油气运移所需水动力和浮力难以发生明显作用，油气藏天然能量不足。地层压力不足，使油气难以向井底运移，但同时高压入井流体可以顺利侵入储层，从而对储层构成伤害。

(3) 对该区碳酸盐岩储层敏感性预测及室内评价实验结果表明：储层五敏性为中偏强速敏，临界流速为 2.47mL/min；极弱水敏；中偏弱盐敏，临界矿化度为 1.85×10^4mg/L；中偏强碱敏，临界 pH 为 8，应注意控制钻完井液的 pH；弱偏无酸敏。

(4) 该区储层还具有很强的应力敏感性，表现出较明显的裂缝应力滞后效应，并且在低净应力条件下的滞后效应比高净应力条件下的滞后效应更显著。一旦储层遭受应力敏感损害，由于滞后效应，渗透率不可能完全恢复。应力变化敏感程度越强，在各作业环节由于井下和储层压力变化引起储层伤害的可能性就越大，应力敏感损害是该地区储层主要损害因素之一。

(5) 储层原始渗透率和初始水饱和度对水锁损害有很大的影响。塔中 I 号气田储层为低孔、低渗特征，岩样束缚水饱和度较高，岩石表面润湿性为中性润湿，具亲水特征，滤液能大量侵入，而且随着侵入深度增大，滤液的水化作用使岩石的亲水性增加，增加了水锁效应，故水锁损害也是该区碳酸盐岩储层损害的主要因素。

(6)根据曲界面压差公式,防止和解除低渗气藏水锁损害的有效方法是加入与储层配伍的表面活性剂。实验结果表明,加入多元聚合醇后,储层岩心的渗透率恢复值明显提高。

(7)通过对塔中储层岩样分析和在用钻井完井液性能评价,可知塔中Ⅰ号坡折带裂缝型碳酸盐岩油藏岩石的基质渗透率一般很低,对孔隙介质的损害基本可以忽略,主要损害因素是钻井液中液相和固相对裂缝的侵入。

(8)根据该项研究的实验结果,裂缝型储层的损害机理与渗透率和平均缝宽有直接关系,对于平均缝宽小于 100μm 的低渗透率裂缝型油藏,通过提高钻井完液抑制能力,加入适当级配的复合暂堵剂改善滤饼形成质量,比较容易封堵裂缝。

(9)地层水中含有较多 Ca^{2+},设计钻井液配方时,应注意防止 $CaCO_3$ 和 $CaSO_4 \cdot 2H_2O$ 结垢。

2.2　缝洞型碳酸盐岩伤害机理

2.2.1　研究现状

国外从 20 世纪 50 年代就开始着手研究缝洞型碳酸盐岩储层伤害机理,但是在之后的 20 多年里,只是进行了少量的研究,并没有多大进展。主要研究黏土水化膨胀、钻井液固液相侵入等方面的储层伤害问题。从 70 年代中期开始,西方国家慢慢开始重视储层保护的损害问题,油气储层伤害机理研究向深度和广度方向发展。此后随着测试技术的进步和不断加深对油气层损害机理的认识,根据不同的油气储层的情况开展了系统化的研究工作,获得了较大的发展,通过应用物理模型和数学模型来开展储层伤害研究工作,同时也开始应用数学模拟的方法开展研究工作,油气储层的损害原因被人类更加深刻地认识。概括国内外储层伤害机理的发展过程,常分为三个发展阶段:①经验性总结分析阶段;②通过综合系统对损害程度进行排序;③物理模拟与数学模型研究。

关于储层的伤害问题,Barkman 等(1975)提出了当固相颗粒的粒径大于或等于孔隙粒径的 1/3 时,固相颗粒能在储层孔隙中形成架桥堵塞。国内学者在此基础上提出了很多的固相颗粒大小和储层孔缝大小相匹配的屏蔽暂堵理论,如罗向东和罗平亚(1992)第一次提出了屏蔽暂堵思想和理论,研究了钻完井液中的固相颗粒对孔喉封堵的单粒逐一堵塞模型,双粒(多粒)架桥堵塞模型,提出了 2/3 架桥原理理论。该原理具体如下:暂堵固相粒子包括起桥堵效果的刚性颗粒、起填充作用的充填粒子和软化粒子;桥堵作用的刚性粒子直径与油气层孔隙平均直径的 2/3 相等时,暂堵效果最好,其他两种粒子的直径应该等于储层孔隙平均直径的 1/3~1/4。2/3 架桥原理提出了优选暂堵粒子的方法,但使用平均直径的方法并不能真实地表征时间储层孔隙直径与封堵粒子直径的大小和分布,不能形成孔隙直径与暂堵剂直径的最佳匹配。

在此基础上崔迎春等(崔迎春，2000；张琰和崔迎春，2000)充分利用孔喉直径分布和暂堵剂的直径分布都具有分形特点，使用与储层孔喉直径大小分布的分维数相同或相近的暂堵剂来进行屏蔽暂堵，基于此建立暂堵理论模型。现场试验表明，使用该方法优选的暂堵剂能够更好更快地暂堵油气储层和降低储层伤害。

Hands 等(1998)基于 Kaeuffer 理想充填理论第一次提出 d_{90} 规则方法，就是当暂堵剂颗粒在它的粒径累积分布曲线上的 d_{90} 值与储层最大孔喉直径相等时，可取得理想的暂堵效果。在"理想充填理论"和 d_{90} 规则的基础上，舒勇等提出了一种优选暂堵剂颗粒直径及分布的图解优化设计新方法并编制相应的应用软件，建立了具有广谱暂堵效果的优选暂堵剂的新方法(李志勇等，2006；舒勇等，2008)。

徐同台等(2003)复合利用多种粒径的桥架粒子和多种粒径的充填粒子来封堵中高渗透率和非均质地层，在近井壁带形成非渗透的暂堵带，阻止钻井液中的固相粒子及液相进一步渗入储层，以免储层进一步受到伤害。此后，蒋官澄等(2005, 2007)研发了一种新型广谱"油膜"暂堵剂并形成体系解决了油层非均质性强、孔径分布范围较大、油层孔径难以准确测量等问题；该技术不需要提前知道储层孔喉大小，没有必要考虑暂堵剂与孔喉的匹配问题，在后期返排中可以自动解除，能达到国家环保要求，最适用于孔隙尺寸分布广的储层保护。

随着全世界油气田开发的深入，越来越多的油田进入开采的中后期，地层压力下降，呈现出越来越多的枯竭油气藏。钻遇枯竭油气藏常常遇到 3 个主要的问题：井壁稳定、漏失、卡钻及基岩滤失引起的储层损害。井壁稳定必须考虑以下因素：①钻遇枯竭地层时，受压页岩地层需要更高的钻井液密度以防止地层坍塌；②钻井地层剖面需要考虑上部页岩和由于地层枯竭地层岩石强度变小；③钻井液密度不够可能引起页岩蠕变而产生压差卡钻；④采取措施防止页岩的化学膨胀。枯竭地层漏失的发生可能有以下原因和产生以下结果：①高的泥浆密度可能引起枯竭过程中强度减少的岩石产生裂缝；②泥浆漏入裂缝并可能导致井控问题；③因堵裂缝而减少生产时间和引起整个井壁稳定问题；④基岩滤失可能引起储层伤害及减产，影响酸化和压裂等改造措施的增产效果；⑤在过平衡条件下，泥饼的增厚增加了压差卡钻的风险。

2.2.2　机理分析

对于所提及的缝洞型碳酸盐岩储层伤害问题，所涉及的机理通常有以下几种(Yeager，1997)。

1. 细菌

从储层中取出的岩心中包含硫酸盐还原菌和产酸细菌等，这些细菌能和其他微生物共存。

2. 无机沉淀

许多种类的无机沉淀物存在于枯竭油气藏中，常常包括石英碎片、氯化钠、碳酸钙、硫酸钡和有机物质，这些物质通常沉积在井壁周围降低原始渗透率。铁的化合物如碳酸铁、硫化铁也存在于储层孔喉中。这些化合物的形成及稳定性常受到注入流体和地层流出流体的种类和数量的影响，当然也会受到作业程序、细菌的存在和储层特性(温度和压力)的影响。

3. 有机物残余物和产生的化学物质

烃油、脂类化合物、异丁烯物质也存在于储层中。这些物质通过实验室电子显微镜被观察到沉积在井壁岩心面上，或在储层中形成一个黑层堵塞孔喉。这些有机物残渣构成的沉淀物可能是由于有机物残渣随时间和温度的变化逐渐被分解和其他化学作用而产生的，也可能是由于管线和管道腐蚀、细菌、破乳等原因形成。

4. 颗粒堵塞

在枯竭地层岩心分析中，观察到在井壁岩心面上黏附着细小的硅物质，甚至在储层岩心上也有。这些硅层包含或压缩在烃类剩余物中，而这些物质在岩心深处不存在，说明这些固相不是微粒运移而是在钻井或者注采过程中引入的微粒，引起储层损害。

5. 完井/增产流体影响

在完井或者增产过程中，引入新的流体(如酸)会与地层矿物或流体相互作用，产生新的物质伤害地层，如在酸化过程中酸的消耗引起碳酸铁的沉淀。

6. 相对渗透率影响

由于枯竭地层中含油和气，随着时间的推移，API 重度值下降，油变得更黏稠，即黏度增大，流动阻力增加，从而降低了相对渗透率。

7. 出砂

在枯竭地层中由于地层压力下降，软的无胶结的地层在压差作用下容易出砂，并堆积在井壁附近，降低储层的渗透率，损害储层。

8. 机械阻塞

在作业过程中常发生机械事故，如螺纹金属连接问题和其他事故形成的落鱼。如下机械阻塞常常发生：①使用钢丝设备作业不当；②钻完井过程中井底钻具组合的上下移动机械装置自由地上下移动。

2.2.3 储层伤害评价方法

缝洞型储层损害评价方法包括室内评价和现场评价。室内评价包括岩性分析和岩心流动实验分析等评价方法。现场评价主要包括现场测试技术及试井评价技术等。室内评价的主要目的包括研究油气储层敏感性、储层伤害机理分析、对可采用的保护技术手段进行优选和储层保护效果评价，为现场应用的储层保护方法提供室内实验依据。矿场评价则是在现场开展有目的性的实验，判断分析室内实验的效果，为选择合理的方法、技术奠定基础。本节以轮南碳酸盐岩储层 LN2-18-H1 井为例，举例说明碳酸盐岩储层室内评价方法。

1. 储层敏感性评价

储层敏感性通常包括速敏、碱敏、酸敏、水敏、盐敏五敏实验，其目的是探索油气层发生敏感的条件与由敏感引起的油气层损害大小，为各种工作液的设计、油气层损害机理研究和制定系统的油气层保护技术方案提供根据。通常根据中华人民共和国石油与天然气行业标准《储层敏感性流动实验评价方法》（SY/T 5358—2010）测定。

在达西定律的基础上，按照设定的实验要求，将可能引起储层伤害的各种流体注入岩心，或改变渗流参数(围压、流速等)，测算出岩样的渗透率及其变化情况，以评价临界参数、实验流体及渗流条件的变化对岩样渗透的损害大小。由于满足达西定律是岩样渗透率测定的前提条件，考虑惯性阻力和气体滑脱效应对测定最后结果的干扰，需要选择使用合理的压力梯度或流速。可参考使用标准《岩心分析方法》（GB/T 29172—2012）推荐使用的达西方程允许的最大压力梯度，或者根据卡佳霍夫的雷诺数 Re 计算服从达西定律的最大流速：

$$v_c = \frac{3.5\mu\phi^{3/2}}{\rho\sqrt{K}} \tag{2-10}$$

式中，v_c 为流体的最大渗流速度，cm/s；K 为岩石渗透率，μm^2；ϕ 为岩石孔隙度，小数；ρ 为流体在测定温度下的密度，g/cm^3。

2. 速敏性评价

油气储层的速敏性是指在油气田各种作业过程中，当各种流体在储层中通过时，造成储层中微粒运移并堵塞孔喉，引起油气层渗透率降低的现象。对于具体某一个储层，油气层中流体的流动速度是油气层中造成微粒运移损害的主要因素。速敏性实验与孔隙型评价方法类似。

实验流体按照不同的速度注入岩心，油速敏使用油（煤油或实际地层原油），水速敏使用地层水，在不同的注入速度下测试岩心渗透率。根据注入速度与渗透率的关系变化，来确定油气层岩心的速敏性，并找出速敏的临界流速。如果流量 Q_{i-1} 相应的渗透率 K_{i-1}，与流量 Q_i 相应的渗透率 K_i 符合式（2-2），表明储层速敏已经发生，流量 Q_{i-1} 为临界流量。损害大小评价指标见表2-13。

表 2-13　速敏损坏评价指标

	损害程度				
	≤5%	5%～30%	30%～50%	50%～70%	≥70%
敏感程度	无	弱	中等偏弱	中等偏强	强

损害程度的计算公式如下：

$$损害程度 = \frac{K_{max} - K_{min}}{K_{max}} \times 100\% \tag{2-11}$$

式中，K_{max} 为渗透率随注入速度变化曲线中各渗透率点中的最大值，μm^2；K_{min} 为渗透率随注入速度变化曲线中各渗透率的最小值，μm^2。

表 2-14 给出了 LN-X1 井 16 块岩样的速敏性检测结果。LN-X1 井岩样的速

表 2-14　LN-X1 井岩样速敏性检测结果

油组	小层号	样品号	临界流速/(mL/min)	速敏指数/%	速敏类型
E	E_2	全 4(109)	0.75	34	中偏弱速敏
K	K_2	全 8(179)	无	无	无速敏
J_I	J_I^1	全 10(221)	无	无	无速敏
	J_I^2	全 12(260)	8.00	45	中偏弱速敏
J_{III}	J_{III}^{1-1}	全 15(317)	无	无	无速敏
	J_{III}^{1-2}	全 17(357)	无	无	无速敏
	J_{III}^2	全 19(390)	0.50	45	中偏弱速敏
	J_{III}^4	全 23(449)	无	无	无速敏
	J_{III}^5	全 25(490)	1.50	57	中偏强速敏
	$J_{III}^{6+7^1}$	全 26(541)	20.00	37	中偏弱速敏
J_{IV}	$J_{IV}^{1+2^1}$	全 30(653)	10.00	36	中偏弱速敏
T_I	T_I^2	全 37(769)	3.00	43	中偏弱速敏
	T_I^3	全 38(794)	无	无	无速敏
T_{II}	T_I^{2-1}	全 40(861)	无	无	无速敏
	T_I^{2-2}	全 44(926)	15.00	50	中偏弱速敏
T_{III}	T_{III}^1	全 46(972)	无	无	无速敏

敏性较弱，表现为无速敏—中偏弱速敏，速敏的岩样临界流速为 0.50～20.00mL/min，速敏指数为 34%～57%，速敏类型主要为中偏弱速敏，纵向上储层速敏性差异小。由于储层速敏性弱，故在油田注水开发过程中可以不考虑速敏对油田注水开发效果的影响。

3. 水敏性评价

在原始地层状态下，处在储层中的黏土矿物存在于一定矿化度的地质环境中，当淡水进入地层与某些黏土矿物相遇时，就会发生膨胀、分散、运移，进而减小或堵塞储层孔喉，引起渗透率的变小。储层遇淡水时渗透率变小的现象，叫作水敏。该实验的目的包括探索黏土矿物遇淡水后的膨胀、分散、运移过程，发现发生水敏的条件和其油气层损害程度，进而为各类工作液的设计提供理论依据。

储层中黏土矿物的特性有关于水敏性发生的根本原因，如在接触到淡水时蒙脱石、伊/蒙混层矿物膨胀发生后，其体积要增长许多倍，并且当高岭石在接触到淡水时会扩散运移(由于离子强度突然变化)。许多孔隙空间被膨胀的黏土矿物占据，由于非膨胀黏土扩散，释放许多微粒，因而水敏性试验的目的是评价黏土膨胀或者微粒运移时，造成储层岩石渗透率的变化的最大程度。黏土矿物含量的高低与储层水敏性的强弱呈正相关。此外，储层水敏性伤害的大小不仅与黏土矿物的种类和含量有很大的关系，还与黏土矿物在地层中的分布形态和地层孔隙结构特征等有关。

第一步使用地层水测试出地层岩心的原始渗透率 K_f，第二步开始使用地层水再一次测试岩心的渗透率，最后才用淡水测定储层岩石的渗透率 K_w，这样就可以测定出淡水引起黏土矿物的水化膨胀和造成的损害程度大小。评价指标见表 2-15。

表 2-15　水敏损害程度评价指标

	损害程度					
	≤5%	5%～30%	30%～50%	50%～70%	70%～90%	≥90%
敏感程度	无	弱	中等偏弱	中等偏强	强	极强

从表 2-16 中 LN-X1 井的水敏性检测结果可知：LN-X1 井岩样水敏指数为 7%～59%，呈现出弱水敏—中偏强水敏的情况，水敏类型主要为弱水敏和中偏强水敏，纵向上 J_{III}、J_{IV} 油组主要为中偏强水敏，J_1、T_I、T_{II}、T_{III} 油组为弱水敏和中偏弱水敏。在钻完井及后期的作业过程，要考虑水敏伤害，注入水也必须保持一定的矿化度，防止水敏造成储层的伤害。

表 2-16　LN-X1 井岩样水敏性评价结果

油组	小层号	样品号	水敏指数/%	水敏类型
K	K_2	全 8 (179)	50	中等弱水敏
J_I	J_I^1	全 10 (221)	13	弱水敏
	J_I^2	全 12 (260)	13	弱水敏
J_{III}	J_{III}^{1-1}	全 15 (317)	38	中偏弱水敏
	J_{III}^{1-2}	全 17 (357)	54	中偏强水敏
	J_{III}^2	全 19 (390)	59	中偏强水敏
	J_{III}^4	全 23 (449)	53	中偏强水敏
	J_{III}^5	全 25 (490)	54	中偏强水敏
	$J_{III}^{6+7^1}$	全 26 (541)	40	中偏弱水敏
J_{IV}	$J_{IV}^{1+2^1}$	全 30 (653)	52	中偏弱水敏
T_I	T_I^2	全 37 (769)	44	中偏弱水敏
	T_I^3	全 38 (794)	7	弱水敏
T_{II}	T_{II}^{2-1}	全 40 (861)	37	中偏弱水敏
	T_{II}^{2-2}	全 44 (926)	31	中偏弱水敏
T_{III}	T_{III}^1	全 46 (972)	28	弱水敏

注：括号内为样品号。

4. 盐敏性评价

在钻完井等各种作业过程中，各种工作液的矿化度差异比较大，有的工作液矿化度高于地层水矿化度，有的低于地层水矿化度。当地层水矿化度高于工作液矿化度时，其工作液的滤液进入储层后，则可能造成黏土的膨胀、分散；如果工作液矿化度高于地层水矿化度，其工作液的滤液渗入油气储层后，很有可能引发黏土收缩、失稳、脱落，这些情况都将导致储层的孔喉空间缩小、堵塞，使储层渗透率的下降从而伤害储层。

评价储层的盐敏性情况一般是向岩石中注入不同矿化度浓度的模拟地层水（成分与地层水相同），测量不同矿化度模拟地层水下相应岩心的渗透率。依据渗透率随矿化度变化的情况来确定盐敏的损害程度，确定发生盐敏损害的条件。一般情况下，盐敏性评价都需要矿化度升高和矿化度降低两种实验。对于矿化度升高的实验，首次矿化度实验使用模拟地层矿化度工作液，然后逐步升高工作液的浓度，直到找出临界矿化度浓度或者工作液最高的矿化度浓度。对于矿化度降低实验，第一级盐水为模拟地层水，然后逐步降低实验流体的地层水矿化度，直到实验流体的矿化度降为零。找出临界矿化度 C_{c1}。要是矿化度 C_{i-1} 相应的渗透率 K_{i-1} 与矿化度 C_i 相应的渗透率 K_i 之间符合下列公式：

$$\frac{K_{i-1} - K_i}{K_{i-1}} \times 100\% \geqslant 5\% \tag{2-12}$$

证明盐敏已发生，并且矿化度 C_{i-1} 就是临界矿化度 C_{c1}。按照这种方法，在矿化度升高评价盐敏实验时也同样可以找出临界矿化度 C_{c2}。损害程度的计算方法与速敏的计算方法相同，评价指标如表 2-17 所示。与标准 SY/T 5358—2010 相比，该评价方法增加了升高矿化度的盐敏评价过程，但对于高矿化度地层水储层，一般情况下工作液的矿化度不会超过地层水矿化度，因此可以不做矿化度升高的盐敏评价实验。

表 2-17　盐敏损害程度评价指标

	损害程度					
	≤5%	5%～30%	30%～50%	50%～70%	70%～90%	≥90%
敏感程度	无	弱	中等偏弱	中等偏强	强	极强

表 2-18 为 LN-X1 井岩样盐敏性评价结果表。由盐敏性结果评价表可知：LN-X1 井岩心的临界盐度位于 110000～220000mg/L，盐敏指数为 19%～58%，为弱盐敏——中偏强盐敏，主要为中偏弱盐敏，J_{III} 油组之上储层盐敏性比较强，纵向上来看盐敏性变化不是很大。

表 2-18　LN-X1 井岩样盐敏性评价结果

油组	小层号	样品号	临界盐度/(mg/L)	盐敏指数/%	盐敏类型
K	K_2	全 8(179)	110000	36	中偏弱盐敏
J_I	J_I^1	全 10(221)	110000	51	中偏强盐敏
	J_I^2	全 12(260)	110000	19	弱盐敏
J_{III}	J_{III}^{1-1}	全 15(317)	220000	52	中偏强盐敏
	J_{III}^{1-2}	全 17(357)	165000	53	中偏强盐敏
	J_{III}^2	全 19(390)	110000	58	中偏强盐敏
	J_{III}^4	全 23(449)	110000	36	中偏强盐敏
	J_{III}^5	全 25(490)	165000	55	中偏强盐敏
	$J_{III}^{6+7^1}$	全 26(541)	110000	21	弱盐敏
J_{IV}	$J_{IV}^{1+2^1}$	全 30(653)	165000	25	弱盐敏
T_I	T_I^2	全 37(769)	110000	35	中偏弱盐敏
	T_I^3	全 38(794)	110000	34	中偏弱盐敏
T_{II}	T_{II}^{2-1}	全 40(861)	无	无	无速敏
	T_{II}^{2-2}	全 44(926)	165000	36	中偏弱盐敏
T_{III}	T_{III}^1	全 46(972)	110000	34	中偏弱盐敏

5. 碱敏性评价

大部分地层水 pH 呈中性或弱碱性，然而多数泥浆的 pH 为 8～12，在二次采油过程中，碱水驱同时也具有较高的 pH。当高 pH 工作流体进入油气储层之后，黏土矿物和硅质胶结的结构将被其大大地破坏(黏土矿物解理、胶结物溶解后释放的微粒是其重要原因)，因此造成油气储层的堵塞损害；除此之外，大量的 OH 与某些二价阳离子反应生成不溶于地层液体的沉淀物，会加剧油气储层的堵塞损害。

向岩心中注入不同 pH 的模拟地层水，然后测量在相应地层水条件下的渗透率，根据不同碱度条件下，通过渗透率的变化来评价其损害程度，确定发生碱敏的原因，具体的实验操作步骤如下。

(1)制备不同 pH 的模拟地层盐水，依据地层的情况，多数情况下以地层水的 pH 开始测量，然后逐步升高 pH 进行测试，测量的最后一级盐水的 pH 一般为 12。

(2)使用第一级盐水在真空下饱和选取的岩心，并在其中浸泡 20～24h，在临界流速之下，岩心稳定的渗透率 K_1 将被第一级盐水测出。

(3)使用第二级盐水在真空条件下饱和的岩心，浸泡 20～24h，使用前一步同样的方法测量岩石稳定的渗透率 K_2。

(4)使用不同浓度盐水，重复第(3)步，直到最后一级盐水被使用并测量在其下的岩心的稳定渗透率 K_n。

倘若 pH_{i-1} 盐水对应的渗透率 K_{i-1} 与 pH_i 盐水对应的渗透率 K_i 之间符合式(2-12)的条件，表明碱敏已经发生，那么 pH_{i-1} 为临界 pH。其损害程度的计算方法和式(2-13)相同，其评价指标见表 2-19。

表 2-19　碱敏损害程度评价指标

	损害程度				
	≤5%	5%～30%	30%～50%	50%～70%	≥70%
敏感程度	无	弱	中等偏弱	中等偏强	强

表 2-20 给出了 LN-X1 井岩样的碱敏性检测结果。

表 2-20　LN-X1 井岩样碱敏性评价结果

油组	小层号	样品号	临界碱度 pH	碱敏指数/%	碱敏类型
K	K_2	全 8 (179)	10.0	53	中偏强碱敏
J_I	J_I^1	全 10 (221)	11.5	16	弱碱敏
	J_I^2	全 12 (260)	无	无	无碱敏
J_{III}	J_{III}^{1-1}	全 15 (317)	8.5	29	弱碱敏
	J_{III}^{1-2}	全 17 (357)	11.5	24	弱碱敏

油组	小层号	样品号	临界碱度 pH	碱敏指数/%	碱敏类型
J_{III}	J_{III}^2	全 19 (390)	11.5	28	弱碱敏
	J_{III}^4	全 23 (449)	无	无	无碱敏
	J_{III}^5	全 25 (490)	10.0	40	中偏弱碱敏
	$J_{III}^{6+7^1}$	全 26 (541)	10.0	20	弱碱敏
J_{IV}	$J_{IV}^{1+2^1}$	全 30 (653)	8.5	25	弱碱敏
T_I	T_I^2	全 37 (769)	10.0	42	中偏弱碱敏
	T_I^3	全 38 (794)	8.5	67	中偏强碱敏
T_{II}	T_{II}^{2-1}	全 40 (861)	8.5	28	弱碱敏
	T_{II}^{2-2}	全 44 (926)	无	无	无碱敏
T_{III}	T_{III}^1	全 46 (972)	10.0	44	中偏弱碱敏

从表 2-19 的检验报告可以看出，LN-X1 井岩样的碱敏性较弱，表现为无碱敏——中偏强碱敏，碱敏的岩样临界碱度在 8.5～11.5，碱敏类型主要为弱碱敏，只有 K_2 油层岩样碱敏类型为中偏强碱敏。图示储层含有较高量的高岭石，在偏碱性条件下高岭石通常呈稳定状态，在 pH 超过 7 的情况下就会变得不饱和，有溶解的趋势。尤其 pH 超过 10 不仅高岭石部分溶解，同时产生沉淀结垢及颗粒脱落等，而且导致速敏及出砂趋势增强。所以入井工作液的 pH 一定要位于临界 pH 之下，这样才能防止碱敏情况出现。

6. 酸敏性评价

油气层的酸敏性是指油气储层的岩石或者流体与酸发生反应后造成储层岩石渗透率下降的现象。主要有两种由酸敏性造成储层伤害的方式：第一种是化学反应产生的沉淀或凝胶；第二种是造成岩石原来结构的损害，出现或者加重速敏性损害。

酸敏性评价实验主要含有鲜酸和残酸(由鲜酸和另一块岩心反应后制备)的敏感性评价实验，主要用的测试步骤如下。

(1) 使用模拟地层水测量岩心的基础渗透率 K_1。

(2) 反向向岩心中注入 0.5～1.0 倍孔隙体积的酸液，关闭仪器在其中反应 1～3h。

(3) 使用模拟地层水正向测量恢复渗透率 K_2。用在实验中所测量的两个渗透率 K_1 和 K_2 计算 K_2/K_1 的值用以评价酸敏大小，酸敏损害的评价指标见表 2-21。

表 2-21　酸敏损害程度评价指标

	损害程度				
	≤0%	0%～15%	15%～30%	30%～50%	≥50%
敏感程度	无	中偏弱	中偏强	强	极强

7. 固相伤害评价

储层易运移的高岭石和伊利石等黏土矿物含量较高，而且现场使用的钻井液配方的固相含量高(表 2-22)。在井底正压差存在的条件下，固相颗粒可以挤入渗流通道，松散的岩石颗粒在渗流通道中运移，加重了物性较好储层被固相颗粒伤害的威胁。固相颗粒侵入岩心前后，岩心端面孔隙结构改变较大，固相颗粒在孔喉及孔隙通道堆积滞留，封堵渗流通道，降低储层渗透率。

表 2-22　钻井液中固相颗粒分析表

粒径/μm	占泥浆体积/%		
	LN-X2 井	LN-X3 井	LN-X4 井
0.34～1.22	0.50	0.80	0.34
1.23～2.03	0.82	2.02	0.93
2.04～2.81	0.90	1.45	1.22
2.82～3.89	1.02	1.76	1.55
3.90～4.84	0.96	1.45	1.22
4.85～6.02	1.04	1.61	1.41
6.03～7.49	1.26	1.80	1.64
7.50～9.31	1.30	1.65	1.56
9.32～11.8	1.06	1.23	1.05
11.9～15.5	1.92	1.87	1.62
15.6～19.3	1.70	1.54	1.21
19.4～24.0	1.20	0.88	0.67
24.1～29.8	0.88	0.48	0.32
29.9～39.8	1.55	1.17	0.71
39.9～49.8	1.34	1.21	0.72
49.9～57.5	0.78	0.66	0.41
57.6～66.2	0.88	0.40	0.78
66.3～82.4	0.60	0.11	0.10
82.5～88.6	0.16	0.02	0.02
88.7～95.6	0.12	0.00	0.00

参 考 文 献

陈忠, 唐洪明, 沈明道, 等. 1998. 川南香溪群四段低渗裂缝性砂岩储层保护. 石油与天然气地质, 19(4): 340-345.

崔迎春. 2000. 屏蔽暂堵剂优选的新方法. 现代地质, 14(1): 91-94.

崔迎春, 张琰. 1999. 储层损害和保护技术的研究现状和发展趋势. 探矿工程, 43(增刊): 39-43.

崔迎春, 张琰. 2000. 分形几何理论在屏蔽暂堵剂优选中的应用. 石油大学学报(自然科学版), 24(2): 17-20.

樊世忠. 1996. 钻井液完井液及保护油气层技术. 东营: 石油大学出版社.

樊世忠, 鄢捷年. 1996. 钻井液完井液及保护油气层技术. 东营: 石油大学出版社.

高尔夫-拉特 T D. 1989. 裂缝性油藏工程基础. 陈钟祥译. 北京: 石油工业出版社.

蒋官澄, 胡成亮, 熊英, 等. 2005. 广谱暂堵保护油气层钻井完井液体系研究. 钻采工艺, 28(5): 101-104.

蒋官澄, 胡冬亮, 关勋中, 等. 2007. 新型广谱 "油膜" 暂堵型钻井完井液体系研究与应用. 应用基础与工程科学学报, 15(1): 74-83.

蒋官澄. 1998. 裂缝性储层应力敏感性研究. 钻井液与完井液, 15(5): 12-14.

蒋海军, 鄢捷年, 张仕强. 2000. 储层裂缝有效宽度模型探讨. 钻井液与完井液, 17(2): 12-15.

李志勇, 鄢捷年, 王友兵. 2006. 保护储层钻井液优化设计新方法及其应用. 钻采工艺, 29(2): 85-87.

罗向东, 罗平亚. 1992. 屏蔽式暂堵技术在储层保护中的应用研究. 钻井液与完井液, 9(2): 19-27.

舒勇, 鄢捷年, 宋付英, 等. 2008. 暂堵剂图解优化新方法在钻井液设计中的应用. 石油钻探技术, 36(6): 48-51.

王新建. 1991. 川东石灰系碳酸盐岩人工裂缝宽度与渗透率关系图版建立及储集岩分类. 天然气工业, 11(5): 7-12.

王新建. 1997. 裂缝-孔隙型碳酸盐岩气藏储集层伤害因素的地质分析. 天然气工业, 17(2): 72-74.

王允诚. 1992. 裂缝性致密油气储集层. 北京: 地质出版社.

徐同台, 陈永浩, 冯京海, 等. 2003. 广谱型屏蔽暂堵保护油气层技术的探讨. 钻井液与完井液, 2: 39-41.

杨垦德, 汪建军. 1990. 水锁效应对低渗油层损害的初步研究. 钻井液与完井液, 7(4): 25-29.

袁士义, 宋新民, 冉启全. 2004. 裂缝性油藏开发技术. 北京: 石油工业出版社.

张厚福. 1992. 石油地质学新进展. 石油与天然气地质, 13(3): 351-354.

张绍槐, 罗平亚. 1992. 保护储集层技术. 北京: 石油工业出版社.

张琰, 崔迎春. 2000. 屏蔽暂堵分形理论与应用研究. 天然气工业, 20(6): 54-56.

张振华. 2000. 塔里木盆地深探井保护油气层技术研究. 北京: 中国石油大学.

张振华, 周志士, 邹盛礼. 1999. 裂缝性碳酸盐岩油气藏保护方法. 钻井液与完井液, 16(5): 30-34.

中国石化股份有限公司胜利油田分公司地质科学研究院. 2002. 储层敏感性流动实验评价方法(SY/T 5358—2002). 北京: 石油工业出版社.

朱法银. 1996. 保护油气层常用术语. 东营: 石油大学出版社.

Barkman J H, Abrams A, Darley H C H, et al. 1975. An oil-coating process to stabilize clays in fresh waterflooding operations(includes associated paper 6405). Journal Petroleum Technology, 27: 1053-1059.

Bennion D B, Thomas F B, Bietz R F. 1996. Low permeability gas reservoirs: Problems, opportunities and solutions for drilling, completion, stimulation and production//The SPE Gas Technology Symposium, Calgary.

Buchsteiner H, Warpinski N R, Economides M J. 1993. Stress-induced permeability reduction in fissured reservoirs. Society of Petroleum Engineers//The SPE Annual Technical Conference and Exhibition, Houston.

Hands N, Kowbel K, Maikranz S. 1998. Drilling in fluid reduce formation damage increases production rates. Oil & Gas Journal, 96(28): 65-68.

Holditch S A. 1979. Factors affecting water blocking and gas flow from hydraulically fractured gas wells. Journal of Petroleum Technology, 31 (12): 1515-1524.

Kleelan D K, Koepf E H. 1977. The role of core analysis in evaluation of formation damage. Journal of Petroleum Technology, 29 (5): 482-490.

Raible C J, Gall B L. 1985. Laboratory formation damage studies of western tight gas sands//The SPE/DOE Low Permeability Gas Reservoirs Symposium, Denver.

Udegbunam E, Amaefule J O J. 1998. An improved technique for modeling initial reservoir hydrocarbon saturation distributions: Applications in Illinois (USA) Aux Vases oil reservoirs. Journal of Petroleum Science & Engineering, 21 (3-4): 143-152.

Yeager V J, Blauch M E, Behenna F R, et al. 1997. Damage mechanisms in gas-storage wells//The SPE Annual Technical Conference and Exhibition, San Antonio.

第3章　转向酸化酸压技术机理

由于岩石矿物成分的特殊性，在碳酸盐岩油藏的开发历史上，向地层中注入酸液(盐酸、胶凝酸等)以溶解地层岩石一直是改善近井筒区域渗流条件的有效手段。根据注入压力的不同，可以分为基质酸化和酸化压裂(酸压)两种方法。

在低于岩石破裂压力的条件下注酸时，酸液注入地层形成蚓孔，沟通地层深部与井筒的工艺方法称为基质酸化。由于破裂压力所限制的最大排量、多孔介质的滤失性及酸岩反应特性等因素的影响，形成的蚓孔虽无法延伸很远，但能够很好地解除近井筒地带的污染。

在高于岩石破裂压力的条件下注酸时，酸液或前置液压开地层形成人工裂缝，由于岩石矿物分布和孔渗分布等非均质酸液在裂缝壁面形成凹凸不平的溶蚀沟槽，当压力卸去时，裂缝表面在凸起处产生支撑，使凹陷处成为渗流的通道，这种方法称为酸化压裂(或称酸压或酸压裂)。压裂酸化施工中酸液沿壁面的非均匀刻蚀是岩石的矿物非均质性和储层非均质性特征所致的。沿裂缝壁面，有些地方的矿物极易溶解(如方解石等)，而有些地方的矿物则难以被盐酸溶解，甚至不溶解(如石膏、砂等)。易溶解的地方刻蚀得很厉害，形成较深的坑沟或沟槽，难溶解的地方保持原状。此外，渗透率好的壁面易形成较深的凹坑，甚至蚓孔，从而进一步加重非均匀刻蚀。酸化施工结束后，由于裂缝壁面凹凸不平，裂缝在许多支撑点的作用下，不能完全闭合，最终形成具有一定几何尺寸和导流能力的人工裂缝，大大提高了储层的渗流能力。

与普通水力压裂不同，酸压技术一般采用酸蚀裂缝代替普通水力压裂的支撑裂缝，通过酸蚀裂缝壁面而非支撑裂缝来获得导流能力。酸压的作业风险比水力压裂低，因为它不存在潜在的支撑剂脱砂问题。酸蚀裂缝长度取决于储层岩石与压裂流体的化学反应速率，而且酸蚀裂缝的导流能力是由裂缝闭合应力下的酸蚀非均质形态来决定的(而不是取决于裂缝闭合应力条件下支撑剂的性质)。因而如何控制好活性酸穿透储层的距离及酸液非均匀刻蚀而获得有效的导流能力，一直是国内外学者长期关注的课题(贺伟和冯文光，2000；张琪，2000；陈赓良和黄瑛，2006)。

3.1　酸化化学与酸岩反应动力学

3.1.1　酸岩反应机理

酸岩反应的核心是酸液与岩石矿物成分发生化学反应。酸液类型和岩石矿物成分不同则发生的化学反应也不同，酸岩反应机理研究也由此展开。储层改造时所用的酸液类型可分为无机酸和有机酸，无机酸比有机酸的化学性质活泼，因此发生的反应速率较快。常用的无机酸主要是盐酸，常用的有机酸主要是甲酸、乙酸等。有机酸的酸液性质较弱，但能有效延缓酸岩反应速率，在一定程度上增加酸液的有效作用距离，对于某些特殊的储层(如高温储层)有一定的适应性，因此也广泛使用于碳酸盐岩酸压中。

1. 盐酸与不同岩石矿物的反应机理

盐酸在碳酸盐岩地层中的化学反应如下。

方解石：$2HCl+CaCO_3 =\!=\!= CaCl_2+CO_2\uparrow+H_2O$

白云岩：$4HCl+CaMg(CO_3)_2 =\!=\!= CaCl_2+MgCl_2+2CO_2\uparrow+2H_2O$

菱铁矿：$FeCO_3+2HCl =\!=\!= FeCl_2+CO_2\uparrow+H_2O$

绿泥石：$(Mg, Fe, Al)_3(Al, Si)_4O_{10}(OH)_2(Mg, Al)_3(OH)_6$ 不能全部溶于盐酸。

2. 氢氟酸与不同岩石矿物的反应机理

氢氟酸与其他常见矿物的反应式如下。

氢氟酸与石英反应：$4HF+SiO_2 \rightleftharpoons SiF_4(四氟化硅)+2H_2O$

氢氟酸与钠长石反应：$NaAlSi_3O_8+14HF+2H^+ \rightleftharpoons Na^++AlF_2^-+3SiF_4\uparrow+8H_2O$

氢氟酸与钾长石反应：$KAlSi_3O_8+14HF+2H^+ \rightleftharpoons K^++AlF_2^-+3SiF_4\uparrow+8H_2O$

氢氟酸与高岭石反应：$Al_4Si_4O_{10}(OH)_8+24HF+4H^+ \rightleftharpoons 4AlF_2^++4SiF_4\uparrow+18H_2O$

氢氟酸与蒙脱石反应：$Al_4Si_8O_{20}(OH)_4+40HF+4H^+ \rightleftharpoons 4AlF_2^++8SiF_4\uparrow+24H_2O$

3. 有机酸与不同矿物岩石反应机理

碳酸盐矿物：有机酸的水解程度很小，因此其 H^+ 与碳酸盐矿物反应很微弱，但有机酸在地层条件下由于其不稳定，常分解出 CO_2，使水溶液中的金属离子形成沉淀。

硅酸盐矿物：有机酸对硅酸盐矿物的溶解机理主要是针对 Si(IV) 和 Al^{3+} 展开的，首先在矿物表面形成络合物，降低表面反应的活化能，增加溶解速率，有机酸可以与 Si(IV) 和 Al^{3+} 结合形成络合离子，降低溶液中离子的有效浓度。

黏土矿物：一种反应是吸附，黏土矿物通过层间或表面酸位与有机酸阴离子结合起来，形成亚稳定的络合体，该过程将减少地层流体中有机酸离子的浓度，对长石等矿物的溶解起到抑制作用；另一种反应是催化反应，黏土矿物通过表面酸位使有机酸根离子发生歧化或电子云变形，最终致使脱羧基过程发生，使地层水中有机酸离子浓度下降，同样使长石等矿物的溶解受到抑制。

3.1.2 酸岩反应动力学

反应动力学是各反应物质接触后化学反应过程的描述，主要研究酸岩系统反应步骤、速率及其影响因素等。

酸岩反应速率是指单位时间内酸浓度的降低值，常用单位为 $mol/(L \cdot s)$，或单位时间内岩石单位面积的溶蚀量(或溶蚀速率)，常用单位为 $mg/(cm^2 \cdot s)$。前人总结了大量实验提出了"化学反应速度(率)和反应物的有效质量成正比"，即质量作用定理。在温度、压力不变时，反应速率与各作用物质浓度的 m 次方乘积成正比。对于酸岩反应(液固相反应)来说，固相反应物的浓度可视为不变。因此，在恒温、恒压条件下，酸岩反应速率可写为

$$-\frac{\partial C}{\partial t} = kC^m \tag{3-1}$$

式中，C 为反应时间为 t 时刻的酸浓度，mol/L；$\dfrac{\partial C}{\partial t}$ 为 t 时刻的酸岩反应速率，$mol/(L \cdot s)$；m 为反应级数，表示反应物浓度对反应速率的影响程度；k 为反应速率常数，$(mol/L)^{1-m}/s$，表示反应物浓度为单位浓度时的反应速率。

反应速率常数与反应物质的浓度无关，只与反应物质的性质、温度和压力有关，其值取决于反应物本身和反应系统的温度，由实验确定，每个反应都有表征其本身特性的速率常数。

1. 酸岩反应动力学方程的确定(此处测得的应该是表面反应速率)

酸岩反应是复相反应。主要采用的试验方法是采用旋转圆盘装置进行酸岩反应动力学试验。而圆盘的面容比对酸岩反应速率的影响较大，因此实际试验数据处理时，往往采用面容比校正后的反应速率：

$$J = -\left(\frac{\partial C}{\partial t}\right)\frac{V}{S} \tag{3-2}$$

式中，V 为参加反应的酸液体积，L；S 为圆盘反应表面积，cm^2；J 为反应速率(即单位时间流过单位岩石面积的物质量)，$mol/(cm^2 \cdot s)$。

则式 (3-2) 可写为

$$J = kC^m \tag{3-3}$$

式 (3-3) 即为酸岩反应动力学方程，常规条件下，利用旋转圆盘装置可测得一定温度压力和转速条件下的 C 值和 J 值，采用微分法确定酸岩反应速率，绘制成关系曲线，即

$$J = -\left(\frac{C_1 - C_2}{\Delta t}\right)\frac{V}{S} \tag{3-4}$$

式中，C_1、C_2 分别为 t_1、t_2 时刻的酸的浓度。

对式 (3-2) 两边取对数，得

$$\lg J = \lg k + m\lg C \tag{3-5}$$

反应速率常数 k 和反应速率级数 m 在一定条件下为常数，因此，用 $\lg J$ 和 $\lg C$ 作图得一直线，采用最小二乘法对 $\lg J$ 和 $\lg C$ 进行线性回归，求得 k 和 m 值，从而确定酸岩反应动力学方程。

2. 酸岩反应表面活化能的确定

酸岩反应可以通过反应途径或反应过程的一系列简单步骤而发生。化学家常用碰撞理论来帮助阐明他们对反应过程的观察结果。根据碰撞理论，若要发生反应则反应微粒必须发生碰撞，而且这些碰撞必须引起微粒间的相互作用。发生有效碰撞所需的最小能量是这个反应的活化能。如果碰撞具有足够的能量，而且碰撞分子的取向合适，则会形成一种可在短时间内存在的活化络合物。这是一种分子络合物，化学键正在断裂和形成，非活化分子转变为活化分子所需吸收的能量就是反应的活化能。温度对反应速率有显著影响。在多数情况下，其定量规律可由阿伦尼乌斯方程描述：

$$k = A\exp\left(-\frac{E_a}{RT}\right) \tag{3-6}$$

式中，k 为反应速率常数，$(\text{mol/L})^{1-m}/\text{s}$；$A$ 为频率因子，$(\text{mol/L})^{1-m}/\text{s}$；$E_a$ 为酸岩反应活化能，J/mol；R 为摩尔气体常数，$8.314\text{J}/(\text{mol·K})$；$T$ 为热力学温度，K。

对于更为复杂的描述 k 与 T 的关系式中，活化能 E_a 定义为

$$E_a = RT^2\frac{\partial \ln k}{\partial T} \tag{3-7}$$

在元反应中，并不是反应物分子的每一次碰撞都能发生反应。阿伦尼乌斯认为，只有"活化分子"之间的碰撞才能发生反应，而活化分子的平均能量与反应物分子平均能量的差值即为活化能。近代反应速率理论进一步指出，两个分子发生反应时必须经过一个过渡态活化络合物，过渡态具有比反应物分子和产物分子都要高的势能，碰撞时反应物分子必须具有较高的能量足以克服反应势能垒，才能形成过渡态而发生反应。式(3-8)可写为

$$J = k_0 \exp\left(-\frac{E_a}{RT}\right)C^m \tag{3-8}$$

两边再取对数得

$$\lg J = \lg(k_0 C^m)\left(-\frac{E_a}{2.303R}\frac{1}{T}\right) \tag{3-9}$$

于是，在其他条件相同时，用同一浓度的酸液在不同温度下进行旋转圆盘反应实验可得到温度 T_1, T_2, …, T_n 下的反应速率 J_1, J_2, …, J_n。由于 $\lg J$ 与 $1/T$ 为线性关系，运用回归或作图处理便可求出酸岩反应活化能 E_a。

3. H⁺有效传质系数的计算

酸与岩石反应时，H^+ 传质速度、H^+ 在岩面上的表面反应速率及生成物离开岩面的速度对反应速率均有影响，但起主导作用的是其中最慢的一个过程(Lund et al., 1973, 1975)。

对于灰岩储层，酸岩复相反应速率主要取决于 H^+ 传质速度，可以用描述离子传质速度的 Fick 定律表示酸岩反应速率和扩散边界层内离子浓度梯度的关系：

$$-\frac{\partial C}{\partial t} = -D_e \frac{S}{V}\frac{\partial C}{\partial y} \tag{3-10}$$

式中，$\dfrac{\partial C}{\partial y}$ 为扩散边界层内垂直于岩面方向的酸液浓度梯度，mol/(L·cm)；$\dfrac{S}{V}$ 为岩石反应面积和酸体积之比，简称面容比，cm²/cm³。

Fick 定律表明，酸岩反应速率与酸岩反应系统的面容比、边界层内垂直于岩面的酸浓度梯度及 H^+ 传质速度等有关。

在酸岩反应过程中，H^+ 的传递从传热、传质学角度，是由两个过程共同实现的：H^+ 随酸液流体本身发生宏观运动——对流作用；由高浓度向低浓度方向运动——扩散作用。综合起来，酸岩反应时，H^+ 的传递过程实为对流扩散的过程。

运用旋转圆盘仪或裂缝流动装置均可求出 H^+ 有效传质系数 D_e。由于两种装置流场不同，计算公式也不相同。

1) 利用裂缝流动模拟装置求取 D_e

对裂缝流动实验。假定 n 与 C 无关，且假定在恒温、恒压、壁面无滤失情况下进行稳定流动反应试验，并认为酸沿裂缝的黏性层流为柱塞流，即用平均流速 U_0（常量）代替流速 $U(y)$，可得 x 方向任一断面上的平均酸浓度为

$$\bar{C}(x) = \frac{8C_0}{\pi^2} \sum_{n=0}^{\infty} \frac{1}{(2n+1)^2} \exp\left[-(2n+1)^2 \frac{\pi^2 D_e x}{U_0 \bar{w}^2}\right] \tag{3-11}$$

裂缝出口处 ($x=L$) 酸浓度 C 可直接测量，此时 $\bar{w}=w$，$U_0=v_a$，故式 (3-11) 可写为

$$\frac{\bar{C}(L)}{C_0} = \frac{8}{\pi^2} \sum_{n=0}^{\infty} \frac{1}{(2n+1)^2} e^{-(2n+1)^2 S} \tag{3-12}$$

$$S = \frac{\pi^2 L}{v_a w^2} D_e \tag{3-13}$$

式 (3-11)～式 (3-13) 中，$\bar{C}(L)/C_0$ 为缝出口处酸浓度与初始酸液浓度的比值，无因次；n 为傅里叶级数展开式中项数；S 为无因次参数；L 为裂缝长，cm；v_a 为酸液的流速，cm/s（缝入口排量与缝高、宽之比）；w 为任一位置处缝宽；$\bar{w}$ 为平均缝宽，cm。

由式 (3-12) 可以看出，S 与 $\bar{C}(L)/C_0$ 之间存在一定的函数关系。为便于计算，运用计算机将 $\bar{C}(L)/C_0$ 与其对应值制成数据表，供处理实验数据时使用。而进行裂缝流动模拟试验时，在恒温、恒压下，将酸液以稳定排量注入裂缝。每隔一定时间在裂缝出口处取样。测定酸液浓度 C 和 Ca^{2+} 的浓度。根据各时刻 Ca^{2+} 计算出溶解的 $CaCO_3$ 体积，然后求出各时刻裂缝的平均缝宽 $\bar{w}$，再根据 $\bar{C}(L)/C_0$ 值查 $\bar{C}(L)/C_0$ 与 S 的关系表，得出 S，然后由式 (3-13) 即可求出 D_e。但由于酸液与两边进行反应时为不规则的刻蚀，不能单一地根据 Ca^{2+} 的浓度来计算平均缝宽 $\bar{w}$，所以该方法的误差较大。

2) 利用旋转圆盘假装置求取 D_e

利用旋转圆盘试验，可以测定 D_e 值。旋转圆盘试验时，高压釜体内的酸液进行三维流动。基于 Navier-Stokes 方程和连续性方程，求解定常条件下酸液旋转流动反应时的对流扩散偏微分方程，可得到 D_e 的解析解为

$$D_e = (1.6129\mu^{\frac{1}{6}}\omega^{-\frac{1}{2}}C_t^{-1}J)^{3/2} \qquad (3\text{-}14)$$

式中，ω 为旋转角速度，s^{-1}；C_t 为时间为 t 时酸液内部浓度，mol/L；μ 为酸液运动黏度，cm^2/s；J 为反应速率（单位时间内流过单位岩石面积的物质的量），$mol/(cm^2 \cdot s)$。由式(3-14)可知，H^+ 有效传质系数与旋转角速度 ω 有关，即与酸液流态有关。为了应用方便，常作不同温度下的一系列 D_e-Re 关系曲线（Re 称为旋转雷诺数）。

$$Re = \omega R^2 / v \qquad (3\text{-}15)$$

式中，R 为岩盘半径，cm。

对普通酸液体系来说，将旋转角速度与酸液流态联系在一起，但对于高黏度酸液流态是否与旋转角速度有关，还没有进行进一步的证明。

3.1.3 酸岩反应影响因素

酸与岩石的反应为酸岩复相反应，反应只在液固界面上进行，因而液固两相界面的性质和大小都会影响复相反应的进行。图 3-1 为酸岩复相反应示意图。考虑到任一固体表面都具有吸附物质的剩余力场，假设其反应过程中包含吸附作用步骤，则酸与岩石的反应历程可描述如下：H^+ 向岩石表面传递；被吸附的 H^+ 在岩石表面反应；反应产物通过传质离开岩石表面。

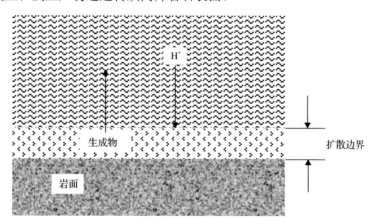

图 3-1　酸岩复相反应示意图

以上三个步骤中速度最慢的一步为整个反应的控制步骤，它决定着总反应速率的快慢。影响酸岩反应的因素主要包括地质因素和工艺因素。

1. 地质因素

对要进行改造的储层来说，其地质特性是不可改变的。因此地质因素为酸岩反应固定因素，酸岩反应地质因素示意图如图 3-2 所示，主要包括温度、压力、渗透率、孔隙度、含油气水饱和度、岩石的矿物类型及含量、非均质性等方面。

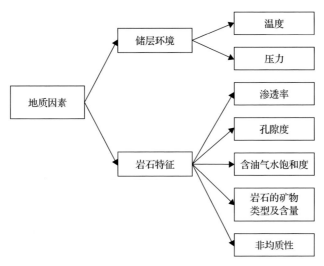

图 3-2　酸岩反应地质因素示意图

1) 温度对酸岩反应的影响

温度对酸岩反应的影响从化学角度上来说，提高了 H^+ 在液体中运动的能力，H^+ 运动加快使传质效率提高，主要体现在其对酸岩反应速率常数的影响，可由阿伦尼乌斯方程来描述。结合酸与岩石反应特点，酸岩反应速率可表示为

$$J = K_0 \exp\left[\frac{E_a(T - T_0)}{RTT_0}\right]C^m \qquad (3\text{-}16)$$

式中，K_0 为频率因子；E_a 为反应活化能，J/mol；T 为热力学温度，K；T_0 为初始温度，K；C 为表面酸液浓度，mol/L；m 为反应级数，表示反应物浓度对反应速率的影响程度。

由式 (3-16) 计算和分析可知，温度对酸岩反应速率影响很大，在低温条件下，温度变化对反应速率变化的影响相对较小；在高温条件下，温度变化对反应速率变化的影响较大。

2) 压力对酸岩反应的影响

压力对酸岩反应的影响主要体现在反应速率方面，压力增加会使反应减缓，总的来说，压力对反应速率影响不大，特别是压力高于 6.5MPa 后可以不考虑压力对反应速率的影响。

3) 岩石孔隙结构对酸岩反应的影响

岩石的孔隙度和渗透率对酸岩反应有重要的影响。事实表明，孔隙度越大、渗透率越高的岩石，其酸岩反应速率越快，反之越慢。其主要原因是酸液渗入地层增加了酸岩反应的反应面积，加快了酸液的整体反应速率。因此在实际施工中，为了增加酸蚀有效作用距离，降低酸液的滤失需要增加酸液的黏度。

4) 含油气水饱和度对酸岩反应的影响

油气水饱和度高的储层岩石，其岩石表面覆盖了一层有机质或遮挡层，阻碍了 H^+ 向岩石表面移动，降低了 H^+ 传质速度，若饱和度过高，则降低了酸液浓度使酸岩反应速率降低。

5) 储层岩石类型对酸岩反应的影响

储层的岩石特性是决定酸在地层中的化学反应的主要因素，岩石中的矿物分布情况是制约酸岩反应的关键。不同的矿物晶体离子半径不相同，其离子键的共价呈高低不一，偶极矩长短各异，键能有强有弱，因此酸与各化合物反应的能力不同。

酸与灰岩的反应比酸与白云岩的反应速率快。在碳酸盐岩中泥质含量较高时，反应速度也会变慢。对于砂岩地层由于其矿物成分复杂，所以更需要分析矿物成分才能确定酸岩反应特性。

6) 岩石的非均质性对酸岩反应的影响

储层的非均质性不仅是矿物组成的非均质性，还包括孔隙和微裂缝尺度的非均质性和大尺度非均质性，如孔洞、发育的裂缝系统等，非均质性对酸岩反应的效果有影响。

但非均质性主要体现在其适中性有利于形成酸蚀表面沟槽，因为过高或过低的非均质性都会使酸液刻蚀非均匀性不明显，导致岩石表面趋于平整。只有在同一方向上的非均质性高，酸蚀后才会产生明显的酸蚀沟槽。

2. 工艺因素

工艺因素是影响酸岩反应的可变因素。酸岩反应工艺因素示意图如图 3-3 所示，主要包括酸液特征中的酸液类型、酸液黏度、酸液浓度、同离子效应，施工制度中的泵注程序、设计酸液量(面容比)、排量(酸液流速)和关井时间。

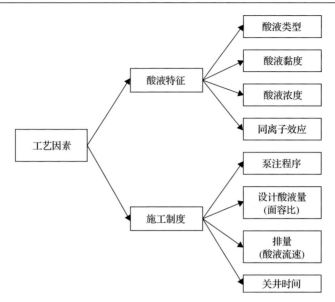

图 3-3 酸岩反应工艺因素示意图

1) 酸液类型对酸岩反应的影响

不同的酸液类型其物理化学性质和解离度相差很大, 因此酸液类型决定了地层中发生的化学反应。根据不同酸液类型对不同矿物成分的反应不同或溶解能力不同, 常采用针对地层的岩石矿物成分选择酸化处理的酸液类型。一般情况下, 盐酸主要用于处理碳酸盐岩地层和作为含灰质较高的砂岩地层酸化前置液, 土酸主要用于处理砂岩或泥页岩地层。根据储层特征, 常需要优选酸液浓度和优化酸液体系的配方, 同时化学添加剂也需要根据储层特征进行优选评价。例如, 高浓度稠化酸用于低温高灰质含量的碳酸盐岩酸压处理, 有机土酸用于高温砂岩地层改造, 交联酸既可用于高破裂压力的白云岩地层又可用于灰岩地层。

2) 酸液黏度对酸岩反应的影响

酸液黏度升高会使系统酸岩反应速率变慢。但是目前国内外对黏度影响酸岩反应的研究甚少, 多数情况下使用旋转圆盘模拟高黏度酸液的酸岩反应, 出现的结果误差较大, 可信度较低, 因此需要对黏度与酸岩反应的关系进行深入的研究。

3) 酸液浓度对酸岩反应的影响

鲜酸的反应速率最高, 残酸的反应速率较低。浓酸的初始反应速率虽快, 但当浓酸变为残酸时, 其反应速率比同浓度的鲜酸的反应速率要慢得多。初始浓度越高, 下降到某一浓度残酸时的反应速率就越低, 这一规律可以由同离子效应来解释。残酸比鲜酸反应速率低, 浓度高的酸比浓度低的酸有效作用距离长。

4)同离子效应对酸岩反应的影响

如上所述，当酸液经过一定时间反应后，酸液中已经存在了大量的反应物，反应物的浓度升高，酸液中离子浓度增大，致使离子之间的相互牵制作用加强，离子的运动变得更加困难，H^+传质速度降低，使酸液的表观解离度降低，致使 H^+ 浓度下降，反应速率变慢。由化学动力学理论可知，溶液中反应产物的离子浓度升高，会抑制正反应的进行，导致酸岩反应速率降低。

5)泵注程序对酸岩反应的影响

泵注程序只会间接影响酸岩反应，泵注程序直接影响了酸液进入地层的顺序和对地层产生的裂缝的情况变化，这些都会间接影响酸岩反应。如裂缝的长度和宽度对酸岩反应会有影响。

6)面容比对酸岩反应的影响

面容比表示酸岩系统中岩石的反应面积与参加反应的酸液体积的比值：

$$S_\varphi = \frac{S}{V} \tag{3-17}$$

式中，S_φ 为面容比，cm^2/cm^3。面容比越大，一定体积的酸液与岩石接触的分子越多，发生反应的机会越大，反应速率越快。在小直径孔隙和窄的裂缝中，酸岩反应时间是很短的，这是由于面容比大，酸化时挤入的酸液类似于铺在岩面上，酸反应速度接近于表面反应速率，酸岩反应速率很快。在较宽的裂缝和较大的孔隙储层中面容比小，酸岩反应时间较长。

7)酸液流速对酸岩反应的影响

酸岩反应速率随酸液流速的增大而加快，当酸液流速较低时，酸液流速的变化对反应速率无显著影响；当酸液流速较高时，强迫对流作用大大加强，H^+传质速度显著增加，致使反应速率随流速增加而明显加快。

但在酸压中随着酸液流速的增加，酸岩反应速率增加的倍数小于酸液流速增加的倍数，酸液尚未完全反应，已经流入储层深处，故提高注酸排量可以增加活性酸穿透距离。酸压施工时在设备和井筒条件允许及不压破临近盖层和底层的情况下，尽量加大排量注酸。

8)关井时间对酸岩反应的影响

关井时间直接反映了酸液在地层中的滞留时间，酸液在地层中与岩石反应的是否充分取决于关井时间的长短。但关井时间过长可能会对地层造成无法挽回的伤害，因此需要进一步进行相关的实验研究。

3.2　酸蚀蚓孔形成机理

酸化一般被用来解除碳酸盐岩地层近井筒附近的污染。在酸化过程中，总是希望以最少的酸量达到最好的效果，即以最少的酸量达到接触储层污染，恢复自然产能。

研究表明，酸化过程中形成怎样的蚓孔形态对酸化的效果至关重要。酸化的蚓孔形态受注入速度、地层物性、非均质程度的影响。因此，研究它们对蚓孔形态的影响意义重大。本节利用普通酸(质量分数为 15%HCl)来研究蚓孔形成的机理，并对影响蚓孔形成的因素进行分析。

3.2.1　线性蚓孔扩展

通过广泛的调研，可知国内外进行过的大多数相关实验都得出这样的结论：酸液注入速度对酸蚀蚓孔的生长影响较大。酸液注入速度逐渐增加，岩心溶蚀形态出现面部溶蚀、锥形溶蚀、主蚓孔、多分枝蚓孔和均匀溶蚀 5 种情形。一般认为，产生主蚓孔且突破岩心时用酸量最小对应的注入速度即为最优注入速度。

本节模拟了不同注入速度下蚓孔形状和岩心两端压差随注酸体积的变化，采用的酸液的浓度为 15%。图 3-4～图 3-11 显示实验条件下不同注入速度时蚓孔形

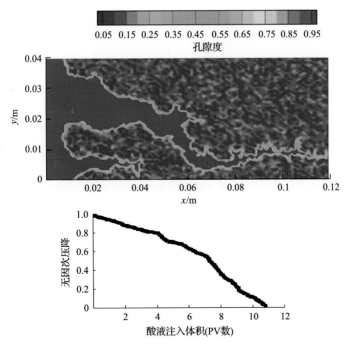

图 3-4　蚓孔形状和压差随注酸量变化(注入速度为 0.03cm/min)

PV-孔隙体积，PV 数即孔隙体积的倍数

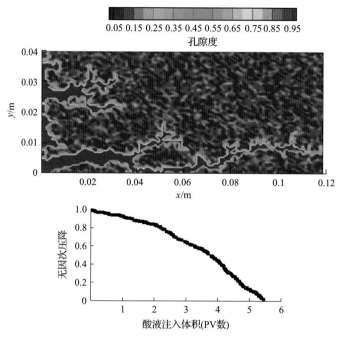

图3-5 蚓孔形状和压差随注酸量变化(注入速度为 0.075cm/min)

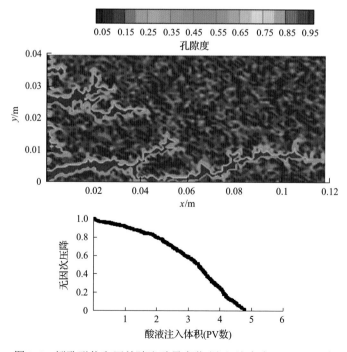

图3-6 蚓孔形状和压差随注酸量变化(注入速度为 0.12cm/min)

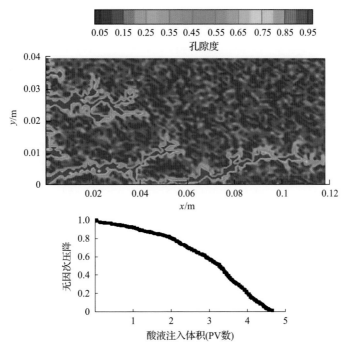

图 3-7　蚓孔形状和压差随注酸量变化(注入速度为 0.165cm/min)

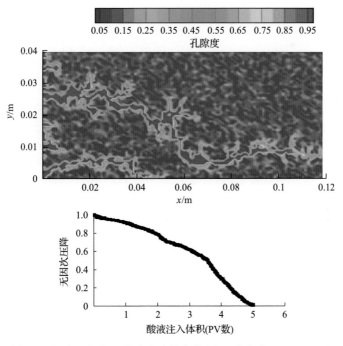

图 3-8　蚓孔形状和压差随注酸量变化(注入速度为 0.27cm/min)

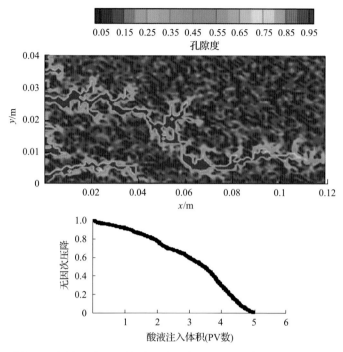

图 3-9　蚓孔形状和压差随注酸量变化(注入速度为 0.3cm/min)

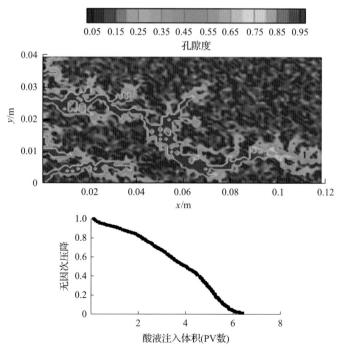

图 3-10　蚓孔形状和压差随注酸量变化(注入速度为 0.75cm/min)

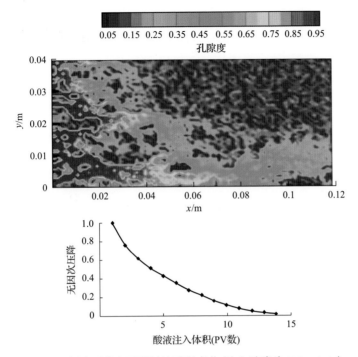

图 3-11　蚓孔形状和压差随注酸量变化(注入速度为 7.5cm/min)

状和蚓孔突破岩心时的酸液注入量，岩心两端压差变化反映蚓孔扩展速度，压差为 0 时蚓孔突破岩心。

酸液注入速度从 0.015cm/min 增加至 7.5cm/min，酸蚀形态图形呈现出实验中观察的现象：面部溶蚀、主蚓孔、枝杈状蚓孔和均匀溶蚀情形。

蚓孔突破岩心需要的酸液体积如表 3-1 所示，突破酸量(PV 数)随注入速度变化如图 3-12 所示，曲线趋势与实验室观测到的一致，存在一最优注入速度，在该注入速度下，蚓孔扩展最快，即蚓孔突破岩心需要的酸液量最小，在最优注入速度右边，突破酸液量(PV 数)随注入速度增加较慢，突破酸液量(PV 数)与 $Q^{1/3}$ 成正比；在最优注入速度左边，突破酸液量(PV 数)随注入速度降低急剧增加，即在较低注入速度下，蚓孔扩展很慢，蚓孔对滤失的影响较小。因为模型为二维模型，最优注入速度附近的突破酸液量(PV 数)比实际实验中要大一点。结合表 3-1 和图 3-12 可以看出，注入速度为 0.165cm/min 时，突破同一岩心所需的酸液体积最小，即该模拟条件下最优注入速度为 0.165cm/min。模拟宽度为 4cm，刚开始时出现了 2 根蚓孔，两根蚓孔向前扩展时，压降随注入量下降较缓慢。在后面阶段，两根蚓孔间的竞争使其中一条慢慢停止增长，变成一根蚓孔向前扩展，压降随注酸量下降较快，蚓孔增长速度较快，在形成主蚓孔注入条件下，压降曲线上明显有这种趋势，在注入速度很高时，没有这种趋势，因为高注入速度下没有主蚓孔形成，变成均匀溶蚀。

表 3-1 注入速度对应的突破酸液量(**PV 数**)(注入速度为 0.03～7.5cm/min)

PV/L	注入的体积量/L	注入速度/(cm/min)	PV 数	备注
0.000501726	0.005421263	0.03	10.81	
0.000501726	0.003017568	0.06	6.01	
0.000501726	0.002754883	0.08	5.49	
0.000501726	0.002579213	0.09	5.14	
0.000501726	0.002421444	0.12	4.83	
0.000501726	0.002344711	0.15	4.67	
0.000501726	0.002325224	0.17	4.63	
0.000501726	0.002343761	0.18	4.67	
0.000501726	0.002478764	0.27	4.94	最优
0.000501726	0.002512052	0.30	5.01	
0.000501726	0.002732462	0.45	5.45	
0.000501726	0.002920010	0.60	5.82	
0.000501726	0.003198660	0.75	6.38	
0.000501726	0.003943947	1.35	7.86	
0.000501726	0.004843108	3.00	9.65	
0.000501726	0.006932544	7.50	13.82	

将注入速度与突破酸液量(PV 数)绘制成图，如图 3-12 所示。

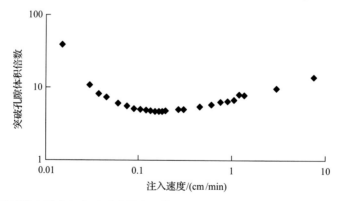

图 3-12 酸液注入速度与突破酸液量(PV 数)的关系曲线(注入速度为 0.03～7.5cm/min)

3.2.2 径向蚓孔扩展

径向蚓孔扩展模型是描述酸蚀蚓孔突破近井筒地带污染区域的模型。在碳酸盐岩油藏中，近井筒地带经常会由于钻完井、油藏中颗粒运移等导致堵塞，严重影响了油井的生产效率。酸化是用来解除这些污染的主要措施。

如前所述，主蚓孔是最希望得到的酸蚀形态。径向蚓孔扩展模型与线性蚓孔扩展模型有很大的差别。这不仅反映在模型的坐标系统不同，更有边界条件的不同。另外，入口处的注入速度会比线性蚓孔扩展模型的注入速度大得多。因此，在分析注入速度对酸蚀溶解形态的影响时，一定要将这些因素考虑在内。很多文献中都采用无因次的方法分析两者之间的关系，这种方法具有同一性，即无论哪个模型，表示注入速度的无因次参数的值都相差不多，具有非常好的可比性。但是，由于大多数无因次参数属化学工程范畴，表述起来不方便，本书只用有因次的模型。

图 3-13～图 3-20 显示不同注入速度下蚓孔形状和蚓孔突破岩心时的酸液注入量，岩心两端压差变化反应蚓孔扩展速度，压差为 0 时蚓孔突破岩心。

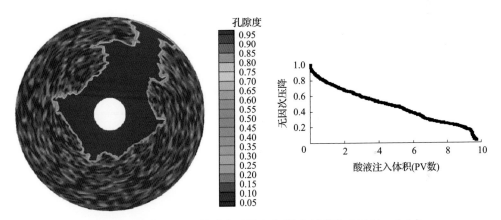

图 3-13 蚓孔形状和压差随注酸量变化（注入速度为 0.0066cm/min）

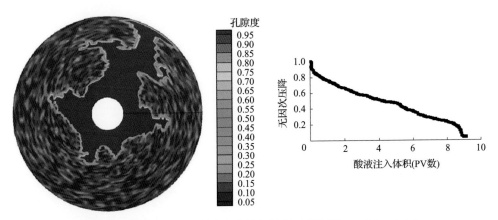

图 3-14 蚓孔形状和压差随注酸量变化（注入速度为 0.0132cm/min）

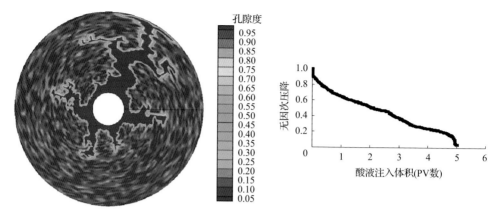

图 3-15　蚓孔形状和压差随注酸量变化(注入速度为 0.033cm/min)

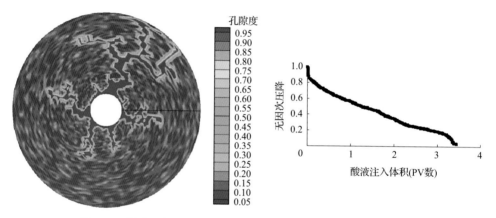

图 3-16　蚓孔形状和压差随注酸量变化(注入速度为 0.066cm/min)

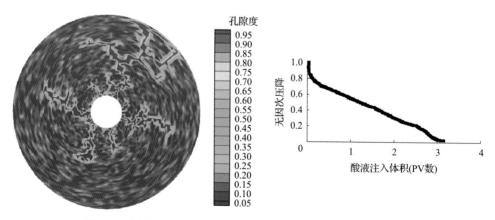

图 3-17　蚓孔形状和压差随注酸量变化(注入速度为 0.66cm/min)

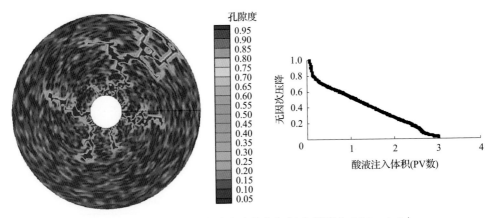

图 3-18 蚓孔形状和压差随注酸量变化(注入速度为 1.32cm/min)

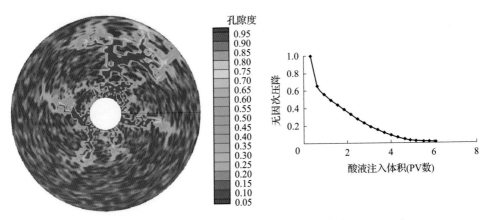

图 3-19 蚓孔形状和压差随注酸量变化(注入速度为 6.6cm/min)

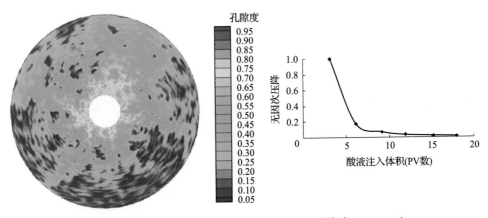

图 3-20 蚓孔形状和压差随注酸量变化(注入速度为 66cm/min)

酸液注入速度从 0.0066cm/min 增加至 66cm/min,酸蚀形态图形呈现出实验中观察的现象:存在面部溶蚀、主蚓孔、枝杈状蚓孔和均匀溶蚀的情形,蚓孔突破岩心需要的酸液体积如表 3-2 所示,突破酸液量(PV 数)随注入速度变化如图 3-21 所示,存在一个最优注入速度。在该注入速度下,蚓孔扩展最快,即蚓孔突破岩心需要的酸液量最小,在最优速度右边,突破酸液量(PV 数)随注入速度增加较慢;在最优注入速度左边,酸液量(PV 数)随注入速度降低急剧增加,即在较低注入速度下,蚓孔扩展很慢,蚓孔对滤失的影响较小。因为模型为二维模型,最优注入速度附近的酸液量(PV 数)比实际实验中要大一点。

表 3-2　注入速度对应的突破酸液量(PV 数)(注入速度为 0.0066~66cm/min)

PV 值/L	注入的体积量/L	注入速度/(cm/min)	PV 数	备注
0.004593	0.0825	66	17.97	
0.004593	0.0278	6.6	6.05	
0.004593	0.0253	1.32	3.01	最优
0.004593	0.0223	0.66	3.14	
0.004593	0.0215	0.066	3.45	
0.004593	0.0329	0.033	5.03	
0.004593	0.0585	0.0132	9.14	
0.004593	0.0592	0.0066	9.75	

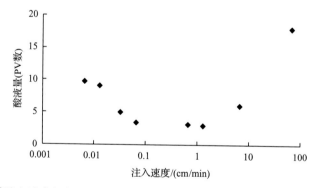

图 3-21　酸液注入速度与突破酸液量(PV 数)的关系曲线(注入速度为 0.0066~66cm/min)

3.2.3　氢离子扩散系数的影响

注入速度较低的条件下,扩散作用在蚓孔扩展过程中占主导作用。为了研究扩散作用对蚓孔扩展的影响,分析了不同扩散系数时注入速度与突破酸液量(PV 数)的关系,如图 3-22 所示。

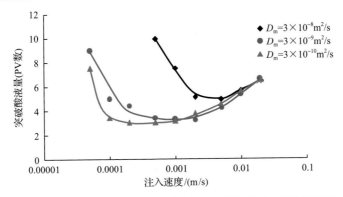

图 3-22　不同扩散系数时注入速度与突破酸液量(PV 数)的关系

D_m-扩散系数

从图 3-22 中可以看出，当注入速度较小时，扩散系数越大，突破酸液量(PV数)越大，说明扩散系数的增大使更多的酸液因扩散作用而流向液固表面，导致酸岩反应更加充分，这种情况更易产生面溶蚀，此时扩散作用占主导优势。当注入速度较大时，不同扩散系数条件下的突破酸液量(PV数)非常接近，原因是对流作用占主导优势，扩散作用对蚓孔扩展的影响很小。

主蚓孔溶蚀形态是在对流作用与扩散作用相当的情况下形成的。对于相同的注入速度，扩散系数的不同会导致不同的溶解形态，突破酸液量(PV数)的差异较大。对于不同的扩散系数，产生最小突破酸液量(PV数)所对应的最优注入速度也会发生改变。

蚓孔在径向流扩展的过程中，当扩散系数较小时，酸液在流速很小的情况下就可以形成主蚓孔，如图 3-23 所示，扩散系数为 3×10^{-10}m²/s，注入速度为 2×10^{-4}m/s 时附近的突破酸液量(PV数)最小，此时形成主蚓孔。当扩散系数变大时，酸液受到强烈的扩散作用的影响，会首先产生轻度的面溶蚀，之后才形成主蚓孔。

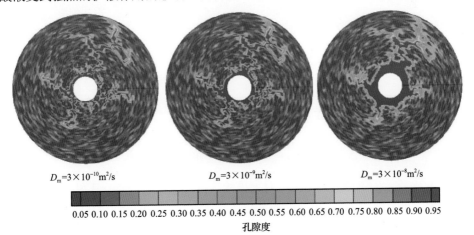

图 3-23　不同扩散系数条件下突破酸液量(PV 数)最小时的酸蚀溶解孔隙度图

图 3-23 为扩散系数分别为 $3 \times 10^{-10} m^2/s$、$3 \times 10^{-9} m^2/s$ 和 $3 \times 10^{-8} m^2/s$ 时，酸液量（PV 数）最小时的酸蚀溶解后的孔隙度分布图。从图中可以看出，扩散系数为 $3 \times 10^{-8} m^2/s$ 时，井筒附近出现了面溶蚀，在稍远离井筒的地方才形成蚓孔。

3.2.4　地层非均质性的影响

由于毛细管模型和网络模型都无法考虑非均质性，又无法通过实验的手段进行系统的研究，这就导致非均质性对蚓孔扩展的影响虽备受关注，但一直没有进行详细的研究，Conway 等（1999）也只对线性蚓孔扩展受非均质性的影响进行了粗略地研究。因此，本书通过径向蚓孔扩展模型，研究了不同非均质性程度 $\Delta\phi_0$（即初始孔隙度的不同随机分布程度）对溶解形态的影响，初步认识了非均质性对蚓孔密度和突破酸液量（PV 数）的影响规律。

图 3-24 所示为 $\Delta\phi_0$ 分别为 0.01、0.04 和 0.07 时，最优注入速度下的酸蚀溶解孔隙度图，$\Delta\phi_0$ 为 0.01 时的酸蚀溶解孔隙度图如图 3-24（a）所示。由图可以看出，随着非均质程度的增加，蚓孔密度呈下降的趋势。原因是非均质程度越低，相邻孔隙的孔隙度变化越小，蚓孔的扩展过程受非均质程度的影响越小，产生均匀竞争的蚓孔，导致蚓孔的数量多而形状规则；反之，非均质程度越高，蚓孔越易受非均质程度的影响，产生不均匀竞争的蚓孔，蚓孔的形状不规则，蚓孔密度小而逐渐趋于稳定。

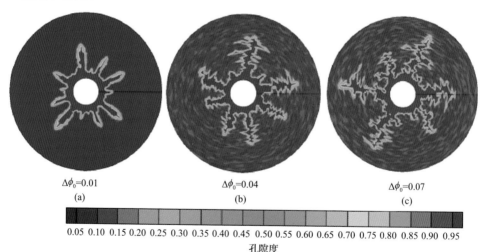

$\Delta\phi_0 = 0.01$　　　　　　　$\Delta\phi_0 = 0.04$　　　　　　　$\Delta\phi_0 = 0.07$
（a）　　　　　　　　　　（b）　　　　　　　　　　（c）

0.05 0.10 0.15 0.20 0.25 0.30 0.35 0.40 0.45 0.50 0.55 0.60 0.65 0.70 0.75 0.80 0.85 0.90 0.95
孔隙度

图 3-24　不同非均质程度的酸蚀溶解孔隙度图

图 3-25 所示为不同非均质程度对突破酸液量（PV 数）的影响。从图中可以看出，非均质程度对突破酸液量（PV 数）的影响可以分为两个区域。当 $\Delta\phi_0 \in (0, 0.07) \cup (0.085, 0.11)$ 时，非均质程度的变化对突破酸液量（PV 数）的影响不大；当 $\Delta\phi_0 \in (0.07, 0.085)$ 时，非均质程度对突破酸液量（PV 数）非常敏感，稍许的变化会导致

突破酸液量(PV 数)很大的变化。因此，认为存在一个非均质程度使突破酸液量(PV 数)最小，对于本例，最优临界值程度 $\Delta\phi_0$ 为 0.085。

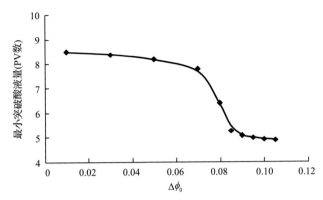

图 3-25　不同 $\Delta\phi_0$ 与最小突破酸液量(PV 数)的关系

由此可见，非均质程度对蚓孔密度和突破酸液量(PV 数)的影响有一定的规律。当非均质程度小于其最优值时，随着非均质程度的增强，蚓孔密度减少，突破酸液量(PV 数)也减少；当非均质程度大于其最优值时，随着非均质程度的增强，蚓孔密度和突破酸液量(PV 数)均基本达到最小值(柳明等，2012)。

3.2.5　孔隙度分布规律的影响

岩石颗粒间未被胶结物质充满或未被其他固体物质占据的空间统称为空隙(Ziauddin and Bize，2007)。空隙按几何尺寸或形状可以分为孔隙、空洞和裂缝。孔隙是最普遍的形式，地球上没有孔隙的岩石是不存在的；碳酸盐岩中的空洞主要是可溶成分受地下水溶蚀后形成的；裂缝则大多是由于地应力作用而形成的，它是地下油气渗流的主要通道。

碳酸盐岩地层的孔隙体系主要是由原生孔隙和大量发育的次生孔隙构成的，与碎屑岩相比，碳酸盐岩的孔隙体积要复杂得多。主要原因(Zakaria et al.，2015)：第一，碳酸盐岩沉积物多与生物成因有关，生物成因颗粒内部及颗粒之间、礁体生物骨架之间存在着大量的原生孔隙，而不同时期生物类型和生物的发育程度又有很大差别；第二，碳酸盐岩是一种化学活动很强的岩石，在其沉积和埋藏过程中极易受溶蚀及白云石化作用，发育丰富的次生孔隙。

孔隙度是指岩石中孔隙体积与岩石总体积之比。岩石中有些孔隙相互连通，这部分孔隙中的流体可以流出岩石，而另外一些不连通的孔隙，流体则无法通过它们流出来而造成死油，对开发不利。因此，我们把相互连通的总孔隙与岩石总体积之比叫作流动孔隙度。流动孔隙度与有效孔隙度不同，它既排除了死孔隙，又排除了微毛细管孔隙体积，它最能代表岩石的流动性。

　　孔隙结构是全部孔隙特征的总称，包括岩石孔隙的大小、形状、孔间连通情况、孔隙类型、孔壁粗糙程度等，它直接影响到岩石的储集特征和渗流特征。本节主要针对碳酸盐岩孔隙度及其空间分布规律的蚓孔扩展规律进行研究。

　　为了能够尽量逼真地模拟孔隙度分布，利用 GSLIB 地质统计学软件进行了孔隙度的生成。众所周知，在地质统计学原理中，任意两点之间的相关性是与其两点之间的距离成反比的，即两点距离越远，相关性越差，两者之间的关系越弱；反之，两点距离越近，相关性越好，两者之间的关系越强。例如，对于尺寸为 6cm×2.5cm 的岩心，相间距离为 1cm 的两点孔隙度的相关性比相间距离为 1mm 的两点孔隙度的相关性弱。因为任意一点的性质总是更倾向于与相邻点的性质相似，这一点是基于空间分布具有连续性的假设来说的。而对于空间分布不连续(完全随机分布)的假设，显然对我们的研究没有任何意义。

　　关联长度的意义是在小于关联长度的长度范围内，随着相间距离的增加，两点间的方差值也增加；当大于或等于关联长度的长度范围时，两点间的方差值达到稳定，不再随着相间距离的增加而增加。这样一个临界长度就叫作关联长度。关联长度通常需要根据实际的岩心资料进行设定。从图 3-26 可以看出，不同的关

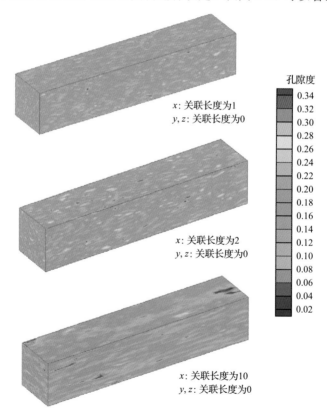

图 3-26　不同关联长度条件下的孔隙度分布图

联长度对应的孔隙度分布相差很大。关联长度小，孔隙度值呈均匀分散的状态；关联长度大，呈现相似孔隙度连成一片的情形。因此，在实际应用中，对于不同地区的岩心孔隙结构分布特征要认识清楚，从而选择合理的关联长度。

在数值模拟中，由于受到计算机内存的限制，网格数量不可能太多，模拟实际的蚓孔扩展情况是不现实的。除此之外，网格属性(孔隙度)也非常重要。此前的研究基于随机分布的孔隙度值，即利用一个函数生成一定范围内的一定数量的随机数，每个网格赋予这样一个初始值。然而，大量的研究结果表明，对于非均质性普遍比较强的碳酸盐岩地层，孔隙度的分布基本符合空间关联分布规律。因此，为了研究孔隙度分布规律的不同对蚓孔扩展规律的影响，引入空间关联分布函数来生成孔隙度值，在此基础上模拟蚓孔的扩展。

空间关联分布函数定义如下：

$$\phi = \begin{cases} 1, & \phi \geqslant 1 \\ \phi_0 + \phi_0 c_v \hat{G}(l_r, l_\theta), & 0.001 < \phi < 1 \\ 0.001, & \phi \leqslant 0.001 \end{cases} \tag{3-18}$$

式中，c_v 为变异系数；$\hat{G}(l_r, l_\theta)$ 为空间关联分布函数，此函数生成一组符合空间关联分布规律的随机数。由式(3-18)所示，在生成的孔隙度值中设置了 0.001 和 1 两个截止值。这是因为空间关联分布函数生成的孔隙度值包括大于 1 和小于 0 的数值，所以为了保证模型的正常运行和符合客观规律，必须设置截止值。

1. 空间关联分布与随机分布的对比

不同的孔隙度分布会产生不同的蚓孔扩展形态。虽然，先前的文献中大多采用随机分布的孔隙度值，但是大量的实验结果表明，碳酸盐岩的孔隙度值符合空间关联分布的规律。为了研究不同的孔隙度分布规律对蚓孔扩展的影响，采用 Tardy 等(2007)的实验结果对两种分布方法所产生的蚓孔形态进行了对比，并根据前人的实验结果对突破酸液量(PV 数)进行了对比，进而得出更为优越的孔隙度值生成方法(图 3-26)。

Tardy 等(2007)通过真实的岩心进行了径向岩心中的蚓孔扩展实验，模型中所需的主要数据依赖于 Tardy 的实验数据，其他的数据与前面研究所用数据一样。图 3-27 所示为两种孔隙度分布规律对应的蚓孔形态图，图 3-27(a)所用孔隙度值符合空间关联分布，图 3-27(b)所用孔隙度值符合随机分布。可以看出，图 3-27(a)中只有一条主蚓孔突破了岩心，而图 3-27(b)中却出现了几条蚓孔。这是因为符合空间关联分布的孔隙度值的非均质性强于随机分布的孔隙度值，蚓孔在入口处产生不均匀的竞争，酸液进入阻力最小的孔道并首先产生一条蚓孔。一旦蚓孔产生，大部分酸液将进入此蚓孔，从而产生一条主蚓孔。而对于随机分布的孔隙度，蚓孔均匀地形成在岩心中，从而出现多条大小相当的蚓孔。与 Tardy 等(2007)的实

验结果(图 3-28)相比,可以明显地看出空间关联分布的蚓孔形态更接近。图 3-29
所示为两种孔隙度分布方法的突破曲线图。前人的实验结果显示,形成主蚓孔的

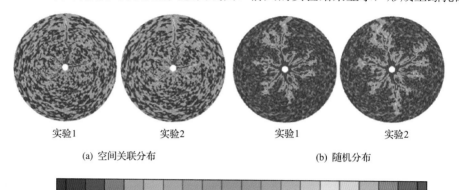

实验1　　　　实验2　　　　　　　实验1　　　　实验2

(a) 空间关联分布　　　　　　　　　(b) 随机分布

0.05 0.10 0.15 0.20 0.25 0.30 0.35 0.40 0.45 0.50 0.55 0.60 0.65 0.70 0.75 0.80 0.85 0.90 0.95
孔隙度

图 3-27　不同孔隙度分布函数时的蚓孔形态孔隙度图

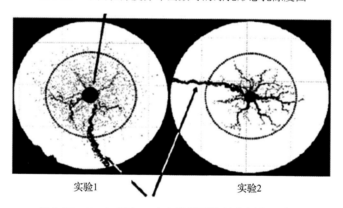

实验1　　　　　　　　　实验2

图 3-28　Tardy 等(2007)实验得到的径向蚓孔形态图

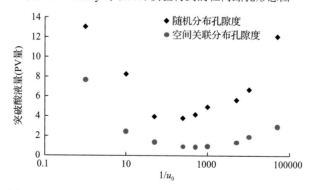

图 3-29　两种不同孔隙度分布的突破酸液量(PV 数)曲线图

u_0-注入速度

突破酸液量(PV 数)在 1 左右，即注入体积基本与孔隙体积相当。从图 3-29 可以看出，随机分布的孔隙度的最小突破酸液量(PV 数)(此时形成主蚓孔)大于空间关联分布的孔隙度，而后者更接近前人的实验结果。综上所述，空间关联分布更能代表具有较强非均质性的碳酸盐岩的孔隙度分布规律。

2. 射孔完井的影响

射孔完井是一种常见的完井方式。酸化过程中酸液从射孔孔眼进入地层，因此射孔的尺寸对蚓孔的扩展产生了重要的影响。为了研究射孔尺寸对蚓孔扩展的影响，模拟了不同射孔长度对蚓孔扩展的影响。射孔孔眼由一条孔隙度大于 0.95 的通道表示。图 3-30 显示三个不同射孔长度对溶解形态的影响，可以看出射孔沿程均发生了酸液滤失，产生了蚓孔分支现象。随着射孔长度的减小，酸液滤失降低且突破时间延迟。

另外，在射孔过程中必然存在射孔受污染的现象。为了模拟射孔污染对于蚓孔扩展的影响，假设射孔沿程均受到污染，即酸液无法从射孔沿程滤失进地层。图 3-31 所示为三种受到污染的射孔长度对溶解形态的影响，可以看出溶解形态与射孔未受污染的溶解形态相似。图 3-32 所示为不同射孔条件下的突破酸液量(PV 数)曲线图，可以看出无论射孔是否受到污染，突破酸液量(PV 数)都随射孔长度的增加而减小。这是由于射孔越长，无阻流动的通道越长，突破的时间越短，消耗的酸液量必然越小。受到污染的射孔的突破酸液量(PV 数)要小于未受污染的射孔的突破酸液量(PV 数)，这是因为酸液沿射孔沿程的滤失增加了酸液的浪费量。但由于假设的污染过于理想化，实际的情况应该介于这两者之间(马永生等，1999；杨胜来和魏俊之，2004；柳明，2015)。

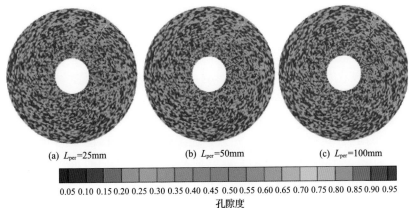

$$(a)\ L_{per}=25mm \qquad (b)\ L_{per}=50mm \qquad (c)\ L_{per}=100mm$$

0.05 0.10 0.15 0.20 0.25 0.30 0.35 0.40 0.45 0.50 0.55 0.60 0.65 0.70 0.75 0.80 0.85 0.90 0.95

孔隙度

图 3-30　不同射孔长度的溶解形态图

L_{per}-射孔长度

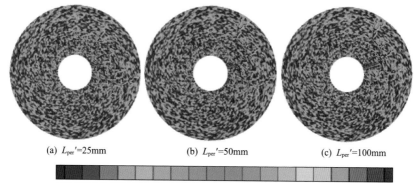

(a) L_{per}'=25mm　　　　　(b) L_{per}'=50mm　　　　　(c) L_{per}'=100mm

0.05 0.10 0.15 0.20 0.25 0.30 0.35 0.40 0.45 0.50 0.55 0.60 0.65 0.70 0.75 0.80 0.85 0.90 0.95
孔隙度

图 3-31　射孔受污染时不同射孔长度的溶解形态图

L_{per}' 为受污染的射孔长度

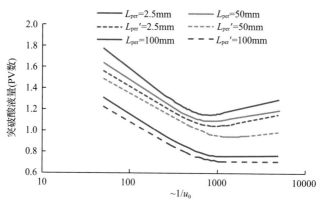

图 3-32　不同射孔条件下的突破酸液量(PV 数)曲线图

3. 孔洞分布的影响

在中国新疆地区的碳酸盐岩油藏中，孔、洞和缝非常发育，而这些天然形成的空隙必然对酸液的蚓孔产生重大的影响。为了研究这一问题，本节主要针对孔洞型碳酸盐岩油藏，研究孔洞的分布规律对蚓孔扩展的影响。在模型中，认为初始孔隙度为 0.95 的为孔洞。微小的、不连续的孔洞对酸液的流向几乎没有影响，影响比较大的是足够大的且具有一定数量连续存在的孔洞。图 3-33 为不同孔洞分布情况的蚓孔扩展孔隙度图。N_r 和 N_θ 分别表示径向和周向的孔洞数量。当 N_r=3 且 N_θ=15 时，孔洞几乎对溶解形态产生不了影响。当 N_r=11 且 N_θ=15 时，蚓孔扩展的形状发生了变化。由于径向的孔洞两者之间非常接近，酸液倾向于沿着孔洞流动。当 N_r=6 且 N_θ=40 时，随着周向孔洞数量的密集，蚓孔的数量也增加，且形成了很多发育不完全(即短小的)的蚓孔。因此，孔洞的发育只有达到一定的程度才能够对酸液的流向产生影响(Wang et al., 1993; Fredd and Fogler, 1999; Panga et al., 2005; Izgec et al., 2010; Maheshwari and Balakotaiah, 2013; Dong et al., 2017; Seagraves et al., 2018)。

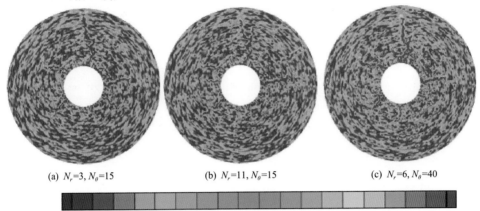

(a) $N_r=3, N_\theta=15$ (b) $N_r=11, N_\theta=15$ (c) $N_r=6, N_\theta=40$

0.05 0.10 0.15 0.20 0.25 0.30 0.35 0.40 0.45 0.50 0.55 0.60 0.65 0.70 0.75 0.80 0.85 0.90 0.95
孔隙度

图 3-33   不同孔洞分布规律的蚓孔形态图

3.2.6 地层条件与实验条件的对比

之前的研究都是基于实验室条件下,即没有加入地层流体模型。由于模型在计算时,采用的都是定流量边界条件,而蚓孔的形成条件主要受流量的控制,因此蚓孔的扩展与地层条件是一样的。然而,由于压缩区的存在,侵入区的压力场必然与实验条件下的不一样。另外,在定压注入条件下,压缩区的存在使注入流量随着蚓孔的扩展不断变化,反过来蚓孔的扩展也受到不断地影响。所以,为了研究这两个问题,需要对比地层条件和实验条件下的蚓孔扩展和压力变化的情况。

1. 定压边界

定压边界是指保持入口压力不变,酸液在压差作用下自行流入地层进行酸蚀。首先,为了分析压缩区的影响,模拟了压缩区存在与否的蚓孔扩展情况,由于压缩区远大于侵入区,为了增加图形的可读性,此处只显示侵入区。从图 3-34 可以看出,压缩区的存在减缓了蚓孔扩展的速度,50min 时的蚓孔长度小于没有压缩区的情况。为便于表达,定义无因次压力为

$$P = \frac{P - P_e}{\dfrac{\mu_a u_0 r_{invade}}{K_0}} \tag{3-19}$$

式中，P 为注入压力，MPa；P_e 为边界压力，MPa；μ_a 为酸液黏度，mPa·s；u_0 为注入速度，PV 数/a；r_{invade} 为侵入区半径，m；K_0 为初始渗透率，$10^{-3}\mu m^2$。

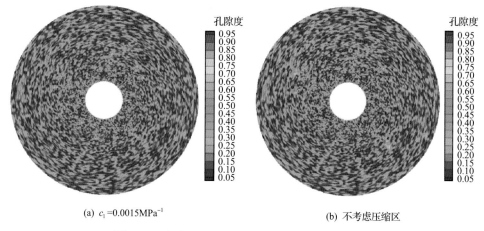

(a) $c_1 = 0.0015\text{MPa}^{-1}$　　　　　　　　　　(b) 不考虑压缩区

图 3-34　注酸 50min 后的侵入区酸蚀溶解孔隙度图

c_1-压缩系数

图 3-35 为注酸 50min 后的侵入区无因次压力分布图，可以看出虽然两种情况的入口压力非常接近，但出口压力相差很大。与不存在压缩区相比，当存在压缩区时，不断注入的酸液把地层流体挤入压缩区增加了区域内的压力，使出入口端的压差减小，导致注入的酸液量降低，所以蚓孔扩展速度变慢。可以预见，当侵入区足够大，随着出入口压差的降低，蚓孔长度将最终保持不变。若想突破侵入区，需增大注入压力，然而注入压力受施工条件的限制，因此地层条件下的蚓孔不可能无限制增长，而是存在一个最大值。

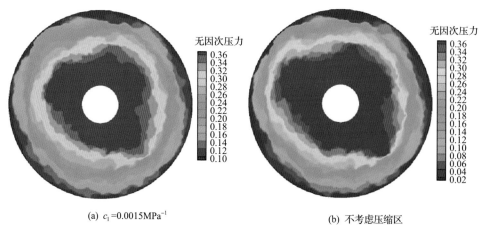

(a) $c_1 = 0.0015\text{MPa}^{-1}$　　　　　　　　　　(b) 不考虑压缩区

图 3-35　注酸 50min 后的侵入区无因次压力分布图

　　对于一定的地层，存在不同的流体对蚓孔扩展的影响不同。为了研究这一影响，假设油藏(c_l=0.0015MPa^{-1})和气藏(c_l=0.015MPa^{-1})两种情况，则蚓孔长度与时间的关系如图 3-36 所示。从图中可以看出，30min 之前，气藏与油藏的蚓孔扩展速度相差不多，说明此时被酸液挤入压缩区的流体还没有导致压缩区的压力明显升高；30min 之后，气藏的蚓孔扩展速度快于油藏，这显然是压缩系数大造成的。压缩系数越大，当流体受到压缩时释放的空间越大，一定区域内承载的流体更多，压力上升更慢。图 3-36 还示出了不考虑压缩区的蚓孔扩展，这种情况可视为实验室条件下得到的结果，经过对比可见，实验室条件下得到的蚓孔扩展速度明显快于地层条件。

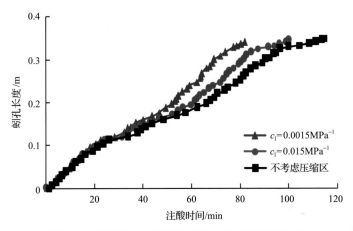

图 3-36　不同条件下的蚓孔长度与注酸时间的关系

2. 定流量边界

　　定流量边界是指保持注入速度不变，酸液在恒定的流速下进入地层，这是现场施工中常用的一种注酸方式。由于注入速度一定，所以不同条件下的蚓孔扩展的速度几乎完全相同，所不同的是出入口压力的变化。图 3-37 为侵入区入口和出口无因次压力随注酸量变化的关系曲线。随着酸液的注入，蚓孔前缘与出口端的距离缩短。由于可以把蚓孔当作无限导流能力的通道而忽略压降，则一定流量下的入口压力会随着时间降低。当压缩区的流体压缩系数较小时，出口压力上升比较快，保持一定流量的入口压力下降会较慢；当压缩区的流体压缩系数较大时，出口压力上升比较慢，保持一定流量的入口压力下降会较快；当不考虑油藏模型时，由于出口压力始终为油藏压力，即无因次压力为零，入口压力下降最快。同样可以预见，当出入口压差无法满足既定的流量时，蚓孔将停止扩展。由于排量受到施工条件和主蚓孔形成机理(排量只有在一定范围内才能形成主蚓孔)的影响，对于一定的地层不可能浮动很大，这就使地层条件下一定的排量只能形成一定长度的蚓孔。

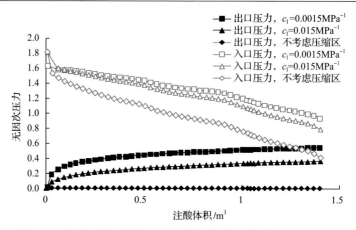

图 3-37 侵入区入口和出口无因次压力随注酸量变化关系曲线

3.2.7 地层温度场的影响

1. Ramey 井筒传热模型

酸液在井筒中的传热过程由 Ramey 模型得出，模型所用参数如表 3-3 所示，其他参数如无说明，均保持不变。

表 3-3 Ramey 模型计算参数统计

	数值
温度梯度/(K/m)	0.026
地表温度/K	287,298,313
地层深度/m	4000
排量/(m³/min)	0.03
总注酸量/m³	100
酸液密度/(kg/m³)	1100
岩石密度/(kg/m³)	2500
酸液比热容/[J/(kg·K)]	1800
岩石比热容/[J/(kg·K)]	810
岩石导热率[W/(m·K)]	1.3
油管半径/m	0.06
酸液温度/K	298

图 3-38 为不同地表温度条件下酸液温度与地层温度的对比，可以看出随着地

层深度的增加，地层温度呈线性增长，而酸液温度呈非线性增长。当地表温度为273K（冬季），地层比较浅（小于1000m）时，酸液温度高于地层温度，呈现酸液向地层传热的现象；随着地层的加深，地层岩石逐渐向酸液传热。当地表温度为313K（夏季）时，地层温度高于酸液温度，呈现地层岩石逐渐向酸液传热。由于注酸速度比较大，四种地表温度条件下，酸液达到4000m地层的最终温度相差不多。

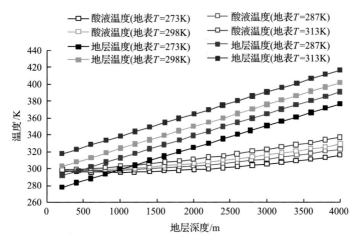

图 3-38 不同地表温度条件下酸液温度与地层温度的对比

为了验证 Ramey 模型的适用性，采用两口井的实测资料进行验证。某油田一口井在 2 月施工，地层中深 6135m，地层温度为 136℃，液体实测温度为 15℃，前置液注入量为 247m³，施工排量为 5.4m³/min，监测缝口温度为 51℃。把以上参数代入 Ramey 模型得井底温度为 48.4℃。某油田另一口井在 8 月施工，地层中深5790m，地层温度为 136℃，液体实测温度为 45℃，前置液注入量为 150m³，施工排量为 6m³/min，监测缝口温度为 74℃。把以上参数代入 Ramey 模型得井底温度为 70.02℃。由此可得，Ramey 模型计算结果与实测结果的误差在 5%左右，误差非常小，说明 Ramey 模型具有很好的适用性。

2. 不同地层温度的影响

酸岩反应速率受温度的影响非常大，而酸岩反应速率又与形成蚓孔的条件密切相关，因此研究不同的地层温度对蚓孔扩展的影响非常具有现实意义。由图 3-39可知，Ramey 模型所使用的地层温度模型是一个地层温度随深度递增的线性函数，它的斜率就是所谓的地温梯度，约为 0.03℃/m。对于常温常压地层来说，可以根据测得的地表温度和地温梯度大致估计出已知深度下的地层温度。

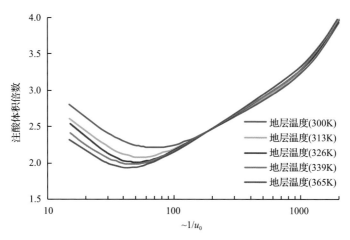

图 3-39　不同地层温度下注酸体积倍数曲线

酸岩反应速率与温度的关系主要是由阿伦尼乌斯方程得出［式(3-6)］。

为了研究不同地层温度对注酸 PV 数的影响,模拟了不同地层温度下的蚓孔扩展,如图 3-39 所示。从图中可以看出,随着地层温度(或地层深度)的上升,最后注酸 PV 数下降,且对应的达姆科勒数的值逐渐减小,即最优注入速度逐渐增大。这是因为,随着地层温度的上升,酸液进入地层时被加热的温度越多,到达井底时的温度越高,酸岩反应速率越快。由于蚓孔是在对流作用与扩散作用相当的情况下形成的,在达西尺度模型中假设反应物的扩散速度与反应速度相等,即温度的增加必然达到反应速度的增强,因此只有同样增强对流作用(提高注入速度)才能形成蚓孔。

从图 3-39 中还可以看出,当注入速度比较大时,地层温度越高,注酸体积倍数越小。这是因为酸岩反应速度很高,酸液与岩石接触并反应的时间非常短,在高注入速度的推动下,酸液迅速突破岩心,且地层温度越高,突破岩心所消耗的酸液量越小,即注酸 PV 数越小。当注入速度比较小时,地层温度越高注酸 PV 数反而越大,这是因为温度越高反应速度越快,在低注入速度和高反应速率的双重作用下,酸液更倾向于与岩石反应,因此消耗的酸液量也就越多。

3.3　碳酸盐岩酸压技术机理

压裂模拟包括裂缝起裂和裂缝扩展两个阶段。目前,国内外学者对砂岩储层的裂缝起裂和破裂压力做了大量的研究,但是很多的研究都是假设岩石均质、各向同性,主要研究了水平主应力差、射孔方式、射孔相位角等对裂缝起裂点和破裂压力的影响。碳酸盐岩储层富含天然裂缝,井筒周围近井筒地带可能含有天然裂缝。天然裂缝的存在，使碳酸盐岩的起裂位置和破裂压力不同于常规砂岩，因此，对于碳酸盐岩储层必须采用不同的模拟方法。

3.3.1　裂缝起裂机理研究

采用商业软件建立的人工裂缝起裂的数值模型如图 3-40(a)所示，模型采用圆环面，外径为 15.0m，由于台盆区碳酸盐岩储层深度在 6000m 以上，井筒的直径比较小，本章中的井筒的直径约为 8.0cm，且台盆区碳酸盐岩超深井储层的完井方式主要为裸眼完井，在本章的模型中，模型不考虑套管和射孔，主要考虑非均质性及天然裂缝对起裂的影响。天然裂缝角度为 20°时，建好的网格模型如图 3-40(b)所示。

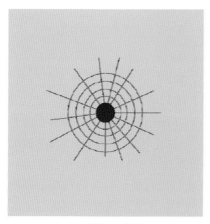
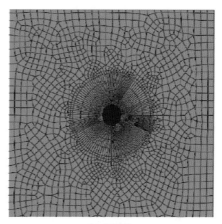

(a) 分割后的地层　　　　　　　　　　(b) 网格化

图 3-40　人工裂缝起裂的数值模型和网格模型

1. 力学非均质对裂缝起裂的影响

碳酸盐岩地层往往具有强非均质性，井筒周围往往发育多裂缝，酸压过程中裂缝在何处起裂？裂缝起裂与均质地层有何区别？这些都还不是很清楚，为此笔者考察了非均质性对裂缝起裂方面的影响。本节建立的非均质性地层是利用 ABAQUS 软件 part 模块 TOOLS 中的 patition 功能，将所建模型分割成许多小的部件，然后用分布密度函数随机赋予储层非均质地质力学参数，从而达到建立非均质层的目的。建立 JOB 之后，便进行自动计算，得到的应力分布如图 3-41 所示。应力场分布图表明，由于碳酸盐岩地层呈现出非均质性，井筒壁面在多个位置达到抗拉极限。此时井壁上产生多个裂缝，证明地层的非均匀性可以引起多裂缝起裂，增加了沟通远端储集体的困难。

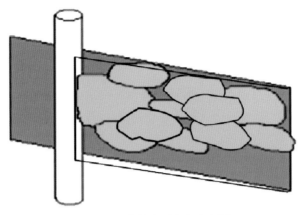

图 3-41　井筒壁面应力分布图

2. 天然裂缝对人工裂缝起裂的影响

对于缝洞型碳酸盐岩储层，常有微裂缝穿越井筒，微裂缝会改变应力场分布，进而影响裂缝起裂。本节模拟微裂缝位置对裂缝起裂影响，考虑 0°、30°、40°、50°、60° 5 种天然裂缝角度，天然裂缝的长度为 4.0m，裂缝面间的摩擦系数为 0.2，天然裂缝的残余抗张强度为 0.1MPa，水平最小主应力为 95.0MPa，水平最大主应力在计算过程中动态变化，储层基质的弹性模量为 3.8×10^4MPa，泊松比为 0.23，储层基质抗张强度为 2.60MPa，为了研究某些参数对裂缝起裂的影响，在模拟过程中，某些参数可能会发生变化。在不同条件下，人工裂缝沿天然裂缝起裂的最大水平主应力差值定义为极限水平主应力差。

研究结果表明：由于地层非均质性影响，当有裂缝穿越井筒，井筒壁面的起裂位置将随着裂缝角度变化。起裂点位置不再平行于最大主应力方向，裂缝起裂位置与微裂缝的分布有关。裂缝角度增大，破裂压力增大；对于同时存在多条裂缝时，裂缝从小角度微裂缝起裂。当有多条天然裂缝穿越井筒时，裂缝起裂位置随裂缝角度而变化，起裂点位置与最大主应力的夹角及水平应力差有关。不同地应力及不同天然裂缝下裂缝起裂情况模拟结果表明，水平应力差小，沿天然裂缝起裂；水平应力差大，垂直于最小主应力起裂，如图 3-42、图 3-43 所示。

3.3.2　裂缝扩展机理研究

以塔里木盆地奥陶系碳酸盐岩油藏为例，研究裂缝扩展机理及影响因素。塔里木盆地奥陶系碳酸盐岩油藏属于典型的岩溶缝洞型油藏。这类油藏成藏条件复杂，储集空间形态多样，油藏类型极其特殊。与以往常规的孔隙型砂岩储层和裂缝型碳酸盐岩储层不同，其最主要的储集空间是由于古岩溶作用形成的大型洞穴，天

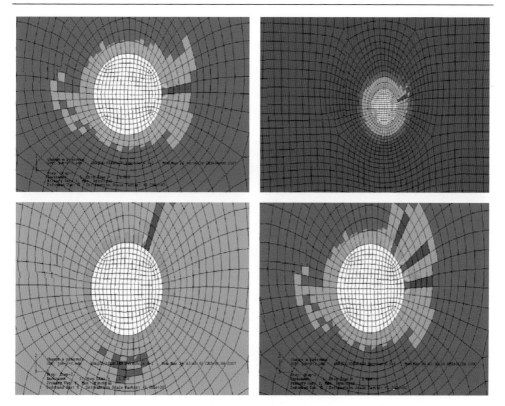

图 3-42　不同角度天然裂缝对起裂的影响

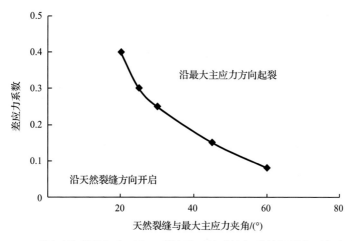

图 3-43　不同天然裂缝角度下人工裂缝沿天然裂缝起裂的极限水平主应力差

然裂缝是主要的渗流通道，而基岩基本不具备储渗能力，在这点上已经突破了经典
的储"层"的概念，称之为储集"体"更为准确。以哈拉哈塘地区的碳酸盐岩储层
为例，原生孔隙度普遍很低，加之成岩后期的压实与胶结作用，使基质孔隙几乎丧

失殆尽。主力产层奥陶系一间房组—鹰山组钻井取心常规物性分析数据显示，基岩孔隙度分布范围为 0.45%～4.72%，平均值为 1.18%；渗透率分布范围为 $0.001 \times 10^{-3} \sim 15.9 \times 10^{-3} \mu m^2$，平均值为 $0.88 \times 10^{-3} \mu m^2$，反映基岩物性极差。

大量勘探开发实践已经证实，作为主要储集空间的岩溶洞穴是客观存在的，在高密度三维地震剖面上多表现为振幅强、横向跨度小的串珠状反射，如图 3-44 所示，是目前哈拉哈塘碳酸盐岩勘探开发区的地震剖面示意图。这种串珠状反射是优质储层的最明显标志，而地震平面属性图上，有利储集体也多为圆形或椭圆形分布，如图 3-45 所示，这也说明储集体的分布具有极强的随机性。研究表明，这种强串珠反射一般为洞穴型、裂缝-洞穴型储层。钻井过程中如果直接钻遇洞穴，则表现为钻具放空，钻时骤降并伴随严重的泥浆漏失现象，完钻试采一般具有高产特征。同时在测井曲线及成像测井图像上表现为井径曲线增大，扩径严重，高声波时差，高中子，低密度值，储层孔隙度大，深、浅双侧向和微侧向电阻率数值低且有差异，FMI 或 EMI 电成像资料显示为全暗色，且顶部破碎带具有明显的天然裂缝显示。此外，综合应用地震几何属性、地震相及测井相分析、地质标定和波阻抗属性的缝洞体融合立体雕刻技术也表明，有利储集体在空间上最终为团块状分布，如图 3-46 所示。目前，在三维地震数据体上识别串珠状反射，成为目标区块碳酸盐岩缝洞型油藏井位部署和措施制定最有效的手段。以上证据充分说明地下岩溶洞穴是真实存在的，这点在柯坪地区奥陶系碳酸盐岩露头也可以实地观察到。由于地下发育的岩溶洞穴段一般无法获取岩心，而且测井资料有限，因此，通常可以根据钻具的放空情况判断洞穴体的大小。典型的洞穴发育区钻具放空情况如图 3-47 所示。可以看到，放空在 2m 以内的井数最多，达到 66.67%；放空在 3m 以上的井数约占 23.08%；放空在 9m 以上的井超过 15%。据此推断，地下溶洞的实际尺寸分布范围较广，从几米到几十米不等。

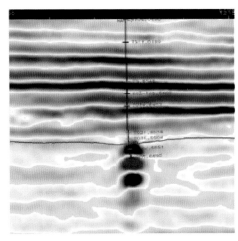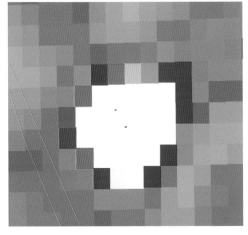

图 3-44　典型串珠状反射地震剖面图　　　　图 3-45　典型储集体地震平面属性图

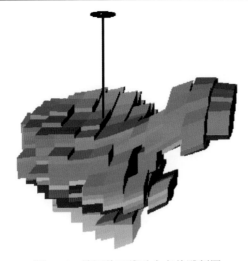

图 3-46　缝洞体三维融合立体雕刻图

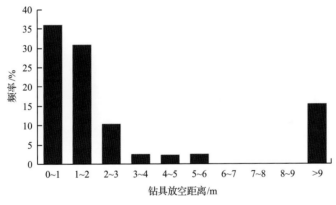

图 3-47　钻具放空距离分布

同时受构造作用和成岩作用及二者的叠加作用影响，碳酸盐岩地层中还发育大量的天然裂缝。根据本区大量的成像测井资料统计，区块内天然裂缝走向 0°～180°均有发育，如图 3-48 所示，其中又以北东向(0°～90°)为主，约占 62.58%。对天然裂缝的倾角统计发现，裂缝倾角以中高角度缝(30°～75°)为主，约占 67.67%，近水平缝不发育，仅占 1%，如图 3-49 所示。天然裂缝缝宽主要分布在 0.0001～0.01mm，平均缝宽为 0.035mm，总体上属于微缝—小缝，如图 3-50 所示。天然裂缝多为半充填-全充填裂缝，约占 89.11%，充填物主要包括泥质、方解石和沥青质，三种充填物之间有相互侵染的现象，其中以洞穴顶部由于构造作用或者塌陷作用形成的洞顶缝最为典型。

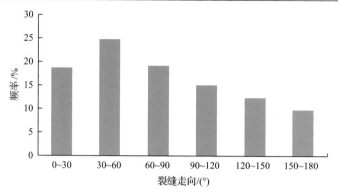

图 3-48　天然裂缝走向分布

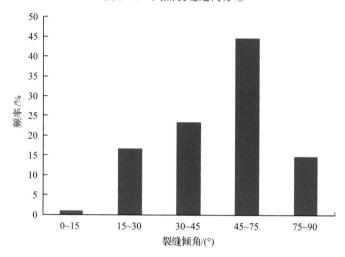

图 3-49　天然裂缝倾角分布

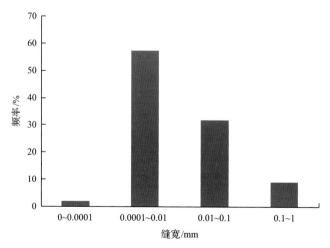

图 3-50　天然裂缝缝宽分布

典型的存在空腔体的洞穴-洞顶缝系统油藏地质模型如图 3-51 所示，其中整个红色部分为岩溶洞穴体，上部为空腔体，下部为坍塌角砾岩、泥岩和方解石，溶洞内完全被油气充满，洞穴上部发育大量的天然裂缝。

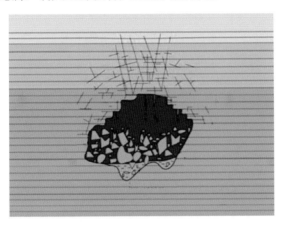

图 3-51　存在空腔体的洞穴-洞顶缝系统油藏地质模型图

综上所述，目标区域碳酸盐岩缝洞型油藏主要具有如下几点特征。

(1)基质孔隙度和渗透率都极低，岩石基块非常致密，基本不具有储渗能力。

(2)储层天然裂缝较发育，且天然裂缝走向分布范围较广，以中高角度缝为主，但宽度较窄且充填程度较高。

(3)大型溶洞为最主要的储集空间，井位部署和储层改造的目标就是要沟通这种洞穴型含油气储集体。

碳酸盐岩储层富含天然裂缝和溶洞，天然裂缝和溶洞会对人工裂缝的方向产生影响，人工裂缝的方向预测是碳酸盐岩储层压裂的一个难点。目前，压裂过程中裂缝扩展数值模拟研究主要集中在 PKN、KGD 等预测模型及常规有限元法数值模拟，这些方法在裂缝方向已知的情况下，可以方便地模拟人工裂缝的扩展情况，获得人工裂缝的几何形态分布。

但是人工裂缝方向未知时，上述方法无能为力。

为了更好地研究裂缝方向未知情况下的裂缝扩展机理，国内外学者采用了不同的研究方法进行研究，如边界元法、UFM 模型研究。扩展有限元法(XFEM)处理裂缝扩展具有独到的优势，但基于扩展有限元法的人工裂缝扩展研究很少。自从美国 Nicolas Moës 和 Belytschko(1999)提出扩展有限元法以来，扩展有限元法已广泛应用于裂纹扩展、复杂流体、剪切破坏、材料界面等不连续问题的研究。由于实际地质构造和地应力分布的非均质性及岩石破坏行为和物理问题本身的复杂性，水力裂缝延伸的数值模拟十分困难。在实际研究中，需要根据问题的特征属性进行必要的简化，抓住问题的主要矛盾，突出问题的本质，忽略次要因素，将真实的复杂情景规范成理想化的物理模型。

对水力裂缝扩展的完整表述一般需要建立三维模型，但三维模型需要大量的计算和分析，本书仅采用平面二维模型探讨水力裂缝扩展行为。根据碳酸盐岩缝洞型油藏的地质特征，同时考虑水力裂缝扩展数值计算要求，做出如下简化：地层岩石为各向同性的线弹性材料，水力裂缝在准静态条件下发生平面应变的介质中延伸；忽略地应力垂向应力分量，仅考虑水平方向地应力分布，模型边界处受到最大水平主应力 σ_H 和最小水平主应力 σ_h 的作用；考虑模型的对称性，为简化起见，仅考虑水力裂缝的单翼延伸过程，模型大小为 40m×40m 的水平面，忽略井筒周围应力影响，左侧边界上较短的红色粗实线代表初始水力裂缝，且初始水力裂缝方向与 x 轴方向平行；在平行于 x 轴方向施加最大水平主应力(压应力)，在平行于 y 轴方向施加最小水平主应力(压应力)，模型右侧不发生 x 方向的位移，如图 3-52 所示。

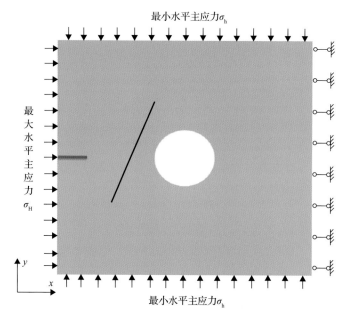

图 3-52　缝洞型油藏水力裂缝扩展物理模型

不论是水力裂缝(图 3-52 中的红色实线)还是天然裂缝(图 3-52 中的黑色实线)，在三维空间实际上都是具有一定长度、宽度和高度的几何体，而在二维平面模型中，则可以统一简化成具有一定长度的线条，裂缝的宽度和高度可作为线条的属性。而对于地层发育的洞穴型储集体，由于其内大多被流体充满，不计内部充填的角砾岩、泥岩和方解石，在二维平面上则简化成图 3-52 中的圆形区域，在水力裂缝沟通洞穴储集体以前，为具有恒定压力的空腔体，故圆形边界上压力恒定。

　　本书基于扩展有限元法，采用 MATLAB 开发编写了水力裂缝动态延伸扩展有限单元法计算程序，详细的计算思路如流程图 3-53 所示。

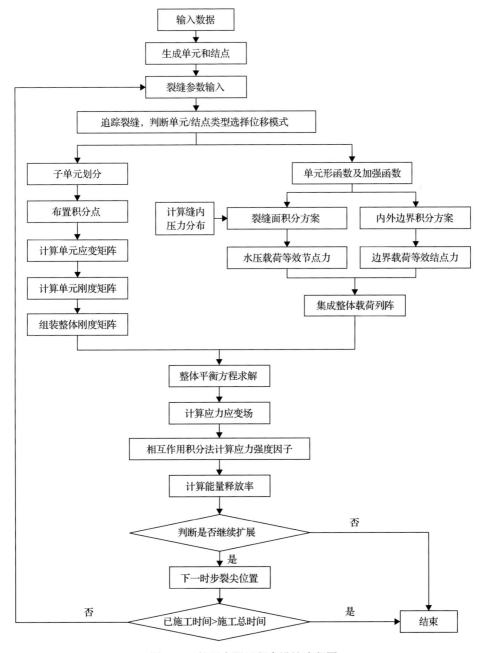

图 3-53　扩展有限元程序设计流程图

1) 输入数据

模型输入的基本数据主要包括模型尺寸信息、材料力学参数信息、加载信息及施工参数信息。模型尺寸信息主要包括模型平面大小、初始水力裂缝和天然裂缝的尺寸及溶洞的规模等。模型的材料力学参数信息主要包括实际储层岩石的杨氏模量、泊松比、断裂韧性、岩石本体临界能量释放率及天然裂缝临界能量释放率。模型的加载信息主要包括最大水平主应力、最小水平主应力、溶洞内流体压力等。施工参数信息主要包括施工排量、压裂液黏度等。详细的模拟输入基本参数如表 3-4 所示。

表 3-4　模拟输入基本参数表

	数值		数值
岩石杨氏模量/MPa	4.2×10^4	岩石泊松比	0.23
岩石本体临界能量释放率/(N/m)	130	天然裂缝临界能量释放率/(N/m)	65
岩石断裂韧性/(MPa·m$^{0.5}$)	0.44	地层压力/MPa	70
水力裂缝高度/m	30	天然裂缝高度/m	30
最大水平主应力/MPa	105	最小水平主应力/MPa	90
排量/(m³/min)	5	压裂液黏度/(mPa·s)	120

2) 生成单元和结点

首先利用通用有限元软件将物理模型按照一定的规则划分网格，输出单元数量、单元编号、结点数量、结点编号和结点坐标等信息。模拟计算中主要采用四边形网格，如图 3-54 所示。在通用有限元软件中设定所需要的单元形状和网格密度后直接可以划分网格，进而可以获得计算所需的单元编号、结点编号和结点坐标，部分四边形网格的单元编号和结点编号如图 3-55 所示。将单元编号和结点编号从通用有限元软件中输出后，即可直接载入 MATLAB 计算程序中。

3) 判断结点加强类型

根据输入的裂缝坐标位置及各单元结点位置，采用前面的方法判断结点加强类型，进而根据不同的结点加强类型选择相应的位移模式。编程计算时，将判断测试点是否在四边形区域内和线段交点计算算法分别储存于两个子程序 in_quard 和 inter_seg 中，进而采用 enrich_node 子程序判断结点加强类型。

4) 计算单元刚度矩阵

根据单元和结点类型确定位移模式后，进而得到单元刚度矩阵。编程计算时，首先根据不同的单元类型将虚拟结点编号(posi 子程序)，进而根据真实结点编号和虚拟结点编号计算单元刚度矩阵中每个元素在整体刚度矩阵中所处的位置（equip_node 子程序），再根据不同的积分方案计算单元刚度矩阵中每个元素的数值。

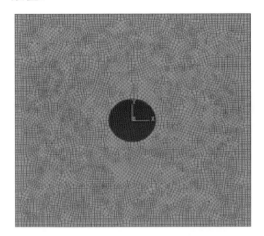
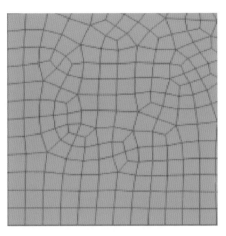

图 3-54 网格划分图

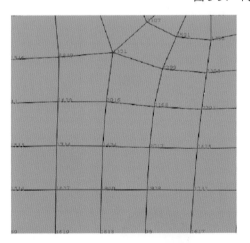
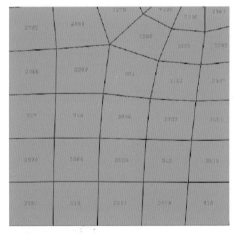

图 3-55 单元编号及结点编号图

5）计算单元等效结点载荷列阵

位移模式确定后，根据单元形函数和加强函数形式，结合加载情况（边界载荷和裂缝壁面载荷），计算单元等效结点载荷列阵。编程计算时，按照加强形式的不同计算相应形函数和加强函数值，储存于子程序 xfemNcmatrix 中，这样就可以根据相应的积分方案计算出单元等效结点载荷列阵中每个元素的数值，单元等效结点载荷列阵中元素在整体载荷列阵中的位置仍采用 equip_node 子程序求出。

6) 求解平衡方程

由第 4)和 5)步组装成整体刚度矩阵和整体载荷列阵后就可以求解整体平衡方程，得到位移场、应变场和应力场。编程计算时，考虑 MATLAB 求解矩阵问题的便捷性，可以直接求出相应结点处的位移。

7) 裂缝扩展判断

根据得到的位移场、应变场和应力场，采用第 3 章的相互作用积分法计算应力强度因子，进而得到能量释放率，按照建立的裂缝扩展准则判断裂缝是否继续扩展和扩展方向。编程计算时，首先需要确定积分区域(Jdomin 和 Jcrack 子程序分别确定整体 J 积分单元集和其中含裂缝单元集)，进而采用相应的数值积分方法计算相互作用积分，获得应力强度因子(stress_intensity_factor 子程序)。

8) 扩展实施

判断裂缝继续扩展后，按照缝长增量计算下一时步裂缝尖端位置，更新裂缝坐标，重复 3)~7)步。

1. 洞穴对水力裂缝扩展的影响

在前面的地质模型中，井位本身偏离缝洞，导致钻井过程中未见较好的油气显示，致使完钻井底较深，且已接近缝洞下部，这种类型的油井进行储层改造时，会形成裂缝延伸平面上几乎不发育天然裂缝，完全是水力裂缝与洞穴(或称溶洞)相互作用的情形，如图 3-56 所示。本节讨论地层中发育大型洞穴对水力裂缝扩展的影响。

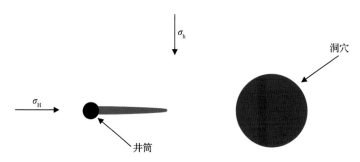

图 3-56　水力裂缝与洞穴的相互作用示意图

1) 井筒位置对水力裂缝扩展的影响

目前碳酸盐岩缝洞型油藏的井位部署主要依据三维地震数据，但由于地震数据精度有限，对储集体发育位置的描述可能存在一定偏差，就常常导致井筒偏离

缝洞中心一定距离，如图 3-57 所示，这种类型的油井一般来讲只能通过储层改造
建产。

　　假定初始条件下水力裂缝与最大水平主应力方向的夹角为 0°，油藏压力为
70MPa，井筒偏离洞穴中心线距离分别为 0.3m、0.6m、0.9m、1.1m 和 1.3m，洞
穴半径为 3m，其他参数如表 3-4 所示。初始时刻二维平面上 x 方向应力云图、y
方向应力云图和剪切应力云图分别如图 3-58、图 3-59 和图 3-60 所示。

　　模拟结果表明，由于洞穴的存在，在水力裂缝距离洞穴较远的情况下，洞穴
周围的应力分布主要受洞穴体控制，在洞穴周围存在非常明显的应力集中现象。
在 x 方向应力云图上，洞穴边缘与 $X=0$ 位置交界处 x 方向应力最大，而在 y 方向
上也有一定的应力集中现象发生。从剪切应力云图上可以看到，洞穴的±45°方向
上发生剪切应力集中。以上发生的应力集中效应必然会对水力裂缝接近洞穴时的
扩展路径产生影响，以井筒偏离洞穴中心线 1.3m 为例，裂缝扩展各阶段应力云图
见表 3-5。

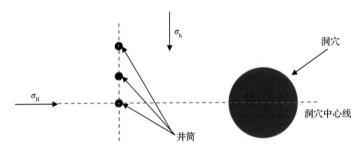

图 3-57　井筒位置对裂缝扩展影响示意图

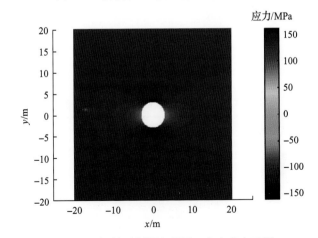

图 3-58　初始时刻洞穴周围 x 方向应力云图

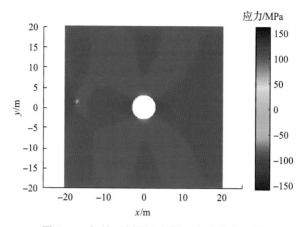

图 3-59　初始时刻洞穴周围 y 方向应力云图

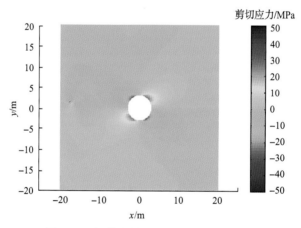

图 3-60　初始时刻洞穴周围剪切应力云图

表 3-5　裂缝扩展不同时步应力分布云图

时步	x 方向应力分布云图	y 方向应力分布云图	剪切应力分布云图
2	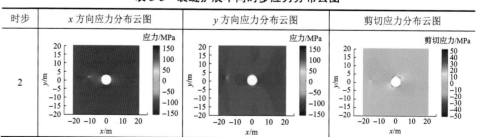		

续表

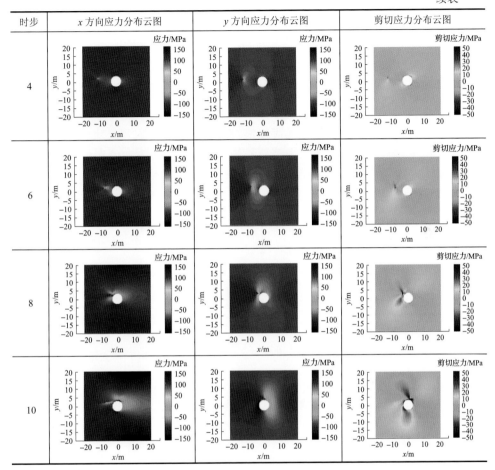

时步	x 方向应力分布云图	y 方向应力分布云图	剪切应力分布云图
4			
6			
8			
10			

　　将不同井筒位置下水力裂缝的最终路径绘于同一坐标系下，如图 3-61 所示，结合表 3-5 中各时步的应力分布云图可以看出，初始阶段水力裂缝基本沿最大主

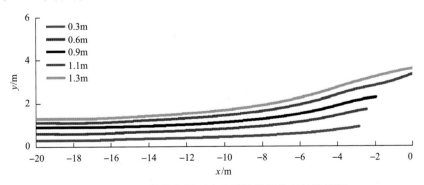

图 3-61　不同井筒位置下水力裂缝的最终延伸路径图

应力方向正常延伸，受洞穴周围的应力场影响较小，逐渐接近洞穴体时，裂缝的扩展方向开始发生偏转，且距离洞穴体越近，这种偏转现象越明显，对洞穴周围应力场的扰动也就越大。改变井筒偏离洞穴中心线距离，初始阶段井筒偏离洞穴中心线距离越大，最终水力裂缝延伸路径的偏离距离就越大，当井筒偏离洞穴中心线一定距离后(大于 1m)，水力裂缝完全偏离洞穴区域，不能与洞穴沟通。

2) 洞穴尺寸对水力裂缝扩展的影响

由地质特征分析可知，地下实际岩溶洞穴大小不一，洞穴尺寸也会对裂缝的延伸路径产生影响。假定初始水力裂缝与最大水平主应力方向的夹角为 0°，井筒偏离洞穴中心线距离为 0.6m，如图 3-62 所示，洞穴半径分别为 1m、2m、3m 和 4m，其他参数如表 3-6 所示，模拟不同情况下水力裂缝的延伸路径。

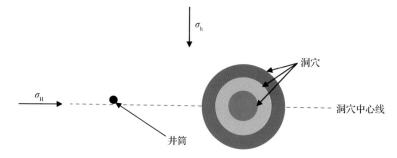

图 3-62　洞穴尺寸对水力裂缝延伸影响示意图

表 3-6　热普酸压工艺和酸液类型分类统计

酸压工艺		酸液类型	施工井次		工程有效	地质有效	有效率/%
常规酸压	多酸	DCA+醇醚酸	1	1	1	1	100
前置液一级注入酸压	单酸	胶凝酸	2	5	1	1	60
		变黏酸	1		1	0	
		TCA	2		1	0	
	多酸	TCA+胶凝酸	5	18	5	3	66.7
		胶凝酸+变黏酸	5		3	1	
		胶凝酸+交联酸	2		1	1	
		DCA+醇醚酸	6		3	0	
前置液多级注入酸压	单酸	变黏酸	1	2	1	0	50
		胶凝酸	1		0	0	
	多酸	胶凝酸+交联酸	3	10	1	1	50
		胶凝酸+变黏酸	3		3	2	
		TCA+胶凝酸	3		1	1	
		DCA+醇醚酸	1		0	0	
其中包括 DCF(diverting clean fiber)转向酸压			7		4	1	57

　　首先对初始条件下的应力云图进行分析，如表 3-7 所示，明显可见洞穴的尺寸越大，洞穴周围发生应力集中的区域也就越大，但是相同应力分量条件下发生应力集中的方位是相对一致的。

　　对比不同洞穴尺寸下水力裂缝延伸路径(图 3-63)可知，四种情况下水力裂缝均出现不同程度的偏转。当洞穴尺寸较小时，洞穴周围应力集中现象对水力裂缝延伸路径的影响较小，水力裂缝沿 y 方向偏移距离较小。但是洞穴尺寸越大，应力集中影响区域越大，导致水力裂缝偏转程度越大，发生明显偏转的时间越早，最终沿 y 方向偏移距离越大。这也间接证明了水力裂缝偏转是由洞穴周围的应力集中现象引起的。

表 3-7　不同洞穴尺寸初始应力分布云图

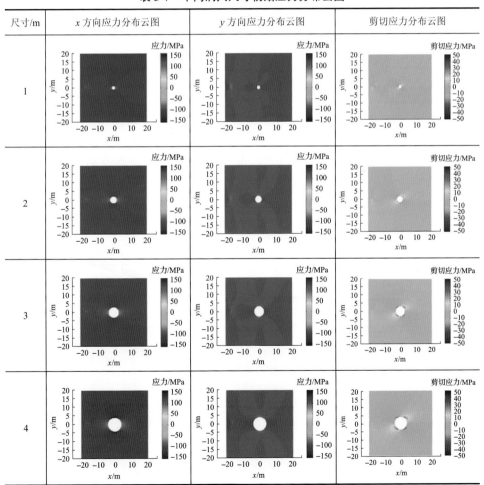

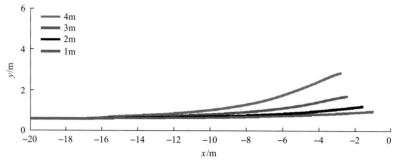

图 3-63　不同洞穴尺寸下水力裂缝延伸路径图

3) 水平主应力差对水力裂缝扩展的影响

由于受断层、构造及缝洞发育等影响，地应力往往表现出很强的非均质性。本节据此特点讨论平面上最大水平主应力和最小水平主应力之间的差值（即水平主应力差）对水力裂缝扩展的影响。

模拟过程中假定水平主应力差分别取 5MPa、15MPa 和 25MPa，井筒偏离洞穴中心线距离为 1.3m，洞穴半径为 3m，其他参数如表 3-6 所示，模拟结果如图 3-64 所示。明显可见水平主应力差越大，水力裂缝偏离最大水平主应力方向的程度越小，最终水力裂缝延伸路径距离洞穴中心的距离越近。在高水平主应力差情况下，水力裂缝不易偏离最大水平主应力方向，而沿着最大水平主应力方向扩展。因此，仅有洞穴存在的情况下，水平主应力差越大，越有利于水力裂缝沟通位于最大水平主应力方向上的洞穴体。

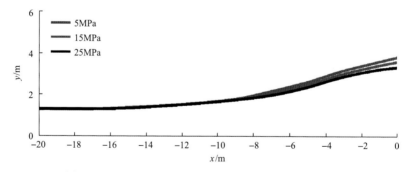

图 3-64　不同水平主应力差条件下水力裂缝延伸路径图

4) 排量对水力裂缝扩展的影响

由以上分析可知，洞穴周围应力集中现象的发生，迫使裂缝扩展方向发生改变，不利于水力裂缝沟通位于最大水平主应力方向上的洞穴体，造成储层改造效果不理想。作为施工可控参数的施工排量，显著影响缝内的流体压力，进而影响水力裂缝的扩展，本节主要讨论不同排量对水力裂缝扩展路径的影响。假定洞穴半径为 3m，井筒偏离洞穴中心线的距离为 1.3m，施工排量分别取 4m³/min、6m³/min

和 8m³/min，其他参数如表 3-6 所示，模拟计算结果如图 3-65 所示。

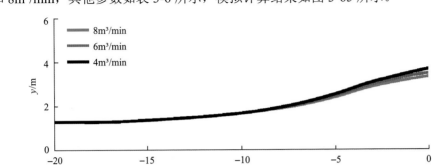

图 3-65　不同排量下水力裂缝延伸路径图

　　模拟结果显示，施工排量越大，洞穴周围应力集中效应对裂缝扩展路径的影响越小，水力裂缝偏离最大水平主应力方向的程度越小，水力裂缝延伸路径距离洞穴中心的距离也就越近。其原因是施工排量越大，裂缝内的净压力越高，水力裂缝在原扩展方向上具有更高的驱动力，不易发生偏转现象。故在洞穴体位于最大水平主应力方向的情况下，应尽可能提高施工排量，限制水力裂缝偏离最大水平主应力方向，有利于沟通储集体。

　　5）施工液体黏度对水力裂缝扩展的影响

　　影响水力裂缝缝内流体压力的另一因素就是施工液体黏度，针对黏度不同的压裂液体系，液体黏度分别取 50mPa·s、100mPa·s、150mPa·s 和 200mPa·s，洞穴半径为 3m，井筒偏离洞穴中心线的距离为 0.9m，其他参数如表 3-8 所示，分别计算不同黏度下水力裂缝的延伸路径，如图 3-66 所示。模拟结果显示：尽管四种情况下水力裂缝都能沟通溶洞，但水力裂缝的扩展路径不同。施工液体黏度越高，水力裂缝偏离最大水平主应力方向的程度越小。其原因与排量类似，同等条件下高黏液体的缝内净压力较高，不容易发生偏转现象。

表 3-8　储层发育位置及裂缝延伸深度统计表

井号	施工时间	施工井段/m	II 类储层发育位置/m	储层类型	井底/m	明显压开段/m	缝高/m	裂缝向井底延伸深度/m
RP3-7	2014/10/15	6928.00~6988.00	6984.0~6987.5	裂缝孔洞型	6988	6948~7014	66	21
HA601-10	2011/8/17	6601.70~6733.00	6732.5~6737.0	孔洞型	6733	6724~6737	13	4
HA601-14	2011/8/15	6529.00~6634.00	6624.5~6627.5	孔洞型	6634	6615~6650	35	16
HA601-9	2011/7/28	6501.00~6669.00	6669.0~6673.0	洞穴型	6669	6632~6680	48	11
HA9-10	2012/6/1	6632.00~6685.00	6673.0~6677.0 6679.0~6686.5		6685	6667~6695	28	10

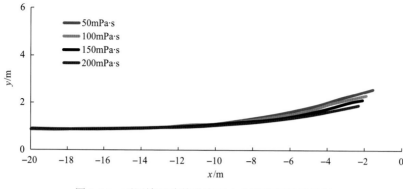

图 3-66　不同施工液体黏度下水力裂缝延伸路径图

2. 天然裂缝对水力裂缝扩展的影响

对于大型洞穴较发育的缝洞型油藏，储层改造的主要目标是沟通含油洞穴体，使原油沿人工裂缝流入井筒。在洞穴体的洞顶及腔体的上部普遍发育天然裂缝，详见第 4 章地质资料分析。已有资料表明，这些天然裂缝的存在会不同程度地改变水力裂缝的扩展延伸路径。由前面对现有实验及数值模拟资料的分析可知，水力裂缝遭遇天然裂缝后，主要表现为两种扩展延伸形式：水力裂缝转向进入天然裂缝内沿天然裂缝方向扩展和水力裂缝直接穿过天然裂缝继续扩展。这里应用前面建立的水力裂缝扩展有限元模型，分析水力裂缝与天然裂缝相交后的扩展路径。

1）天然裂缝逼近角对水力裂缝扩展的影响

天然裂缝的逼近角是影响水力裂缝扩展较重要的因素，已有学者从实验和理论方面开展了大量研究，本节采用建立的扩展有限元模型模拟分析天然裂缝逼近角对水力裂缝扩展的影响。首先假定平面上发育一条长为 10m 的天然裂缝，初始水力裂缝与最大水平主应力方向夹角为 0°，逼近角分别取 20°、30°、40°、50°、60°、70° 和 80°，其他参数如表 3-4 所示，模拟计算各种情况下水力裂缝的延伸状态，其延伸路径如表 3-9 所示。

对比不同情况下水力裂缝的延伸状态发现，当逼近角大于或等于 70°，水力裂缝才能直接穿过天然裂缝沿原来方向继续扩展，其他情况下（逼近角小于 70°），水力裂缝均转向进入天然裂缝内，沿天然裂缝方向继续扩展。可见只有在逼近角较高的情况下，水力裂缝才能直接穿过天然裂缝。

表 3-9　不同逼近角下水力裂缝与天然裂缝的相交作用

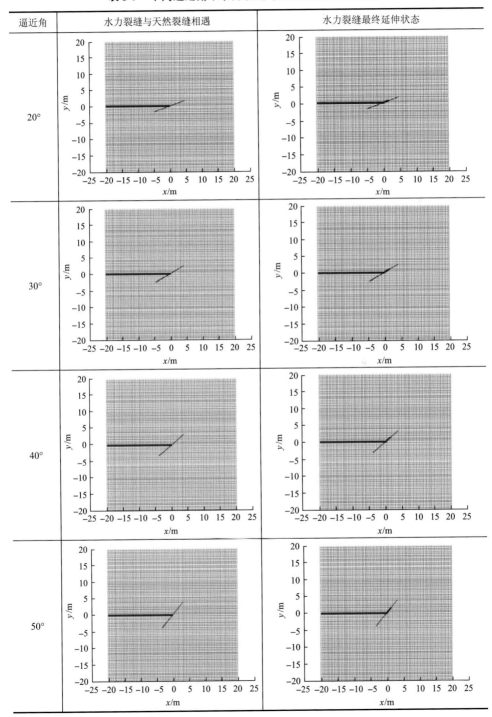

续表

逼近角	水力裂缝与天然裂缝相遇	水力裂缝最终延伸状态
60°		
70°		
80°		

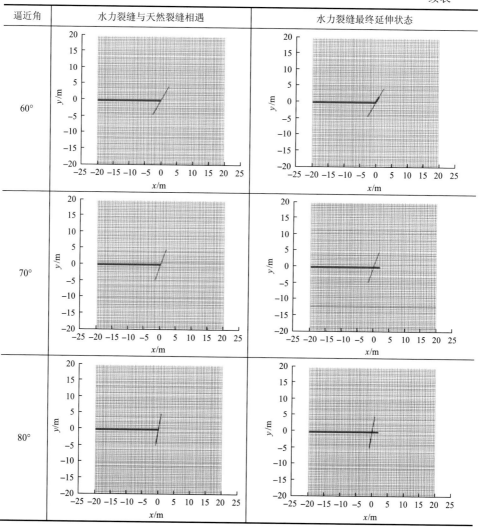

2）天然裂缝临界能量释放率对水力裂缝扩展的影响

由第 3 章建立的水力裂缝延伸方向判断准则可知，水力裂缝在不同方向上的相对能量释放率决定了水力裂缝的扩展方向，特别是当水力裂缝与天然裂缝相遇后，岩石本体的临界能量释放率(G_c^r)与天然裂缝的临界能量释放率(G_c^f)之间的相对大小关系对水力裂缝的延伸模式影响很大。由临界能量释放率的定义可知，临界能量释放率是反映破坏现象发生难易程度的重要参数，而天然裂缝与岩石本体二者之间临界能量释放率的比值，是衡量水力裂缝沿天然裂缝方向扩展难易程度的综合指标。本书模拟过程中天然裂缝的逼近角分别取 60°和 40°，天然裂缝长度为 10m，其他参数如表 3-4 所示，讨论当天然裂缝与岩石本体临界能量释放率之

比 (G_c^f/G_c^r) 取不同值时水力裂缝的扩展模式，如表 3-10 所示。

表 3-10　不同 G_c^f / G_c^r 情况下水力裂缝的延伸状态

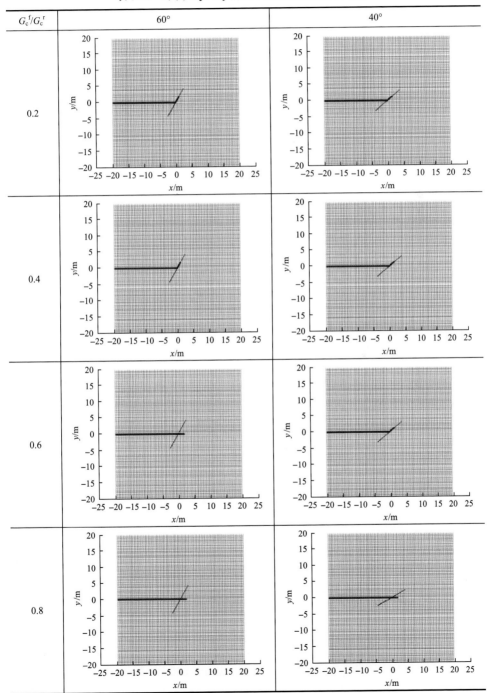

G_c^f/G_c^r	60°	40°
1	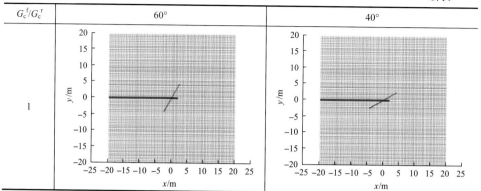	

如表 3-10 所示，不论逼近角取何值，随着天然裂缝与岩石本体临界能量释放率比值的增大，水力裂缝更倾向于表现出直接穿过天然裂缝的趋势。天然裂缝与岩石本体临界能量释放率比值越大，表示天然裂缝的胶结强度越大，天然裂缝越不易张开；当二者比值为 1 时，表示天然裂缝发生破裂的难易程度与岩石本体相当，在天然裂缝方向上扩展不具有任何优势。从以上模拟结果还可以看出，对于大逼近角(60°)天然裂缝，天然裂缝与岩石本体临界能量释放率之比大于 0.6 后，水力裂缝均直接穿过天然裂缝；而对于小逼近角(40°)天然裂缝，天然裂缝与岩石本体临界能量释放率之比仅在大于 0.8 后，水力裂缝才可能直接穿过天然裂缝。进一步分析，天然裂缝的逼近角分别取 20°、30°、40°、50°、60°、70° 和 80°，模拟试算不同逼近角下，水力裂缝转向进入天然裂缝时天然裂缝与岩石本体临界能量释放率比值的临界值，计算结果如图 3-67 所示。

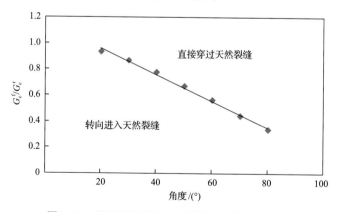

图 3-67　不同逼近角下水力裂缝延伸模式分区图

从图 3-67 可以看出，天然裂缝的逼近角越大，水力裂缝转向进入天然裂缝内的 G_c^f 与 G_c^r 之比的临界值越小，在逼近角为 80° 的情况下，水力裂缝转向进入天然裂缝的 G_c^f 与 G_c^r 之比的临界值为 0.34，而在逼近角为 20° 的情况下，水力裂缝转向

进入天然裂缝的 G_c^f 与 G_c^r 之比的临界值为 0.94。在高逼近角下，只有当天然裂缝的胶结程度很弱，临界能量释放率很低时，水力裂缝才可能转向进入天然裂缝。而在低逼近角情况下，只有当天然裂缝的胶结程度很强，临界能量释放率很高时，水力裂缝才有可能直接穿过天然裂缝。

3. 缝洞体对水力裂缝扩展的影响

前面分别讨论了洞穴和天然裂缝对水力裂缝扩展的影响规律。在实际地层中，多见洞穴和天然裂缝的组合体，称为缝洞储集体。在前面地质模型中也可见到，一般情况下洞穴和天然裂缝共同存在，但是洞穴体周围的天然裂缝分布杂乱无章，目前还没有成熟的模型可以表征缝洞体周围的天然裂缝分布特征，建立全尺度的缝洞体物理模型较为困难。本节只考虑单天然裂缝+单洞穴组合对水力裂缝扩展所产生的影响，旨在揭示缝洞型油藏中水力裂缝沟通洞穴的模式，深刻理解缝洞型油藏储层改造增产机理。

缝洞型油藏中天然裂缝的分布形式各异，在二维平面上，假定天然裂缝和洞穴在同一平面内，分别考虑天然裂缝相对于洞穴体的位置、天然裂缝的长度和天然裂缝走向三个因素，模拟天然裂缝与洞穴体连通和未连通两种情况下水力裂缝的延伸路径，分析水力裂缝沟通洞穴的可能形式。

1) 天然裂缝未与洞穴体连通

天然裂缝未直接与洞穴体连通，但水力裂缝与天然裂缝相交后，会对水力裂缝的扩展方向产生影响。改变天然裂缝的位置、长度和走向，考察不同形式的天然裂缝对水力裂缝沟通洞穴效果的影响，为了便于分析洞穴半径均取 3m，井筒偏离洞穴中心线的距离为 2.4m，其他参数如表 3-4 所示。

(1) 天然裂缝位置影响。

假定天然裂缝走向均为北偏西 75°，天然裂缝的长度为 8m，洞穴体的近 x 轴负向和近 y 轴正向上分别存在一条天然裂缝，如图 3-68 和图 3-69 所示。其他条件恒定，此时模拟两种情况下水力裂缝的延伸路径，如图 3-70 和图 3-71 所示。

对比两种情况发现，天然裂缝发育位置不同，天然裂缝对水力裂缝延伸路径的改变程度不同，水力裂缝沟通洞穴的效果不同。近 x 轴负向的天然裂缝 (图 3-69) 由于在水力裂缝偏转程度较小时与其相交，随后改变了水力裂缝的扩展方向，使水力裂缝向容易沟通洞穴的方向发展，尽管水力裂缝在穿出天然裂缝后扩展方向仍然发生偏转，但此时裂缝尖端距离洞穴已经很近，最终能够沟通洞穴。但天然裂缝位于近 y 轴正向的情况下 (图 3-71)，由于与天然裂缝相交时水力裂缝偏转程度过大，尽管相交后改变了水力裂缝的延伸方向，但此时已不能使水力裂缝沟通洞穴。

(2) 天然裂缝走向影响。

假定天然裂缝的位置不变，裂缝中点坐标固定且天然裂缝的长度固定为 6m 不变，天然裂缝的走向分别为北偏西 70°、北偏西 20°和北偏东 50°，如图 3-72～

图 3-77 所示，其他条件恒定，此时模拟三种情况下的裂缝延伸路径。

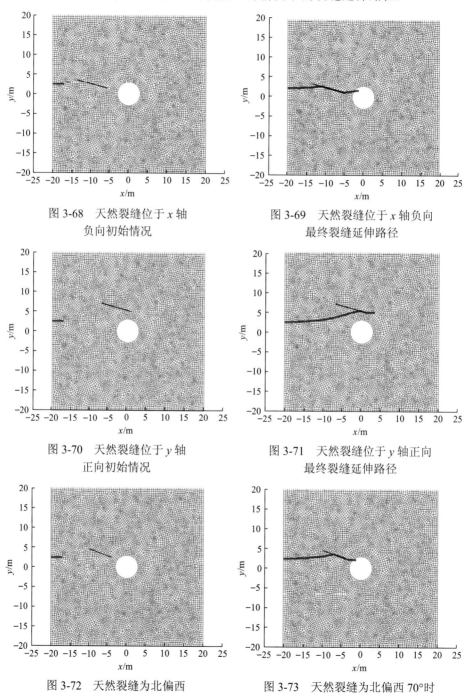

图 3-68　天然裂缝位于 x 轴
负向初始情况

图 3-69　天然裂缝位于 x 轴负向
最终裂缝延伸路径

图 3-70　天然裂缝位于 y 轴
正向初始情况

图 3-71　天然裂缝位于 y 轴正向
最终裂缝延伸路径

图 3-72　天然裂缝为北偏西
70°初始情况

图 3-73　天然裂缝为北偏西 70°时
最终裂缝延伸路径

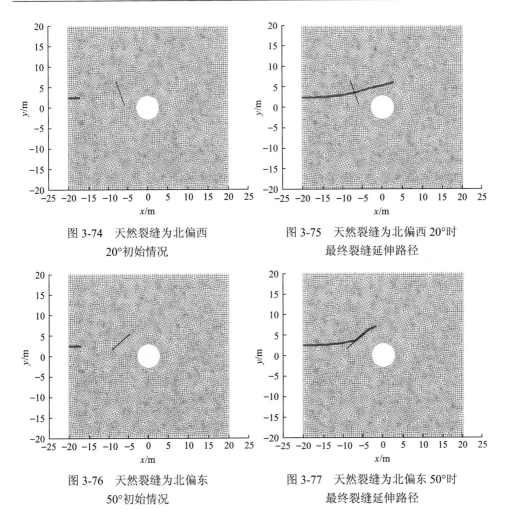

图 3-74　天然裂缝为北偏西
20°初始情况

图 3-75　天然裂缝为北偏西 20°时
最终裂缝延伸路径

图 3-76　天然裂缝为北偏东
50°初始情况

图 3-77　天然裂缝为北偏东 50°时
最终裂缝延伸路径

　　模拟结果显示，天然裂缝的走向不同，天然裂缝对水力裂缝延伸路径的改变
程度也不同，水力裂缝沟通洞穴的效果也不同。当天然裂缝为北偏西 70°时，水
力裂缝以小角度逼近天然裂缝，随之转向进入天然裂缝内，穿出天然裂缝后虽然
有一定幅度偏转，但仍能沟通洞穴(图 3-73)。但天然裂缝为北偏西 20°时，水力
裂缝以近垂直的角度逼近天然裂缝，与天然裂缝相交后直接穿过天然裂缝，随后
继续朝偏离洞穴方向偏转，最终未能沟通洞穴(图 3-75)。当天然裂缝为北偏东 50°
时，水力裂缝以小角度逼近，随后转向进入天然裂缝内，但天然裂缝方向不利于
沟通洞穴，导致水力裂缝穿出天然裂缝后未能与洞穴沟通(图 3-77)。

　　(3)天然裂缝长度影响。

　　假定天然裂缝的位置不变，裂缝中点坐标固定，天然裂缝的走向均为北偏西
75°，天然裂缝的长度分别取 4m 和 8m，其他条件恒定，分别模拟两种情况下的

裂缝延伸路径，如图 3-78～图 3-81 所示。

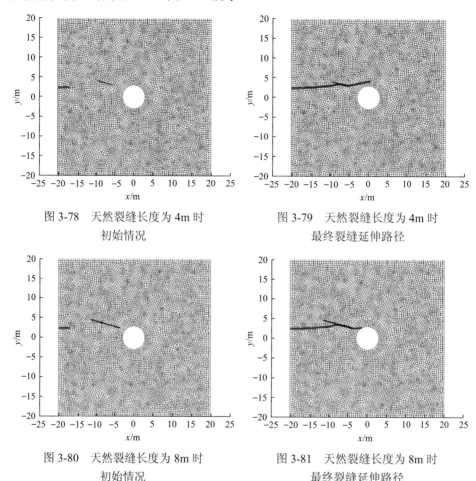

图 3-78　天然裂缝长度为 4m 时　　　　图 3-79　天然裂缝长度为 4m 时
　　　　　初始情况　　　　　　　　　　　　　最终裂缝延伸路径

图 3-80　天然裂缝长度为 8m 时　　　　图 3-81　天然裂缝长度为 8m 时
　　　　　初始情况　　　　　　　　　　　　　最终裂缝延伸路径

　　当天然裂缝的长度为 4m 时，虽然水力裂缝以小角度逼近天然裂缝，且能够转向进入天然裂缝内，但由于天然裂缝长度有限，水力裂缝穿出天然裂缝后，继续受洞穴周围应力集中影响，裂缝向偏离洞穴的方向发展，直至最后偏出洞穴范围，未能与洞穴沟通（图 3-79）。但当天然裂缝的长度为 8m 时，水力裂缝同样以小角度逼近天然裂缝，转向进入天然裂缝后，由于天然裂缝长度较长，水力裂缝在其内扩展距离较远，当水力裂缝穿出天然裂缝后，裂缝与洞穴体距离较近，虽然此后有一定偏转，但已能沟通洞穴（图 3-81）。

　　2）天然裂缝与洞穴体直接连通

　　在洞穴的上部由于塌陷作用，一般存在直接与洞穴体连通的天然裂缝。这种情况下，水力裂缝与天然裂缝相交后，水力裂缝的延伸路径也会受到一定影响。

分别改变天然裂缝的位置、走向和长度，模拟不同情况下水力裂缝的延伸路径，分析各个因素对沟通洞穴效果的影响。假定洞穴半径均为 3m，井筒偏离洞穴中心线的距离为 2.4m，其他参数如表 3-6 所示。

(1)天然裂缝位置影响。

天然裂缝的走向固定为北偏西 75°，且天然裂缝的长度固定为 6m 时，假定在洞穴边界的近 x 轴负向和近 y 轴正向分别存在一条与洞穴连通的天然裂缝，如图 3-82～图 3-85 所示，其他条件恒定，分别模拟两种情况下水力裂缝的延伸路径。

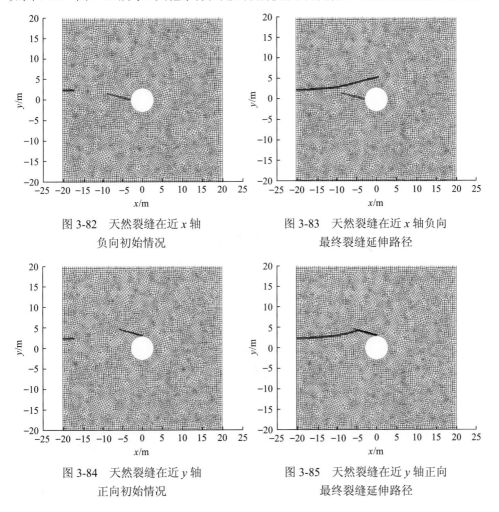

图 3-82　天然裂缝在近 x 轴　　　　图 3-83　天然裂缝在近 x 轴负向
负向初始情况　　　　　　　　　　最终裂缝延伸路径

图 3-84　天然裂缝在近 y 轴　　　　图 3-85　天然裂缝在近 y 轴正向
正向初始情况　　　　　　　　　　最终裂缝延伸路径

即使天然裂缝与洞穴体连通，且天然裂缝的走向和长度相同，但在洞穴的不同位置处，对水力裂缝延伸路径的改变程度不同，造成水力裂缝沟通洞穴的效果也会不同。在如图 3-83 所示的情况下，水力裂缝的延伸路径上天然裂缝不发育，导致水力裂缝延伸过程中未能与天然裂缝相交，一直沿偏离洞穴方向发展，最终未能沟通洞穴。但在如图 3-85 所示的情况，尽管天然裂缝走向相同，但位于洞穴的不同位置处，当水力裂缝逼近天然裂缝时，此时的逼近角较小，水力裂缝转向进入天然裂缝内，随后直接与洞穴体沟通。

(2) 天然裂缝走向影响。

假定天然裂缝的位置不变，且与洞穴边界的交点横坐标均为−1m，天然裂缝的长度固定为 5m，天然裂缝的走向分别取北偏西 60°、北偏西 10°和北偏东 20°，如图 3-86～图 3-91 所示，其他条件恒定不变，此时分别模拟三种情况下的水力裂缝延伸路径。

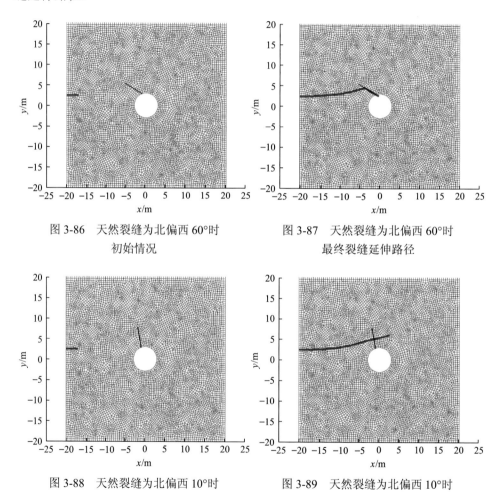

图 3-86　天然裂缝为北偏西 60°时　　　　图 3-87　天然裂缝为北偏西 60°时
初始情况　　　　　　　　　　　最终裂缝延伸路径

图 3-88　天然裂缝为北偏西 10°时　　　　图 3-89　天然裂缝为北偏西 10°时
初始情况　　　　　　　　　　　最终裂缝延伸路径

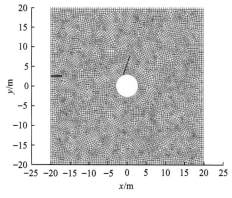

图 3-90　天然裂缝为北偏东 20°时
初始情况

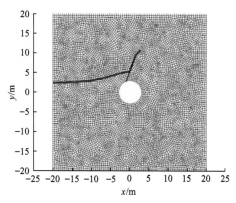

图 3-91　天然裂缝为北偏东 20°时
最终裂缝延伸路径

由模拟结果可见，发育在洞穴边界相同位置上的天然裂缝，由于天然裂缝的走向不同，也会造成水力裂缝沟通洞穴的效果不同。当天然裂缝的走向为北偏西60°时，水力裂缝以小角度逼近，转向进入天然裂缝后直接沟通洞穴，如图 3-87所示。当天然裂缝走向为北偏西 10°时，水力裂缝以接近垂直的大角度逼近，直接穿过天然裂缝后，继续沿偏离洞穴方向发展，最终未能沟通洞穴，如图 3-89 所示。当天然裂缝走向为北偏东 20°时，尽管水力裂缝以小角度逼近，但背离洞穴方向的能量释放率比值更大，水力裂缝的最终扩展方向为背离洞穴方向，导致水力裂缝未能沿着沟通洞穴的方向发展，如图 3-91 所示。

（3）天然裂缝长度影响。

假定天然裂缝与洞穴边界的交点横坐标固定为–2.5m，且天然裂缝的走向固定为北偏西 70°，天然裂缝长度分别取 8m 和 4m，其他条件恒定，分别模拟这两种情况下水力裂缝的扩展路径，如图 3-92～图 3-95 所示。

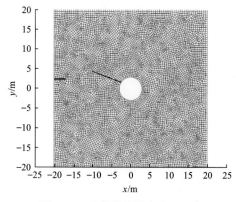

图 3-92　天然裂缝长度为 8m 时
初始情况

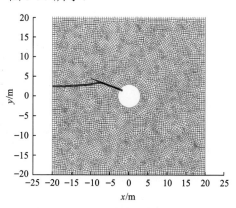

图 3-93　天然裂缝长度为 8m 时
最终裂缝延伸路径

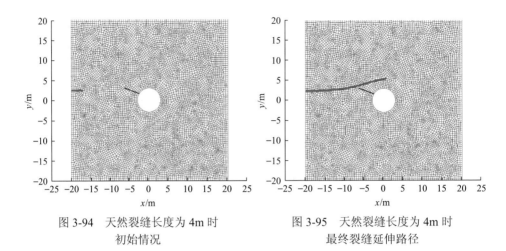

图 3-94　天然裂缝长度为 4m 时　　　　　图 3-95　天然裂缝长度为 4m 时
　　　　　初始情况　　　　　　　　　　　　　　最终裂缝延伸路径

　　天然裂缝长度为 8m 时，水力裂缝延伸过程中与天然裂缝相交后直接转向进入天然裂缝内，进而沟通洞穴，如图 3-93 所示。但当天然裂缝长度仅为 4m 时，水力裂缝经过天然裂缝发育位置之前就已经出现明显偏转，导致水力裂缝未能与天然裂缝相交，水力裂缝一直朝偏离洞穴方向发展，最终未能沟通洞穴，如图 3-95 所示。

4. 酸液对水力裂缝扩展的影响

　　注酸阶段能否沟通上述未沟通的缝洞体呢？大量施工曲线已表明沟通酸压井主要为注酸液期间沟通缝洞体系。沟通缝洞体机制是什么等都有必要进行研究，制定有针对性酸压方案，进而提高酸压成功率。对比不同排量和注酸量下裂缝壁面的刻蚀形态(图 3-96～图 3-111)可知，排量增大、用酸量增大，酸液有效作用距离增加，壁面刻蚀程度加剧，加之洞周应力集中效应，洞周围酸岩反应剧烈，利于沟通缝洞；注压裂液阶段不能沟通的缝洞，在注酸阶段由于酸岩反应，酸蚀蚓孔形成，沟通缝洞概率大，这也证实了实际酸压施工过程中注酸阶段沟通缝洞的比例大。

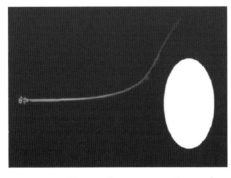
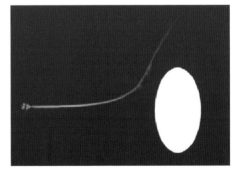

图 3-96　排量 2m³/min，注入量 150m³　　　图 3-97　排量 2m³/min，注入量 200m³(单洞)

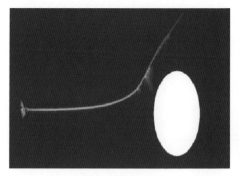

图 3-98　排量 4m³/min，注入量 200m³

图 3-99　排量 4m³/min，注入量 320m³

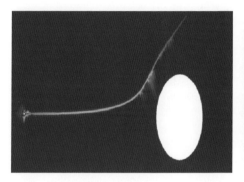

图 3-100　排量 5m³/min，注入量 200m³

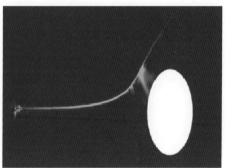

图 3-101　排量 5m³/min，注入量 350m³

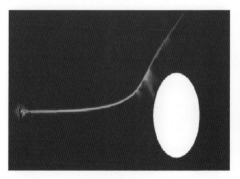

图 3-102　排量 6m³/min，注入量 200m³

图 3-103　排量 6m³/min，注入量 360m³

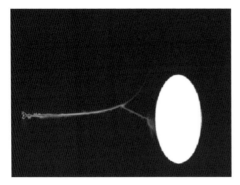

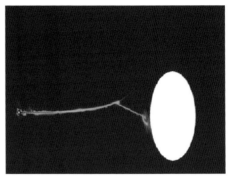

图 3-104　排量 2m^3/min，注入量 100m^3　　图 3-105　排量 2m^3/min，注入量 200m^3（洞+缝）

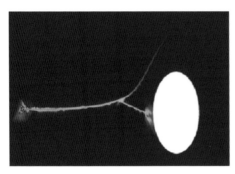

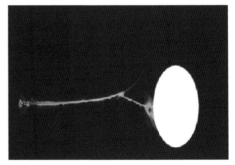

图 3-106　排量 4m^3/min，注入量 120m^3　　图 3-107　排量 4m^3/min，注入量 240m^3（洞+缝）

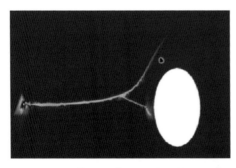

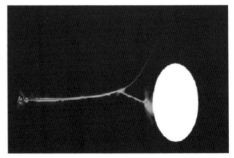

图 3-108　排量 5m^3/min，注入量 150m^3　　图 3-109　排量 5m^3/min，注入量 250m^3（洞+缝）

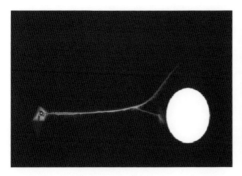 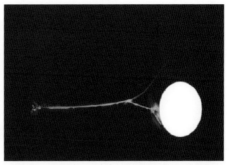

图 3-110 排量 6m³/min，注入量 120m³　　　图 3-111 排量 6m³/min，注入量 300m³(洞+缝)

综上所述，在天然裂缝不发育的情况下，井筒偏离洞穴中心线一定距离后，水力裂缝很难直接沟通洞穴。天然裂缝的长度、走向和位置、酸液排量及用量对水力裂缝能否沟通洞穴具有重要影响。一般情况下，天然裂缝距离洞穴较近，水力裂缝逼近天然裂缝时逼近角较小，且长度较长的天然裂缝容易将水力裂缝引导到洞穴附近。酸液用量增加、排量增加，还能提高沟通洞穴的概率。

3.4 碳酸盐岩储层转向酸化酸压机理

3.4.1 VES 自转向酸转向机理研究

VES 自转向酸发生转向的条件受多种因素的影响，如酸液中 pH、阳离子浓度、温度、剪切速率、添加剂等。国内外很多学者通过实验证明，影响转向酸发生转向的主要因素是 pH 和阳离子浓度。随着酸岩反应的消耗，酸液浓度不断降低，导致 pH 上升，同时随酸岩反应产生的阳离子(Ca^{2+}、Mg^{2+})浓度增加，可见二者往往是同时对转向酸产生作用，因此它们对转向的影响规律需要细致地研究。

3.4.2 VES 自转向酸液体系的黏性和弹性

1. 小振幅振荡动态实验

通常流变学实验可分为三类：流动性实验、小振幅振荡动态实验和蠕变性实验(Ferry，1970；许元泽，1988)。本书用到的是小振幅振荡动态实验和流动性实验。流动性实验属于大形变流动测试，得到流体(液体)剪切应力、剪切速率和表观黏度(一般称作黏度)等数据。如果转向酸液黏度很大，变成类似凝胶的状态，那么通过小振幅振荡动态实验可以得到其黏弹性数据。

小振幅振荡动态实验中，试样的净位移实际为 0。对试样施加一个正弦波形的振荡应力或者应变，而测量的是相应的应变或者应力，从而反映出试样的流变

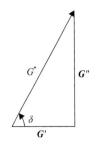

图 3-112　储能模量
和损耗模量示意图

性质。为了说明此时的实验数据是正弦函数，而不是简单的稳定状态参数，用上标*来表示复数模量 G^* 和复数黏度 η^*。

　　为了在上述正弦函数的任一点得到 G^* 值，可以使用极坐标系或者笛卡儿坐标系。在极坐标系中，使用 G^* 及其分量的夹角 δ 进行运算；而在笛卡儿坐标系中，使用 X、Y 轴方向上的向量 G' 和 G'' 进行运算。复数模量 G^* 及其分量 G' 和 G'' 的关系，可用图 3-112 表示。

　　其中，

$$G^* = \sigma / \Gamma \tag{3-20}$$

$$G^* = G' + \mathrm{i}\, G'' \tag{3-21}$$

$$\tan \delta = \frac{G''}{G'} \tag{3-22}$$

式中，σ 为应力，MPa；Γ 为应变，无量纲。

　　式(3-21)中，测量出的复数模量 G^* 的实部 G' 称为储能模量(storage modulus)；复数模量 G^* 的虚部 G'' 称为损耗模量(loss modulus)。储能模量 G' 与测试样品黏弹性能中的弹性相关；损耗模量 G'' 与测试样品黏弹性能中的黏性相关。$\tan \delta$ 是 G''/G' 的一个比率，较大的 $\tan \delta$ 值表示类似流体或者弹性阻尼性质(即黏性)；较小的 $\tan \delta$ 值表示类似固体的性质(即弹性)。

　　复数黏度 η^* 的含义与 G^* 的含义类似。可用下式表示复数黏度及其分量之间的关系：

$$\eta^* = \eta' - \mathrm{i}\, \eta'' \tag{3-23}$$

式中，η' 为动态黏度，直接表示材料黏弹性中的黏性。而 η'' 与黏弹性中的能量储存分量有关，η'' 并没有一个特殊的名称，使用也不广泛。G 和 η 两套参数有如下关系：

$$\eta' = G''/\omega \tag{3-24}$$

$$\eta'' = G'/\omega \tag{3-25}$$

式中，ω 为小振幅振荡动态实验中的振荡频率，Hz。可以采用 G' 和 G'' 来分别表示弹性和黏性，也可以采用 η'' 和 η' 分别表示弹性和黏性。VES 清洁转向酸的黏弹性可采用小振幅振荡实验来测量。对黏弹性的描述采用复数模量 G^*、储能模量 G' 和损耗模量 G'' 等参数。对于纯黏性流体，储能模量 G' 为零；对于纯弹性体，损耗模量 G'' 为零；而对于黏弹性流体，储能模量 G'、损耗模量 G'' 均有一定数值。另外，如果转向酸液的黏度没有大到呈现固体凝胶的程度，工程上多用表观黏度(η)作为衡量流体黏度的参数。

2. VES 自转向酸液体系的黏弹性

为了详细地对 VES 自转向酸的流变性能进行研究,需要对转向酸的黏性和弹性在其流变性能中的作用做出分析。为此,分别在酸岩反应过程中的不同 pH 条件下用流变仪测定酸液体系的储能模量 G' 和损耗模量 G''。配制 VES 含量为 5%的转向酸液体系,调节不同酸度值,测定储能模量 G' 的数据图如图 3-113 所示。

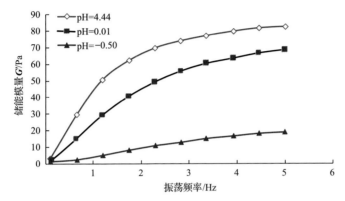

图 3-113　不同 pH 时的储能模量 G' 变化
测量温度为 20℃,VES 含量为 5%

由此可见,随着动态实验振荡频率的增大,酸液体系的储能模量 G' 均增大。在 pH 较小时(如 pH= −0.50 时),其值较小,在实验振荡频率范围内其值不超过 20Pa;当酸液 pH 增大后,酸液体系的储能模量 G' 也增大,在 pH=0.01 时,酸液体系的储能模量 G' 已经可以接近 70Pa;当酸液体系的 pH=4.44 时,酸液体系的储能模量 G' 在实验振荡频率范围内最高可达 80Pa,是酸度较小时储能模量 G' 的 4 倍以上。

另外,由实验得到的损耗模量 G'' 与酸液体系 pH 的关系图,也可以考察酸液体系损耗模量 G'' 与 pH 的关系,如图 3-114 所示。

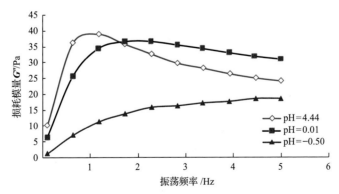

图 3-114　不同 pH 时的损耗模量 G'' 变化
测量温度为 20℃,VES 含量为 5%

由图 3-114 可见，在酸液体系 pH 较小时，随着振荡频率的增大，酸液体系的损耗模量 G'' 也逐渐增大，但其值最大不超过 20Pa；当酸液 pH 增大后，酸液体系的损耗模量 G'' 与 pH 较小时的变化规律有所不同，损耗模量 G'' 先增大到一个最大值，而后逐渐减小。pH 较大时，损耗模量 G'' 与储能模量 G' 变化规律也有所不同。在 pH=4.44 时，损耗模量 G'' 反而比 pH=0.01 时的损耗模量 G'' 小。

将 pH 分别为 4.44 和 0.01 时的储能模量与损耗模量放在同一个图中，则可得到更多的信息，如图 3-115 所示。

由图 3-115 和图 3-116 可知，当 pH=4.44 时的储能模量 G' 大于 pH=0.01 时的储能模量 G'；而 pH=4.44 时的损耗模量 G'' 小于 pH=0.01 时的损耗模量 G''。在较宽的振荡频率范围内，pH=0.01 时的 $\tan\delta$ 大于 pH=4.44 时的 $\tan\delta$。这说明在 VES 自转向酸液体系变黏之后（一般在酸液的 pH 为正值以后），在酸度较大时（即酸液体系的 pH 相对较小时），VES 自转向酸液体系的黏性大于其弹性；而在体系的酸度较小时（即酸液体系的 pH 相对较大时），VES 自转向酸液体系的弹性大于其黏性。而 VES 自转向酸对储层孔隙进行暂堵起到的转向作用，应该是转向

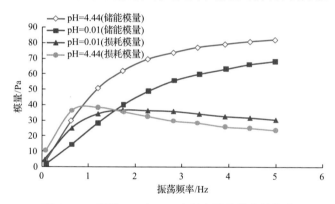

图 3-115　不同 pH 时 VES 自转向酸的流变性构成
测量温度为 20℃，VES 含量为 5%

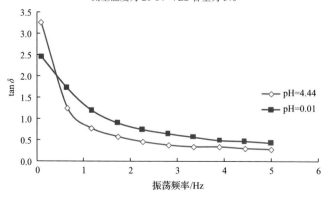

图 3-116　pH 分别为 4.44 和 0.01 时的 $\tan\delta$ 值

酸液体系黏性和弹性综合作用的结果。另外应该说明的是，小振幅振荡动态实验所用的仪器只适用于常压常温敞口条件下，所以小振幅振荡动态实验在常温下测定。

3.4.3　VES 自转向酸液体系的黏性及其影响因素研究

VES 自转向酸液体系流变性能的研究,关系到体系能否起到转向酸化的作用,而遇到地层原油烃类之后,其能否破胶,又关系到该酸液体系是否会产生地层损害,并决定着体系应用效能。本节以表观黏度作为 VES 自转向酸液体系流变性能的指标来进行研究,并且考察酸液 pH、VES 表面活性剂的含量、酸液温度等诸多因素对酸液体系流变性能的影响。

1. 酸液 pH 对酸液流变性的影响

实验方法：将 VES 含量为 5%,HCl 含量为 20%的盐酸溶液按照化学计量关系与相应量的 $CaCO_3$(分析纯)发生反应。在反应的不同阶段实时使用 pH 计测量酸液体系的 pH 及转向酸的黏度,得到 VES 自转向酸黏度与体系 pH 的变化曲线,如图 3-117 所示。

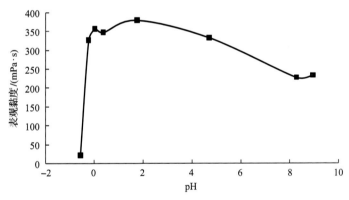

图 3-117　转向酸黏度随 pH 的变化

测定温度为 20℃,剪切速率为 $170s^{-1}$

图 3-117 是含有 5%VES 的酸液体系的黏度随着 pH 的变化情况,随着酸液 pH 的升高,在 pH 为−0.57～0.35 时 VES 自转向酸液体系的黏性迅速增大,由原来的十几毫帕秒增大到近 400mPa·s。油田储层酸化过程中的 pH 变化也处于这个范围,酸化施工可以使 VES 自转向酸液体系变黏。另外,在酸液体系 pH 为 0.35～9 的酸度区间内,酸液体系的黏度变化较小,实验说明了 VES 自转向酸液体系的黏性在这一 pH 区间内比较稳定。与前一区间不同的是,酸液黏度变化的趋势是先增大,再稍微降低,在酸液 pH 为 2 附近,其黏度具有最大值。在酸液 pH 为 2～9 的区间,酸液黏度缓慢下降。

另外,测定了不同 VES 含量下的多种转向酸液体系的表观黏度与 pH 的关系,以及测定了不同剪切速率下表观黏度与 pH 的关系。结果表明,黏度变化趋势与上述分析较为一致(图 3-118)。随着 VES 含量增加,变黏后表观黏度也逐渐增加,但 VES 含量增加到 5%后,转向酸液体系表观黏度增加不明显;随着剪切速率上升,变黏后表观黏度下降,剪切速率为 $511s^{-1}$ 下表观黏度不足 $100mPa \cdot s$。应该注意的是,VES 含量较大,在酸岩反应过程中,转向酸液体系黏度剧增现象的出现也稍早(图 3-119)。

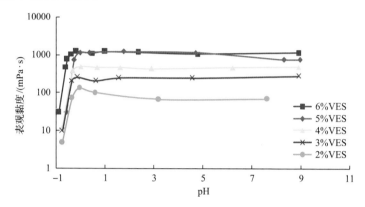

图 3-118　不同 VES 含量的酸液体系的黏度随着 pH 的变化(剪切速率为 $50s^{-1}$)

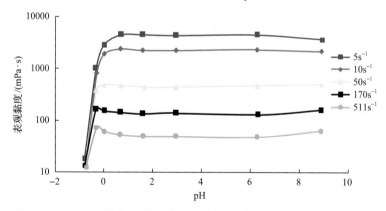

图 3-119　VES 含量为 4%的转向酸黏度与 pH 的关系(测定温度为 20℃)

在配制转向酸液体系时,VES 含量仍然为 5%,将 HCl 含量改为 10%,与相应化学计量的 $CaCO_3$ 发生反应,在反应的不同 pH 时,测定体系的黏度,得到的数据如图 3-120 所示。

由图 3-120 可见,由 10%HCl 配制的转向酸在与碳酸盐发生反应变黏之后,其黏度突增的 pH 大体与由 20%HCl 配制的转向酸液体系一致,均在 pH 为-0.57~0.35 时。不同之处在于两种酸液液体系的黏度最大值不同。由 10%HCl 配制

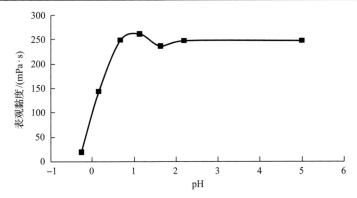

图 3-120 10% HCl 配制的转向酸液体系的黏度与 pH 的关系

测定温度为 20℃，剪切速率为 170s^{-1}

的转向酸液体系黏度最大值要比 20%HCl 配制的转向酸液体系黏度最大值低 1 倍左右。

由于两种转向酸液体系的 VES 含量相同，不同含量的 HCl 在与化学计量的 $CaCO_3$ 发生反应之后，两种转向酸液体系仅仅是所含的 Ca^{2+} 浓度不同。因此，可以分析得出 Ca^{2+} 不仅是 VES 自转向酸变黏的一个必要条件，而且其含量的多少，还会影响转向酸的最终黏度，酸液中 Ca^{2+} 浓度较大，酸液的黏度最大值也较大，如图 3-121 所示。

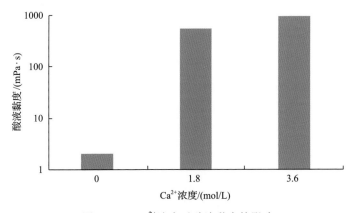

图 3-121 Ca^{2+} 浓度对酸液黏度的影响

如 3.4.2 节所述，当转向酸液变黏之后，对于 VES 含量为 5%的酸液体系，其 pH 还会分别影响到体系的黏性和弹性。为此，改变 VES 含量，对此问题作更系统的研究。图 3-122 是当 VES 含量为 5%时，体系储能模量 G' 与 pH 关系曲线；图 3-123 是当 VES 含量为 5%时，体系损耗模量 G'' 与 pH 关系曲线。

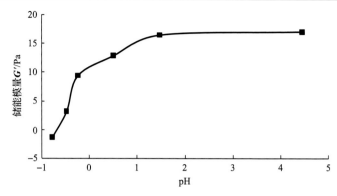

图 3-122　不同 pH 时储能模量 G' 的变化

测定温度为 25℃，振荡频率为 4Hz，VES 含量为 5%

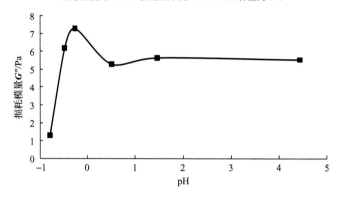

图 3-123　不同 pH 时损耗模量 G'' 的变化

测定温度为 25℃，振荡频率为 4Hz，VES 含量为 5%

由图可知，当 VES 含量为 5% 时，储能模量 G' 和损耗模量 G'' 有不同的变化规律。在相同的测试条件下，随着转向酸液 pH 的增大，酸液体系储能模量 G' 一直在增加。另外，pH 由 1.47 上升至 4.44 时，酸液体系的储能模量 G' 增加幅度较小。而损耗模量 G'' 在 pH 大于 –0.9 以后，不仅不再增加，反而下降。由此可以解释，正是因为转向酸液体系 pH 逐渐升高过程中，酸液体系的弹性一直在增加，而黏性先增加，后减小，所以在图 3-117 中，黏度会在点 (0，350) 出现一个峰值，在点 (0.35，340) 出现一个低值。

2. 酸液中黏弹性表面活性剂含量与酸液流变性的关系

通过改变转向酸液体系中的 VES 含量，研究不同 VES 含量时转向酸液体系的黏度变化规律，如图 3-124 所示。由图可知，在一定的剪切速率和酸度条件下，随着酸液中 VES 含量的增加，酸液体系的黏度逐渐上升，在 VES 含量超过 5% 时，酸液体系的黏度达到较大数值，且酸液中 VES 含量再增加时，酸液体系的黏度增加比较有限。

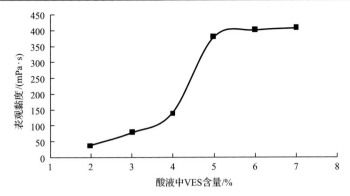

图 3-124　不同 VES 含量酸液的黏度变化

剪切速率为 170s^{-1}, pH 为 5

同样以小振幅振荡动态实验，研究 VES 含量对储能模量 G' 和损耗模量 G'' 的影响。图 3-125 是在相同的 pH 条件下，不同 VES 含量转向酸液体系的储能模量 G' 变化情况。由图知，储能模量 G' 随着 VES 含量的增加而增大，但 VES 含量由 5%增至 6%时，储能模量 G' 增幅有限。

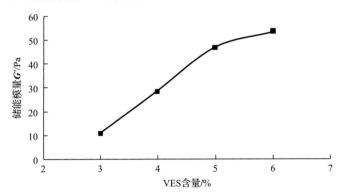

图 3-125　转向酸中 VES 含量不同时的储能模量 G' 变化

测定温度为 20℃, pH 为 9, 振荡频率为 4Hz

图 3-126 是在不同的振荡频率下，不同 VES 含量酸液体系的储能模量 G' 的变化情况。由图可知，小振幅振荡动态实验中，振荡频率小于 3Hz 时，储能模量 G' 基本上随着 VES 含量的增加而增加，但 VES 含量为 6%时的储能模量 G' 反而小于 VES 含量为 5%时的储能模量 G'。虽然振荡频率大于 3Hz 以后，这种情况发生了逆转，但 6%时的储能模量 G' 比 5%时储能模量 G' 的增幅有限。综合考虑在振荡频率为 1～5Hz 区间的储能模量 G'，可以认为 VES 含量由 5%增加至 6%，储能模量 G' 增幅并不大。

图 3-127 是在不同的振荡频率下，不同 VES 含量酸液体系的损耗模量 G'' 的变化情况。4 条曲线分别是 VES 含量为 3%、4%、5%、6%时，损耗模量 G'' 随着振荡

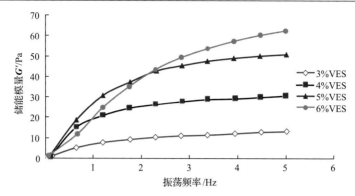

图 3-126　不同振荡频率范围内 VES 含量与储能模量 G' 的关系

测定温度为 20℃，pH 为 9

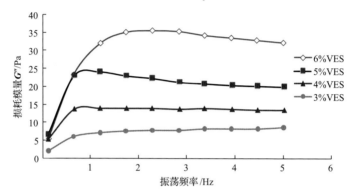

图 3-127　不同振荡频率范围内 VES 含量与损耗模量 G'' 的关系

测定温度为 20℃，pH 为 9

频率的变化情况。由图可知，随着 VES 含量的上升，4 条曲线的损耗模量 G'' 随即增加，但在振荡频率小于 1Hz 时，VES 含量为 5% 和 6% 时的损耗模量 G'' 基本相同。

图 3-128 是复数模量 G^* 在不同 VES 含量条件下，随着振荡频率变化的关系。

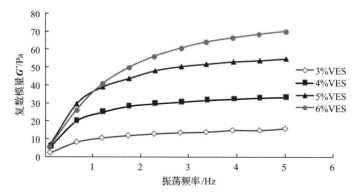

图 3-128　不同振荡频率范围内 VES 含量与复数模量 G^* 的关系

测定温度为 20℃，pH 为 9

在小振幅振荡动态实验中，复数模量 G^* 是物质黏性和弹性的一个综合指标。此处振荡频率只是测定物质弹性的一个参数，因此并不是振荡频率越大越好，要观察整个振荡频率范围内的复数模量 G^* 的变化情况。由图 3-128 可见，在振荡频率小于 1.2Hz 时，VES 含量为 6% 的酸液体系的复数模量 G^* 甚至小于 VES 含量为 5% 的酸液体系的复数模量 G^*。总的来说，VES 含量增加，复数模量 G^* 也增加。其中，VES 含量为 6% 的酸液体系的复数模量 G^* 相对于 VES 含量为 5% 的酸液体系的复数模量 G^* 增加的比较有限。

3. 转向酸液体系的黏度与剪切速率的关系

在不同的剪切速率条件下，黏弹性表面活性剂转向酸液体系的黏性有所不同，剪切速率越大，酸液体系的黏度越小。对于含有 6%VES 的酸液体系，在适合的 pH 条件下，当剪切速率为 $5s^{-1}$ 时的黏度约为 $1 \times 10^4 mPa \cdot s$；而当剪切速率为 $511s^{-1}$ 时，酸液体系黏度仅为 $1 \times 10^2 mPa \cdot s$，如图 3-129 所示。在酸化压裂施工作业过程中，酸液流体在地层裂缝中流动时，相对应的剪切速率一般在 $100 \sim 170s^{-1}$，因此，本书在下述实验中，一般采用剪切速率为 $170s^{-1}$ 时的实验数据，对酸液流变性能进行着重研究。

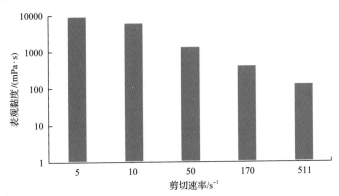

图 3-129 酸液体系黏度与剪切速率的关系

VES 含量为 6%，测定温度为 25℃，pH 约为 2.0

4. 转向酸液体系的黏度与温度的关系

配置 20%HCl+5%VES 的转向酸液与 20%HCl+5%VES＋10%CaCl$_2$ 的转向酸液，分别与相应化学计量的 CaCO$_3$ 发生反应，反应之后，酸液变黏，测定变黏酸液的黏度，数据如图 3-130 所示。

由图 3-130 中曲线 a 可知，转向酸液体系的黏度随着温度升高，开始也上升，温度到达 45℃ 左右时，黏度至最大点约为 580mPa·s；此后温度再上升时，黏度

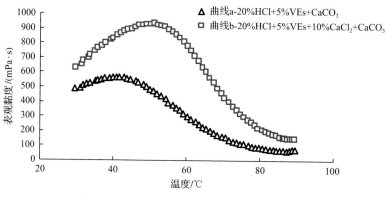

图 3-130　转向酸液体系黏度与温度的关系

剪切速率为 170s^{-1}

不仅不再上升，反而下降。从曲线 b 可知，转向酸液体系的黏度随着温度的变化关系是，先随着温度上升黏度增大，温度到达 55℃时，黏度上升至最大点约 970mPa·s，然后下降。对比曲线 a、b 可知，VES 清洁转向酸液体系黏度增加不可缺少的一个因素是酸液中的 Ca^{2+}浓度，而且，在相同条件下酸液中 Ca^{2+}浓度较大时，酸液的黏度也相对较高。

　　另外，在剪切速率为 10s^{-1}条件下，测定不同 VES 含量的转向酸液体系的黏度随着温度的变化关系，如图 3-131 所示。由图可知，不同 VES 含量酸液的黏度在温度自 25℃逐渐升高的过程中，先逐渐升高到某一最大值，然后逐渐下降。不同 VES 含量酸液的黏度在随着温度变化过程中，最大值出现的温度点有所不同。总的来说，VES 含量越大，黏度最大值出现的温度点越小。即酸液体系中 VES 含量越大，酸液体系变黏时达到的温度值越低。

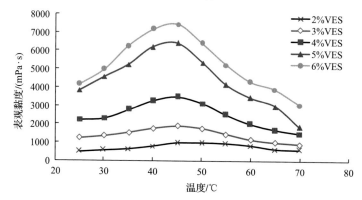

图 3-131　转向酸液黏度与温度的关系

转向酸液体系为 20%HCl + $CaCO_3$ + 不同量的 VES，剪切速率为 10s^{-1}

由以上实验数据，经分析认为温度是影响表面活性剂分子相互作用的一个因素。表面活性剂分子有两种突出的相互作用：一是分子的热运动，二是分子相互缠绕形成蠕虫状胶束的运动。温度较低时（<45℃），表面活性剂分子热运动较弱，分子缠绕也不剧烈；当温度达到 45～55℃区间时，分子热运动加剧，导致分子缠绕形成蠕虫状胶束的趋势加剧。在宏观上的表现是，VES 自转向酸液体系的黏度增大到最大值；当温度高于 55℃时，由于分子热运动过于剧烈，将会挣脱开分子的缠绕，导致蠕虫状胶束结构破坏，此时的宏观表现就是转向酸液体系的黏度再次降低。

5. 转向酸液体系的黏度与压力的关系

10%HCl 与 $CaCO_3$ 反应后配制含有 5%VES 的转向酸，分别在常压和高压（7MPa）下测定转向酸液体系的黏度，如图 3-132 所示。

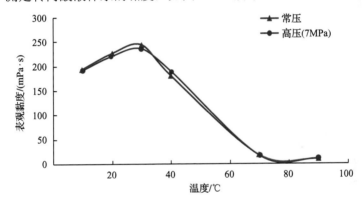

图 3-132　相同转向酸液体系在不同压力下的黏度对比
转向酸液体系为 10%HCl+5%VES 与 $CaCO_3$ 充分反应后的体系，剪切速率为 $170s^{-1}$

由图 3-132 可见，相同酸液体系在常压和高压下的黏度基本相同。VES 自转向酸液体系属于不可压缩的流体类型。

6. 转向酸液体系的抗剪切性能

VES 含量为 5%的转向酸液体系，在剪切速率为 $170s^{-1}$ 时，对其进行抗剪切性能测试，即研究其黏度随着剪切时间的变化情况。实验数据如图 3-133 所示。由图可见，从开始进行剪切到第 4min 时，转向酸液体系的黏度有所下降，由 550mPa·s 下降到 480mPa·s，自第 5min 到第 35min 时间段内，转向酸液体系的黏度基本不再变化，此时酸液体系黏度随着剪切时间的曲线基本趋于一条直线。因此，VES 自转向酸液体系基本上具有抗剪切性能。

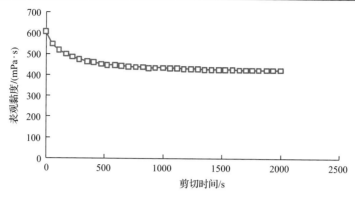

图 3-133　转向酸液体系的抗剪切性能实验

转向酸为 20%HCl+5%VES 与 CaCO$_3$ 反应之后的体系，剪切速率为 170s^{-1}

7. 其他离子对转向酸液体系黏度的影响

碳酸盐岩储层岩石主要成分是碳酸钙，但也有少量碳酸镁等成分。另外，地层水中也有或多或少的 Mg^{2+} 和 Na$^+$。研究地层中其他离子如 Mg^{2+}、Na$^+$ 对转向酸液黏度的影响，也十分重要。地层中 Mg^{2+}、Na$^+$ 与酸液的作用可用下列反应式表示：

$$2HCl + MgCO_3 \Longrightarrow MgCl_2 + H_2O + CO_2 \uparrow \tag{3-26}$$

$$4HCl + MgCa(CO_3)_2 \Longrightarrow MgCl_2 + CaCl_2 + 2H_2O + 2CO_2 \uparrow \tag{3-27}$$

另外，地层水中可能也有少量的 Na$^+$ 参与酸岩反应，从而对酸液黏度产生影响。由上述反应式可知，经过酸岩反应之后，得到的产物均为 Ca^{2+}、Mg^{2+}、Na$^+$ 等离子的盐酸盐。将参加反应的 CaCO$_3$ 换为 MgCO$_3$ 及 Na$_2$CO$_3$，配制好转向酸液体系。使用流变仪测定酸液黏度，得到数据如图 3-134、图 3-135 所示。

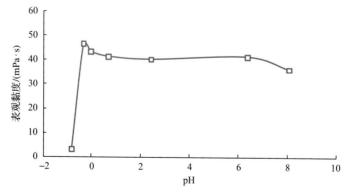

图 3-134　剪切速率为 170s^{-1} 时含 Mg^{2+} 转向酸液黏度随 pH 的变化

转向酸为 20%HCl+5%VES 与 MgCO$_3$ 反应之后的体系，剪切速率为 170s^{-1}

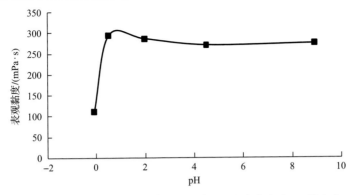

图 3-135　剪切速率为 170s^{-1} 时含 Na$^+$转向酸液黏度随 pH 的变化

转向酸为 20%HCl+5%VES 与 Na$_2$CO$_3$ 反应之后的体系，剪切速率为 170s^{-1}

由图 3-134 和图 3-135 可见，在一定酸度下，Mg^{2+}的存在也能使含有黏弹性表面活性剂的酸液体系变黏。同样发现，Na$^+$也可使该酸液具有黏弹性。图 3-136 比较了不同离子的存在下，含有相同黏弹性表面活性剂含量的酸液体系，黏度所能达到的最大数值。

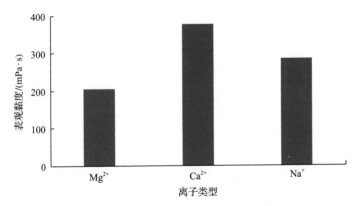

图 3-136　不同离子的转向酸液黏度最大值对比

转向酸为 20%HCl+5%VES 与 MgCO$_3$、CaCO$_3$、Na$_2$CO$_3$ 反应之后的体系，剪切速率为 170s^{-1}

由图 3-136 可知，含有不同离子酸液的黏度具有不同的最大值。在剪切速率为 170s^{-1} 时，由 Ca^{2+}形成的酸液体系黏度最大值比 Na$^+$、Mg^{2+}形成的酸液体系的都要大，为 380mPa·s，而由 Mg^{2+}形成的酸液体系在剪切速率为 170s^{-1} 时的黏度值最大值最小，为 210mPa·s。总的来说，Ca^{2+}、Mg^{2+}、Na$^+$三种离子均可使含有黏弹性表面活性剂的酸液体系变黏，而且黏度都较大。

3.4.4　VES 自转向酸液黏度增大及破胶机理分析

常温下，一般表面活性剂溶液在浓度不大、体系中离子强度不太高时，表面活性剂以单个分子或者球形胶束在溶液中存在，流动性较好，黏度接近水的黏度。一旦增加表面活性剂的浓度，或者溶液中离子强度达到一定数值，或者体系中引入另一组分，溶液中可能形成蠕虫状胶束。此时，溶液的黏度将急剧增大。特别是线性胶束相互缠绕形成三维网状结构，将出现黏弹性能。当某些金属阳离子带有与表面活性剂分子相反的电荷时，这些金属阳离子可以与表面活性剂分子强烈结合，导致表面活性剂分子形成网状结构(唐世华等，2001；卢拥军等，2003；徐晓明等，2003；曹亚和李惠林，2005)。由于这类黏弹性表面活性剂为双亲表面活性剂，其亲水基团和亲油基团比一般的表面活性剂结构都要复杂，在外围水溶液中金属阳离子的作用下，亲油基团由于存在疏水长链，聚集在一起，聚向中心；而亲水基团，向外与水溶液接触，形成蠕虫状胶束。亲油基团的疏水长链，又可与其他分子的亲油基团再次相互缠绕，并且连接起来，最终导致许多胶束相互连接，形成很大的蠕虫状胶束或者三维网状结构，导致体系的黏度剧增(图 3-137)。

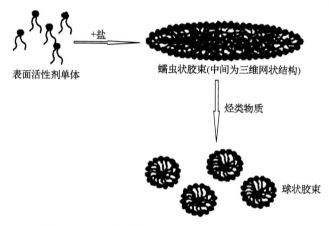

表面活性剂单体　　　蠕虫状胶束(中间为三维网状结构)

+盐

烃类物质

球状胶束

图 3-137　表面活性剂分子组成蠕虫状胶束示意图

当这种蠕虫状胶束或者三维网状结构遇到地层烃类流体时，双亲表面活性剂的亲油基团会与地层烃类流体结合(地层烃类为油性物质)，导致表面活性剂亲油基团长链相互缠绕的作用下降，最终蠕虫状胶束和三维网状结构被破坏。由于地层烃类的作用，这些亲油基团长链不再与其他表面活性剂的长链相互缠绕结合，变成小数目分子相互结合的小型球状胶束，因此黏度降低。当 VES 自转向酸液遇到较大量地层水时，往往由于地层水的稀释作用，也会导致蠕虫状胶束或者三维网状结构的破坏，黏度下降。

VES 自转向酸液体系变黏是由于酸浓度的降低，以及酸消耗，同时 $MgCl_2$ 和 $CaCl_2$ 的生成，迫使表面活性剂单体形成蠕虫状或者长链连接的网状胶束，从而导致更高的黏性，并且使表面活性剂溶液具有弹性性能。Ca^{2+} 和 Mg^{2+} 的形成及 pH 的升高对于该酸液体系的就地凝胶(即形成胶束)是必需的。酸液体系的黏弹性性能能对高渗地层暂堵，迫使酸液转向未酸化的低渗透储层。与传统的酸液体系不同的是，在完成转向作用之后，VES 自转向酸液体系不需要破胶剂(地层烃类即是其破胶剂)。因为酸压完成后，酸液与地层烃类的接触会改变 VES 胶束的结构，使胶束的结构从蠕虫状转变为球状，从而使酸液的黏度迅速下降。

为了验证上述推测，在黏弹性表面活性剂转向酸液体系变黏前后，对其进行投射电子显微镜观察，如图 3-138 所示。由黏弹性表面活性剂的投射电子显微镜图可见，表面活性剂转向酸液体系在较小的 pH 条件下，未与 Ca^{2+} 反应结合时，其结构如图 3-138(a)所示，表面活性剂以细小的微球胶束存在，体系较为均一，具有较好的流动性，体系黏度较小。当体系与碳酸盐岩反应之后，体系的 pH 升高，在 Ca^{2+} 的作用下，黏弹性表面活性剂酸液体系形成蠕虫状泡囊结构[图 3-138(b)]。较大的蠕虫状胶束结构使体系流动性降低，体系的黏度迅速上升。通过投射电子显微镜观察，证明黏弹性表面活性剂转向酸液体系的黏度增大确实与表面活性剂在一定条件下形成蠕虫状泡囊结构有关。

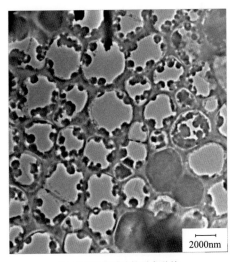

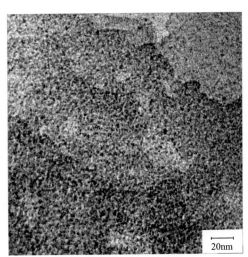

(a) VES转向酸液体系变黏前　　　　　　(b) VES转向酸液体系变黏后

图 3-138　黏弹性表面活性剂转向酸液体系变黏前后的投射电子显微镜图

3.4.5　裂缝暂堵转向机理

随着致密气、页岩气和煤层气等非常规油气资源勘探开发步伐的加快，非常规油气资源已成为世界关注的热点。水力压裂技术是非常规油气进行经济开发的有效手段。由于非常规储层基质渗透率极低，采用常规压裂技术形成的裂缝难以满足高效勘探开发的需求，必须增加裂缝复杂程度和改造范围，扩大裂缝改造体积(ESRV)。通过缝网体积压裂改造实施对油气层的三维立体改造，形成"立体化"

人工缝网，使油气层内压裂裂缝改造体积最大化，从而极大地增加油气藏的有效渗流面积，提高单井产量。

(1) 裂缝扩展延伸。地层水力裂缝扩展存在优势方位，主要受地应力、天然裂缝人工遮挡等因素控制。闫相祯等(2009)应用线弹性断裂理论，模拟了低渗透薄互层砂岩油藏裂缝高度的扩展情况。结果表明，地应力差对缝高扩展影响显著，且垂向应力差越大，缝高扩展越受阻。李林地等采用损伤力学方法数值模拟了裂缝性灰岩储层水力压裂过程中的人工裂缝扩展，水力裂缝迂曲转向的临界条件随天然裂缝与最大水平主应力方向夹角及天然裂缝和缝洞体规模的不同而发生变化。煤岩压裂裂缝方向具有随机性，但某一方向上出现裂缝的概率较大，说明煤岩裂缝扩展不仅受地应力差影响，还与局部地质构造和煤岩割理有关。

(2) 人工缝网的形成。裂缝网络的形成机理在页岩气体积压裂过程中起着非常重要的作用。Wu 等(2012)利用已开发的非常规 UFM^{2D}压裂模型研究天然裂缝性地层中的复杂裂缝网络扩展。在地应力各向异性较小的情况下，由于"应力阴影"效应，裂缝间相互干扰，更易形成复杂的缝网；反之，裂缝将沿最大主应力方向延伸，缝网的形成受限。刘向君等(2018)采用真三轴水力压裂系统模拟碳酸盐岩地层中的天然裂缝网络对水力裂缝延伸的影响，裂缝扩展的主控因素是地应力差 $\Delta\sigma$ 和逼近角 θ。当 $\theta=90°$、$\Delta\sigma<2MPa$，$\theta=60°$、$\Delta\sigma<4MPa$ 或者 $\theta=45°$、$\Delta\sigma=4\sim8MPa$ 时，人工裂缝的复杂程度取决于净压力、天然裂缝面上的正应力、弱面的剪切强度等因素。衡帅等(2014)通过物理模拟实验研究了页岩水力压裂人工缝网的扩展规律，缝网形态受页岩层理的发育程度、泵压和地应力状态的影响。

(3) 孔隙弹性效应与裂缝重定向。Aghigi 等(2009)采用考虑孔隙弹性的全耦合有限元数值模拟方法研究了致密砂岩中生产诱导的应力扰动对重复压裂裂缝起裂与延伸的影响规律，它导致重复压裂裂缝重新定向延伸，配合定向射孔可使重复压裂裂缝定向起裂。页岩水平井分段多级压裂时，先前压开裂缝附近形成的"应力阴影"(stress shadow)区域将会影响邻近层段水力裂缝的起裂与扩展，它受裂缝间距、页岩力学性质、地应力状态等因素的控制。

(4) 常规裂缝转向剂。当地应力差等客观因素不利于裂缝转向时，可加入人工暂堵转向剂来封堵已压开裂缝或高渗通道，逼迫裂缝发生转向，进而提高增产效果。张烨(2016)基于粉陶对天然裂缝的不同作用方式分析，优化粉陶加入浓度为10%左右，按由小到大逐级加入，并结合支撑段塞和裂缝形态优化了粉陶降滤量，矿场试验取得了满意的效果。张红等(2005)针对中原油田裂缝型储层的特点，分析了压裂降滤失剂的作用机理，研究了油溶性降滤失剂的组成、合成方法及其物理性能，同等条件下可使液体滤失量减少 32%左右，并具有适应地层温度、承压封堵能力强、配伍性能好、低损害等特点。

(5)新型裂缝转向剂。Zhou 等(2009)运用地层温度下自动降解纤维来暂堵已压开的人工裂缝,迫使裂缝转向,从新的方向沟通碳酸盐岩缝洞储集体,取得了良好的效果。Potapenko 等(2009)使用转向材料等控制裂缝的扩展,使用一种新的可降解纤维裂缝转向技术于 Barnett 页岩水平井的重复压裂施工,裂缝转向体系(FDS)对已形成的裂缝网络形成暂堵,施工中有明显的压力增加。Dave 等(2011)研制了一种自动降解可变形颗粒,该转向剂体系采用两种颗粒粒径相互配合使用,密度为 $1.25g/cm^3$,当压力升高到某一值时,颗粒发生形变,渗透率明显降低,形成较为致密的遮挡层。

当地应力差等客观因素不利于裂缝转向时,可通过暂堵转向剂引入人工附加遮挡,封堵先前形成的裂缝和高渗流通道,控制转向压裂,提高改造范围和效果。一般采用粉陶、油溶性树脂等暂堵转向剂,但是它们具有对地层损害较大、受到地层温度限制等缺点。通过纤维暂堵可实现裂缝转向,它具有封堵强度高、遇地层温度自动彻底降解、对地层基本无污染等优点。但目前对纤维暂堵裂缝转向的力学机理及其影响规律尚不清楚,因此开展了纤维暂堵裂缝的机理研究,对纤维转向压裂设计提供指导。

1. 裂缝转向扩展与延伸机理

纤维暂堵裂缝转向机理主要包括以下三种情况(张广清和陈勉,2006;周健等,2007;刘立峰和张士诚,2011;程远方等,2013,2014;胡永全等,2013;翁定为等,2013;王涛等,2014;盛茂,2014;师访等,2014;周福建等,2014;曾青冬和姚军,2014;赵振峰等,2014;王理想,2015;李世海等,2016):

(1)单一裂缝扩展条件。纤维可以有效封堵已存在的裂缝缝口或端部,形成较致密的纤维滤饼,其主要作用:一是降低液体滤失,使流体压力难以传递至缝尖,从而使压力传递效率降低,裂缝扩展速度变得更慢;二是加入暂堵剂可以形成人工屏障,提高缝尖断裂韧性,使裂缝前缘钝化,裂缝难以继续向前扩展。

(2)多裂缝条件下的竞争开裂。当存在多条裂缝时,纤维选择性封堵某一条或几条裂缝,继续注入液体时,裂缝内净压力增加,新的人工裂缝沿着次一级破裂压力较低的裂缝或某一薄弱面延伸扩展。纤维可使裂缝内净压力增加 3MPa 以上,提高缝内净压力,促使新缝产生。

(3)非均质各向异性岩石裂缝转向。纤维有效暂堵已压开的人工裂缝,当净压力达到某临界值时,局部应力场和弱面等因素满足一定力学条件时,将会开启新缝,从而使人工裂缝发生转向。净压力增加是人工裂缝转向和形成复杂缝网的核心，裂缝扩展所需的净压力与地应力差有关。原理是利用地层地应力差值与净压力间的关系，如果净压力超过地应力差值，将会产生分支裂缝。分支裂缝沿弱面继续扩展，最终形成以主裂缝为主干的复杂裂缝网络系统。

新裂缝起裂角由天然裂缝倾角、水平应力差及净压力决定。天然裂缝分布对净压力影响显著，局部构造地应力对人工裂缝延伸的影响大于天然裂缝的影响。人工裂缝诱导应力和多缝间干扰使人工裂缝转向，人工裂缝周围产生应力集中，地应力场重新定向分布，导致局部地层地应力差值变小；再次施工时，通过改变优化工程参数，可使人工裂缝转向(张广清和陈勉，2006；周健等，2007；雷群等，2009；翁定为等，2011、2013；蒋廷学等，2011；刘立峰和张士诚，2011；才博等，2012；程远方等，2013、2014；胡永全等，2013；王涛等，2014；盛茂，2014；师访等，2014；周福建等，2014；曾青冬和姚军，2014；赵振峰等，2014；王理想，2015；李世海等，2016)。

因此，非均质各向异性岩石裂缝转向的主要影响因素是封堵效率、净压力大小、各向异性和非均质强弱。

2. 裂缝转向机理

裂缝强制转向压裂技术的内涵是研究一种高强度的裂缝堵剂封堵原有裂缝。当堵剂泵进入井内后，有选择性地进入并封堵原有裂缝，但不能渗入地层孔隙而堵塞岩石孔隙，同时在井筒周围能够有效地封堵射孔孔眼。而在储层最大和最小应力条件差别不大或有天然裂缝影响时，持续泵注有可能在其他方位张开新的裂缝。

1)直井中的裂缝转向

直井中的裂缝转向技术，即横向上(裂缝沿着井眼方向)的裂缝转向技术。

在直井的裂缝转向过程中，强制裂缝转向的转向剂暂堵原有的旧裂缝，强制裂缝在新的方向上开启。由于新方向上裂缝的开启、延伸长度和方向上的变化要受地层地应力场及天然裂缝的影响，因此，当最大和最小主应力方向发生偏转时，转向压裂过程中裂缝就可以实现转向。

一般压裂后生产的井，由于受人工裂缝、孔隙热弹性应力、邻井注水/生产活动、支撑剂嵌入应力的影响，都可能发生地应力场改变。

水力压裂人工曲面裂缝的转向半径同时也和地应力差值、压裂液黏度、压裂排量等多个参数有关。地应力的差值越小、压裂液黏度越大、压裂排量越高，则曲面裂缝的转向半径越大。

综上所述，转向压裂应当选择井筒周围地应力改变可能性较大的井采用合适的工艺进行转向压裂。

在均质条件下，人工裂缝的扩展方向总是垂直于现今地应力场的最小主应力。但在裂缝型碳酸盐岩储层，人工裂缝的扩展方向除了受现今地应力方位及大小控制外，还会受古应力场作用下形成的天然裂缝的影响。

在天然裂缝发育的井壁，人工裂缝将在什么方向起裂呢？裂缝型碳酸盐岩储层中发育高角度裂缝时，由于天然裂缝的抗张强度小于岩石的抗张强度，酸压施工时天然裂缝多会优先张开并延伸形成人工裂缝。现场成像测井资料证实酸压裂缝是沿天然裂缝起裂的。

不考虑压裂液渗流所引起的井壁附近应力场改变条件下，天然裂缝的抗张强度、岩石的抗张强度、水平最大最小主应力差及裂缝面与水平最大主应力间夹角将起主导作用。分析裂缝转向条件如下。

在应力状态 $\sigma_H > \sigma_V > \sigma_h$ 且垂向应力 σ_V 近直立的情况下，设水平最大主应力 σ_H 与裂缝面法线夹角为 α。

裂缝面与水平最大主应力间夹角为

$$\beta = \frac{\pi}{2} + \alpha \tag{3-29}$$

作用在裂缝面上的正应力 σ_n 为

$$\sigma_n = \frac{(\sigma_H + \sigma_h) - (\sigma_H - \sigma_h)\cos 2\beta}{2} \tag{3-30}$$

裂缝张开的极限破裂压力为

$$P_{ff} = \sigma_n + S_f - P_p \tag{3-31}$$

沿最大主应力方向形成新裂缝的极限破裂压力为

$$P_{fR} = \sigma_h + S_R - P_p \tag{3-32}$$

式 (3-30) ～式 (3-32) 中，P_p 为地层孔隙压力，MPa；S_R 为岩石抗张强度，MPa；S_f 为裂缝抗张强度，MPa；σ_h 为最小水平主应力，MPa。

当施工破裂压力 $P_f > P_{ff}$ 或 $P_f > P_{fR}$ 时，裂缝张开或岩石破裂，形成人工裂缝。显然，天然裂缝张开或是沿最大主应力方位形成新缝的条件取决于 P_{ff} 与 P_{fR} 的相对大小。

在一定地层条件下，如果 P_{ff} 与 P_{fR} 相差较小，则通过一定的工艺措施使裂缝转向成为可能。

2) 水平井中的裂缝转向

在水平井压裂或酸压过程中，因为布井，压裂人工缝多横切于井眼。在水平井中进行裂缝转向，需要形成多个横切的人工裂缝。

在水平井压裂改造时，由于压裂液的注入，裂缝周围局部的压力增加将诱导岩石应力的变化(应力阴影)。应力增加发生在水力裂缝附近的一个椭圆形区域内，一条水力长缝导致一个椭圆形压力升高区，该区域的长轴比垂直于裂缝的短轴长得多。同时，距离该水力裂缝较近的区域受到比较远区域更大的应力影响，因此在这种情况下，暂堵原来的裂缝后，重复注入产生的裂缝将会自动偏离原来注入所产生的裂缝，转向到其他无裂缝的井段。在多条裂缝产生的条件下，新裂缝更容易产生在已产生的两条裂缝之间，因为其受应力影响的增量是最小的；同时，由于相近两条裂缝的应力影响，在水平井井眼延伸方向应力差别不大时，可能导致两条裂缝之间的应力大小发生偏转，有时会在两条裂缝之间产生纵向裂缝(图 3-139)。

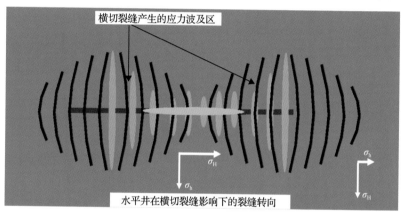

(a) 俯视图

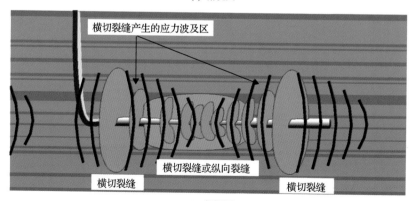

(b) 侧视图

图 3-139　水平井两条裂缝间应力变化及新裂缝产生示意图

另外，水平井的应力状态与直井不同。其上覆压力一般为最大的应力值，其横向的水平应力在差别不大时往往主要受井眼上部张性岩石状态的影响，非常容易产生沿井眼方向的纵向裂缝，在远离井眼后裂缝再受应力控制发生扭转，最终形成扭曲裂缝。

因此，无论水平井井眼轨迹平行或垂直于最小水平主应力，其近井可能均易形成沿井眼起裂的纵向缝，而在平行于最小水平主应力的井眼上，在远井区可能会产生裂缝扭曲。

参 考 文 献

才博, 丁云宏, 卢拥军, 等. 2012. 提高改造体积的新裂缝转向压裂技术及其应用. 油气地质与采收率, 19(5): 108-110.

曹亚, 李惠林. 2005. CMC 型高分子表面活性剂在稀溶液中分子聚集形态. 四川大学学报(工程科学版), 37(2): 51-55.

陈赓良, 黄瑛. 2006. 碳酸盐岩酸化反应机理分析. 天然气工, 26(1): 104-108.

程远方, 常鑫, 孙元伟, 等. 2014. 基于断裂力学的页岩储层缝网延伸形态研究. 天然气地球科学, 25(4): 603-611.

程远方, 李友志, 时贤, 等. 2013. 页岩气体积压裂缝网模型分析及应用. 天然气工业, 33(9): 53-59.

贺伟, 冯文光. 2000. 碳酸盐岩储层酸蚀反应机理的实验研究. 天然气勘探与开发, 23(2): 27-30.

衡帅, 杨春和, 曾义金, 等. 2014. 页岩水力压裂裂缝形态的试验研究. 岩土工程学报, 36(7): 1243-1251.

胡永全, 贾锁刚, 赵金洲, 等. 2013. 缝网压裂控制条件研究. 西南石油大学学报(自然科学版), 35(4): 126-132.

蒋廷学, 贾长贵, 王海涛, 等. 2011. 页岩气网络压裂设计方法研究. 石油钻探技术, 39(3): 36-40.

雷群, 胥云, 蒋廷学, 等. 2009. 用于提高低-特低渗透油气藏改造效果的缝网压裂技术. 石油学报, 30(2): 237-241.

李世海, 段文杰, 周东, 等. 2016. 页岩气开发中的几个关键现代力学问题. 科学通报, 61(1): 47-61.

刘立峰, 张士诚. 2011. 通过改变近井地应力场实现页岩储层缝网压裂. 石油钻采工艺, 33(4): 71-74.

刘向君, 丁乙, 罗平亚, 等. 2018. 天然裂缝对水力裂缝延伸的影响研究. 特种油气藏, 2018, 25(2): 148-153.

柳明, 张士诚, 牟建业. 2012. 碳酸盐岩酸化径向蚓孔扩展形态研究. 油气地质与采收率, 19(2): 106-110.

柳明. 2015. VES 自转向酸转向机理及数值模拟研究. 青岛: 中国石油大学(华东).

卢拥军, 方波, 房鼎业, 等. 2003. 粘弹性表面活性剂胶束体系及其流变特性. 油田化学, 20(3): 291-296.

马永生, 梅冥相, 陈小兵, 等. 1999. 碳酸盐岩储层沉积学. 北京: 地质出版社.

盛茂. 2014. 页岩水力压裂多裂缝扩展数值模拟与可视化研究. 北京: 中国石油大学(北京).

师访, 高峰, 李玺茹, 等. 2014. 模拟岩石压剪状态下主次裂纹萌生开裂的扩展有限元法. 岩土力学, 35(6): 1809-1817.

唐世华, 黄建滨, 李子臣, 等. 2001. Gemini(孪联)表面活性剂的界面性质与应用. 日用化学工业, 31(6): 25-28.

王理想. 2015. 页岩体水力压裂数值模拟方法及机理研究. 北京: 中国科学院大学.

王涛, 高岳, 柳占立, 等. 2014. 基于扩展有限元法的水力压裂大物模实验的数值模拟. 清华大学学报(自然科学版), 54(10): 1304-1309.

翁定为, 雷群, 李东旭, 等. 2013. 缝网压裂施工工艺的现场探索. 石油钻采工艺, 35(1): 59-62.

翁定为, 雷群, 胥云, 等. 2011. 缝网压裂技术及其现场应用. 石油学报, 32(2): 280-284.

徐晓明, 林永生, 韩国彬, 等. 2003. Gemini 表面活性剂胶束化的热力学模型. 厦门大学学报(自然科学版), 42(4): 485-489.

许元泽. 1988. 高分子结构流变学. 成都: 四川教育出版社.

闫相祯, 宋根才, 王同涛, 等. 2009. 低渗透薄互层砂岩油藏大型压裂裂缝扩展模拟. 岩石力学与工程学报, 28(07): 1425-1431.

杨胜来, 魏俊之. 2004. 油层物理学. 北京: 石油工业出版社.

曾青冬, 姚军. 2014. 基于扩展有限元的页岩水力压裂数值模拟. 应用数学和力学, 35(11): 1239-1248.

张广清, 陈勉. 2006. 水平井水压致裂裂缝非平面扩展模型研究. 工程力学, 23(4): 160-165.

张红, 刘洪升, 王俊英, 等. 2005. 裂缝性储层压裂改造 HL-05 降滤失剂研究与应用. 钻采工艺, (5): 1, 105-107.

张琪. 2000. 采油工程原理与设计. 北京: 石油大学出版社.

张烨. 2016. 超深碳酸盐岩储层水平井大规模分段酸压技术研究. 北京: 中国石油大学(北京).

赵振峰, 王文雄, 邹雨时, 等. 2014. 致密砂岩油藏体积压裂裂缝扩展数值模拟研究. 新疆石油地质, 35(4): 447-451.

周福建, 伊向艺, 杨贤友, 等. 2014. 提高采收率纤维暂堵人工裂缝动滤失实验研究. 钻采工艺, 37(4): 83-86.

周健, 陈勉, 金衍, 等. 2007. 裂缝性储层水力裂缝扩展机理试验研究. 石油学报, 28(5): 109-113.

Aghighi M A, RahmanS S, Rahman M M. 2009. Effect of formation stress distribution on hydraulic fracture reorientation in tight gas sands.//The Asia Pacific Oil and Gas Conference & Exhibition, Jakarta.

Conway M W, Penny G S, Frank C, et al. 1999. A comparative study of straight/gelled/emulsified hydrochloric acid diffusivity coefficient using diaphragm cell and rotating disk//The SPE Annual Technical Conference and Exhibition, Houston.

Dave A, Shawn C, Todd B. 2011. Restimulation of wells using biodegradable particulates as temporary diverting agents//The Canadian Unconventional Resources Conference, Calgary.

Dong K, Zhu D, Hill A D. 2017. Theoretical and experimental study on optimal injection rates in carbonate acidizing. SPE Journal, 22: 892-901.

Ferry J D. 1970. Viscoelastic Properties of Polymers. New York:Wiley.

Fredd C N, Fogler H S. 1999. Optimum conditions for wormhole formation in carbonate porous media: Influence of transport and reaction. SPE Journal, 4: 196-205.

Izgec O, Zhu D, Hill A D. 2010. Numerical and experimental investigation of acid wormholing during acidization of vuggy carbonate rocks. Journal of Petroleum Science & Engineering, 74(1): 51-66.

Lund K, Fogler H S, Mccune C C, et al. 1975. Acidization—II. The dissolution of calcite in hydrochloric acid. Chemical Engineering Science, 30(8): 825-835.

Lund K, Fogler H S, Mccune C C. 1973. Acidization—I. The dissolution of dolomite in hydrochloric acid. Chemical Engineering Science, 28(3): 691-700.

Maheshwari P, Balakotaiah V. 2013. Comparison of carbonate HCl acidizing experiments with 3d simulations. SPE Production & Operations, 28(4): 402-413.

Nicolas Moës J D, Belytschko T. 1999. A finite element method for crack growth without remeshing. International Journal for Numerical Methods in Engineering, 46(1): 131-150.

Panga M K R, Ziauddin M, Balakotaiah V. 2005. Two-scale continuum model for simulation of wormholes in carbonate acidization. AIChE Journal, 51(12): 3231-3248.

Potapenko D I, Tinkham S K, Lecerf B F, et al. 2009. Barnett Shale refracture stimulations using a novel diversion technique.//The SPE Hydraulic Fracturing Technology Conference, The Woodlands.

Seagraves A N, Smart M E, Ziauddin M E. 2018. Fundamental wormhole characteristics in acid stimulation of perforated carbonates//The SPE International Conference and Exhibition on Formation Damage Control, Lafayette.

Tardy P M J, Lecerf B, Christanti Y. 2007. An experimentally validated wormhole model for self-diverting and conventional acids in carbonate rocks under radial flow conditions//The European Formation Damage Conference, Scheveningen.

Wang Y, Hill A D, Schechter R S. 1993. The optimum injection rate for matrix acidizing of carbonate formations//The SPE Annual Technical Conference and Exhibition, Houston.

Wu R, Kresse O, Weng X, et al. 2012. Modeling of interaction of hydraulic fractures in complex fracture networks//The SPE Hydraulic Fracturing Technology Conference, The Woodlands.

Zakaria A S, Nasr-El-Din H A, Ziauddin M. 2015. Predicting the performance of the acid-stimulation treatments in carbonate reservoirs with nondestructive tracer tests. SPE Journal, 20(6): 1238-1253.

Zhou, F J, Liu Y Z, YangX Y, et al. 2009. Case study: YM204 obtained high petroleum production by acid fracture treatment combining fluid diversion and fracture reorientation//The 8th European Formation Damage Conference, Scheveningen.

Ziauddin M E, Bize E. 2007. The effect of pore scale heterogeneities on carbonate stimulation treatments. Project innovation, 44(4): 1045-1050.

第4章　转向酸化酸压酸液体系及新材料

4.1　常规转向酸液体系

4.1.1　稠化酸体系

稠化酸主要用于油气井增产作业中的压裂酸化环节(李丹等，2017)。稠化酸采用稠化剂提高酸液黏度，以此降低酸岩反应速率，提高酸液在地层深部的溶蚀能力。稠化酸的有效作用距离比常规酸要远得多，是目前主流的酸液体系种类之一。

1. 成分及特点

稠化酸是油气井增产作业中使用的一种井下工作液，在酸液(如盐酸)中加入稠化剂(或称增稠剂、胶凝剂等)形成具有一定黏度的酸液体系。稠化酸通过提高酸液黏度，来降低酸岩反应速度，延长酸液的有效作用距离。此外，由于稠化酸比常规盐酸体系黏度高，酸压时更有利于形成宽的动态裂缝、降低滤失量、降低摩阻，以及更好地悬浮固体颗粒的性能。

常用的酸液稠化剂有天然高分子聚合物类，如瓜尔胶、刺梧桐树胶、田菁胶、魔芋胶等，以及工业合成的高分子聚合物类，如改性聚丙烯酰胺、羧甲基纤维及其衍生物等。

国外使用的稠化酸中，聚合物与酸液的质量比为 1∶10～1∶125。用该方法配成的稠化酸黏度为 50～500mPa·s。加入的聚合物越多，黏度越高，当然成本也越高。

稠化酸根据使用条件和性能的不同，发展了胶凝酸、变黏酸、缓速酸等(赫安乐，1996)。

2. 酸化机理

由于酸液中加入稠化剂(或称胶凝剂)，黏度提高，酸液体系中 H^+ 的传质系数变大，向岩石表面传质的速率降低，从而降低了系统的酸岩反应速度(古海娟，2009)。同时，胶凝剂的网状分子结构，使黏度变大，降低了酸液体系在酸压过程的滤失量。

酸岩的反应速率得到了控制，从而增加了酸液在裂缝中的有效作用距离，最终形成了具有一定导流能力的酸蚀裂缝。

3. 加重稠化酸

加重稠化酸液体系主要是指密度大于普通稠化酸的具有一定黏度的酸液体系，主要应用于具有异常高压、低渗低孔、超深的碳酸盐岩储层，其主要目的是降低井口施工压力，提高排量，形成较长的酸蚀裂缝。通常使用 $CaCl_2$ 作为加重剂。以 6000m 储层为例，酸液体系每增加 $0.1g/cm^3$，井口施工压力下降 6MPa，大大降低了施工的风险。

在常规稠化酸配方的基础上，使用加重剂形成加重稠化剂酸压工作液体系。

(1)地层压力系数高，储层埋藏深，施工摩阻高，酸化排量严重受限。为降低挤酸过程中的施工泵压，采用加重酸液体系。酸压施工前先采用高密度加重液增大液柱压力压开地层，再采用降阻性能好的液体，以利于提高排量，降低泵压。

(2)高温酸岩反应速度快，必须采用具有一定黏度的加重稠化酸体系，延缓酸岩反应速度；同时，$CaCl_2$ 的同离子效应有利于降低酸岩反应速度，形成较长酸液作用距离。

(3)地层水为 $CaCl_2$ 型，虽然存在普遍的盐敏现象，但盐敏程度较低，且临界矿化度高，因此可以使用 $CaCl_2$ 作为加重剂，同时防止盐敏发生。

(4)在使用 $CaCl_2$ 作为加重剂时，必须确保 $CaCl_2$ 加量与酸压反应产生的 $CaCl_2$ 总量在储层温度条件下不能过饱和，以防 $CaCl_2$ 析出。

4. 加重稠化酸性能评价

1)酸液体系本身的配伍性和热稳定性

在室温放置 72 小时和 90℃条件下放置 24 小时，酸液无悬浮物，无沉淀物，无絮状物。说明酸液配方配伍性良好，分散性、稳定性好，可按各种配液顺序操作，均无分层、沉淀现象。

2)稠化酸缓速性能

在 90℃、常压、静态条件下，采用滴定法对酸液配方进行缓速性能评价。

3)酸液体系流变性能

由于稠化酸与加重稠化酸均具有假塑性流体特征，为便于分析，测试常温和 90℃下剪切速率为 $170s^{-1}$ 时的表观黏度。可知，提高酸液的密度而使稠化酸的黏度有所提高，对降低滤失和深度酸化有利(赫安乐，2002)。

4.1.2 乳化酸

乳化酸是酸、油和乳化剂配制成的一种乳化液，用于油田酸化过程的一种用酸的主要形式(熊春明等，2007)。乳化酸酸压技术国外最早于 20 世纪 70 年代提出，并开始应用。其优点在于乳化酸的酸岩反应速度仅为常规酸的 1/8～1/10，而胶凝酸反应速度为常规酸的 1/3，具有良好的缓速性能。

乳化酸对非均质地层的基质酸化是有效的(Williams et al.，1979)。体系的黏度有利于提高酸液在纵向上的分布，将酸液转向低渗透地层。低的传质系数有利于在低排量下形成溶蚀孔。普通酸反应速度快，在高温下不会穿透到地层深处，最终形成短而宽的溶蚀孔。

黏度和缓速性能可以通过改变酸油比而调整。

乳化酸体系是一种较理想的深穿透酸液体系，主要的问题是其摩阻较高，影响了乳化酸体系在深井中的应用。因此，乳化酸酸压改造的发展趋势是如何降低乳化酸的摩阻，研制开发新型低摩阻乳化酸体系。

1. 成分及特点

乳化酸即为油包酸型乳状液，其外相为原油，它是缓速酸的一种。乳化酸是国外在 20 世纪 70 年代开发应用的一种酸化工作液，尤其适用于低渗透碳酸盐岩油气藏的深度酸化改造和强化增产作业(李志，2016)。

乳化酸多为在乳化剂及其助剂作用下，用酸(盐酸、氢氟酸或它们的混合酸)和油(原油或原油馏分)按一定比例配制而成。为了降低乳化液的黏度，可在原油中混合柴油、煤油、汽油等石油馏分，或者用柴油、煤油等轻馏分作外相。其内相一般为 15%～31%的盐酸，或根据需要使用有机酸、土酸等。乳化酸依靠油对酸的包裹作用，有效地阻挡氢离子的扩散和运移，从而减缓酸与岩层的反应速度，实现酸的深度穿透。与普通酸液相比，乳化酸具有反应速率小，有效作用时间和距离长、腐蚀率小的特点。

高摩阻是妨碍乳化酸现场应用的一个主要问题。1989 年，Schlumberger Dowell 公司推出了 SXE/N$_2$ 加氮乳化酸，在油酸乳化液中加入适量的 N$_2$。微观研究发现由于氮的作用产生了三相乳化酸，连续的油外相包住了由酸滴和氮气泡组成的双内相，它能延长酸与岩石反应时间，使活性酸穿入地层深处，形成较均匀的酸蚀孔道网络。

2. 酸化机理

乳化酸选择性酸化的主要理论依据是渠道流态理论(魏星等，2008)。

油水通道内岩石表面润湿性不同，长期油流孔道的岩石表面吸附了原油中的天然活性组分，呈现明显的亲油憎水性。而长期水流孔道则发生烃基化，呈现明显的亲水憎油性，致使油水相沿各自的连通渠道流动。以往采用常规的水基酸化液对含水油井酸化，经常导致产油含水率上升而增油不明显。另外水基酸化液和储层岩石反应速度比乳化酸快，有效作用距离短，也影响酸化效果。

采用乳化酸酸化，则酸液优先润湿亲油孔道，只有少部分进入岩石表面亲水的出水孔道，发生选择性酸化。同时乳化酸还是有效的缓速酸，进入地层后一段时间内稳定，在这段时间内，油将酸液与岩石表面隔开，不发生反应，乳化酸被破坏后才分离出酸液。乳化酸被破坏是由于乳化剂在地层表面的吸附作用，从而减弱对乳化酸分散相的保护（吕宝强等，2014）。利用乳化酸的缓速性及其黏度，降低酸压过程中酸岩反应速率和酸液滤失，使酸液进入地层深部，形成裂缝壁面的不均匀刻蚀，从而扩大酸压处理半径，达到地层深部改造的目的。

油酸乳化液除了缓速作用外，由于在油酸乳化液的稳定期间，酸液并不与井下金属设备直接接触，因而可以很好地解决防腐问题。现场在配制油酸乳化液时，为了保险，一般仍在酸液中加入适量的缓蚀剂。

3. 配制要求

乳化酸的配制和使用还未形成完整的理论和应用体系。较高的摩阻是妨碍乳化酸应用的一个重要问题。通过乳化酸的乳化机理分析，降低乳化酸摩阻的途径是在外相（油）中加入降阻剂。在乳化酸形成后，降阻剂能降低外相间分子界面张力和外相与管柱间的摩阻，从而达到降低乳化酸注入摩阻目的。

对油酸乳化液总的要求是在地面条件下稳定（不易破乳），在地层条件下不稳定（能破乳）。所以，乳化剂及其用量、油酸体积比例，应根据储层的具体条件，通过实验的方法确定。目前国内乳化剂的用量一般为 0.1%～1%，油酸体积比为 1∶9～1∶1。具体而言，所配置的乳化酸酸液体系应满足以下要求。

（1）具有较好的稳定性，在油层条件下能保持一定的稳定时间，不发生组分分离，耐油、耐盐、耐温、耐压能力好。破乳时间按施工时间计算，最好控制在 3h 左右。

（2）所配制的酸液黏度不能太高，以免增加施工的难度。

（3）该酸液体系应具有缓蚀性，以减少对地面及井筒管线的腐蚀。

（4）注入地层后，应与地层及地层流体相配伍，不发生酸敏反应及其他的不良反应。

（5）具有较好的悬浮能力，能悬浮携带反应后的残渣返到地面。

（6）对施工环境和操作人员的危害小。

（7）原料来源广，价格便宜。

4. 低摩阻乳化酸研究

油酸乳化液作为高温深井的缓速酸，在国内外都被采用。它存在的主要问题是摩阻较大，从而使施工注入排量受限。为此，施工时可用"水环"法降低油管摩阻，以提高排量。此外，如何提高乳化液的稳定性，寻找在高温下能稳定而用量少的乳化剂；如何使油酸乳化液在油气层中最终完全破乳降黏，以利于排液；如何寻找内相和外相用量的合理配方等，这些问题仍需进行研究。

1) 乳化酸内外相及酸油比

乳化酸是一种不稳定的油包酸乳液体系，内相为酸，酸液的类型是由储层岩石的组分来确定的。对于碳酸盐岩储层而言，选用的酸液主要为盐酸。外相主要为油，可以是脱水原油、柴油、煤油、汽油等。考虑安全和成本等问题，一般选用柴油，根据季节可以选用不同牌号的柴油，冬天可以选用-20#柴油，夏季可以选用 0#柴油。

2) 乳化剂

根据乳化酸常温稳定性和高温稳定性实验选择合适的乳化剂。

3) 减阻剂

使用线性油溶性高分子溶于外相油中，可以在油相展开，在管壁形成减阻膜起到减阻功效。

根据乳化酸减阻性能设计，设计油溶性线性高分子，研制出乳化酸减阻剂。实验研究减阻剂的减阻效果见图 4-1，可知减阻剂对乳化酸具有明显的减阻效果，减阻率在 30%左右。

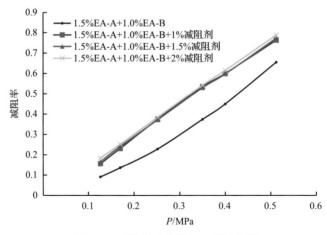

图 4-1 减阻剂对乳化酸的减阻效果

4) 常规酸液添加剂

乳化酸与常规胶凝酸有所不同，但酸液也具有很多的共性，需要加入缓蚀剂、铁离子稳定剂等。这些常规酸液添加剂的选择主要是实验评价这些添加剂对乳化酸的配伍性，即这些添加剂对乳化酸的稳定性的影响程度，不能降低乳化酸的稳定性。

5. 低摩阻乳化酸性能评价

1) 稳定性能

配制不同乳化剂浓度的乳化酸，放置不同时间，使用电导率仪测定其电导率，评价乳化酸的稳定性能，实验结果见图 4-2。可见此低摩阻乳化酸具有良好的稳定性，配制好后在 48h 内仍具有很好的稳定性，能够满足现场施工的需要。

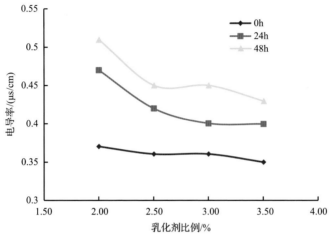

图 4-2 乳化酸的稳定性能

此外，为进一步提高乳化酸体系稳定性，引入了纳米材料。纳米材料由于颗粒很小，同时表面具有一定的润湿性能，也能在油水界面中形成保护膜。表面亲水的颗粒大部分位于水相而表面亲油的颗粒大部分位于油相，这些性能有助于油水界面膜向水相或油相弯曲，从而有利于形成水包油或油包水的趋势，该乳液称为 Pickering 乳液。有时颗粒大小和润湿性适当的纳米颗粒可单独稳定乳液，有时在表面活性剂的作用下纳米颗粒可协同稳定乳液。同时，由于纳米颗粒材料是惰性材料，其耐酸性能更强，在油水界面吸附形成界面膜时，受体系酸的影响更小。因此，添加纳米颗粒材料后乳化酸稳定性显著增强(陈晔希等，2015)。

2) 流变性能

乳化酸酸压改造技术研究主要是针对高温条件下的碳酸盐岩储层。如塔里木油田塔中Ⅰ号的奥陶系、轮古区块的奥陶系及中国石油西南油气田分公司的磨溪等区块的碳酸盐岩储层，储层温度在 130～150℃。考虑乳化酸进入储层前，可先使用前置液降低温度。乳化酸进入储层，与储层反应时，其温度在 90～115℃，使用高温高压流变仪测定乳化酸在 115℃下的流变性能(张杰，2012)，结果见图 4-3，可见所研制的乳化酸体系为塑性流体。

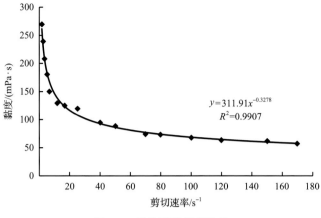

图 4-3　乳化酸的流变性能

3）滤失性能

在储层条件下，酸液对储层岩石的滤失性能是由酸液岩石二者的本身特性及相互作用规律决定的（周明等，2016）。对于酸液而言，影响酸液的滤失性能，主要有两方面因素，一是酸液的黏度，二是酸液中的固相颗粒含量与颗粒的粒径分布是否能够在储层岩石裂缝面或酸蚀孔中形成滤饼。为了评价乳化酸的滤失性能，选用与酸液不反应的石英砂烧结的岩心，不同黏度的乳化酸滤失性能见图 4-4。结果表明乳化酸体系较常规酸而言具有较低的滤失速率，有利于酸液的深穿透。

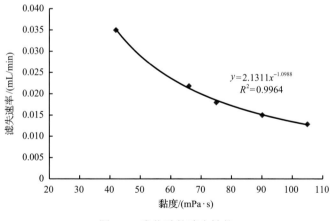

图 4-4　乳化酸的滤失性能

4）保护储层性能

当酸液进入碳酸盐岩储层，与储层岩石反应，使岩石的孔隙或裂缝酸溶蚀增大，这样测定的酸液对储层的损害率较低，不能够准确描述乳化酸的保护储层性能（Thompson and Gdanski，1993）。因此，使用对酸液不反应的石英砂烧结的岩心对乳化酸的残酸进行评价，实验结果见图 4-5。可见乳化酸残酸的渗透率恢复值均大于 93%，平均值为 94.73%，说明低摩阻乳化酸具有良好的保护储层的性能。

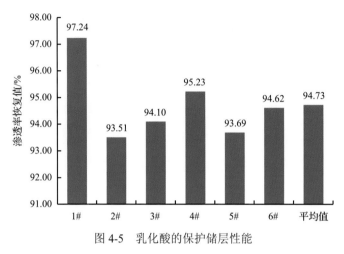

图 4-5　乳化酸的保护储层性能

4.2　TCA 温控变黏酸

TCA 温控变黏酸是一种靠温度来控制酸液黏度的酸液体系（Saxon et al.，2000）。TCA 温控变黏酸酸液体系的胶凝剂在不同浓度酸液中应均具有良好的溶解性和稳定性，在储层温度下不同酸浓度的酸液中，酸液吸收储层岩石的热能，酸液温度升高，当酸液温度升高到一定值时，酸液的黏度急剧增大（Wei and Willmarth，1992）。

4.2.1　变黏机理

1. 二次聚合理论

TCA 温控变黏酸主剂作为酸压改造酸液体系中的主要处理剂，必须具有良好的抗酸性能，即在酸液体系中具有良好的稳定性，不会在高温、强酸条件下生成不溶性的物质，对储层造成伤害。以研发的 TCA 温控变黏酸主剂为阳离子聚合物为例，可以确保其在酸液中性能稳定，与各种酸液体系具有良好的配伍性。

TCA 温控变黏酸主剂为三元共聚。三元共聚时，有 3 种引发、9 种增长、6 种终止、6 个竞聚率。利用 M_1 代表单体 A、M_2 代表单体 B、M_3 代表单体 C，则 9 个增长反应如下：

$$M_1^{\cdot} + M_1 \longrightarrow M_1^{\cdot}; R_{11} = k_{11}\left[M_1^{\cdot}\right][M_1]$$

$$M_1^{\cdot} + M_2 \longrightarrow M_2^{\cdot}; R_{12} = k_{12}\left[M_1^{\cdot}\right][M_2]$$

$$M_1^{\cdot} + M_3 \longrightarrow M_3^{\cdot}; R_{13} = k_{13}\left[M_1^{\cdot}\right][M_3]$$

$$M_2^{\cdot} + M_1 \longrightarrow M_1^{\cdot}; R_{21} = k_{21}\left[M_2^{\cdot}\right][M_1]$$

$$M_2^{\cdot} + M_2 \longrightarrow M_2^{\cdot}; R_{22} = k_{22}\left[M_2^{\cdot}\right][M_2] \qquad (4\text{-}1)$$

$$M_2^{\cdot} + M_3 \longrightarrow M_3^{\cdot}; R_{23} = k_{23}\left[M_2^{\cdot}\right][M_3]$$

$$M_3^{\cdot} + M_1 \longrightarrow M_1^{\cdot}; R_{31} = k_{31}\left[M_3^{\cdot}\right][M_1]$$

$$M_3^{\cdot} + M_2 \longrightarrow M_2^{\cdot}; R_{32} = k_{32}\left[M_3^{\cdot}\right][M_2]$$

$$M_3^{\cdot} + M_3 \longrightarrow M_3^{\cdot}; R_{33} = k_{33}\left[M_3^{\cdot}\right][M_3]$$

式中，$M_1^{\cdot}$ 为单体 M_1 的自由基；R_{11} 为自由基 $M_1^{\cdot}$ 与单体 M_1 的终止速率；k_{11} 为链反应速率常数，余同。

从方程 (4-1) 可以看出，对于三元共聚反应，其链增长速度的确非常复杂。当形成的特殊温控变黏酸胶凝剂溶解在 5%～28% HCl 中，加入特殊的载体和单体，在一定温度条件下，可以进一步降低胶凝剂的活化能，其链上的部分自由基重新被激活，温控变黏酸胶凝剂与特殊单体 D(M_4 代表特殊单体 D) 发生二次聚合反应，特殊的单体在胶凝剂聚合物的支链或主链上继续增长，胶凝剂接上特殊单体的链与未接特殊酸胶凝剂的分子链发生链接。

发生 7 个增长反应：

$$M_1{}' + M_4 \longrightarrow M_1''; R_{14} = k_{14}[M_1{}'][M_4]$$

$$M_4 + M_1{}' \longrightarrow M_1''; R_{41} = k_{41}[M_4][M_1{}']$$

$$M_2{}' + M_4 \longrightarrow M_2''; R_{24} = k_{24}[M_2{}'][M_4]$$

$$M_4 + M_2{}' \longrightarrow M_2''; R_{42} = k_{42}[M_4][M_2{}'] \qquad (4\text{-}2)$$

$$M_3{}' + M_4 \longrightarrow M_3''; R_{34} = k_{34}[M_3{}'][M_4]$$

$$M_4 + M_3{}' \longrightarrow M_3''; R_{41} = k_{41}[M_4][M_1{}']$$

$$M_4 + M_4 \longrightarrow M_4''; R_{44} = k_{44}[M_4][M_4]$$

式中，$M_1{}'$ 为发生式 (4-1) 反应后形成的新单体；M_1'' 为进一步聚合后形成的单体，余同。

6 个竞聚率为

$$M_1' - M_4; r_{14} = \frac{k_{11}'}{k_{14}}; r_{41} = \frac{k_{44}}{k_{41}}$$

$$M_2' - M_4; r_{24} = \frac{k_{22}'}{k_{24}}; r_{42} = \frac{k_{44}}{k_{42}} \tag{4-3}$$

$$M_3' - M_4; r_{34} = \frac{k_{33}'}{k_{34}}; r_{43} = \frac{k_{44}}{k_{43}}$$

特殊单体的消失速率为

$$\frac{d[M_4]}{dt} = R_{14} + R_{24} + + R_{34} + R_{44} \tag{4-4}$$

可以看出，温控变黏酸胶凝剂与特殊单体 D 发生二次聚合反应非常复杂。

2. 变黏机理

TCA 温控变黏酸胶凝剂的分子结构为梳型多元阳离子聚合物（米卡尔等，2002；陈晋南，2004；赵增迎等，2006），该胶凝剂在工厂被严格控制其聚合条件，使其分子量控制在 80 万以内，其结构见图 4-6。分子主链和支链上的末端基团使其失去活性，分子链中止，不再增长，这样 TCA 温控变黏酸胶凝剂在酸液中易溶解，TCA 温控变黏酸易配制，配制的 TCA 温控变黏酸黏度较低，见图 4-7。

图 4-7 中的酸液黏度只有 24mPa·s，酸液的可泵性好。在泵注过程中酸液上水容易，酸液中的胶凝剂的分子呈单个分子分散，在地面温度（−10～50℃）条件下，TCA 温控变黏酸的酸液具有良好的稳定性，可以放置 96h，性能不会发生变化，黏度变化幅度小于 15%，温度升高的变黏性能基本不受其影响。

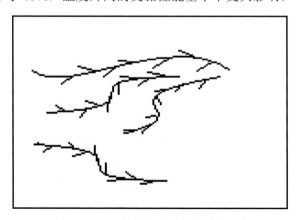

图 4-6　TCA 的温控变黏酸主剂分散态

图 4-7　未变黏的 TCA 温控变黏酸

　　当温度升高(大于 70℃)，温控变黏酸的胶凝剂 A(特殊聚合物)活性增强，在活化剂存在条件下与特殊单体作用，可以进一步降低胶凝剂 A 的活化能。其链上的部分自由基重新被激活，特殊的单体在胶凝剂 A 聚合物的支链或主链上继续增长，胶凝剂 A 接上特殊单体的链与未接上特殊酸胶凝剂 A 的分子链发生链接，其分子量急剧增大。这就是胶凝剂 A 发生二次聚合反应，酸液黏度迅速增大，见图 4-8 和图 4-9。

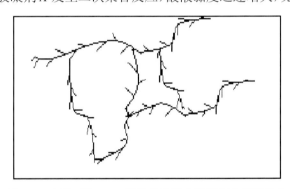

图 4-8　变黏后的 TCA 温控变黏酸中胶凝剂分子聚集态

图 4-9　变黏后的 TCA 温控变黏酸宏观态

形成的胶凝剂分子的聚集体的分子量可以达到 3000 万以上，变黏后酸液胶凝剂分子的聚集体形成网状结构，酸液可以挑挂。变黏后的酸液黏度高，可以有效控制酸液中氢离子的扩散，在储层下具有良好的缓速特性，延缓酸液与储层岩石反应；可以有效控制酸液对储层微裂缝和基质孔隙的滤失，在储层下具有较低的滤失特性。这两方面说明有效酸液可以沿压开的裂缝走得更远，能够形成有效的酸蚀裂缝，有利于沟通远井带的储集体，提高酸压改造的效果。

　　TCA 温控变黏酸中的聚合物胶凝剂在高温（大于 100℃）条件下 1～4h 分子链又自行断链降解，降解成分子量为小于 1 万的小分子，降解后酸液黏度降低，此时的酸液黏度只有几毫帕秒，有利于残酸返排。而且残酸胶凝剂降解后的小分子聚合物对储层损害小，可以降低酸液对储层的二次损害。TCA 温控变黏酸的降解见图 4-10 和图 4-11。

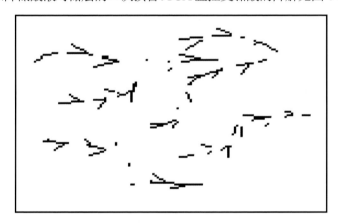

图 4-10　TCA 温控变黏酸中胶凝剂降解后的小分子聚集态

图 4-11　变黏后的 TCA 温控变黏酸宏观态

　　综合 TCA 温控变黏酸的变黏和降解机理，以图 4-12 对其全过程进行描述。

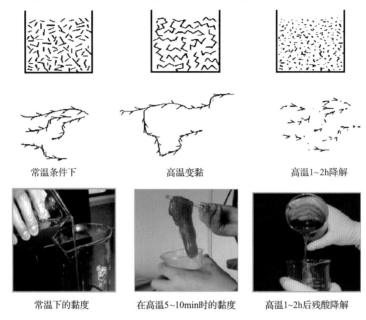

常温条件下　　　　　　高温变黏　　　　　　高温1~2h降解

常温下的黏度　　　　在高温5~10min时的黏度　　　高温1~2h后残酸降解

图 4-12　TCA 温控变黏降解机理(过程)

4.2.2　酸压改造理论

碳酸盐岩储层酸压裂的主要目标是获得长的酸蚀裂缝和高的酸蚀裂缝导流能力，进而提高油气井的产能。因而如何降低酸液滤失、延缓酸岩反应速度及形成非均匀酸蚀裂缝是目前国内外对酸压裂技术的研究重点。

酸蚀裂缝的导流能力，主要受酸液对岩石的酸刻蚀形态控制，即酸液酸蚀后形成的酸蚀形态。而酸蚀形态又由酸液刻蚀方式或有效刻蚀宽度所控制。刻蚀方式或有效刻蚀宽度受到以下因素影响：①酸从缝中传递到裂缝壁面的传质速度；②酸在岩石表面的反应速度；③酸从缝中滤失到地层基质的速度；④缝中的热传递。

1. 缓速理论

纯的碳酸盐矿物与过量的盐酸迅速反应并完全被溶解，生成水、CO_2 和溶解度高的氯化物。盐酸同碳酸盐岩的反应由酸传递到矿物表面的质量传递控制。碳酸盐岩酸化时，表面反应速度大大高于酸的传递速度。速度慢的步骤(酸的传递或表面反应)控制反应速度。

对于碳酸盐岩储层在考虑酸液类型时主要考虑酸岩的反应产物。纯的碳酸盐矿物与过量的盐酸迅速反应并完全被溶解，生成水、CO_2 和溶解度高的氯化物，加上考虑酸液的成本，选用盐酸就可以满足碳酸盐岩储层改造的要求。即对于碳酸盐岩储层酸压改造，酸液的类型也基本确定，即使用盐酸配制各种碳酸盐岩储层酸压改造用的酸液体系。

　　碳酸盐岩储层酸压改造用的盐酸中氢离子活度受到盐酸的浓度、盐酸中一些杂质,特别是一些金属离子(如 Fe^{2+})的浓度影响。在选用工业盐酸时要尽量选用纯度较高的盐酸,尽量消除一些杂质对氢离子活度的影响。对于给定的酸液体系和酸浓度而言,其氢离子的活度基本是确定的,因此,这里就不对碳酸盐岩储层酸压改造用的盐酸活度进行研究。

　　流体中的离子传递有两种方式:①液体中的离子在浓度差的作用下作定向运动,使离子由高浓度区向低浓度区运动,这一传递方式称为扩散,浓度差越大,传质越快;②酸液流动速度越大,传质越快,这一传递过程称为对流。在酸压裂过程中 H^+ 的运动既有扩散传质也有对流传质,其中以对流传质为主。

　　对酸液与碳酸盐岩的反应速率影响较大的是酸液的黏度,即在储层条件下酸液与储层岩石反应的整个过程中的酸液黏度,也就是从酸液一进储层开始进行酸岩反应到酸液完全反应成为残酸整个过程中酸液的黏度。特别是在储层条件下鲜酸的黏度,因为这个时候酸浓度最大,即酸液中的氢离子活度最高,通过控制鲜酸黏度控制酸岩反应速率。除此之外,就地黏度高可以控制酸岩反应物中离子的传质速度。系统中的 H^+ 传质到裂缝表面和生成的 Ca^{2+} 从裂缝表面传质到系统中,使岩石表面的 Ca^{2+} 与 H^+ 充分交换,酸岩反应才能继续。

　　就整个酸岩反应过程而言,酸液的黏度越高越有利,这样才能延缓 H^+ 传质速度(增大对流阻力,有效控制 H^+ 扩散),进而控制酸岩反应速率。因此,合理设计酸液的黏度来控制酸液中的 H^+ 传质速度是需要研究的关键技术。

　　在旋转圆盘实验中,通过求解酸液的对流扩散方程,可求出酸液中的有效传质系数。对于石灰岩和盐酸反应系统,由于表面反应速度很快,通常假设岩石表面 H^+ 浓度为零。从而得到 H^+ 有效传质系数如下:

$$D_e = \left(\frac{J_{acid} \upsilon^{\frac{1}{6}}}{0.62 C_b \omega^{\frac{1}{2}}} \right)^{\frac{3}{2}} \tag{4-5}$$

式中, D_e 为 H^+ 有效传质系数,cm^2/s;J_{acid} 为 H^+ 传质通量(等于酸岩表面反应速度),$mol/(cm^2 \cdot s)$;υ 为酸液黏度,cm^2/s;C_b 为酸液浓度,mol/cm^3;ω 为旋转角速度,rad/s。

　　温控变黏酸体系是一种靠温度来控制酸液黏度的体系。在室温下酸液黏度较低,具有良好的配制性和泵注性,当酸液进入储层,酸液温度升高,酸液体系黏度迅速增大。因此,TCA 温控变黏酸就是利用酸液在储层条件下具有较高的黏度来控制 H^+ 在酸液中的有效传质系数,从而减缓酸液与岩石的反应速率。

2. 低滤失理论

　　在储层条件下,酸液对储层岩石的滤失性能是由酸液与岩石二者的本身特性及相互作用规律决定的。

　　酸液滤失机理与压裂液滤失机理不同，如何精确描述酸液滤失一直是酸压裂工艺技术研究的难点。在酸压裂过程中，酸液在沿裂缝前进的同时还会在裂缝壁面形成酸溶蚀孔，因此酸液将很快穿透造壁液形成的滤饼。一旦溶蚀孔发展，大量的酸会进入并扩展裂缝面的酸蚀孔道，与孔道壁反应至最终耗尽并滤失进入岩石孔隙。由于酸溶蚀孔洞形成的随机性和不确定性，同时由于试验手段的局限性，加大了酸液滤失机理研究的难度。

　　通过全局滤失系数考虑酸溶蚀孔效应，酸溶蚀孔仅在黏度控制机制(即侵入区)下影响流体滤失过程。由于酸溶蚀孔尺寸远大于孔隙尺寸，可忽略被酸溶蚀孔穿透区域的压力降。采用体积平衡模型描述酸溶蚀孔增长，从而推导出酸液滤失系数的表达式。

　　对于酸液而言，影响酸液的滤失性能，主要有两方面因素，一是酸液的黏度，二是酸液中的固相颗粒含量与颗粒的粒径分布是否能够在储层岩石裂缝面或酸蚀孔中形成滤饼。除此之外，可以从工艺方面考虑降滤失的问题，如酸液与压裂液交替注入，通过压裂液段塞降低后续酸液段塞的滤失。因此，黏度是降低酸液滤失的最主要方式。提高酸液的有效黏度是酸液体系改进的主要思路。

　　对于储层方面而言，主要是天然裂缝、溶蚀孔洞与基质孔隙的发育情况，它们是储层本身的特性，是人为无法改变的。因此，研究酸压改造过程中酸液的滤失特性时，主要还是要研究可控的因素。

4.2.3　酸液体系

1. 概念设计

　　碳酸盐岩储层酸压改造的效果主要取决于储层的物质基础、酸压工艺和酸液体系的性能。在现有的施工设备和认识储层手段条件下，优选适合的酸液体系是进一步提高酸压效果的主要因素，对其深入研究是十分重要的。

　　根据 TCA 温控变黏酸酸压理论研究结果，提高酸液的缓速性能，降低酸岩反应速率，均可通过提高酸液黏度来实现。因此，酸液体系的优化设计理念：在储层温度压力条件下，酸液具有较高的黏度，以此来实现缓速和低滤失。

2. 性能设计

　　根据酸压工艺对酸液的要求，酸液体系性能设计要具有以下性能：①良好的缓速性能，使进入裂缝前端酸液仍具有较高酸浓度；②低滤失性能，使酸液能够具有较长的人工裂缝长度，即可以使酸液走得更远；③较低的摩阻，这样才可以实现大排量酸压，而且可以对深井和超深井进行酸压作业；④对储层进行酸压改造的同时要考虑对储层进行有效保护，即在对碳酸盐岩储层进行改造的同时，所有的作业不能对储层带来损害或尽量避免带来损害。

从目前酸压使用的酸液体系特点分析来看，胶凝酸和滤失控制酸具有较低摩阻，具有良好的泵注性能，可满足大规模高排量酸压施工的要求。但是，其不足在于胶凝酸在储层条件下黏度下降较大，缓速和降滤失性能相对较差。因此，根据低渗透碳酸盐岩储层特点，设计一种具有如下性能的温控变黏酸液体系：地面条件下与胶凝酸一样配制方便；具有良好的可泵注性能；在储层条件下，储层的热传导使酸液体系温度升高，体系的黏度增大，满足其缓速和降滤失的要求，达到碳酸盐岩储层深度酸压改造的要求。

3. 酸液体系配方

1）主剂

根据 TCA 温控变黏酸的概念设计和性能设计的具体要求，对 TCA 温控变黏酸中的主剂进行结构设计。

主剂设计：作为酸压改造的酸液体系必须具有良好的稳定性，不会在高温、强酸条件下生成不溶性的物质，对储层造成伤害。设计的 TCA 温控变黏酸主剂为阳离子聚合物，这可以确保其在酸液中性能稳定，与各种酸液体系具有良好的配伍性。

结构设计：主链为线性、支链为阳离子基团的高分子。这种结构的阳离子高分子聚合物可以在酸液和部分残酸中展开，使酸液具有一定的黏度。线性高分子还具有良好的减阻效果，降低酸压施工泵注压力，提高酸压施工排量，有利于实现 TCA 温控变黏酸深穿透，沟通远井带储层中的一些缝洞系统（图 4-13）。

图 4-13 提高酸液井底黏度、降低酸液滤失与反应速度，提高沟通几率

设计的 TCA 温控变黏酸主剂结构上的一些阳离子支链靠电性作用，各支链起支架作用，使主剂在酸液体系中能够有效展开，有利于提高酸液黏度。主剂的这种结构可以提高支链接触概率，有利于在储层温度条件下，主剂分子中的支链基团活性激活后，这些阳离子基团进一步反应，发生主剂分子链连接的概率；有利于生成主剂分子网状团的结构，使酸液黏度显著提高。

使用反相乳液聚合方法合成 TCA 温控变黏酸的主剂，具体方法如下：将 A、B、C 三种共聚合单体，以及引发剂、白油、乳化剂、链转移剂、pH 调节剂加入反应器中，在一定温度下搅拌充分形成乳液，使单体粒子以悬浮状态分散于白油中。在一定的引发剂的条件下，乳液（水相/油相为 4∶6～5∶5）的聚合温度为–10～20℃，合成过程中使用氮气保护，合成出 TCA 温控变黏酸的主剂乳液，再进行蒸干做出粉状产品(图4-14)。按这种方法在室内共做出 TCA 温控变黏酸主剂样品 8 个,见表4-1。

　　　　(a) 主剂乳液　　　　　　　　　　(b) 蒸干后产品

图 4-14　TCA 温控变黏酸主剂乳液及蒸干后产品

表 4-1　室内合成的主剂样品　　　　　　　　　(单位:mPa·s)

序号	代号	20%HCl+0.8%主剂在 20℃时的黏度	变黏后 90℃时的黏度
1	TCA-1#	27	216
2	TCA-2#	33	93
3	TCA-3#	21	156
4	TCA-4#	36	139
5	TCA-5#	39	105
6	TCA-6#	42	153
7	TCA-7#	45	132
8	TCA-8#	30	144

　　由图 4-15 可知,室内合成的主剂小样配制的 TCA 温控变黏酸,根据变黏前的黏度和变黏后在 90℃时的黏度性能,优选并确定合成条件。

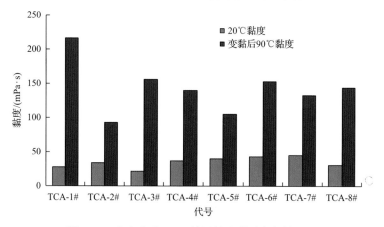

图 4-15　室内合成 TCA 的温控变黏酸主剂性能

以 TCA-1#小样的合成条件，进行中试和放大生产主剂样品，中试反应釜为 10L，放大反应釜为 1000L，生产出的 TCA 温控变黏酸主剂样品配制的酸液性能见表 4-2 和图 4-16。

表 4-2　不同合成规模下合成 TCA-1#温控变黏酸性能　　（单位：mPa·s）

序号	代号	次数	20%HCl+0.8%主剂在20℃时的黏度		变黏后 90℃时的黏度	
			单次性能	平均	单次性能	平均
1	TCA-1#室内小样	1	27	27	216	207
		2	28.5		210	
		3	25.5		195	
2	TCA-1#中试样品	1	30	31.5	192	184
		2	31.5		186	
		3	33		174	
3	TCA-1#放大样品	1	26.5	23.8	210	220
		2	21		228	
		3	24		222	

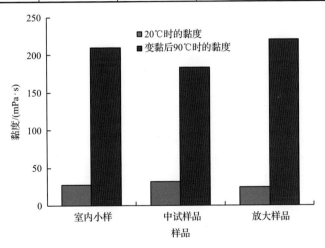

图 4-16　不同合成规模下 TCA 的温控变黏酸主剂性能

由图 4-16 可知，室内合成的小样配制的 TCA 温控变黏酸的性能（无论是室温下变黏前的性能还是高温变黏后的性能）均优于中试生产出的 TCA-1#主剂配制的酸液的性能，但与放大生产出的产品相比，其性能又差些，即放大生产出的产品配制的 TCA 温控变黏酸性能最好，室内小样配制 TCA 温控变黏酸性能次之，中试生产的样品配制 TCA 温控变黏酸性能最差。

2) 缓蚀剂

对于 TCA 温控变黏酸体系，在缓蚀剂选择上不仅要考虑缓蚀剂的抗高温，还要考虑缓蚀剂对酸液体系的配伍性。收集我国碳酸盐岩储层酸压改造中使用的各种缓蚀剂,首先进行配伍性试验(表 4-3)。

表 4-3　我国油田酸压改造使用的缓蚀剂与 TCA 主剂配伍性

序号	缓蚀剂代号	20℃			90℃		
		透明度	沉淀	分层	透明度	沉淀	分层
1	YHS-2	透明	无	均相	透明	无	均相
2	XHY-6	半透明	无	均相	半透明	无	均相
3	XH-HS-12	半透明	无	均相	半透明	无	均相
4	GRB	透明	无	均相	透明	无	均相
5	AM-C32	半透明	无	均相	半透明	无	均相
6	GYH-2	透明	无	均相	透明	无	均相
7	CXH-2	半透明	无	均相	半透明	无	均相
8	KMS-6	透明	无	均相	透明	无	均相

由表 4-3 可知,使用的缓蚀剂与主剂配伍性较好,均没有沉淀和分层现象,但从配制的酸液透明度来看,其中 YHS-2、GRB、GYH-2 和 KMS-6 配制的酸液透明。

用配伍性最好的四种缓蚀剂——YHS-2、GRB、GYH-2 和 KMS-6,与 TCA 温控变黏酸主剂配制成酸液,研究酸液的变黏性能,结果见表 4-4 和图 4-17。

表 4-4　不同缓蚀剂对 TCA 温控变黏酸性能影响　　(单位:mPa·s)

序号	缓蚀剂代号	20%HCl+0.8%主剂 20℃时的黏度	变黏后 90℃ 时的黏度
1	YHS-2	27	175
2	GRB	27	162
3	GYH-2	27	182
4	KMS-6	27	222

注:酸液配方为 0.8%TCA 主剂+2%缓蚀剂+0.5%活化剂

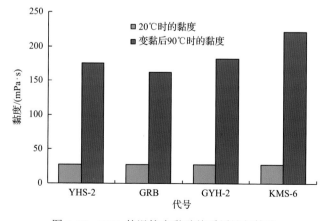

图 4-17　TCA 的温控变黏酸体系缓蚀剂筛选

结果表明，YHS-2、GRB、GYH-2 和 KMS-6 配制的 TCA 温控变黏酸在常温下黏度基本一致，但在高温条件下变黏后的性能(黏度)有较大差异。四种缓蚀剂配制的温控变黏酸变黏后，在 90℃ 条件下，酸液黏度由低到高为 GRB＜YHS-2＜GYH-2＜KMS-6。因此，KMS-6 高温酸化缓蚀剂与 TCA 温控变黏酸主剂配伍性好，不影响主剂的温控变黏效果，确定为酸液体系的缓蚀剂。

3) 铁离子稳定剂

铁离子稳定剂是酸液体系中不可缺少的酸液助剂，在铁离子稳定剂选择上要考虑铁离子稳定剂的抗高温，还要考虑铁离子稳定剂对酸液体系的配伍性。首先进行铁离子稳定剂与 TCA 温控变黏酸主剂、缓蚀剂配伍性实验研究(表 4-5)。结果表明，铁离子稳定剂与所研制的 TCA 温控变黏酸主剂、缓蚀剂配伍性较好，均没有沉淀和分层现象。但从配制的酸液的透明度来看，在常温下基本全部透明，只有 XH-TW-23 和 WF-100 配制的酸液微半透明。

表 4-5　我国油田酸压改造使用的铁离子稳定剂与 TCA 主剂、缓蚀剂配伍性

序号	铁离子稳定剂代号	20℃			90℃		
		透明度	沉淀	分层	透明度	沉淀	分层
1	CX-301	透明	无	均相	透明	无	均相
2	CN-11	透明	无	均相	半透明	无	均相
3	XHY-10	透明	无	均相	半透明	无	均相
4	BD1-2	透明	无	均相	透明	无	均相
5	AM-C4	透明	无	均相	半透明	无	均相
6	DJ-07	透明	无	均相	透明	无	均相
7	XH-TW-23	半透明	无	均相	半透明	无	均相
8	KMS-7	透明	无	均相	透明	无	均相
9	WF-100	半透明	无	均相	半透明	无	均相
10	SY-10	透明	无	均相	透明	无	均相
11	VTW-II	透明	无	均相	透明	无	均相

根据以上所选取的铁离子稳定剂，使用油田检验实验结果见表 4-6 和图 4-18。

表 4-6　稳定铁离子能力实验结果

序号	代号	稳定铁离子能力/(g/L)
1	AM-C4	82
2	DJ-07	82
3	XH-TW-23	71
4	KMS-7	91
5	WF-100	79
6	SY-10	78
7	VTW-II	65

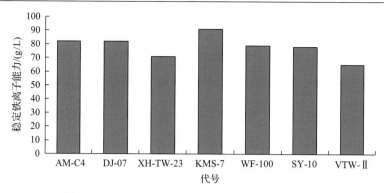

图 4-18 TCA 的温控变黏酸体系铁离子稳定剂筛选

结果表明，KMS-7 稳定铁离子能力最强，其次是 AM-C4 和 DJ-07，下面依次为 WF-100、SY-10、XH-TW-23 和 VTW-II。因此，对于 TCA 温控变黏酸体系的铁离子稳定剂确定为 KMS-7。

4) 防乳抗渣剂

防乳抗渣剂是酸液体系中不可缺少的酸液助剂，在选择上要考虑防乳抗渣剂的抗高温。同时，还要考虑防乳抗渣剂对酸液体系的配伍性，与其他添加剂的配伍性，如缓蚀剂、TCA 温控变黏酸主剂、活化剂等。首先进行防乳抗渣剂(或破乳剂)与 TCA 温控变黏酸主剂、活化剂、铁离子稳定剂和缓蚀剂的配伍性实验研究(表 4-7)。实验结果表明，我国油田碳酸盐岩储层改造中使用的防乳抗渣剂(或破乳剂)与所研制的 TCA 温控变黏酸主剂、缓蚀剂、活化剂、铁离子稳定剂等配伍性较好，均没有沉淀和分层现象，从配制的酸液的透明度来看，在常温和 90℃下基本全部透明。

表 4-7 我国油田酸压改造使用的防乳抗渣剂(或破乳剂)与 TCA 主剂、缓蚀剂等配伍性

序号	防乳抗渣剂(或破乳剂)代号	20℃			90℃		
		透明度	沉淀	分层	透明度	沉淀	分层
1	NE-424D	透明	无	均相	透明	无	均相
2	SZH-1	透明	无	均相	透明	无	均相
3	XHY-8	透明	无	均相	透明	无	均相
4	BD1-3	透明	无	均相	透明	无	均相
5	FRZ-4	透明	无	均相	透明	无	均相
6	NE-424D	透明	无	均相	透明	无	均相
7	OP	透明	无	均相	透明	无	均相

根据以上所选取的防乳抗渣剂(或破乳剂)，使用我国油田检验的实验结果见表 4-8。结果表明，SZH-1、BD1-3、FRZ-4 三种防乳抗渣剂(或破乳剂)破乳能力

较强。但考虑浓酸与稠油作用易生成酸渣，故考虑破乳能力的同时还要考虑到其抗酸渣的能力,这三种防乳抗渣剂(或破乳剂)中只有 FRZ-4 考虑了抗酸渣的能力。因此，TCA 温控变黏酸体系的防乳抗渣剂(或破乳剂)确定为 FRZ-4 防乳抗渣剂。FRZ-4 防乳抗渣剂与 TCA 温控变黏酸主剂、缓蚀剂、活化剂、铁离子稳定剂等配伍性好。

表 4-8　防乳抗渣剂(或破乳剂)破乳性能实验结果

序号	代号	破乳率/%
1	NE-424D	82
2	SZH-1	100
3	XHY-8	85
4	BD1-3	97
5	FRZ-4	100

5) 助排剂

助排剂也是酸液体系中不可缺少的酸液助剂，在选择上要考虑助排剂的抗高温，还要考虑助排剂对酸液体系的配伍性。首先进行助排剂与 TCA 温控变黏酸主剂及其他副剂的配伍性实验研究(表 4-9)。实验结果表明，使用的助排剂与所研制的 TCA 温控变黏酸主剂及其他副剂配伍性较好，均没有沉淀和分层现象，配制的酸液微透明均一。

表 4-9　我国油田酸压改造使用的助排剂配伍性

序号	助排剂代号	20℃			90℃		
		透明度	沉淀	分层	透明度	沉淀	分层
1	XH-P-2	透明	无	均相	透明	无	均相
2	90A3	透明	无	均相	半透明	无	均相
3	DJ-02	透明	无	均相	透明	无	均相
4	GYO-1	透明	无	均相	透明	无	均相
5	ZBS	透明	无	均相	半透明	无	均相
6	SL-P	透明	无	均相	透明	无	均相
7	VT-2	透明	无	均相	透明	无	均相
8	90A3	透明	无	均相	透明	无	均相
9	HSC-25	透明	无	均相	透明	无	均相

根据以上所选取的助排剂,使用我国油田检验的实验结果见表 4-10 和图 4-19。实验结果表明，从表面张力来看，助排剂降低酸液表面张力能力从大到小依次为

HSC-25＞SL-P＞ZBS＞XH-P-2＞90A3＞GY0-1；降低界面张力能力从大到小依次为 XH-P-2=ZBS＞HSC-25＞SL-P＞90A3=GY0-1。因此，综合考虑 TCA 温控变黏酸体系助排剂的降低表面张力和界面张力的性能情况，确定 HSC-25 助排剂为 TCA 温控变黏酸体系助排剂。HSC-25 助排剂与 TCA 温控变黏酸主剂及其他副剂配伍性好。

表 4-10　助排剂性能实验结果

序号	代号	结果
1	XH-P-2	表面张力 24mN/m，界面张力 0
2	90A3	表面张力 25mN/m，界面张力 5mN/m
3	GYO-1	表面张力 26mN/m，界面张力 5mN/m
4	ZBS	表面张力 23mN/m，界面张力 0，热稳定性 23mN/m
5	SL-P	表面张力 21mN/m，界面张力 3mN/m，热稳定性 22mN/m
6	90A3	表面张力 22mN/m，界面张力 5mN/m，热稳定性 24mN/m
7	HSC-25	表面张力 19mN/m，界面张力 1mN/m，热稳定性 20mN/m

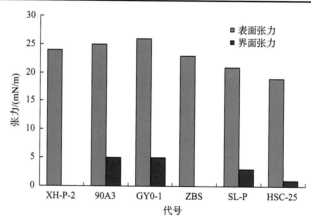

图 4-19　TCA 的温控变黏酸体系助排剂筛选

4. 性能评价

温控变黏酸的性能如何决定酸液体系能否满足设计的要求，同时也决定酸液能否满足我国高温深井碳酸盐岩储层高效酸压改造的要求。主要运用实验手段来研究评价温控变黏酸体系的常规性能(酸液的缓蚀性能、铁离子稳定性能、抗酸防乳性能等)、变黏性能、缓速性能、保护储层性能等。

1)常规性能评价

评价指标包括酸液体系的腐蚀性能、铁离子稳定性能、防乳性能、助排性能等，分别参照《酸化缓蚀剂性能试验方法及评价指标》(SY/T 5405—1996)、《酸化用铁离子稳定剂性能评价方法》(SY/T 6571—2012)、《原油破乳剂使用性能检测方法(瓶试法)》(SY/T 5281—2000)和《压裂酸化用助排剂性能评价方法》(SY/T 5755—2016)石油行业标准进行,在此本章不予详细介绍,重点介绍变黏和降解性能、保护储层性能、缓速性能和滤失性能。

2) 变黏和降解性能

TCA 酸液变黏反应是一个复杂的过程,主要由两个步骤完成:第一步,在一定温度和催化剂条件下,TCA 胶凝剂在酸性介质中的二次聚合反应;第二步,在高温条件下,胶凝剂的分子断链的降解反应。对于 120℃高温条件下胶凝剂的二次聚合反应,由于体系温度高,在催化剂存在的条件下,胶凝剂二次聚合所需的时间短。第二步酸液体系中胶凝剂在高温条件下断链降解是较缓慢的过程。

TCA 温控变黏酸胶凝剂(主剂)在高温(大于 110℃)条件下 1～4h 分子链又自行断链降解,酸液黏度降低。这是因为模拟酸压改造施工过程,即在 TCA 温控变黏酸酸压施工结束后要求残酸黏度很低,有利于残酸的返排,提高酸压改造效果。

根据 TCA 温控变黏的配方配制 TCA 温控变黏酸,使用美国 CSL²500 高温高压酸液流变仪测定 TCA 温控变黏酸的温控变黏性能和高温降解性能。升温速率设定为 1.5～3.5℃/min,温度范围为 25～120℃,实验时间 90min。TCA 温控变黏酸的温控变黏性能和高温降解实验结果见图 4-20。

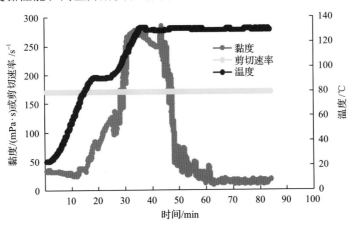

图 4-20　TCA 温控变黏酸变黏性能和降解

TCA 变黏酸在低于 50℃条件下,其流变性能与胶凝酸一致,随着温度的升高,黏度降低,也表明变黏酸在地面环境下(低于 50℃)黏度较低,具有良好可泵性和降阻性能。当温度达到 60℃时,变黏酸的黏度开始增大,在 70℃左右急剧增大。在 70～110℃时黏度较高,黏度可以达到 200mPa·s 以上,当温度达到 120℃时,胶凝剂断链降解,体系的黏度降低,体系的黏度可以达到 10mPa·s 以下,便于残酸返排。

3) 保护储层性能

酸液的液相对储层带来的损害主要是由酸液与储层岩石或流体不配伍引起。主要包括以下几个方面：一是微裂缝和基质孔喉毛细管力导致液体进入微裂缝和基质孔喉无法返排出来，对储层一些流动通道堵塞，引起损害；二是酸液与储层岩石不配伍，如岩石中含有泥质，在酸液与储层岩石反应过程中，泥质分散到残酸中，导致这些泥质颗粒分散运移，对储层的微裂缝和基质孔喉堵塞引起损害；三是酸液与储层流体不配伍，如原油和地层水等。在酸液与储层流体相接触时，酸液与储层原油易发生乳化，生成的乳状物对储层微裂缝和基质孔喉堵塞；酸液如果与储层的地层水不配伍，酸液与地层水接触生成不溶的沉淀物对储层的微裂缝和基质孔喉堵塞。

酸液对储层伤害性能通过岩心流动实验评价，选取 5 块样品（渗透率 $50 \times 10^{-3} \mu m^2$ 左右 2 块、渗透率 $100 \times 10^{-3} \mu m^2$ 左右 2 块和渗透率 $200 \times 10^{-3} \mu m^2$ 左右 1 块），对岩心进行基础数据测定，并测其束缚水条件下的煤油渗透率，结果见表 4-11。可以看出，岩心渗透率恢复值介于 $88.44\% \sim 95.64\%$，平均值为 92.86%（大于 90%）。说明 TCA 温控变黏酸具有良好的保护储层的性能，从保护储层的角度来看，是一种较好的保护储层酸压体系。

表 4-11　岩心伤害实验结果

岩心号	$K_a /10^{-3} \mu m^2$	$K_o /10^{-3} \mu m^2$	$K_{oa} /10^{-3} \mu m^2$	$K/\%$	
				单块岩心	平均
K50-1	103.48	49.29	44.13	88.44	
K50-2	109.87	47.29	42.66	90.21	
K100-1	153.00	114.65	109.29	95.32	92.86
K100-2	164.14	103.07	97.61	94.71	
K200	234.97	207.08	198.06	95.64	

注：K_a-岩心气测渗透率；K_o-岩心污染前油相渗透率；K_{oa}-岩心污染前油相渗透率；K-岩心渗透率恢复值

4) 缓速性能

（1）实验方法。

为了评价 TCA 温控变黏酸的缓速性能，选用我国塔中奥陶系颗粒灰岩段碳酸盐岩含量高的岩心进行实验研究。

具体实验步骤如下：①配制不同浓度的 TCA 温控变黏酸和常规酸酸液，并称重岩心，记录原始岩心质量；②将岩心装入热塑管，在酒精灯上加热，使热塑管收缩包紧岩心，只露出一个底面，然后将岩心装入高温高压旋转酸岩反应实验仪的悬挂岩盘；③将配好的酸液加入高温高压旋转酸岩反应实验仪的预热釜，设定温度为 $95 \mathrm{℃}$，开始加热；④温度达到 $95 \mathrm{℃}$ 后，向预热釜加压将酸液压入反应釜，酸液完全进入反应釜之后，使岩盘以 500r/min 的速度转动，同时反应釜的压力增加到 7MPa，并开始计时；⑤待反应 5 分钟后，停止岩盘转动，同时将反应釜中的残酸压回预热釜，使酸液与岩心分开不再接触；⑥待仪器冷却，压力放空后，取出岩心称重；⑦整理清洗实验仪器。

(2) 实验结果。

实验结果如图 4-21 和图 4-22 所示，可以看出在高浓度(20% HCl 即盐酸的浓度为 6.027mol/L)酸条件下，常规酸的酸岩反应速率是 TCA 温控变黏酸的酸岩反应速率的 11.2 倍，在低浓度(盐酸的浓度为 1.118mol/L)酸条件下则为 7.3 倍，说明 TCA 温控变黏酸具有良好的缓速性能。在进行深度酸压改造过程中，TCA 温控变黏酸可以实现深度酸压，沟通远井带的储集体，达到认识储层和改造储层的目的。

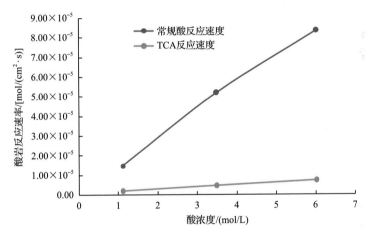

图 4-21　常规酸与 TCA 温控变黏酸反应速率对比(1)

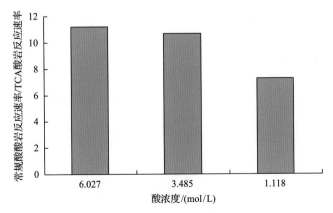

图 4-22　常规酸与 TCA 温控变黏酸反应速率对比(2)

5) 滤失性能

为排除酸液在与岩石反应过程中导致岩心的孔隙的变化，设计了岩心流动实验。

使用石英砂烧结的人造岩心，研究不同黏度的 TCA 温控变黏酸对岩心的滤失规律。

(1) 实验方法。

实验岩心：石英砂烧结的岩心，渗透率为 $200 \times 10^{-3} \sim 300 \times 10^{-3} \mu m^2$，长度为 5cm，直径为 2.54cm。

酸液：室内配制的 TCA 温控变黏酸。酸液配方：20%HCl+0.5%～0.8%KMS-50+2%缓蚀剂+1%助排剂+1%铁离子稳定剂+1%破乳剂，根据黏度要求加 0.2%～0.8% 活化剂。实验所用的 TCA 温控变黏酸的酸液的盐酸浓度均为 20%。

实验仪器：岩心实验流动仪。

实验条件：温度 90℃。

(2) 实验结果。

由表 4-12 和图 4-23 可以看出，TCA 温控变黏酸酸液黏度增大，其滤失速率大大降低，提高酸液黏度，可以有效降低酸液的滤失。实验结果进一步说明，提高酸液在储层条件下的黏度可以使酸液在储层裂缝中走得更远。

表 4-12　TCA 酸液黏度对岩心的滤失性能

序号	酸液黏度/(mPa·s)	酸岩心的滤失速率/(mL/min)
1	9	0.160
2	25	0.052
3	42	0.038
4	66	0.025
5	75	0.015
6	90	0.017
7	105	0.013

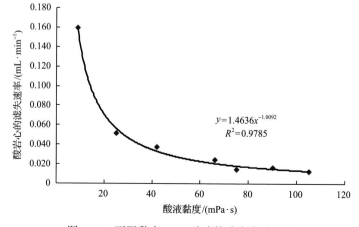

图 4-23　不同黏度 TCA 酸液的滤失实验结果

4.3　DCA 清洁自转向酸

4.3.1　就地自转向酸化机理

目前我国有许多需要酸化(压)改造的油气藏具有极强的非均质性，使用常规酸液进行酸化酸压改造，多数效果不理想(周福建等，2002)。主要原因如下：常规酸液在基质酸化过程中通常沿着最小阻力通道流动，导致非均质储层中物性差、损害严重的层段难以达到改造目的，因此需要具有转向性能的酸液体系来提高基质酸化效果。

国外采用清洁就地自转向技术进行酸化，改造效果较好，但对我国技术封锁，价格十分昂贵。碳酸盐岩油气藏基质酸化增产改造的主要目的是对整个储层段进行酸化。常规的转向酸化技术通常使用转向剂来进行(图 4-24)。大多数转向剂采用固相颗粒，因此转向剂的粒径必须与储层的渗透率和孔隙相匹配。除此之外，一般的颗粒转向剂无法使酸液在储层深部进行转向，部分转向剂在酸化过程中容易形成残渣而对储层造成损害。因此，从经济和操作方面来看，理想的基质酸液体系需具备两个特点，一是自转向性能好，二是对储层损害小。

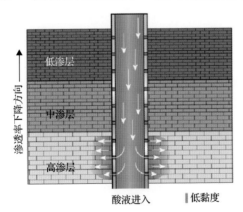

图 4-24　常规酸化技术对非均质油气藏改造示意图

1. 技术简介

DCA 清洁自转向酸化技术(Economides et al.，1989；Conway et al.，1999；Alvarez et al.，2000；Alleman et al.，2003；沈建新等，2012；齐天俊等，2013)是通过在酸液中加入一种特殊黏弹性表面活性转向剂进行酸化的工艺技术。该技术的酸化过程如下：鲜酸注入时，由于其黏度低，易于泵送；酸液注入地层后先与高渗带或低损害区的储层反应，反应后特殊的黏弹性表面活性剂在各种离子的作用下形成棒状胶束，残酸自动变黏而阻止酸液继续进入这些区域，迫使后续鲜酸转向低渗层或高损害区域酸化，以上过程反复交替进行，实现对非均质储层或非均匀损害储层的全面、均匀、深度改造；施工结束后，随残酸自动破胶油气水产出。

DCA 就地自转向酸的原理是利用黏弹性表面活性剂独有的特性，在高浓度的鲜酸中不能缔合成胶束，以单个分子存在，不改变鲜酸黏度；酸液与储层岩石发生酸岩化学反应后，生成大量的钙镁离子，同时使酸液酸度降低，表面活性剂分子在残酸液中缔合成棒状胶束或螺旋状胶束[图 4-25(a)]，使残酸黏度增大，能够有效阻止后续鲜酸对已经酸化的层段进一步过度酸化，使后续鲜酸就地转向进入其他未被酸化的层段，提高鲜酸波及范围。黏弹性表面活性剂分子形成的棒状胶束遇到烃类物质时，胶束自行破坏形成球状胶束使残酸黏度降低[图 4-25(b)]，有利于返排、达到清洁酸化的目的。

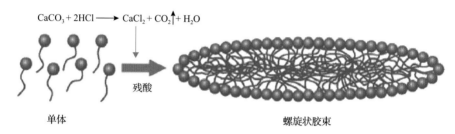

(a) 特殊表面活性剂在鲜酸和残酸中的形态

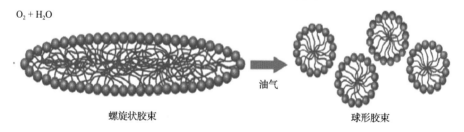

(b) 烃类对残酸中特殊表面活性剂胶束形态的影响

图 4-25　DCA 就地自转向酸作用机理

2. 胶束形成的动力学及影响因素

就地自转向酸应用了表面活性剂的胶束技术，其主要机理是采用胶束的结构形态来改变就地自转向酸的残酸黏度。表面活性剂的胶束形成原理、胶束稳定性、影响胶束的因素是研制就地自转向酸液体系的理论基础。

表面活性剂分子在水溶液中缔合成聚集结构的最简单形式就是胶束。表面活性剂的分子能够在水溶液中缔合形成平均分子数为 30～200 的胶束，主要原因是其分子受到以下几种作用的综合结果：①表面活性剂分子的碳氢部分与水分子的相互作用(排斥);②表面活性剂分子碳氢键间的相互作用(吸引);③亲水端基的水化作用;④溶液中离子与端基间的相互作用;⑤表面活性剂分子特定几何结构的约束。

表面活性剂在水中形成胶束是一个快速的动态过程。这一过程包括表面活性剂分子接连进入或离开胶束(或亚胶束),在胶束中某个表面活性剂分子驻留时间为 $10^{-5} \sim 10^{-3}$s。因此,胶束是一个"活"的聚集体,就像一座城市,其组成人员(单体=市民)进进出出,使组织的整个生命连续不断。

由于表面活性剂分子形成的胶束是动态活体,胶束的形态和尺寸只能按某一时刻胶束中单个表面活性剂分子数进行统计平均处理得到一个平均数,这就是胶束的聚集数,用式(4-6)表示:

$$(m+n)S \rightleftharpoons mS + S_n \downarrow \tag{4-6}$$

式中,S 为表面活性剂分子;S_n 为形成胶束的表面活性剂分子;n 为缔合胶束中的表面活性剂分子数,聚集数;m 为溶液中的自由表面活性剂分子数;箭头表示形成的胶束相。

设定表面活性剂分子与胶束之间存在一种动态平衡,相应的平衡常数为 K_m,则胶束形成的平衡过程可用式(4-7)表示:

$$K_m = \frac{C_m}{(C_s)^n} \tag{4-7}$$

式中,C_s 表示溶液中自由表面活性剂分子浓度;C_m 表示溶液中形成胶束的表面活性剂分子浓度。

式(4-7)描述了表面活性剂分子形成胶束的条件:溶液中表面活性剂浓度必须大于某一个临界浓度。C_t 表示溶液中总表面活性剂浓度,根据质量守恒有

$$C_t = C_s + C_m \tag{4-8}$$

3. 特殊黏弹性表面活性剂的增黏机理

对表面活性剂分子形成胶束的理论研究结果为研究就地自转向酸中的表面活性剂分子改变残酸黏度的机理提供依据。

根据以上研究成果,选取合适临界堆积参数 P_c 值的表面活性剂分子,即 $0.33 \leqslant P_c \leqslant 0.5$ 的表面活性剂分子。由于残酸中含有大量的钙镁离子,选取的表面活性剂分子为具有相对小的简单端基,或大量电解质存在下的离子型表面活性剂分子。只有这类表面活性剂分子在溶液中才能形成相对大的柱状或棒状胶束。这类表面活性剂在残酸中形成相对大的柱状或棒状胶束,是由于大量钙镁离子的存在。钙镁离子

对极性的亲水基团产生吸附，使柱状或棒状胶束形成集合体，并相互连接形成巨大的体型结构(图 4-26)，从而导致残酸体系的黏度急剧增大，这就是就地自转向酸的增黏机理。

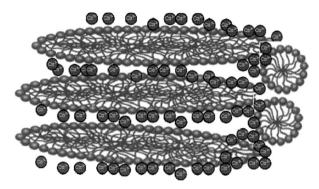

图 4-26　特殊表面活性剂在残酸中的增黏机理

4.3.2　酸液体系配方研究

就地自转向酸是一种使用表面活性剂为主剂配制的新型酸液体系。因此，该酸液中无须像常规酸液体系那样加入酸液助排剂、酸液防乳化抗渣剂和酸液铁离子稳定剂。就地自转向酸液体系中主要助剂就是转向剂-特殊的黏弹性表面活性剂、缓蚀剂(减缓酸液对设备和管柱的腐蚀)和减阻剂(降低酸液的摩阻)。

1. 酸液类型

就地自转向酸化改造技术主要应用于碳酸盐岩储层，而碳酸盐岩储层主要分为两类，一类是灰岩储层，主要成分是碳酸钙；另一类是白云岩储层，主要成分是碳酸镁钙。多种酸液都可以与其发生酸岩反应。

对于弱酸而言，如乙酸和甲酸，其 H^+ 的解离受制于 CO_2 的产生，CO_2 在水溶液中为弱酸。对于盐酸和有机酸混合体系，尤其是在高温条件下，有机酸初期对地层的溶解能力差，但当盐酸几乎完全反应时，有机酸将开始离解。对于碳酸盐岩储层改造的就地自转向酸液体系主要还是首选盐酸，其重要原因之一是有机酸成本相对较高。

2. 转向剂类型

选择合适的表面活性剂是转向酸液体系研究的关键。在选择表面活性剂时，主要考虑以下两方面因素：其一，表面活性剂具有良好的抗温性能，在各种浓度的酸中具有良好的溶解性及稳定性；其二，表面活性剂在酸岩反应过程中，随着酸液组分的变化，表面活性剂分子可以缔合形成棒状胶束，在钙镁等离子的作用下，体系有利于形成胶束集合体。

1) 根据表面活性剂的聚集态和酸溶性筛选

根据表面活性剂分子形成棒状胶束对分子结构的要求，只有临界堆积参数 P_c 的范围在 0.33～0.50 才容易形成棒状胶束。

选择就地自转向酸表面活性剂时，首先从分子的临界堆积参数 P_c 来确定就地自转向酸表面活性剂分子结构，研制合适 P_c 值的表面活性剂分子。

根据清洁转向酸的要求、转向剂的设计和酸液转向剂的作用机理，研制了 12 个不同的酸液转向剂，并对其性能进行评价。选择出合适的酸液转向剂并确定酸液转向剂的浓度。

考虑就地自转向酸化施工作业的实际情况，在表面活性剂的选择时，不但要考虑到表面活性剂在残酸中能够缔合成棒状胶束，还要考虑到表面活性剂在酸液中的配制难易。表面活性剂作为就地自转向酸的主剂，酸液的配制难易程度主要由转向剂-特殊的黏弹性表面活性剂的相态和溶解性决定。这里先研究表面活性剂的相态和在酸液中的溶解性。

特殊的黏弹性表面活性剂在室温条件下的相态研究方法如下：①使用肉眼观测在室温条件下，表面活性剂为何种聚集态；②将表面活性剂加入一定浓度的酸液中，在搅拌条件下，观测其某一温度时的溶解性，溶解性的评价标准见表 4-13。

表 4-13　酸液转向剂在 20%盐酸溶液中的酸溶性标准

序号	温度/℃	溶解度/g	酸液是否均相澄清	溶解性评价标准
1	≤15	≤4	均相	一般
2		4～8	均相澄清	较好
3		≥8	均相澄清	良好
4	15～25	≤4	均相	较差
5		4～8	均相	一般
6		≥8	均相澄清	较好
7	≥25	≤4	均相	很差
8		4～8	均相	较差
9		≥8	均相	一般

研制的 12 种酸液转向剂的外观、形态以及在 20%HCl 中的溶解性的具体实验结果见表 4-14。可以看出：只有 VHP-Ⅱ、DCA-L、DCA-M 和 DCA-H 4 个表面活性剂在室温条件下的聚集态为液体，它们在现场容易计量，也易于与酸液混合；其他 8 个样品均为固体，配制酸液相对不方便。

表 4-14　酸液转向剂相态及酸溶性实验结果

序号	转向剂	相态	颜色	溶解性描述	酸溶性
1	VIP	固态	白色	在 30℃的 20%HCl 酸液中溶解度为 5g	较差
2	VHP-Ⅰ	固态	白色	在 35℃的 20%HCl 酸液中溶解为 1.5g	很差
3	VHP-Ⅱ	液态	棕色	在 20℃的 20%HCl 酸液中溶解度为 8.8g	较好
4	DCA-L	液态	无色	在 15℃的 20%HCl 酸液中溶解度大于 20g	良好
5	VPS-Ⅰ	固态	黄色	在 20℃的 20%HCl 酸液中溶解度为 6.7g	一般
6	VED-1	固态	无色	在 40℃的 20%HCl 酸液中溶解度为 6.8g	较差
7	DCA-M	液态	无色	在 12℃的 20%HCl 酸液中溶解度为 12.2g	良好
8	DCA-H	液态	棕色	在 15℃的 20%HCl 酸液中溶解度为 7.8g	较好
9	VET-2	固态	棕黄色	在 35℃的 20%HCl 酸液中溶解度为 1.7g	很差
10	VEC-1	固态	棕黄色	在 40℃的 20%HCl 酸液中溶解度为 4.2g	较差
11	KTS-1	固态	浅棕色	在 35℃的 20%HCl 酸液中溶解度为 5.2g	较差
12	KTS-2	固态	棕色	在 40℃的 20%HCl 酸液中溶解度为 3.1g	很差

从 12 个表面活性剂样品的酸溶性实验结果可以得到，它们在高于 40℃的 20%HCl 酸液中，均具有一定的溶解性。根据表 4-14 表面活性剂酸溶性评价标准，VHP-Ⅱ、DCA-L、DCA-M 和 DCA-H 这 4 个表面活性剂的酸溶性在较好以上。VPS-Ⅰ酸溶性一般，VED-1、VEC-1、VIP 和 KTS-1 这 4 个表面活性剂的酸溶性均较差。其他 3 个表面活性剂的酸溶性均很差，在低于 25℃的酸液中均不溶。

考虑现场施工酸液的实际配制情况，要求表面活性剂在室温条件下最好为液体，易于计量和酸液混合；并要求表面活性剂在低于 20℃的 20%HCl 酸液中具有良好的溶解性，即要具有较好的酸溶性。基于以上判断，初步确定 VHP-Ⅱ、DCA-L、VPS-Ⅰ、DCA-M 和 DCA-H 这 5 个表面活性剂为就地自转向酸的转向剂。

2) 根据表面活性剂在残酸中形成胶束的黏度筛选

在转向剂筛选过程中，最重要的指标就是表面活性剂在残酸中形成胶束的黏度。因此，以表面活性剂在残酸中形成胶束的黏度情况来筛选就地自转向酸中的转向剂。

实验方法：将所要筛选的表面活性剂，按一定的浓度，在 20%HCl 中配制成转向酸，使用碳酸钙粉末对各酸液进行中和，将其 pH 均调整到 1。使用 CSL2-500 高温高压流变仪，在不同温度、$170s^{-1}$ 剪切速率条件下测试其黏度。

实验结果与讨论：VPH-Ⅱ、DCA-L、VPS-Ⅰ、DCA-M 和 DCA-H 这 5 个表面活性剂按表 4-14 相应的配方，配制成表面活性剂浓度为 5%的酸液。使用碳酸钙粉末对各酸液进行中和，将其 pH 均调整到 1。为了提高实验数据的准确性，每种表面活性剂配制的残酸量在 1000mL 左右，可以满足单个实验点重复 3 次实验。使用 CSL2-500 高温高压流变仪，分别在 25℃、60℃、90℃和 120℃ 4 个不同温度、170s⁻¹ 剪切速率条件下测试以上 5 个配方的残酸黏度，每个温度点进行 3 次重复实验，实验结果见表 4-15。可以看出，不同表面活性剂配制的残酸黏度有很大区别。虽然这几种表面活性剂的临界堆积参数基本一致，但由于其亲水和亲油基团的差别，其在残酸中形成的胶束结构在不同温度下存在很大差异，即在不同温度下表面活性剂形成胶束的水化膜厚度等均存在很大差异。

表 4-15 不同转向剂残酸黏度 （单位：mPa·s）

序号	酸液配方	不同温度下残酸黏度(170s⁻¹)							
		25℃		60℃		90℃		120℃	
		单点	平均值	单点	平均值	单点	平均值	单点	平均值
1	20%HCl+5%VPH-II	90	89.7	120	119.7	21	17.0	5.5	5.3
		91		121		19		5	
		88		118		11		5.5	
2	20%HCl+5%DCA-L	200	202.7	477	474.0	31.5	32.5	7.5	8.0
		206		472		33		8	
		202		473		33		8.5	
3	20%HCl+5%VPS-I	123	124.2	187.5	187.5	26.5	24.8	6	5.8
		124.5		186		24		5.5	
		125		189		24		6	
4	20%HCl+5%DCA-M	119	119.0	512	510.3	320	319.3	18	18.3
		120		510		322		19	
		118		509		316		18	
5	20%HCl+5%DCA-H	249	247.0	653	650.7	334	332.3	198	199.7
		247		650		333		200	
		245		649		330		201	

　　为研究各种表面活性剂配制的残酸在不同温度下的胶束结构情况，对表 4-15 中各种残酸在每个温度点的胶束黏度值进行分析处理，以备研究确定不同储层温度所需的转向剂。

　　图 4-27 为各种表面活性剂配制的残酸在温度为 60℃、170s⁻¹ 剪切速率下的黏度，可知这 5 种表面活性剂在残酸中形成的胶束，在该条件下胶束集合体均具有一定黏度；5 种表面活性剂配制的残酸黏度均大于 100mPa·s，可以看出在 60℃条件下，这 5 种表面活性剂残酸黏度均高于其在 25℃下的黏度。其中 DCA-L、DCA-M和 DCA-H 这 3 种表面活性剂配制的残酸的黏度均大于 400mPa·s，对于 60℃低温储层条件下，这 5 种表面活性剂均可以配制就地自转向酸，DCA-L、DCA-M 和 DCA-H 这 3 种表面活性剂为较理想的就地酸化转向剂。从残酸黏度和成本综合考虑，DCA-L 较为适合作为低温(在 60℃左右)储层就地转向酸的转向剂。

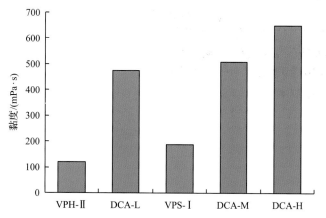

图 4-27　不同转向剂酸液残酸在 60℃、170s^{-1} 剪切速率下的黏度

同理，可以得到不同转向剂酸液残酸在 90℃、170s^{-1} 剪切速率下，以及 120℃、170s^{-1} 剪切速率下的黏度（图 4-28，图 4-29）。

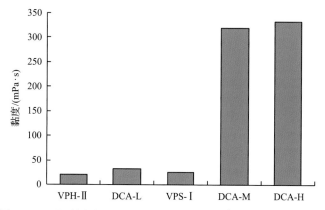

图 4-28　不同转向剂酸液残酸在 90℃、170s^{-1} 剪切速率下的黏度

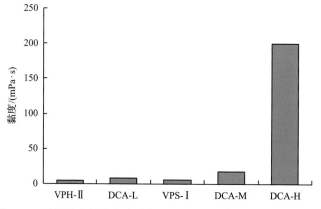

图 4-29　不同转向剂酸液残酸在 120℃、170s^{-1} 剪切速率下的黏度

可以看出，在 90℃条件下，残酸的黏度均大于 300mPa·s，具有良好的转向功能。在 90℃中温储层条件下，DCA-M 和 DCA-H 这两种表面活性剂是较为理想的就地自转向酸化的转向剂（残酸的黏度均大于 300mPa·s）。从残酸黏度和成本综合考虑，DCA-M 较为适合作为中温（在 90℃左右）储层的就地自转向酸的转向剂。

在 120℃条件下，只有 DCA-H 配制的残酸（残酸的黏度为 200mPa·s 左右）具有良好的转向功能。在 120℃高温储层条件下，DCA-H 表面活性剂是较为理想的就地酸化转向剂，所以，DCA-H 较为适合作为高温（120℃左右）储层的就地自转向酸的转向剂。

3. 转向剂浓度

使用转向剂 DCA-L 配制低温就地自转向酸，转向剂 DCA-L 浓度分别为 2.0%、3.0%、4.0%、5.0%、6.0% 和 7.0%。将配制好的低温就地自转向酸使用碳酸钙粉末中和，制成 pH 为 1.0 左右的低温就地自转向酸的残酸。使用高温高压流变仪，在 60℃、$170s^{-1}$ 条件下，测定其残酸黏度。

低温就地自转向酸转向剂浓度优选实验结果见图 4-30。可以看出：①随着转向剂浓度增大，残酸黏度增大，当转向剂浓度小于 3% 时，黏度增加幅度较小，当转向剂浓度大于 4% 时，黏度较大，该曲线的双拐点为转向剂的浓度为 3% 和 4%；②当转向剂浓度低于 3% 时，残酸的黏度较低，其转向性能差；③当转向剂浓度大于 4% 时，残酸黏度较大，均具有良好的转向性能，再增加转向剂浓度，其黏度增加幅度减缓。因此，确定转向剂浓度为 4%。

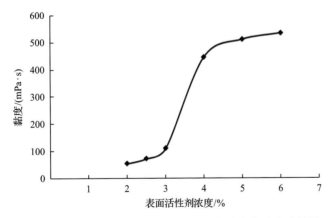

图 4-30　低温就地自转向酸配方中转向剂浓度优选实验结果

同理，按照低温就地自转向酸的方法，分别使用中温转向剂 DCA-M 和高温转向剂 DCA-H 配制好中温和高温就地自转向酸的残酸。实验结果见图 4-31 和图 4-32。

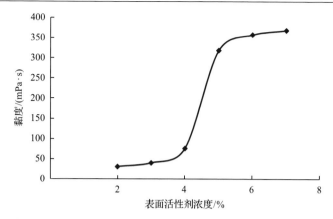

图 4-31　中温就地自转向酸配方中转向剂浓度优选实验结果

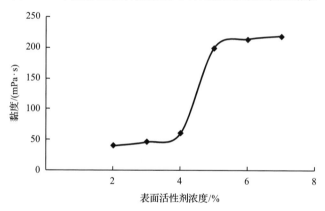

图 4-32　高温就地自转向酸配方中转向剂浓度优选实验结果

分析方法与确定低温转向剂 DCA-L 的浓度相同,最终确定中温转向酸液体系中的转向剂 DCA-M 的浓度为 5%～6%,高温转向酸液体系中的转向剂 DCA-H 的浓度为 5%～6%。

4. 缓蚀剂

缓蚀剂是保证酸化工艺安全顺利实施的重要添加剂。如果酸液的缓蚀性能不佳,可能对施工车辆、管线、井下设备产生严重腐蚀,造成施工设备损坏,减小设备的使用寿命,严重时导致油管脱落。

除此之外,酸溶蚀下来的大量铁离子随酸液进入地层,在残酸返排过程中,随着 pH 增加至 2.2,可能会出现 $Fe(OH)_3$ 沉淀,对地层造成二次伤害,影响酸化效果。因此为了保证安全施工,筛选性能优良的缓蚀剂极为重要。

1) 常规酸液缓蚀剂适应性评价

收集与评价用于常规酸液的缓蚀剂对清洁转向酸液体系的缓蚀效果,来筛选就地自转向酸液体系合适的缓蚀剂(以中温转向剂 DCA-M 为例)。

(1)实验方法。

酸液的配制：根据实验要求配制 20%HCl 常规酸液，5%DCA-M 的 20%HCl 就地自转向酸液。在配制好的常规酸液和就地自转向酸液中加入所要评价的酸液缓蚀剂，从而配制出评价各种缓蚀剂缓蚀性所需的酸液。

实验钢片制备：根据《酸化用缓蚀剂性能试验方法及评价指标》(SY/T 5405—2019)，使用 N80 的油管加工成标准酸液腐蚀挂片(50×10×3，孔位 6)。对钢片使用 350#金相砂纸打磨，用无水乙醇浸泡清洗，晾干存放到干燥器中备用。

将配制好的酸液放入腐蚀性评价实验装置中。将测量好尺寸、称好质量(精确至 0.0001g)的钢片，挂到腐蚀性评价实验装置的挂钩上，并放到 90℃水浴中。腐蚀 4h 后取出钢片，观察并记录钢片腐蚀情况。观察后立即用水冲洗，用软毛刷刷洗，最后用无水乙醇洗净、晾干，放到干燥器中 20min 后称量，精确至 0.0001g。

用腐蚀速率公式[式(4-9)]计算腐蚀速率。

$$v_i = \frac{10^6 \Delta m_i}{A_i \Delta t} \qquad (4-9)$$

式中，v_i 为单个钢片的腐蚀速率，$g/(m^2 \cdot h)$；Δt 为反应时间，h；Δm_i 为单个钢片腐蚀后损失量，g；A_i 为单个钢片的表面积，mm^2。

(2)实验结果与分析。

评价了 CMS-6、RMS-2、RMS-3、RMS-4、CMR-61、CMR-62、CMR-63、CMR-64、CMJ 和 CMU 10 种缓蚀剂对 20%HCl+5%DCA-M 酸液体系的缓蚀效果，实验结果见表 4-16、图 4-33 和图 4-34。可以看出，除 CMS-6、RMS-2、RMS-3、

表 4-16　常规酸液缓蚀剂对 20%HCl+5%DCA-M 清洁自转向酸缓价结果

缓蚀剂名称	平均腐蚀速率/[g/(m²·h)]		平均缓蚀率/%	
	0.5%缓蚀剂	0.6%缓蚀剂	0.5%缓蚀剂	0.6%缓蚀剂
CMS-6	66.07	214.08	87.84	60.59
RMS-2	321.05		40.90	
RMS-3	85.92		84.18	
RMS-4	64.76		88.08	
CMR-64	14.10	8.82	97.40	98.38
CMR-63	9.95	7.26	98.17	98.66
CMR-61	24.76	8.62	95.44	98.41
CMR-62	10.32	5.88	98.10	98.92
CMJ	18.60	16.79	96.58	96.91
CMU		8.58		98.42

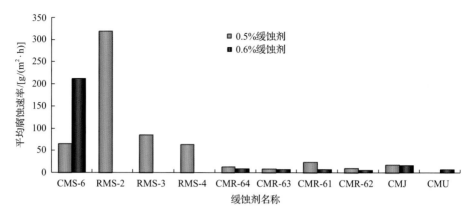

图 4-33　90℃下不同缓蚀剂的酸液体系的腐蚀速率

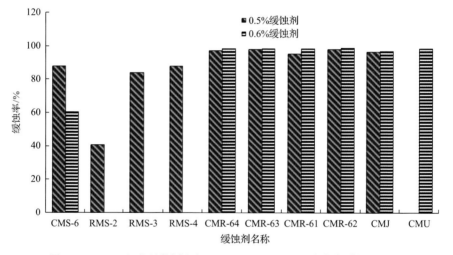

图 4-34　90℃下不同缓蚀剂对 20%HCl+5%DCA-M 酸液体系的缓蚀率

RMS-4 这 4 种缓蚀剂的缓蚀效果较差外，其余 6 种缓蚀剂的缓蚀效果都很好，缓蚀率都达到了 95%以上。但是在进行酸液体系变黏实验中发现，20%HCl+5%DCA-M 酸液体系加入这些缓蚀剂后，都影响体系的黏度，即影响体系的转向性能。所以，对于就地自转向酸液体系必须研究新型的缓蚀剂。

2) 转向酸液新型缓蚀剂的研究与评价

常规酸液使用的缓蚀剂，虽然对清洁转向酸液的缓蚀效果也很好，但因其与就地自转向酸液体系不配伍，影响酸液体系中黏弹性表面活性剂形成胶束，不能用于所研究的就地自转向酸液体系。因此，开展适合就地自转向酸液体系的新型缓蚀剂研究。

　　笔者通过大量的研究工作，研制出了 KMC-16、KMC-14、KOF-16、KRL-300、KOJ-2、KRJ-2、DCA-6、KOB-2 共 8 种缓蚀剂，按照评价酸液缓蚀剂的相同方法，评价了这 8 种缓蚀剂的缓蚀效果，实验结果见表 4-17、图 4-35 和图 4-36。可以看出，8 种缓蚀剂除 KMC-14 外，其余 7 种缓蚀剂的缓蚀效果都很好，缓蚀率都可以达到 95%。但 KMC-16、KOF-16 和 KRL-300 都需要比较高的加量，在加量 1% 以上缓蚀率才可以达到 95%。相比之下，KOJ-2、KRJ-2、DCA-6、KOB-2 这 4 种缓蚀剂的缓蚀效果更好，加量仅 0.5%缓蚀率就可以达到 98%以上，其中又以 DCA-6 效果为最好，缓蚀率达到了 99.2%。所以，根据实验结果选择 DCA-6 作为就地自转向酸液体系的缓蚀剂。

表 4-17　不同转向酸缓蚀剂对 20%HCl+5%DCA-M 清洁自转向酸的缓蚀评价结果

缓蚀剂名称	平均腐蚀速率/[g/(m²·h)]			平均缓蚀率/%		
	0.5%	1.0%	1.5%	0.5%	1.0%	1.5%
KMC-16		8.50	3.32		98.43	99.39
KMC-14		88.70			83.67	
KOF-16		25.99	3.67		95.21	99.32
KRL-300		17.49	2.62		96.78	99.52
KOJ-2	9.15			98.32		
KRJ-2	6.27			98.85		
DCA-6	4.37			99.20		
KOB-2	6.76			98.76		

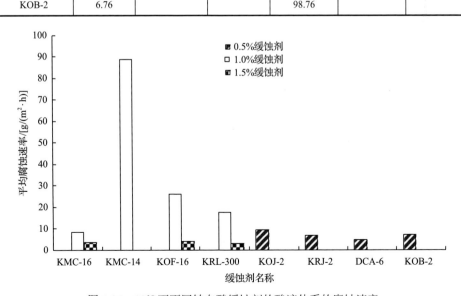

图 4-35　90℃下不同转向酸缓蚀剂的酸液体系的腐蚀速率

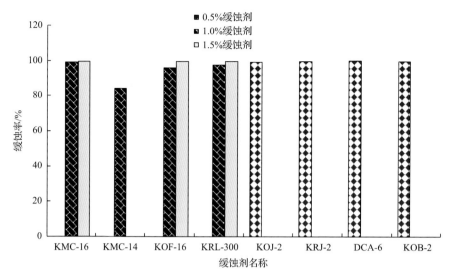

图 4-36　90℃下不同转向酸缓蚀剂对 20%HCl+6%DCA-M 酸液体系的缓蚀率

根据以上对酸液类型的选择，转向剂和缓蚀剂筛选实验结果，考虑室内配液与现场的差异，确定不同温度就地自转向酸液体系的配方如下。

(1)低温(60℃)就地自转向酸配方：20%HCl+4%DCA-L+1%DCA-6。

(2)中温(90℃)就地自转向酸配方：20%HCl+5%DCA-M+1.5%DCA-6。

(3)高温(120℃)就地自转向酸配方：20%HCl+6%DCA-H+2%DCA-6。

4.3.3　性能评价

1. 流变性能

中温和高温就地自转向酸残酸流变性能研究，主要是实验评价就地自转向酸残酸的抗温性能(温度对其黏度的影响)、抗剪切性能(剪切对其黏度的影响)。

1)抗温性能评价

(1)实验方法。

根据已建立的就地自转向酸残酸流变性实验评价方法，配制就地自转向酸残酸。使用 RS-600 型流变仪，测定 $50s^{-1}$、$100s^{-1}$ 和 $170s^{-1}$ 三个不同剪切速率下，转向酸液体系的表观黏度随温度的变化情况。

(2)实验结果。

高温就地自转向酸的残酸黏度测试结果见图 4-37～图 4-39。由图可以看出：①在 $50s^{-1}$ 剪切速率下，温度为 60℃时，体系的最高黏度可以达到约 1180mPa·s；②在 $100s^{-1}$ 剪切速率下，温度为 65℃时，体系的最高黏度达到 80mPa·s；温度为

90℃时，体系的黏度还可以保持在 500mPa·s 左右；③在 170s^{-1} 剪切速率下，温度为 60℃时，黏度最高，可达 520mPa·s；温度为 90℃时，体系的黏度可以保持在 350mPa·s 左右。

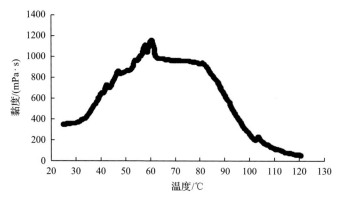

图 4-37　中温就地自转向酸 50s^{-1} 剪切速率下的黏温曲线

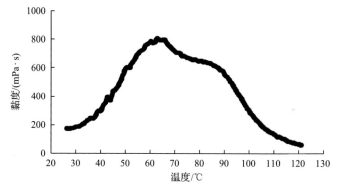

图 4-38　中温就地自转向酸 100s^{-1} 剪切速率下的黏温曲线

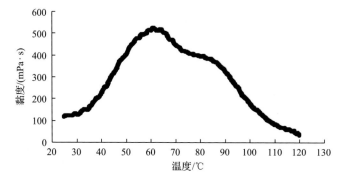

图 4-39　中温就地自转向酸 170s^{-1} 剪切速率下的黏温曲线

同时，根据实验结果还可以看出：①在不同的剪切速率下，其残酸的黏度均是先随温度升高而增大，在某一温度点(约60℃)达到最大值；随着温度升高，残酸黏度降低。②在90℃不同的剪切速率下，残酸仍具有大于300mPa·s的黏度，在115℃、170s^{-1}剪切速率下残酸黏度仍大于100mPa·s。③中温自转向酸液体系可满足120℃碳酸盐岩储层酸化改造。

高温就地自转向酸的残酸黏度测定结果见图4-40～图4-42。由图可以看出：

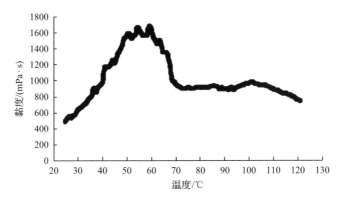

图4-40　高温就地自转向酸50s^{-1}剪切速率下的黏温曲线

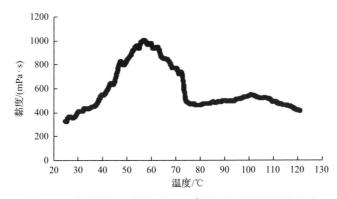

图4-41　高温就地自转向酸100s^{-1}剪切速率下的黏温曲线

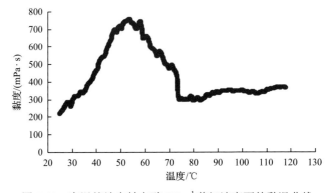

图4-42　高温就地自转向酸170s^{-1}剪切速率下的黏温曲线

①在 50s^{-1} 剪切速率下，温度为 60℃体系的最高黏度可以达到 1600mPa·s 以上，在 60～67℃下，残酸黏度迅速下降，但当达到 70℃以后，随着温度的升高，黏度变化不大，在 120℃时，体系的黏度还有 770mPa·s 左右；②在 100s^{-1} 剪切速率下，温度为 55℃时，体系最高黏度可以达到约 1000mPa·s，在 65～71℃下，残酸黏度迅速下降，但当达到 72℃以后，随着温度的升高，黏度变化不大，温度为 120℃时，体系的黏度还有 400mPa·s 以上；③在 170s^{-1} 剪切速率下，体系的最高黏度可以达到约 750mPa·s，温度为 58～70℃时，残酸黏度随温度升高而下降，但当达到 72℃以后，随着温度的升高，黏度变化不大，温度为 120℃时，体系的黏度还有 350mPa·s 以上。

同时，根据实验结果还可以看出：①在不同的剪切速率下，其残酸的黏度均是先随温度升高而增大，在某一温度点(55℃左右)达到最大值，随后随着温度升高，残酸的黏度降低；②在 120℃不同的剪切速率下，残酸仍具有大于 300mPa·s 的黏度；③高温就地自转向酸液体系可以满足 140℃碳酸盐岩储层酸化改造。

2) 抗剪切性能

(1) 实验方法。

根据就地自转向酸残酸流变实验的评价方法，配制就地自转向酸残酸，使用 RS-600 型流变仪，在一定温度(根据酸液的抗温性能确定)、170s^{-1} 剪切速率下，连续剪切 60min，测量转向酸残酸的表观黏度随时间的变化情况。

(2) 实验结果。

中温就地自转向酸的残酸抗剪切性能在 90℃下测定，高温就地自转向酸的残酸抗剪切性能在 120℃下测定。实验结果见图 4-43 和图 4-44。

由图 4-43 可以看出：①中温体系残酸在 90℃、170s^{-1} 剪切速率下剪切 60min，仍具有较高的黏度，其黏度大于 280mPa·s。②残酸的黏度随着剪切时间的增加而减小，但减小的幅度不大，在剪切的前 10min 内降低幅度较大，当剪切时间大于 30min 后，剪切时间延长，残酸黏度基本不变。③中温就地自转向酸残酸具有良好的抗剪切性能。

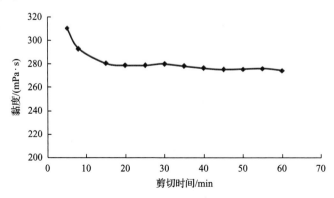

图 4-43　中温自转向酸残酸在 90℃、170s^{-1} 剪切速率下的抗剪实验结果

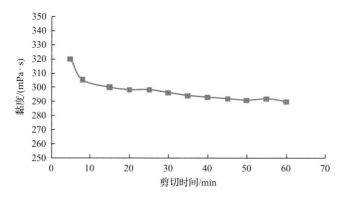

图 4-44　高温自转向酸残酸在 120℃、170s^{-1} 剪切速率下的抗剪实验结果

由图 4-44 可以看出：①高温体系残酸在 120℃、170s^{-1} 剪切速率下剪切 60min，仍具有较高的黏度，黏度为 290mPa·s 左右；②残酸的黏度随着剪切时间的增加而减小，但减小的幅度不大，在剪切的前 10min 内降低幅度较大，当剪切时间大于 30min 后，剪切时间延长，残酸黏度基本不变；③高温就地自转向酸残酸在 120℃、170s^{-1} 剪切速率下具有良好的抗剪切性能。

2. 破胶性能

就地自转向酸进入储层，与储层岩石发生酸岩反应生成残酸，转向剂分子在残酸中形成棒状胶束，增加了体系的黏度，从而实现转向酸化。储层转向酸化或酸压完成后，要求进入储层的残酸易于返排。残酸顺利返排要求变黏后的残酸在特定储层流体作用下黏度降低。因此需要研究变黏后的残酸遇到储层原油(烃类)后，黏度的变化规律是否满足要求。

1) 实验方法

根据就地自转向酸残酸流变实验的评价方法，配制就地自转向酸残酸。在残酸中加入适量的煤油后，充分搅拌 10min，再静置 20min。使用 RS-600 型流变仪，在 170s^{-1} 剪切速率下，测量混有煤油的转向酸液体系残酸的黏温关系，研究煤油对残酸胶束的破坏情况。

2) 实验结果

中温就地自转向酸的残酸破胶性能，是在 170s^{-1} 剪切速率、室温至 90℃条件下测定的黏温关系；高温就地自转向酸的残酸破胶性能，是在 170s^{-1} 剪切速率、室温至 120℃条件下测定的黏温关系。实验结果分别见图 4-45 和图 4-46。可以看出：①混有煤油的中温体系残酸在 170s^{-1} 剪切速率下的黏度随温度的升高而下降。②在 90℃条件下，混有煤油的残酸的黏度是未破胶残酸黏度的 0.63%；③在 120℃条件下，混有煤油的高温体系残酸的黏度是未破胶残酸黏度的 0.58%；④煤油可以使高温就地自转向酸残酸胶束破坏，破胶彻底，高温就地自转向酸残酸破胶性能良好。

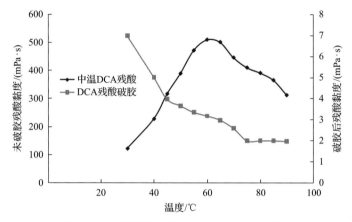

图 4-45　中温就地自转向酸残酸破胶实验结果

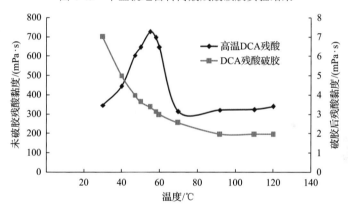

图 4-46　高温就地自转向酸残酸破胶实验结果

3. 保护储层性能

就地自转向酸采用了表面活性剂形成胶束的技术。该酸液体系中不使用聚合物来提高酸液黏度，是靠酸液与储层岩石发生酸岩反应生成残酸，特殊的表面活性剂分子在残酸中形成棒状胶束，体系的黏度升高，实现转向酸化；当残酸与储层烃类流体接触后，胶束结构被破坏，残酸失去黏度。由于体系中不含任何聚合物，又称清洁就地自转向酸液体系，该体系对储层损害小，具有良好的保护储层性能。实验评价了破胶后的残酸对储层岩心损害情况。

1) 实验方法

选取具有代表性的储层岩心，使用标准盐水测定其渗透率；在低于岩心的最低临界流速的注入速率下，将破胶后的就地自转向酸的残酸反向注入岩心，注入量为 3 倍孔隙体积；再使用标准盐水，测定被残酸污染后岩心的渗透率，确定残酸保护储层性能。

2) 实验结果

90℃中温和 120℃高温就地自转向酸残酸破胶后的储层岩心流动实验结果分别见表 4-18 和表 4-19。可以看出：①中温就地自转向酸破胶后的残酸液对三块岩心的渗透率恢复值都很高，最高达到 100%，最低达到 98.43%，平均渗透率恢复值达到 99.21%，岩心的渗透率损害率平均仅为 0.79%；②高温就地自转向酸破胶后的残酸液对三块岩心的渗透率恢复值都很高，最高达到 98.92%，最低达到 97.66%，平均渗透率恢复值达到 98.30%，岩心的渗透率损害率平均仅为 1.70%；③两种残酸破胶液对岩心渗透率损害很小，说明就地自转向酸对储层具有良好的保护作用，是一种清洁的储层酸化改造液。

表 4-18　中温就地自转向酸破胶液损害储层评价结果

岩心号	初始渗透率/$10^{-3}\mu m^2$	损害后渗透率/$10^{-3}\mu m^2$	渗透率恢复值/%	渗透率损害率/%
7#	51.47	51.47	100.00	0.00
8#	38.98	38.36	98.43	1.57
9#	27.42	26.99	99.21	0.79
平均值			99.21	0.79

表 4-19　高温就地自转向酸破胶液损害储层评价结果

岩心号	初始渗透率/$10^{-3}\mu m^2$	损害后渗透率/$10^{-3}\mu m^2$	渗透率恢复值/%	渗透率损害率/%
7#	29.34	28.85	98.33	1.67
8#	57.67	56.32	97.66	2.34
9#	87.12	86.18	98.92	1.08
平均值			98.30	1.70

4. 缓蚀性能

就地自转向酸是一种以盐酸为基础酸的储层改造工作液。在酸化作业中，酸液与施工设备、油气井的管柱均要接触，特别在地层高温条件下，酸液对油气井管柱的腐蚀是相当严重的。如果酸液的缓蚀性能较差，酸液就会腐蚀井下管柱。因此，对于酸化改造的酸液必须具有良好的缓蚀性能，以确保施工的安全顺利。本节对就地自转向酸的缓蚀性能进行了评价。

1) 实验方法

在前面配方研究部分已经给出，这里不再赘述。

2) 实验结果

表 4-20 给出了中温转向酸(酸液配方为 20%HCl+5%DCA-M+1.5%DCA-6)在 90℃条件下的缓蚀实验结果。可以看出：加有缓蚀剂的转向酸液体系的腐蚀速率从没有缓蚀剂时的 543.192g/(m²·h) 降低到了 4.371g/(m²·h)，缓蚀率达到了 99.2%，说明酸液体系的缓蚀效果好，可以满足酸化施工要求。

表 4-20　中温转向酸缓腐蚀性能评价结果

实验序号	缓蚀剂	钢片编号	W_1/g	W_2/g	Δw/g	S/m²	t/h	v/[g/(m²·h)]	平均 v/[g/(m²·h)]	缓蚀率/%
25		827#	10.7282	7.7297	2.9985	0.00136	4	551.195		
26		828#	10.7618	7.957	2.8048	0.00136	4	515.588	543.192	0
27		833#	10.8864	7.8248	3.0616	0.00136	4	562.794		
139		161#	10.9298	10.9038	0.026	0.00136	4	4.779		
140	DCA-6	164#	10.8995	10.8755	0.024	0.00136	4	4.412	4.371	99.2
143		163#	11.009	10.9866	0.0224	0.00136	4	4.118		
144		181#	11.1742	11.1515	0.0227	0.00136	4	4.173		

注：W_1-反应前质量；W_2-反应后的质量；Δw-反应前后的质量变化；S-反应面积；t-反应时间；v-反应速度。

5. 转向性能

就地自转向性能是该酸液体系最重要的性能，本节对就地自转向酸的自转向性能进行评价。

1) 实验方法

(1)根据就地自转向酸岩心流动实验方法，对实验岩心进行选取，并按实验规程进行三组岩心并联流动实验。

(2)根据岩心流动实验的压力数据，评价就地自转向酸的转向效果。

(3)根据不同渗透率级别的岩心酸液改造效果对比，评价就地自转向酸的转向效果。

(4)对酸化后的岩心进行核磁扫描，观察酸化后岩心酸蚀蚓孔情况，评价就地自转向酸的转向效果(核磁扫描仪为德国生产的 SONATA 核磁扫描仪)。

(5)综合评价就地自转向酸的转向效果。

2) 实验结果

为了对比就地自转向酸的转向效果，实验选取三组不同渗透率级差的岩心，分别使用常规酸和自转向酸进行岩心流动实验。实验岩心的基础资料见表 4-21。

表 4-21　转向性能评价所用岩心基础资料

编号	组别	直径/cm	孔隙度/%	渗透率/$10^{-3}\mu m^2$
1#	常规酸	2.54	9.8	26.4
2#		2.54	12.1	48.7
3#		2.54	14.2	99.2
4#	转向酸 A	2.54	6.03	20.2
5#		2.54	5.9	41.1
6#		2.54	6.06	78.7
7#	转向酸 B	2.54	6.11	15.2
8#		2.54	6.12	29.8
9#		2.54	5.91	56.7

(1)注酸压力。

一组常规酸和两组就地自转向酸注酸实验的注酸压力-注酸体积结果见表 4-22 和图 4-47。可以看出：就地自转向酸的注入压力是常规酸注入压力的 20 倍左右，

表 4-22　就地自转向酸与常规酸注酸压力对比

岩心号	组别	V_i/mL	$\sum V_i$/mL	Q_H/mL	Q/mL	N	P_{max}/MPa	转向压力倍数
1#	常规酸	2.98	10.88	2.17	2.88	1.00	0.32	1.00
2#		3.61						
3#		4.29						
4#	转向酸 A	2.78	10.39	4	4.88	1.69	6.3	19.69
5#		3.50						
6#		4.11						
7#	转向酸 B	2.69	10.03	3.81	4.36	1.51	6.67	20.84
8#		3.57						
9#		3.77						

注：V_i-岩心孔隙体积；$\sum V_i$-总孔隙体积；Q_H-酸通时注酸量；Q-总注酸量；N-酸通时转向酸量是常规酸的倍数；P_{max}-达到的最大压力

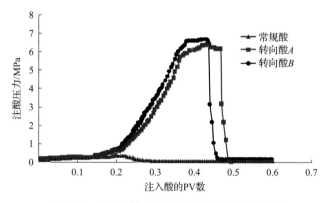

图 4-47　就地自转向酸与常规酸注酸压力对比

注酸量是常规酸的 1.5 倍左右，就地自转向酸具有明显的转向效果。

（2）酸化前后渗透率提高倍数。

用一组常规酸酸化后岩心的渗透率提高倍数与两组就地自转向酸酸化后岩心的渗透率提高倍数进行比较，来评价就地自转向酸的转向效果。实验结果见表 4-23。可以看出：在三块高、中、低渗透率并联岩心的酸化实验中，常规酸对渗透率相对低的岩心，酸化后渗透率只提高了 18%，而就地自转向酸对渗透率相对低的岩心，酸化后渗透率提高了 80%～93%，平均提高了 86.5%，转向酸酸化提高率是常规酸酸化提高率的 4.44～5.12 倍，平均为 4.80 倍；常规酸对渗透率为中等的岩心，酸化后渗透率只提高了 43%，而就地自转向酸对渗透率为中等的岩心，酸化后渗透率提高了 108%～118%，平均提高了 113%，转向酸酸化提高率是常规酸酸化提高率的 2.74～2.51 倍，平均为 2.62 倍。由常规酸和就地自转向酸酸化效果对比可以得到，就地自转向酸具有明显的自转向效果。

表 4-23　就地自转向酸与常规酸改造效果对比

岩心号	组别	酸液类型	$K_1/10^{-3}\mu m^2$	$K_2/10^{-3}\mu m^2$	$\eta/\%$	N
1#	低渗透率	常规酸	26.4	31.1	18.00	1.00
4#		转向酸	20.2	36.4	80.00	4.44
7#		转向酸	15.2	29.4	93.00	5.12
2#	中渗透率	常规酸	48.7	69.5	43.00	1.00
5#		转向酸	41.1	89.7	118.00	2.74
8#		转向酸	29.8	62.3	108.00	2.51
3#	高渗透率	常规酸	99.2	>3000	>3000	
6#		转向酸	78.7	>3000	>3500	
9#		转向酸	56.7	>3000	>5000	

注：K_1-酸化前岩心渗透率；K_2-酸化后岩心渗透率；η-酸化渗透率提高率；N-转向酸酸化提高率/常规酸酸化提高率

（3）核磁扫描评价。

将经常规酸和就地自转向酸酸化后的岩心进行核磁扫描。其中，图 4-48 给出了这三组岩心酸化后的横向核磁扫描照片（将每个岩心十等分横截扫描），图 4-49 给出了第二组岩心（就地自转向酸 A）酸化后的纵向核磁扫描照片。可以看出：①无论

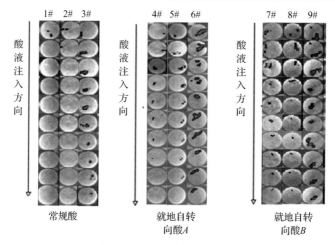

图 4-48　常规酸与就地自转向酸酸化后岩心核磁照片对比(横切)

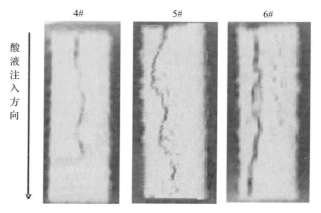

图 4-49　常规酸与就地自转向酸酸化后岩心核磁照片对比(纵切)

是常规酸还是就地自转向酸酸化后，渗透率较高的那块岩心均被很好地酸蚀改造，10 张照片均可见到酸蚀孔。②常规酸酸化后渗透率相对低和中等的两块岩心，改造程度相对低。渗透率相对低的 1#岩心只在第一张见到酸蚀孔，渗透率中等的 2#岩心只在第一张和第二张照片上见到酸蚀孔。③就地自转向酸对三块岩心均有较好的改造效果。渗透率相对低的 4#和 7#两块岩心的横向核磁照片可以看到 8 张有酸蚀蚓孔，渗透率中等的 5#和 8#两块岩心的横向核磁照片可以看到 9 张有酸蚀蚓孔。④从转向酸 A 组的三块岩心纵向核磁扫描照片(图 4-49)看出，渗透率相对低的 4#岩心的酸蚀蚓孔长度占岩心总长度的 70%，渗透率为中等的 5#岩心的酸蚀蚓孔长度占岩心总长度的 90%。⑤常规酸与就地自转向酸酸化后岩心核磁实验结果对比(表 4-24)说明，就地自转向酸具有良好的就地自转向性能。

表 4-24　就地自转向酸与常规酸酸化后岩心核磁扫描结果描述

岩心号	组别	酸液类型	显示酸蚀孔的横切张数	显示酸蚀孔的横切张数占总横切张数比例/%	纵向酸蚀相对长度/%
1#	低渗透率	常规酸	1	10	
4#		转向酸	8	80	70
7#		转向酸	8	80	
2#	中渗透率	常规酸	2	20	
5#		转向酸	9	90	90
8#		转向酸	9	90	
3#	高渗透率	常规酸	10	100	
6#		转向酸	10	100	100
9#		转向酸	10	100	

4.4　DCF 裂缝转向材料

裂缝强制转向剂主要用于封堵裂缝并迫使其转向，通常应用于重复酸压或者酸压的复杂缝网改造。

转向剂应具备如下能力：封堵裂缝的能力并具备一定的强度，使裂缝转向更易于成功；转向剂应易于现场应用，转向剂的密度应与工作液密度一致；转向剂封堵裂缝后应能够自动解除，使封堵的裂缝能够发挥作用；转向剂降解后的溶液应与工作液配伍，避免影响工作液的性能或造成二次伤害；转向剂的降解要完全，不能影响改造后的生产。

DCF 作为一种新型的暂堵转向剂，可以强制人工裂缝转向，具有适应高温地层、承压能力高、封堵裂缝能力好、遇地层温度自动彻底降解和对地层基本无污染等优点，已成功进行先导性现场试验（周福建等，2014；汪道兵等，2016）。DCF 纤维裂缝暂堵材料具备以下基本特征：①密度在 1g/cm³ 左右，易于混溶于工作液；②易于封堵裂缝并具备一定的强度；③转向剂的形状能够实现现场的实时加入；④转向剂降解后能够与工作液配伍；⑤转向剂降解基本完全，保证解除封堵并不影响生产；⑥转向剂具有系列产品，满足不同条件下的应用；⑦转向剂能够满足油井、水井和气井的应用；⑧可以有效控制成本。

1. 实验装置与方法

为模拟纤维在裂缝内形成滤饼后的动滤失情况及其对不同缝宽裂缝的暂堵能

力，设计了纤维滤失暂堵裂缝效果的实验，模拟在不同缝宽和不同纤维浓度下纤维对裂缝的封堵规律。图 4-50 中模拟裂缝部位采用带裂缝的岩心或类似裂缝的部件来模拟不同宽度的裂缝。为了防止在模拟泵注纤维压裂液过程中堵塞更细的注入管道，将较高浓度的纤维提前配制均匀加入纤维-砂浆罐处，实验时以高压气体驱替来模拟施工过程。

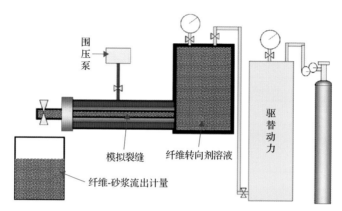

围压泵

驱替动力

模拟裂缝   纤维转向剂溶液

纤维-砂浆流出计量

图 4-50   纤维封堵人工裂缝性能实验装置示意图

液体配制：①滑溜水，0.3%普通瓜尔胶+蒸馏水，用旋转黏度计测得滑溜水黏度为 20mPa·s；②纤维暂堵转向液（DCF），0.3%普通瓜尔胶+1%纤维+蒸馏水；③纤维冻胶，DCF+0.8%YP-150（交联剂）。

2. 物理性能

为确保纤维能够降解彻底，纤维的直径不能太大，否则降解困难，同时直径不能太细，保证纤维具备足够的强度。因此，纤维的直径设计为 $10\sim20\mu m$（图 4-51）。

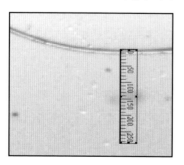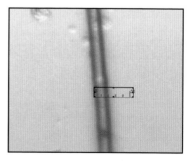

图 4-51   转向剂显微照片

纤维转向剂配制较稀的悬浮溶液，常温静置 4h 后用显微镜照相，可以清晰地看到转向剂在溶液中微观分散悬浮的状态，分散的纤维易于形成架桥结构[图 4-52(a)]。转向剂这种易于聚集的趋向，使其容易左右交织，易形成较粗大、稳固的聚集体，利于对裂缝形成良好的封堵效果。

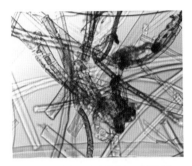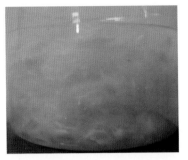

(a) 转向剂常温溶液静置4h显微照片　　　(b) 可降解纤维分散于清水，静置48h照片

图 4-52　纤维转向剂与可降解纤维在溶液中的分散形态

　　为确保纤维易于相互交织形成聚集体，同时确保易于现场施工，需要平衡纤维的长度取值。目前在保证其能够相互交织的前提下，选用纤维较短的长度，实验确定其长度为 5～6mm。为确保清洁自转向酸能够均匀稳定地分散在溶液中，转向剂密度确定为 $1.00～1.02g/cm^3$，这种密度的转向剂能够悬浮在现场非加重液体之中；转向剂表面通过表面活性剂的处理，使其极易分散，分散的悬浮液能够长时间保持稳定［图 4-52(b)］。

　　3. 耐温降解性能

　　材料分别选用纤维、颗粒两种类型的暂堵剂(成分相同)。对于每一种暂堵剂，取 3 组(每组 15 个)样品在 90℃温度下进行温度降解性能实验，结果如图 4-53 所示，可以看出纤维暂堵剂溶液的耐温降解性能优于颗粒暂堵剂。同时由于纤维在液体及温度作用下易软化、聚集，较易形成桥堵，尤其对于裂缝型储层，更容易架桥而形成屏蔽暂堵。因此，用于裂缝转向的暂堵剂一般选择纤维型暂堵剂。

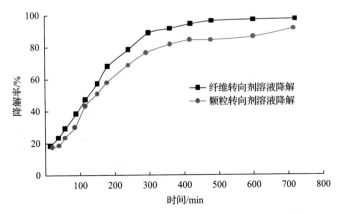

图 4-53　90℃颗粒转向剂与纤维转向剂降解性能实验曲线

4. 粒子类型优化

常用暂堵转向剂一般以不同粒径和形状的颗粒作为暂堵材料,其中线性粒子比颗粒更容易桥堵裂缝。为比较纤维转向剂和颗粒转向剂对裂缝储层的暂堵转向能力,进行了裂缝型储层暂堵实验。

以塔里木盆地某气藏为例。塔里木盆地山前储层具有埋藏深(6000~8023m)、孔隙压力高(100~140MPa)、地层温度高(150~180℃)、油气藏巨厚(>100m)等特点。结合储层特征,利用研究区岩心进行 0.1~0.5mm 裂缝的暂堵模拟实验。岩心的平均渗透率为 $0.86 \times 10^{-3} \mu m^2$,平均孔隙度为 7.5%。

1) 实验材料

纤维转向剂、颗粒转向剂、瓜尔胶和蒸馏水等,其中滑溜水由质量分数为 0.2% 的瓜尔胶和蒸馏水配制而成。暂堵转向液为:质量分数为 0.5% 的纤维转向剂+滑溜水;质量分数为 0.5% 的颗粒转向剂+滑溜水。

2) 实验原理

针对不同缝宽的岩心,分别注入颗粒转向溶液和纤维转向溶液。在同一注入压力围压条件下,通过多组平行实验计算平均注入液量。比较每组实验形成暂堵时的注入液量,衡量不同暂堵转向液形成暂堵的难易程度。

3) 实验结果

分别采用 0.5mm、0.3mm、0.1mm 宽度的裂缝岩样进行实验(图 4-54)。结果可以看出,对于较宽的裂缝岩心,相同浓度的纤维转向溶液比颗粒转向溶液更容易形成暂堵。随着缝宽减小或裂缝岩心成为孔隙型岩心时,纤维转向剂溶液的优势逐渐减弱。

(1) 对于较宽的裂缝型岩心,纤维转向剂溶液更容易形成暂堵。

(2) 对于孔隙型岩心,颗粒转向剂溶液略具优势。

(3) 随着缝宽减小,颗粒转向剂溶液的暂堵转向能力相对增强。

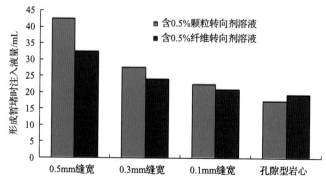

图 4-54　颗粒转向剂与纤维转向剂形成暂堵时的注入液量对比图

5. 配伍性能

为形成清洁无损害的转向酸化，除了保证暂堵转向剂能够在温度恢复时自动降解，还要保证暂堵转向剂不与各种酸液反应而产生酸渣或其他不溶性成分。

进行一系列不同质量分数常用酸液体系的配伍性实验，清洁转向剂浓度为1%，在20℃条件下静置48h，具体结果见表4-25。由于实验酸液密度较大，转向剂有向上浮起的现象，在各种酸液体系中均未发生物理化学反应而生成的不溶物质。可以看出，转向剂与各种酸液长时间放置均能保持清洁的分散体系，说明转向剂和各种酸液的配伍性良好。

表 4-25　清洁转向剂与各种酸液的配伍性实验结果

酸液种类	实验现象
10%HCl	溶液清澈，转向剂呈白色纤维状，分布于量筒上部
8%HCl	溶液清澈，转向剂呈白色纤维状，分布于量筒中上部
10%HCl+3%HF	溶液清澈，转向剂呈白色纤维状，分布于量筒上部
12%HCl+2%HF	溶液清澈，转向剂呈白色纤维状，分布于量筒上部
6%HCl+1.5%HF	溶液清澈，转向剂呈白色纤维状，分布于量筒中上部
10%HCl+5%HAc+2%HF	溶液清澈，转向剂呈白色纤维状，分布于量筒上部

6. 滤失性能

选取不同缝宽的岩心，先后分别用滑溜水与纤维暂堵转向液测量滤失性能，测量滤失系数（表4-26）。其中1#岩心试验得到的滤失曲线如图4-55所示。

从表4-26可以看出，对同一块岩心，滑溜水滤失系数是纤维暂堵转向液滤失系数的1.6~3.66倍。说明加入纤维后可以暂堵人工裂缝，降低人工裂缝入口处的渗透率，有利于新裂缝的转向。缝宽越大，纤维暂堵转向液的滤失系数越大。

表 4-26　各块岩心对应的滤失系数表

岩心编号	缝宽/mm	滤失系数/(m/min$^{1/2}$)		二者相比倍数	裂缝导流能力/($10^{-3}\mu m^2 \cdot m$)	纤维滤饼渗透率/$10^{-3}\mu m^2$
		滑溜水	DCF			
1#	1.51	4.56	1.25	3.648	203.7277	1349.2
2#	0.21	0.0853	0.0233	3.661	37.23841	
3#	2.52	4.859	1.776	2.736	66867.18	
4#	3.54	5.463	3.049	1.792		

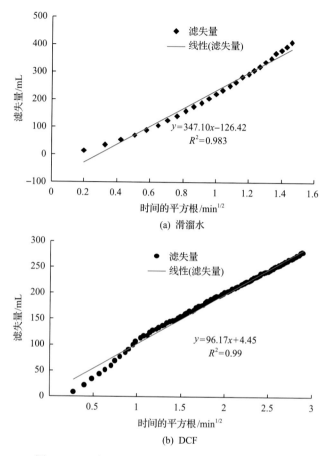

(a) 滑溜水

(b) DCF

图 4-55 1#岩心滑溜水和纤维暂堵转向液滤失曲线

滤失实验结束后，取出各块岩心，观察纤维滤饼的形成情况（图 4-56）。可以看出，1#岩心形成滤饼效果较好，3#岩心次之；2#岩心缝宽太窄，纤维难以进入裂缝，未形成滤饼；4#岩心缝宽较大（3mm），裂缝面较光滑，纤维难以形成

(a) 1#岩心形成纤维滤饼　　(b) 2#岩心未形成纤维滤饼　　(c) 3#岩心形成少量　　(d) 4#岩心形成极少量
　　　　　　　　　　　　　　　　　　　　　　　　纤维滤饼　　　　　　纤维滤饼

图 4-56 各块岩心纤维滤饼情况统计表

滤饼。可见，当缝宽大于一定值时，纤维难以在裂缝入口处形成滤饼，封堵效果较差；纤维封堵较宽的裂缝时，天然微裂隙对其影响不大，说明纤维与裂缝间存在最优配合；纤维长度、浓度、级配等因素对有效暂堵裂缝有重要影响。

利用表 4-26 实验数据，得到纤维滤饼渗透率为 $1349.2 \times 10^{-3} \mu m^2$，3#岩心导流能力很大，是由于形成纤维滤饼较少，测试导流能力时，液体将滤饼带走，因此没有列出；4#岩心几乎未形成滤饼，因此没有进行导流能力实验的测试。

导流能力实验结束，打开各块岩心，观察滤饼在裂缝内的形成情况，如图 4-57 所示，1#岩心滤饼形成情况较好，纤维滤饼长度约为 2cm，2#岩心内未观察到纤维滤饼，由于 3#岩心缝宽大于 1#岩心，导流能力实验时液体容易将滤饼携带出去，4#岩心未进行导流能力实验，打开后岩心内含极少量纤维滤饼，与图 4-57 情况相对应。

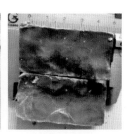

(a) 1#岩心形成纤维滤饼　　(b) 2#岩心未形成纤维滤饼　　(c) 3#岩心形成少量　　(d) 4#岩心形成极少量
　　　　　　　　　　　　　　　　　　　　　　　　纤维滤饼被液体带走　　　　纤维滤饼

图 4-57　各块岩心导流能力实验结束打开的纤维滤饼图片

7. 对不同缝宽裂缝的封堵能力

在如图 4-50 所示的实验装置中装入劈裂开的岩心，在其中加入一定尺寸的钢片以确保岩心施加围压后保持一定的宽度。加围压至 20MPa 后，注入 DCF，在发生暂堵后继续加压注入，以实现纤维的最终堵塞状态及进入裂缝的深度，最大的注入压力控制在 20MPa 以内。不同缝宽下的暂堵结果具体如下。

1) 暂堵剂对 0.5mm 裂缝的封堵实验

加围压至 20MPa 以上，然后注入含 0.5%纤维转向液，在发生暂堵后继续加压注入，以获取纤维清洁转向剂最终堵塞状态及进入裂缝的深度，最大注入压力不超过 20MPa。实验结果如图 4-58 所示，从实验结果看，0.5mm 裂缝能够被封堵，纤维清洁转向剂进入裂缝的距离很短，一般在 2～3mm，在注入压力为 18～19MPa 时纤维对裂缝的封堵效果较好。

(a) 暂堵前

(b) 暂堵后

图 4-58　0.5mm 缝宽岩心纤维暂堵状态图

2) 暂堵剂对 0.8mm 裂缝的封堵实验

加围压至 20MPa 以上，然后注入含 0.5%纤维清洁转向剂的压裂液基液，在发生暂堵后继续加压注入，用以测试纤维清洁转向剂最终堵塞状态及进入裂缝的深度，最大注入压力不超过 20MPa。实验结果如图 4-59 所示，从实验结果看，0.8mm

(a) 暂堵前

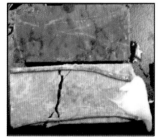

(b) 暂堵后

图 4-59　0.8mm 缝宽岩心纤维暂堵状态图

裂缝能够被封堵，纤维暂堵转向剂进入裂缝的距离很短，一般在 4～5mm，在注入压力 18～19MPa 条件下，纤维对裂缝的封堵效果较好。

3）暂堵剂对 1.0mm 裂缝的封堵实验

加围压至 20MPa 以上，然后注入含 0.5%纤维清洁转向剂的压裂液基液，在发生暂堵后继续加压注入，以获取纤维清洁转向剂最终堵塞状态及进入裂缝的深度，最大注入压力不超过 20MPa。实验结果如图 4-60 所示，从实验结果看，1.0mm裂缝能够被堵塞，纤维清洁转向剂进入裂缝的距离很短，一般在 5～6mm，在注入压力 18～19MPa 条件下，纤维对裂缝的封堵效果较好。

图 4-60　1.0mm 岩心裂缝纤维暂堵状态图

4）暂堵剂对 1.3mm 裂缝的封堵实验

加围压至 20MPa 以上，然后注入含 0.5%纤维清洁转向剂的压裂液基液，在发生暂堵后继续加压注入，以获取纤维清洁转向剂最终堵塞状态及进入裂缝的深度，最大注入压力不超过 20MPa。实验结果如图 4-61 所示，从实验结果看，1.3mm裂缝能够被堵塞，纤维清洁转向剂进入裂缝的距离较短，一般在 5～6mm，在注入压力为 18～19MPa 条件下，纤维对裂缝的暂堵效果较好。

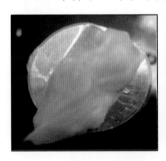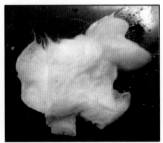

图 4-61　1.3mm 岩心裂缝纤维暂堵状态图

5）暂堵剂对 2.0mm 裂缝的封堵实验

加围压至 20MPa 以上，然后注入含 0.5%纤维清洁转向剂的压裂液基液，在发生暂堵后继续加压注入，以获取纤维清洁转向剂最终堵塞状态及进入裂缝的深度，最大注入压力不超过 20MPa。实验结果见图 4-62，从实验结果看，2.0mm 裂缝能够被堵塞，纤维清洁转向剂进入裂缝的距离较短，一般在 7～8mm，在注入压力为 18～19MPa 条件下，纤维对裂缝的暂堵能力较好。

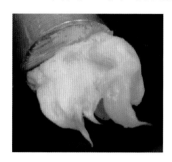

图 4-62　2.0mm 岩心裂缝纤维暂堵状态图

实验模拟了 0.5mm、0.8mm、1.0mm、1.3mm 和 2.0mm 五种缝宽下的纤维滤饼侵入长度，得到不同缝宽下纤维滤饼长度拟合关系式：$y = 6.096 + 2.464\ln(x-0.267)$，如图 4-63 所示。

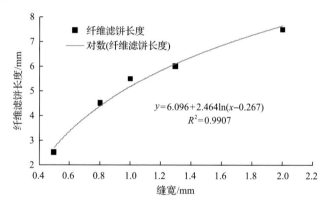

图 4-63　纤维滤饼长度与缝宽实验关系曲线

设计 2 组实验模拟纤维堵塞不同缝宽裂缝的能力大小，模拟缝高为 20mm，注入纤维浓度为 1%，流量为 0.5L/min，第一组、第二组实验缝宽分别为 2mm、3mm，注液过程中注入端压力变化表现如图 4-64 所示。可以看出，2mm、3mm缝宽连续注入 10min 后注入压力增加量分别为 8～10MPa、4～8MPa，说明 DCF注入后能够明显增大裂缝的进液阻力，且缝宽较小时更为有利。

通过一系列不同缝宽、不同流量下的实验，确定刚好形成暂堵所需的临界纤维浓度，如图 4-65 所示。从实验结果看，同一缝宽下，随着流速增加，暂堵裂缝所需纤维浓度增加；同一流速下，缝宽越大，所需纤维浓度增加。说明当流速和缝宽增加时，纤维暂堵裂缝难度加大。在缝宽为 6mm 或 4mm 时，即使采用较高的纤维浓度(大于 2%)，折算至现场仍然需要低于 1m³/min 的较低排量才能形成暂堵，而在此排量下，现场裂缝一般不会达到 6mm 或 4mm。这说明现场条件下较大缝宽裂缝难以实现暂堵，对裂缝转向不利，可先加粉砂填塞大尺度裂缝，再加纤维有效封堵裂缝(盛茂和李根生，2014；雷群等，2009；翁定为等，2011；才博等，2012)。

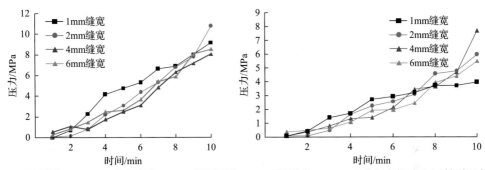

(a) 模拟缝高20mm，DCF注入速度0.5L/min时暂堵压力　　(b) 模拟缝高20mm，DCF注入速度0.5L/min时暂堵压力

图 4-64　不同缝宽下纤维堵塞裂缝能力实验曲线

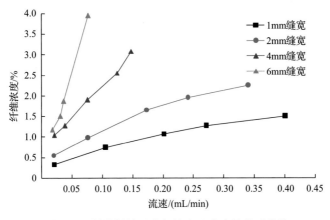

图 4-65　纤维暂堵形成与缝宽及流速的关系曲线

8. 封堵效率影响因素

纤维滤饼充填带形成后，由于充填带渗透率远低于张开裂缝的裂缝渗透率，阻止后续流体进入裂缝内，形成一纤维滤饼表皮系数 S_{fiber}，从而产生附加压差 ΔP_{fiber}。根据裂缝中形成滤饼产生的表皮系数计算公式和包含滤饼裂缝的宽度计算公式，可以计算注入压裂液时在缝口产生的附加压差，得出纤维封堵效率的影响因素及其规律，如图 4-66(a) 和 (b) 所示。

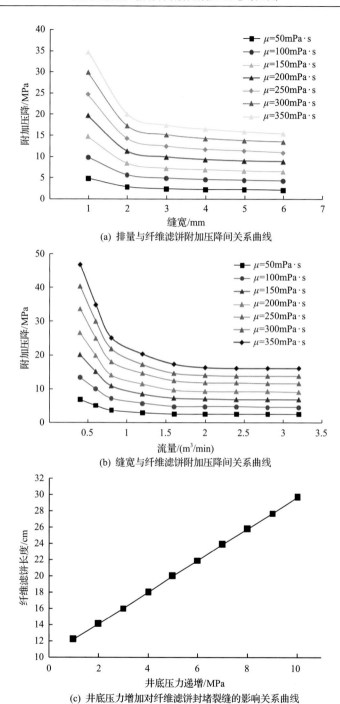

(a) 排量与纤维滤饼附加压降间关系曲线

(b) 缝宽与纤维滤饼附加压降间关系曲线

(c) 井底压力增加对纤维滤饼封堵裂缝的影响关系曲线

图 4-66　纤维滤饼附加压差敏感性分析

1) 注入排量对附加压降的影响规律

黏度不变时，注入排量越低，附加压差越大。当排量超过 $1.6 m^3/min$ 时，继续增大排量，附加压差变化幅度较小；随着压裂液黏度的增加，附加压差也逐渐增加。

2) 人工缝宽对附加压降的影响规律

黏度不变时，人工缝宽越大，压差越小，当缝宽超过 4mm 时，纤维滤饼形成的附加压差变化幅度较小。随着压裂液黏度的增加，附加压差也逐渐增加。

数值模拟结果与实验结果相符，因此，建议现场施工时以较低排量注入纤维暂堵转向液，注入较高黏度的压裂液，以增大附加压差，确保人工缝宽较小，加强纤维封堵裂缝的效果，更好地实现新裂缝转向。

3) 井底憋压对滤饼封堵裂缝的影响规律

当在缝口处形成纤维滤饼后，由于纤维滤饼的暂堵作用，裂缝渗透率减小，井筒中憋压，所以井底压力增加。当压力增加足够大时，裂缝端部会继续向前延伸，这时需要形成一段新滤饼。降低滤饼形成后裂缝内压力，使得此处的压力低于裂缝延伸压力才能封堵裂缝。根据裂缝延伸准则，PKN 型裂缝向前扩展的条件是

$$K_I = \frac{P_{net} h_f}{2E_{(k)}} \sqrt{\pi / L} \geq K_{IC} \tag{4-10}$$

式中，P_{net} 为净压力，MPa；h_f 为缝高，m；L 为半缝长，m；K_{IC} 为断裂韧性，$MPa \cdot m^{1/2}$，灰岩的值约为 $0.5 MPa \cdot m^{1/2}$；$E_{(k)}$ 为 I 型（张开型）的积分系数。

根据净压力计算公式，结合式(4-10)，得到井底压力增加与所需附加滤饼长度关系曲线，见图 4-66(c)。随着井底压力的增加，所需附加纤维滤饼长度也在增加，两者呈线性关系。

4) 水平主应力差

根据注入流体诱导的应力场和人工裂缝诱导应力场理论，得到不同压裂液黏度下，不同应力差值情况下的转向半径（周向应力平面图上达到远场应力状态时对应点的纵坐标）变化曲线（图 4-67）。结果表明，水平主应力差越小，转向半径越大，当应力差超过 7MPa 以后，转向半径接近 0，裂缝难以发生转向。

5) 净压力

根据垂直裂缝诱导应力场解析解，当主缝内的净压力较大时，主缝内会发生裂缝转向。当压裂施工时缝内净压力超过水平地应力差与抗拉强度之和后，将在已压开老裂缝的基础上形成新的转向裂缝。通过莫尔圆理论可知，提高缝内净压力时，相当于缝内孔隙压力上升，有效应力减少，因此莫尔圆半径减小（向原点移

动），导致附近剪应力场重新定向分布，促使新裂缝转向。纤维滤失暂堵实验表明，它可以极大地提高裂缝内净压力，因此纤维增加缝内净压力是裂缝转向和形成缝网的重要方法之一。

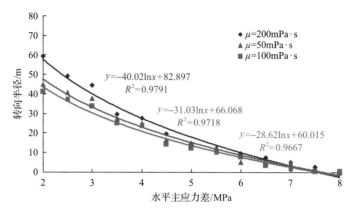

图 4-67　不同黏度水平下应力差与转向半径关系曲线

参 考 文 献

才博, 丁云宏, 卢拥军, 等. 2012. 提高改造体积的新裂缝转向压裂技术及其应用. 油气地质与采收率, 19(5): 108-110.

陈晋南. 2004. 传递过程原理. 北京: 化学工业出版社.

陈晔希, 陈馥, 周峰. 2015. 提高乳化酸稳定性纳米颗粒材料的室内研究. 钻采工艺, 38(6): 72-74.

古海娟. 2009. 稠化酸酸压技术室内实验研究. 断块油气田, 16(5): 87-89.

赫安乐. 1996. VY-101 酸液稠化剂及稠化酸的研究. 油田化学, 13(4): 303-308.

赫安乐. 2002. 稠化酸的流变及反应特性研究. 上海: 华东理工大学.

雷群, 胥云, 蒋廷学, 等. 2009. 用于提高低-特低渗透油气藏改造效果的缝网压裂技术. 石油学报, 30(2): 237-241.

李丹, 伊向艺, 王彦龙, 等. 2017. 深层碳酸盐岩储层新型酸压液体体系研究现状. 石油化工应用, 36(7): 1-5.

李志. 2016. 碳酸盐岩储层非常规酸化改造. 成都: 西南石油大学.

吕宝强, 李向平, 李建辉, 等. 2014. 我国重复酸化酸液体系的应用. 油田化学, 31(1): 136-140.

米卡尔 J·埃克诺米斯德, 肯尼斯 G·诺尔特. 2002. 油藏增产措施(第3版). 张保平, 蒋阗, 刘立云, 等译. 北京: 石油工业出版社.

齐天俊, 韩春艳, 罗鹏, 等. 2013. 可降解纤维转向技术在川东大斜度井及水平井中的应用. 天然气工业, 33(8): 58-63.

沈建新, 周福建, 张福祥, 等. 2012. 一种新型高温就地自转向酸在塔里木盆地碳酸盐岩油气藏酸化酸压中的应用. 天然气工业, 32(5): 28-30.

盛茂, 李根生. 2014. 水力压裂过程的扩展有限元数值模拟方法. 工程力学, 31(10): 123-128.

汪道兵, 周福建, 葛洪魁, 等. 2016. 纤维强制裂缝转向规律实验及现场试验. 东北石油大学学报, 40(3): 80-88.

魏星, 王永刚, 郑淑媛. 2008. 碳酸盐岩储层酸化工作液现状研究. 西部探矿工程, 20(8): 63-65.

翁定为, 雷群, 胥云, 等. 2011. 缝网压裂技术及其现场应用. 石油学报, 32(2): 280-284.

熊春明, 周福建, 马金绪, 等. 2007. 新型乳化酸选择性酸化技术. 石油勘探与开发, 34(6): 740-744.

张杰. 2012. 乳化酸酸液体系配方研究进展. 应用化工, 41(4): 685-688.

赵增迎, 杨贤友, 周福建, 等. 2006. 转向酸化技术现状与发展趋势. 大庆石油地质与开发, 25(2): 68-71.

周福建, 熊春明, 刘玉章, 等. 2002. 一种地下胶凝的深穿透低伤害盐酸酸化液. 油田化学, 19(4): 322-324.

周福建, 伊向艺, 杨贤友, 等. 2014. 提高采收率纤维暂堵人工裂缝动滤失实验研究. 钻采工艺, 37(4): 83-86.

周明, 江万雄, 陈欣, 等. 2016. 一种乳化缓速酸解堵体系研究及室内评价. 石油与天然气化工, 45(2): 72-76.

Alleman D, Qi Q, Keck R. 2003. The development and successful field use of viscoelastic surfactant-based diverting agents for acid stimulation//The International Symposium on Oilfield Chemistry, Houston.

Alvarez J M, Rivas H, Navarro G. 2000. An optimal foam quality for diversion in matrix-acidizing projects//The SPE International Symposium on Formation Damage Control, Lafayette.

Conway M W, Asadi M, Penny G S, et al. 1999. A comparative study of straight/gelled/emulsified hydrochloric acid diffusivity coefficient using diaphragm cell and rotating disk.//The SPE Annual Technical Conference and Exhibition, Houston.

Economides M J, Nolte K G, Ahmed U, et al. 1989. Reservoir Stimulation. Old Tappan: Prentice Hall Inc.

Saxon A, Chariag B, Rahman M R A. 2000. An Effective Matrix Diversion Technique for Carbonate Formations.//The Middle East Oil Show and Conference, Bahrain.

Thompson K E, Gdanski R D. Laboratory Study Provides Guidelines for Diverting Acid With Foam. SPE Production & Operations, 8(4): 285-290.

Wei T, Willmarth W W. 1992. Modifying turbulent structure with drag-reducing polymer additives in turbulent channel flows. Journal of Fluid Mechanics, 245(1): 619.

Williams B B, Gidley J L, Schechter R S. 1979. Acidizing Fundamentals. New York: //Henry L. Donerty Memorial Fund of AIME. Society of Petroleum Engineers of AIME.

第5章 转向酸化物理模拟与数值模拟

近年来，出现一种清洁无污染的 VES 自转向酸，它可以有效解决酸液分布不均的问题。随着酸岩反应的进行，酸液的 pH 和酸液中的 Ca^{2+} 浓度升高，VES 自转向酸的表面活性剂分子在 pH 达到一定值后开始聚集成螺旋状胶束，酸液的黏度升高，并且随着 Ca^{2+} 浓度的升高黏度不断增加。由于高渗层的酸液反应发生的比较早，所以通过这种方法可以暂时封堵住高渗层，后续酸液得以进入低渗层，从而达到了均匀布酸的效果。反应后的残酸在遇到油气时能自动破胶，由于没有聚合物的存在，因此对地层没有污染，是一种非常理想的酸液。鉴于 VES 自转向酸良好的性能，在现场得到了广泛的应用并取得了成功。然而，多年来国内外学者对普通 HCl 酸化机理进行了大量的研究，但是对 VES 自转向酸的转向机理还无法取得突破(Daccord and Lenormand，1987；Daccord et al.，1993a，1993b；Wang et al.，1993；Economides and Nolte，2000；Daniel et al.，2002；Al-Mutawa et al.，2003，2008；Chatriwala et al.，2005；Nasr-El-Din et al.，2007)。

因此，本章通过实验方法和数值模拟方法对 VES 自转向酸的转向机理进行深入研究，更好地指导现场应用。通过本章的研究，认识了 VES 自转向酸的转向机理，为 VES 自转向酸化设计提供理论基础，弥补国内的空白(Hoefner and Fogler，1988；Frick et al.，1994；Buijse and van Domelen，1998；Fredd and Fogler，1999；Buijse，2000；Bazin，2001)。

5.1 VES 自转向酸转向机理实验研究

影响 VES 自转向酸发生转向的因素很多，但是通过实验研究发现，pH 和 Ca^{2+} 浓度是最主要的两个因素。由于酸岩反应伴随着 pH 和 Ca^{2+} 浓度的增加，因此二者往往同时对 VES 自转向酸的转向产生影响。此外，黏性流体在多孔介质中流动时受剪切作用的影响也很大。本节利用实验方法对 VES 自转向酸的转向机理进行研究。首先，利用一种特殊的岩心夹持器研究酸化过程中岩心沿程的压力变化，分析转向的机理；其次，通过流变实验研究残酸黏度随 pH、Ca^{2+} 浓度和剪切速率的变化关系(Huang et al.，1997；Bazin and Abdulahad，1999；Gdanski，1999；Golfier et al.，2001)。

5.1.1　实验主要药品及仪器

1. 实验药品

黏弹性表面活性剂（两性离子型）、工业盐酸（分析纯）、$CaCO_3$（分析纯）、$CaCl_2$（分析纯）、$MgCl_2$（分析纯）、NaCl（化学纯）、乙醇。VES 自转向酸的组成为 15%HCl+8%VES。标准盐水物质的量之比为 $n(NaCl)：n(CaCl_2)：n(MgCl_2·6H_2O)=7：0.6：0.4$。

2. 实验仪器

主要的实验仪器有酸蚀流动仪（图 5-1）和流变仪（图 5-2）。酸蚀流动仪主要包括操作软件、控制面板、岩心夹持器和储液罐四部分。实验中酸液从储液罐通过

图 5-1　酸蚀流动仪

图 5-2　HAAKE-6000 型流变仪

泵的作用注入岩心夹持器中对岩心进行酸蚀，直至岩心突破。HAAKE-6000 型流变仪用于测量残酸的黏度。

5.1.2　岩心酸化实验

1. 实验步骤

实验中所用岩心取自伊拉克哈法亚(Halfaya)地层，实验步骤如下。

(1)洗油：将岩心放入高温高压洗油仪中洗油，直到洗油仪观察口中洗出油量不再增加为止。

(2)烘干岩心：将洗油后的岩心放入烘箱中，90℃下持续烘 12h。

(3)岩心尺寸测量：从烘箱中取出岩心立刻测其干重、长和直径。

(4)气测渗透率：对烘干后的岩心进行气测渗透率，同一压差下连续测三次，时间误差小于 0.1s，取时间的平均值，计算气测渗透率。

(5)标准盐水饱和岩心：用标准盐水饱和岩心。

(6)VES 自转向酸配制：15% HCl + 8% VES。

(7)液测渗透率：反挤标准盐水测量岩心的渗透率。

(8)酸化岩心：正挤 VES 自转向酸，观察压力监测曲线及出口处，一旦发现酸液突破岩心的迹象(岩心两端压差降为零)，立即停止注酸。

(9)破胶：正挤酒精清洗管线及岩心。

(10)液测渗透率：反挤标准盐水测量酸化后的岩心渗透率。

进行岩心酸化实验是为了深入研究酸液在岩心中的流动、反应过程，通过观察岩心两端及沿程压差变化可以推测酸液在岩心中的位置，从而为研究 VES 自转向酸的转向机理提供思路。岩心样品如图 5-3 所示，岩心参数如表 5-1 所示。

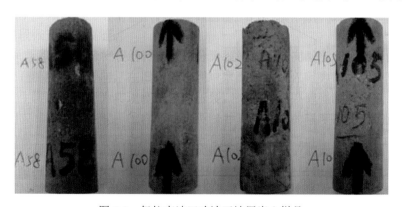

图 5-3　伊拉克油田哈法亚地层岩心样品

表 5-1　实验所用岩心参数和相应的数值

岩心编号	长度/cm	直径/cm	初始渗透率/$10^{-3}\mu m^2$	孔隙度	孔隙体积/cm^3
A58	12.48	2.51	84.7	0.165	6.92
A102	11.97	2.51	8.8	0.145	7.92
A105	12.08	2.51	1.8	0.198	6.86
A100	12.08	2.51	1.9	0.172	5.73

图 5-4 为酸蚀流动仪的实验流程示意图。岩心放入岩心夹持器中，通过围压泵加入指定围压，平流泵推动酸液进入岩心进行酸蚀，同时压差传感计记录压差变化，排出液量由电子天平计量。此仪器的特殊之处在于有一个岩心夹持器具有两个测压点，可以将岩心分为三段，从而可以得到酸液在岩心中流动时三段的压差变化，而不像传统的岩心夹持器只能测量岩心两端的压差变化，这不仅有利于研究蚓孔扩展的规律，还有利于研究 VES 自转向酸的转向机理。因为酸液在岩心中的流动是无法直接观察到的，只能通过压差变化来反映，也就是说测得的岩心沿程的压差值越多，越有利于分析蚓孔扩展的规律。对于 VES 自转向酸来说，也就越有利于研究其转向机理。

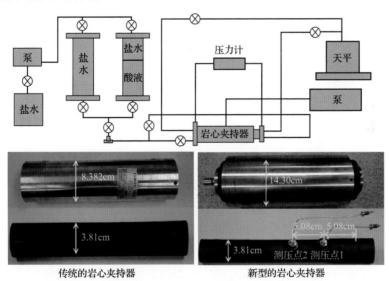

图 5-4　酸蚀流动仪实验流程示意图及岩心夹持器对比

2. 实验现象及结论

图 5-5～图 5-7 为岩心 A58、A102 和 A105 的出入口两端压差随不同液体的注入的变化过程。以图 5-5 为例，由于岩心的渗透率比较大，测定盐水渗透率时压差很快达到平稳状态。之后注入 VES 自转向酸，随着酸液的消耗，酸液中的 pH

升高，当达到适宜的 pH 条件时酸液变黏。同时 Ca^{2+}浓度的增加使酸液进一步增黏，直到最后酸液突破岩心，岩心中产生一条压降几乎为 0MPa 的高渗通道(蚓孔)，岩心出入口压差骤降为零，此时停止注酸。VES 残酸遇到碳氢化合物会自动破胶，因此注入酒精以清洗管线和岩心。最后再次注入盐水测量酸化后的渗透率。

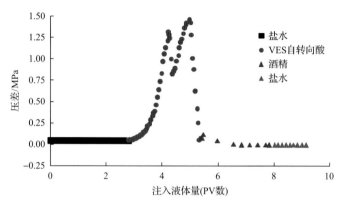

图 5-5　A58 岩心出入口压差变化过程

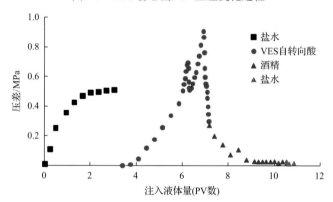

图 5-6　A102 岩心出入口压差变化过程

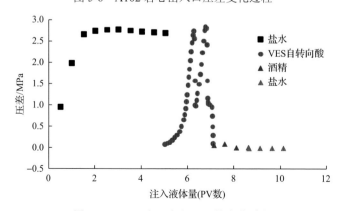

图 5-7　A105 岩心出入口压差变化过程

　　值得注意的是，在注入 VES 自转向酸的压差变化曲线中，中间出现一段压差骤降又上升的现象，这是由于岩心夹持器中测压点 1 无法加上围压，酸液首次到达第一个测压点时压力在此处卸掉。虽然测压点 2 也无法加上围压，但由于离岩心出口端比较近，当酸液到达测压点 2 时基本上也快突破岩心了，所以在曲线上没有表现出第二个压差骤降又上升的情况。为了验证这个猜想，专门通过一个没有中间测压点的夹持器做了一次酸化实验，如图 5-8 所示，可以看出，注入 VES 自转向酸的压差变化过程中并没有出现压差骤减又上升的现象，而是直到酸液突破岩心压差直接骤降为零。

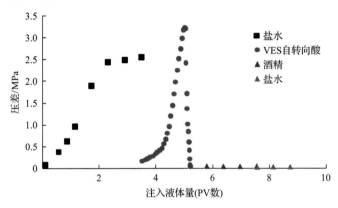

图 5-8　A100 岩心出入口压差变化过程

　　从图 5-5～图 5-8 可以看出，在 VES 自转向酸即将突破岩石时都存在一个压差骤降的现象，这与国内外很多学者得到的实验现象非常相似。这个现象与 VES 自转向酸变黏转向的机理密切相关。

　　以 Hill 等(1995)的模型为基础(图 5-9)，可以对这一问题进行深入的探讨。当酸液进入岩心，根据岩心的非均质性产生酸液的非均匀流动，从而产生蚓孔。反应后的酸液(残酸)向前流动，在蚓孔前缘会产生一段增黏区，在这个区域内，pH 比较大，残酸酸液的黏度很高，是导致压差上升的主要因素。在增黏区(亦称残酸区)的前缘为原始地层，此时酸液还没有到达这个区域。假设蚓孔区、增黏区和原始地层的渗透率和流体黏度分别为 K_{wh} 和 μ_a、K_s 和 μ_s、K_0 和 μ_0，则根据达西公式，三个区域的流量(Q_{wh}、Q_s、Q_0)分别为

$$Q_{wh} = \frac{AK_{wh}\Delta P_{wh}}{\mu_a L_{wh}}$$

$$Q_s = \frac{AK_s\Delta P_s}{\mu_s (L_f - L_{wh})}$$

$$Q_0 = \frac{AK_s\Delta P_0}{\mu_0(L-L_f)} \tag{5-1}$$

式中，ΔP_{wh}、ΔP_s 和 ΔP_0 分别为蚓孔区、增黏区和原始地层的压差，MPa；A 为岩心的截面积；L_{wh} 为岩心蚓孔区长度；L_f 为岩心蚓孔区和增黏区的总长度；L 为岩心总长度。

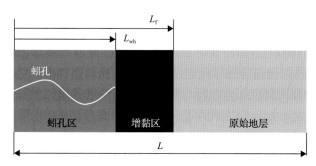

图 5-9　线性岩心酸化流动模型

由于 $Q_{wh}=Q_s=Q_0$，则有

$$\Delta P = \Delta P_{wh} + \Delta P_s + \Delta P_0 = \frac{Q}{A}\left[\frac{\mu_a L_{wh}}{K_{wh}} + \frac{\mu_s(L_f-L_{wh})}{K_s} + \frac{\mu_0(L-L_f)}{K_0}\right] \tag{5-2}$$

由于 K_{wh} 可近似为无穷大，则

$$\begin{aligned}
\Delta P &= \frac{Q}{A}\left[\frac{\mu_s(L_f-L_{wh})}{K_s} + \frac{\mu_0(L-L_f)}{K_0}\right] \\
&= \frac{Q}{A}\frac{\mu_0}{K_0}\left[L + \left(\frac{\mu_s}{\mu_0}-1\right)L_f - \frac{\mu_s}{\mu_0}L_{wh}\right]
\end{aligned} \tag{5-3}$$

设 $a = \dfrac{\mu_s}{\mu_0}$，一般 $\mu_s \gg \mu_0$，则 $a-1$ 近似为 a：

$$\Delta P = \frac{Q}{A}\frac{\mu_0}{K_0}\left[L + a(L_f-L_{wh})\right] \tag{5-4}$$

从式(5-4)可以看出，ΔP 受 μ_s 和 L_f-L_{wh} 的共同影响。Tardy 等(2007)认为增黏区的黏度 μ_s 基本保持恒定，则 ΔP 只受 L_f-L_{wh} 的影响，若 ΔP 线性增长，则 L_f-L_{wh} 是线性增加的。但是这个观点受到质疑，从他们所提供的实验结果来看，增黏区的黏度并不是恒定的，而是持续增加的。

图 5-10 为 Tardy 等(2007)所提供的实验数据，有效黏度直接反映了各段的压差变化，不同颜色的曲线代表岩心不同段的压差变化。各段压差的上升即是残酸进入该段的象征，压差的下降是蚓孔突破的象征。从图中可以看出，当 VES 自转

向酸刚进入岩心时(红色段),压差稍微上升,随着酸液对岩心的酸蚀,当酸液突破红色段时,即蚓孔贯穿了整个红色段时,压差骤降,同时蓝色段的压差开始上升,说明酸液进入了蓝色段,从 VES 自转向酸液在红色段和蓝色段的交界处的压差转换来看,此时的 $L_f - L_{wh}$ 几乎为零。随着酸液对岩心的酸蚀,蚓孔的长度不断增加,当蚓孔突破蓝色段时,可以发现残酸已经进入粉红色段一段时间了,因为粉红色段的压差在蚓孔突破蓝色段前已经有了一定的增加,说明此时的 $L_f - L_{wh}$ 的长度增加了,压差的上升受 $L_f - L_{wh}$ 的影响。

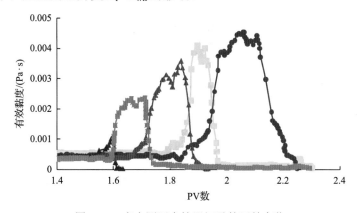

图 5-10 多点测压夹持器记录的压差变化

当残酸前缘刚到达粉红色段的入口时,蓝色段内的残酸区应逐渐缩短,压差也应逐渐降低,但是图中却显示压差有稍微地上升,这个上升的幅度在粉红色段更加明显,说明压差的上升同时还受 μ_s 的影响,μ_s 是逐渐增大的。蓝色曲线、粉红色曲线和黄色曲线中间都有一个凹陷的现象,也是因为测压点无法加上足够大的围压,致使酸液到达时瞬间卸压。由于蓝色段、粉红色段和黄色段的长度相同,则从压差上升和下降的时刻还可以看出,$L_f - L_{wh}$ 的长度确实是逐渐增加的,残酸前缘相对于蚓孔前缘越跑越快,蚓孔扩展速度则基本保持恒定。黄色段与前三个段的曲线有所不同,可能是此段内存在大孔隙或微裂缝使残酸和蚓孔扩展的都较快。从棕色段的压差变化曲线来看,上升与下降基本上是对称的,说明 $L_f - L_{wh}$ 相对于棕色段的长度已足够大。可以大胆预测,当岩心足够长时,随着 μ_s 的稳定和 $L_f - L_{wh}$ 的不断增长,将不会出现压差在临近突破时陡降的情形,而是呈缓慢下降的趋势。

根据以上分析,可以推测残酸黏度和增黏区在酸化过程中的变化过程,如图 5-11 所示。假设岩心沿程有 3 个测压点。当酸液到达测压点 1 时,蚓孔前缘与残酸前缘基本上重合;当蚓孔突破测压点 1 时,增黏区已经有一定的增长,到达测压点 1 和测压点 2 之间的某个位置;当蚓孔突破测压点 2 时,增黏区进一步增长,黏度也进一步升高。这里值得注意的是,残酸前缘的 pH 较小和蚓孔前缘的

Ca^{2+}浓度较低，使增黏区中央的黏度达到最大值。若岩心的长度较短，残酸临近突破时岩心中的增黏区较短，此时残酸的黏度可以视为一个平均值，一旦残酸突破岩心，压差将骤降为零。若岩心的长度较长，残酸临近突破时岩心中的增黏区较长，此时只有处于增黏区中间位置的残酸的黏度较高，两端的黏度较低，一旦残酸前缘突破岩心，压差不会突然下降，只有当中间位置的残酸突破后，压降才会骤然下降为零。

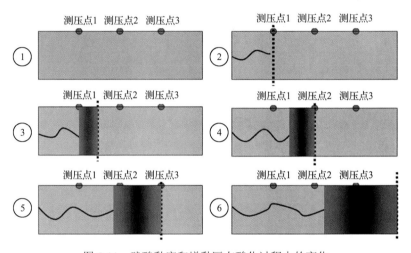

图 5-11　残酸黏度和增黏区在酸化过程中的变化

根据 Lungwitz 等(2007)的实验结果，从图 5-12 可以看出，随着岩心渗透率的增加，最高压力比(驱替酸液时的最大压力比上驱替盐水时的压力)在双对数坐标系下呈良好的对数关系。

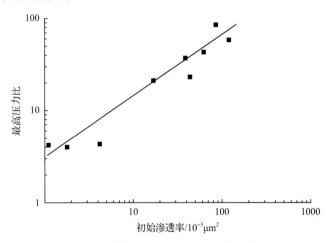

图 5-12　渗透率对自转向酸转向能力影响

图 5-13 和图 5-14 分别为岩心 A58 和 A105 的测压点 1 和测压点 2 两个测压点测得的压差变化曲线。从图中的标记可以看出，A58 的增黏区要明显大于 A105 的增黏区。由于 A58 的渗透率比较大，残酸在岩心中流动得比较快，使得增黏区的长度比较长。A58 和 A105 岩心在注盐水时的稳定压差分别为 0.06MPa 和 2.68MPa。在注入 VES 自转向酸后，二者的最大压差分别为 1.54MPa 和 2.8MPa。由此可见，A58 岩心增黏区的存在使得压差可增加 20 多倍，而由于增黏区比较短，A105 岩心的压差前后基本相等。这种现象可以很好地解释图 5-12 所示的关系。随着岩心渗透率的增大，增黏区长度和残酸黏度二者共同的增加使得最高压力比随着岩心渗透率的增大而增大。

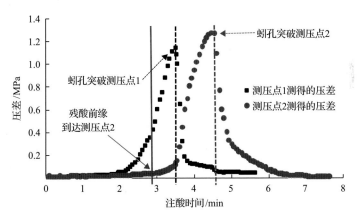

图 5-13　A58 岩心两测压点的压差变化

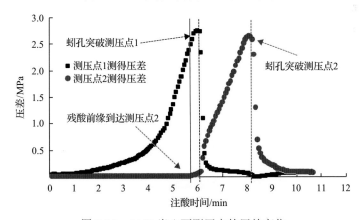

图 5-14　A105 岩心两测压点的压差变化

图 5-15 为岩心 A58、A102 和 A105 的最高压力比与初始渗透率的关系曲线。从图中可以看出，二者在双对数坐标下呈较好的线性关系。

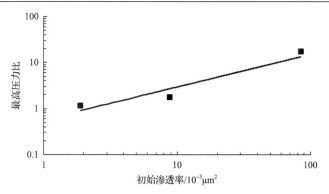

图 5-15　渗透率对自转向酸转向能力影响

5.1.3　残酸流变性试验

由于残酸的黏度主要受 pH 和 Ca^{2+} 浓度的影响。为了认清 pH 和 Ca^{2+} 浓度对残酸黏度的影响，需要进行流变性试验。通过往配制好的鲜酸中加入碳酸钙粉来模拟残酸，具体方法如下：

将配制好的鲜酸放入大的容器，用电动搅拌器搅拌鲜酸，同时缓慢加入 $CaCO_3$，随着酸液体系 pH 的升高，体系的黏度上升最终制得成胶酸液。但是这种方法在配制的过程中会产生大量的 CO_2 气体，为了消除这些气体，首先采用温水浴和搅拌相结合的方法去除绝大部分气泡，然后再静置 24 小时使溶液中的气泡彻底排除。这种方法虽然耗时，但是可以保证测量结果的准确性。

为了模拟不同 Ca^{2+} 浓度对残酸黏度的影响，实验分三组进行。第一组：VES 自转向酸+$CaCO_3$；第二组：VES 自转向酸+$CaCO_3$+10%$CaCl_2$（质量分数，即残酸总质的 10%）；第三组：VES 自转向酸+$CaCO_3$+20%$CaCl_2$。$CaCl_2$ 均为反应前加入。由以上三组的酸液配方可以看出，Ca^{2+} 浓度逐渐增加，这样可以模拟 Ca^{2+} 浓度对残酸黏度的影响。

图 5-16 为不同 Ca^{2+} 浓度下残酸黏度随 pH 的变化：从曲线 a 可以看出，当 pH

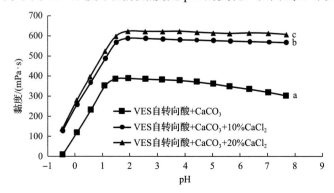

图 5-16　VES 自转向酸黏度与 pH 和 Ca^{2+} 浓度的关系

从 0.46 增加到 1.50 时，酸液黏度从初始的 10mPa·s 增加到 385mPa·s。当 pH 增加超过 1.50 时，残酸黏度随 pH 的增加有稍微降低的趋势。这是因为，随着酸岩反应的发生，酸液中的 pH 增加，Ca^{2+} 被释放到溶液中使得其浓度增加，残酸黏度随之增加，表面活性剂单体形成棒状胶束。曲线 b 显示，当 pH 从 0.46 增加到 1.94 时，残酸黏度从 129mPa·s 增加到 590mPa·s。可以看出，Ca^{2+} 浓度的增加使不同 pH 时的黏度都有所增加，而且当 pH 大于 1.94 时，残酸黏度几乎保持恒定，没有出现随 pH 的增加稍微下降的现象。这是 Ca^{2+} 与表面活性剂分子之间存在一种强烈的静电吸引力造成的。对于两性表面活性剂，当 pH 接近 0 时带一个正电荷，当 pH 大于 0 时带一个负电荷。由于 Ca^{2+} 带两个正电荷，在 pH 大于 0 的环境中，一旦二者相遇将会产生强烈的静电吸引力，且 Ca^{2+} 越多这种吸引力越强，所以当 pH 大于 1.94 时，残酸黏度没有发生稍微下降，而是几乎保持不变。这种现象还可以通过曲线 c 得到进一步的证实。然而，对比曲线 b 和曲线 c 可以看出，当 $CaCl_2$ 浓度从 10% 增加到 20% 时，残酸黏度只有些许的增加。这是 Ca^{2+} 浓度比表面活性剂分子过多的缘故。当所有的表面活性剂分子都被 Ca^{2+} 占用，多余的 Ca^{2+} 将失去增加黏度的作用。

　　黏度升高后的残酸在岩心中流动时，不可避免要受到剪切速率的影响。图 5-17 为残酸黏度随剪切速率的变化曲线，可以看出在双对数坐标系下，残酸黏度与剪切速率呈非常好的线性关系，这说明变黏后的残酸为理想的幂律流体。另外，黏度与剪切速率的升高或降低顺序无关。当剪切速率从 $170s^{-1}$ 增加到 $3000s^{-1}$ 时，残酸黏度逐渐下降；当剪切速率从 $3000s^{-1}$ 降低到 $170s^{-1}$ 时，残酸黏度几乎又按原值逐渐增加。

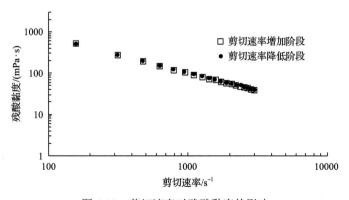

图 5-17　剪切速率对残酸黏度的影响

5.2　VES 自转向酸数学模型研究

　　为了研究 VES 自转向酸化过程中的蚓孔扩展规律，在 Panga 模型的基础上推导出了适用于极坐标系的 VES 自转向酸的蚓孔扩展数学模型。该模型包括达西尺度模型、孔隙尺度模型、孔隙度模型、地层流体模型、地层温度场模型、变黏函数和表皮系数模型等。达西尺度模型描述的是由反应引起的溶解、蚓孔中的对流传质作用；孔隙尺度模型主要是构建孔隙结构与孔隙属性(孔隙度、渗透率等)的关系；孔隙度模型用于生成符合实际情况的孔隙度；地层流体模型考虑了酸液注入地层后的压缩效应；地层温度场模型的引入主要是研究对酸岩反应极为敏感的温度对蚓孔扩展的影响；变黏函数的构造是以 5.1 节的实验结论为基础，用于描述残酸黏度随pH 和 Ca^{2+} 浓度的关系；引入表皮系数模型可以量化蚓孔对油井产量的影响。

5.2.1　达西尺度模型

1. 连续性方程

根据流体质量平衡，由流入项–流出项+源汇项=累计项。如图 5-18 所示，在地层中取微小六面体单元，单元体中 P 点质量速度在三个坐标上的分量分别为ρu_x、ρu_y 和 ρu_z，则 P' 点在 x 方向的质量流量为

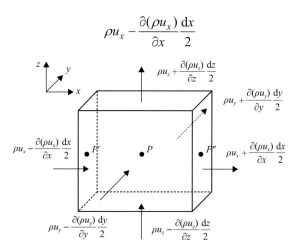

$$\rho u_x - \frac{\partial(\rho u_x)}{\partial x}\frac{\mathrm{d}x}{2}$$

图 5-18　微小六面体单元示意图(连续性方程)

$\mathrm{d}t$ 时间内经 P' 所在面流入的质量流量为

$$\left[\rho u_x - \frac{\partial(\rho u_x)}{\partial x}\frac{\mathrm{d}x}{2}\right]\mathrm{d}y\mathrm{d}z\mathrm{d}t$$

同理，P'' 所在面在 x 方向的质量流量为

$$\left[\rho u_x + \frac{\partial(\rho u_x)}{\partial x}\frac{\mathrm{d}x}{2}\right]\mathrm{d}y\mathrm{d}z\mathrm{d}t$$

则六面体在 dt 时间内从 x 方向流入与流出的质量流量差为

$$-\frac{\partial(\rho u_x)}{\partial x}dxdydzdt$$

同理，dt 时间内从 y、z 方向流入与流出的质量流量差分别为

$$-\frac{\partial(\rho u_y)}{\partial y}dxdydzdt$$

$$-\frac{\partial(\rho u_z)}{\partial z}dxdydzdt$$

则 dt 时间内六面体内流入与流出的总质量流量差为

$$-\left[\frac{\partial(\rho u_x)}{\partial x}+\frac{\partial(\rho u_y)}{\partial y}+\frac{\partial(\rho u_z)}{\partial z}\right]dxdydzdt$$

dt 时间内流体质量的总变化为

$$\frac{\partial(\rho\phi)}{\partial t}dxdydzdt$$

式中，ρ 为流体的密度，kg/m^3；ϕ 为地层孔隙度。

则 dt 时间内六面体总质量变化应等于六面体在 dt 时间内流入与流出的质量差：

$$\frac{\partial u_x}{\partial x}+\frac{\partial u_y}{\partial y}+\frac{\partial u_z}{\partial z}+\frac{\partial\phi}{\partial t}=0 \tag{5-5}$$

式(5-5)即为不可压缩流体在孔隙介质中渗流的连续性方程。若忽略 z 方向，将式(5-5)转换到极坐标系下，则可得二维连续性方程为

$$\frac{1}{r}\frac{\partial(ru_r)}{\partial r}+\frac{1}{r}\frac{\partial u_\theta}{\partial\theta}+\frac{\partial\phi}{\partial t}=0 \tag{5-6}$$

式中，u_r 和 u_θ 分别为 r 方向和 θ 方向的速度，m/s；r 为极半径。

2. 运动方程

运动方程为达西渗流方程，极坐标系下的运动方程如下：

$$(u_r,u_\theta)=-\frac{K}{\mu_a}\left(\frac{\partial P}{\partial r},\frac{1}{r}\frac{\partial P}{\partial\theta}\right) \tag{5-7}$$

式中，K 为地层渗透率，μm^2；μ_a 为酸液黏度，$mPa\cdot s$；P 为地层压力，MPa。

3. 酸质量平衡方程

酸液在多孔介质中的流动同时受对流和扩散的影响。与连续性方程的推导相似，设一六面体单元，如图 5-19 所示，P 点由扩散引起的质量流量为 u_i，则 x 方向经 P' 所在面流入单元的质量流量为

$$u_i - \frac{\partial u_i}{\partial x} \frac{\mathrm{d}x}{2}$$

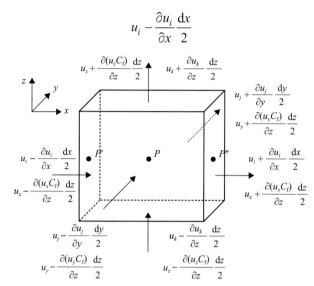

图 5-19 微小六面体单元示意图(酸质量平衡方程)

C_f - 酸液的浓度，mol/L

经 P'' 所在面流出单元的质量流量为

$$u_i + \frac{\partial u_i}{\partial x} \frac{\mathrm{d}x}{2}$$

则 x 方向流入与流出单元的质量流量差为

$$-\frac{\partial u_i}{\partial x} \mathrm{d}x$$

同理，y、z 方向流入与流出单元的质量流量差分别为

$$-\frac{\partial u_j}{\partial y} \mathrm{d}y$$

$$-\frac{\partial u_k}{\partial z} \mathrm{d}z$$

P 点在 x 方向由对流作用引起的质量流量为 $u_x C_f$，则 x 方向经 P' 和 P'' 面流入与流出的质量流量差为

$$-\frac{\partial(u_x C_f)}{\partial x}\mathrm{d}x$$

同理，y、z 方向流入与流出单元的质量流量差分别为

$$-\frac{\partial(u_y C_f)}{\partial y}\mathrm{d}y$$

$$-\frac{\partial(u_z C_f)}{\partial z}\mathrm{d}z$$

由上述可知，$\mathrm{d}t$ 时间内由对流和扩散作用引起的质量变化为

$$-\left(\frac{\partial u_i}{\partial x}+\frac{\partial u_j}{\partial y}+\frac{\partial u_k}{\partial z}\right)\mathrm{d}x\mathrm{d}y\mathrm{d}z\mathrm{d}t-\left[\frac{\partial(u_x C_f)}{\partial x}+\frac{\partial(u_y C_f)}{\partial y}+\frac{\partial(u_z C_f)}{\partial z}\right]\mathrm{d}x\mathrm{d}y\mathrm{d}z\mathrm{d}t$$

$\mathrm{d}t$ 时间内单元的总质量变化为

$$\frac{\partial(\phi C_f)}{\partial t}\mathrm{d}x\mathrm{d}y\mathrm{d}z\mathrm{d}t$$

$\mathrm{d}t$ 时间内由对流扩散引起的质量变化必然等于 $\mathrm{d}t$ 时间内的总质量变化：

$$-\left(\frac{\partial u_i}{\partial x}+\frac{\partial u_j}{\partial y}+\frac{\partial u_k}{\partial z}\right)-\left[\frac{\partial(u_x C_f)}{\partial x}+\frac{\partial(u_y C_f)}{\partial y}+\frac{\partial(u_z C_f)}{\partial z}\right]=\frac{\partial(\phi C_f)}{\partial t}$$

由 Fick 定律，且考虑多孔介质中的有效扩散，上式可以写为

$$\nabla(\phi D_e \cdot \nabla C_f)-\nabla(U C_f)=\frac{\partial(\phi C_f)}{\partial t} \tag{5-8}$$

式中，D_e 为酸液的有效扩散系数，m^2/s；ϕ 为地层孔隙度；U 为质量流速。

由于酸岩反应的存在必然要考虑发生化学反应引起的质量变化。假设流到多孔介质壁面的酸液与岩石完全反应，则孔隙壁面的酸液浓度可以当作零，而孔隙中的酸液浓度为原始酸液浓度，这样从孔隙中央到孔隙壁面存在一个浓度梯度，这个浓度梯度的大小取决于流体传质到流固表面的传质速度和孔隙表面的反应速度。若反应速度小于传质速度，则浓度梯度可以忽略不计，这时整个酸岩反应的速度受流固界面的反应速度控制；当反应速度大于传质速度，则孔隙中出现一个较大的浓度梯度，求解这个浓度梯度几乎是不可能的，但是可以通过一个简单的浓度差来描述它，如下所示：

$$k_c \left(C_f - C_s \right) = k_s C_s = R(C_s) \tag{5-9}$$

式中，k_c 为酸液的传质系数，m/s；C_s 为液固表面的酸液浓度，mol/L；k_s 为反应速率常数，m/s。

因此，由反应引起的质量变化可以表述为

$$k_c a_v \left(C_f - C_s \right)$$

式中，a_v 为比表面积，m^{-1}。

将上式代入式 (5-8) 得

$$\nabla(\phi D_e \cdot \nabla C_f) - \nabla(U C_f) - k_c a_v \left(C_f - C_s \right) = \frac{\partial(\phi C_f)}{\partial t} \tag{5-10}$$

式 (5-10) 即为考虑对流作用、扩散作用和反应的酸质量平衡方程，将其转换到极坐标系得

$$\begin{aligned}
&\frac{\partial(\phi C_f)}{\partial t} + \frac{1}{r}\frac{\partial}{\partial r}(r u_r C_f) + \frac{1}{r}\frac{\partial}{\partial \theta}(u_\theta C_f) \\
&= \frac{1}{r}\frac{\partial}{\partial r}\left(r \phi D_{er} \frac{\partial C_f}{\partial r} \right) + \frac{1}{r}\frac{\partial}{\partial \theta}\left(\frac{\phi D_{e\theta}}{r} \frac{\partial C_f}{\partial \theta} \right) - k_c a_v (C_f - C_s)
\end{aligned} \tag{5-11}$$

式中，D_{er} 和 $D_{e\theta}$ 分别为 r 方向和 θ 方向上的有效扩散系数，m^2/s。

式 (5-9) 可以转换成下式：

$$C_s = \frac{C_f}{1 + k_s/k_c}$$

当 $k_s \ll k_c$，即反应速率常数远小于传质系数时，$C_s \approx C_f$；当 $k_s \gg k_c$，即反应速率常数远大于传质系数时，$C_s \approx 0$。对于特定的酸液，其反应速率常数大致是确定的，因此整个酸岩反应的控制条件就由传质系数确定。对于多孔介质，由于非均质性和酸岩反应的存在，传质系数也是随着时间和空间位置不断变化的。

4. 其他方程

Ca^{2+} 浓度方程：

$$\begin{aligned}
&\frac{\partial(\phi C_{Ca^{2+}})}{\partial t} + \frac{1}{r}\frac{\partial}{\partial r}(r u_r C_{Ca^{2+}}) + \frac{1}{r}\frac{\partial}{\partial \theta}(u_\theta C_{Ca^{2+}}) \\
&= \frac{1}{r}\frac{\partial}{\partial r}\left(r \phi D_{er} \frac{\partial C_{Ca^{2+}}}{\partial r} \right) + \frac{1}{r}\frac{\partial}{\partial \theta}\left(\frac{\phi D_{e\theta}}{r} \frac{\partial C_{Ca^{2+}}}{\partial \theta} \right) - k_c a_v (C_f - C_s)
\end{aligned} \tag{5-12}$$

式中，$C_{Ca^{2+}}$ 为 Ca^{2+} 浓度，mol/L。

VES 浓度方程如下：

$$
\begin{aligned}
&\frac{\partial(\phi C_{\text{ves}})}{\partial t} + \frac{1}{r}\frac{\partial}{\partial r}(ru_r C_{\text{ves}}) + \frac{1}{r}\frac{\partial}{\partial \theta}(u_\theta C_{\text{ves}}) \\
&= \frac{1}{r}\frac{\partial}{\partial r}\left(r\phi D_{er}\frac{\partial C_{\text{ves}}}{\partial r}\right) + \frac{1}{r}\frac{\partial}{\partial \theta}\left(\frac{\phi D_{e\theta}}{r}\frac{\partial C_{\text{ves}}}{\partial \theta}\right)
\end{aligned}
\tag{5-13}
$$

式中，C_{ves} 为表面活性剂浓度，mol/L。

酸岩反应使孔隙度发生变化，孔隙度变化方程如下：

$$
\frac{\partial \phi}{\partial t} = \frac{k_s C_s a_v \alpha}{\rho_s}
\tag{5-14}
$$

式中，α 为每摩尔酸液溶蚀的固体质量，g/mol；ρ_s 为岩石的密度，kg/m³。

5.2.2　孔隙尺度模型

为了求解达西尺度上的模型，需要知道渗透率、比表面积和传质系数的值，这些物理量的数值取决于孔隙结构，通常采用半经验公式来表示这些值与孔隙度的关系。酸液溶蚀岩石之后，孔隙度和孔径都会不同程度地增大，同时比表面积减小。这些改变需要通过渗透率反映出来，用一组解析公式来表示这些参数之间的关系。

$$
\frac{K}{K_0} = \frac{\phi}{\phi_0}\left[\frac{\phi}{\phi_0}\left(\frac{1-\phi_0}{1-\phi}\right)\right]^{2\beta}
\tag{5-15}
$$

$$
\frac{r_p}{r_{p0}} = \sqrt{\frac{K\phi_0}{\phi K_0}}
\tag{5-16}
$$

$$
\frac{a_v}{a_0} = \frac{\phi r_{p0}}{\phi_0 r_p}
\tag{5-17}
$$

式中，K 为地层渗透率，μm²；K_0 为初始渗透率，μm²；r_p 为孔隙半径，m；r_{p0} 为初始孔隙半径，m；a_0 为初始比表面积，m⁻¹；ϕ_0 为初始孔隙度；β 为指数，可以通过实验得到。传质系数受孔隙结构、反应速度等因素影响，Gupta 和 Balakotaiah（2001）、Balakotaiah 和 West（2002）详细研究了这些因素对传质系数的影响，得出以下公式：

$$
Sh = \frac{2k_c r_p}{D_m} = Sh_\infty + \frac{0.7}{h^{1/2}} Re^{1/2} Sc^{1/3}
\tag{5-18}
$$

式中，Sh 为舍伍德数，表示对流传质与扩散传质之比；k_c 为酸液的传质系数，m/s；D_m 为分子扩散系数，m²/s；r_p 为孔隙半径，m；Sh_∞ 为渐进舍伍德数；h 为孔隙长度与直径之比；Re 为雷诺数；Sc 为施密特数，表示流体黏度与扩散系数之比。

孔隙中酸液的扩散可以表示为

$$D_{er} = \alpha_{os} D_m + \frac{2\lambda_r |U| r_p}{\phi}$$

$$D_{e\theta} = \alpha_{os} D_m + \frac{2\lambda_\theta |U| r_p}{\phi} \tag{5-19}$$

式中，α_{os}、λ_r 和 λ_θ 均为与孔隙几何尺寸相关的常数；D_m 为分子扩散系数，m^2/s；r_p 为孔隙半径，m；$|U|$ 为速度 U_r 和 U_θ 的模；ϕ 为地层孔隙度。

5.2.3　地层流体模型

蚓孔在地层条件下的扩展与实验室观察到的现象存在很大的差异，造成这种差异的主要原因是地层流体的压缩性和地层温度场。这种差异对后期的酸化设计产生很大的影响。

如图 5-20 所示，当酸液通过井筒注入地层中时，地层中的流体将会受到压迫作用向远离井筒的地层中移动，即进入压缩区，这样就会造成压缩区的压力升高，从而对近井筒地带的压力场产生影响，且随着酸液的不断注入，这种影响越来越大。因此，为了研究蚓孔在地层中真实的扩展情况，需要引入一个地层流体模型。对这个模型的描述如下：

$$\frac{1}{r}\frac{\partial}{\partial r}\left(r\frac{\partial P_r}{\partial r}\right) = \frac{\phi \mu_o C_1}{K}\frac{\partial P_r}{\partial t} \tag{5-20}$$

式中，C_1 为流体压缩系数，MPa^{-1}；P_r 为压缩区地层压力，MPa；K 为地层渗透率，μm^2；μ_o 为原油黏度，$mPa \cdot s$。

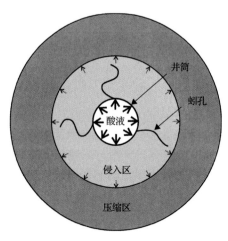

图 5-20　地层条件下的蚓孔扩展情况

5.2.4　地层温度场模型

温度对于酸岩反应速度的影响很大，而酸岩反应速度的大小对最优注酸速度有直接的影响。酸液注入地层中，随着温度的不断升高，酸岩反应速度不断增加，因此有必要研究地层温度对蚓孔扩展的影响。地层条件下的温度和速度分布如图 5-21 所示。

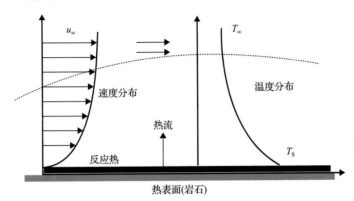

图 5-21　地层条件下温度与速度分布图

假设温度由较高的地层岩石传导给酸液，酸岩反应放出的热再传给岩石。则酸液系统和岩石系统的温度场模型如下：

$$\frac{\partial(\phi\rho_f c_{pf}T_f)}{\partial t} + \rho_f c_{pf}\left[\frac{1}{r}\frac{\partial}{\partial r}(ru_r T_f) + \frac{1}{r}\frac{\partial}{\partial\theta}(u_\theta T_f)\right] = \frac{1}{r}\frac{\partial}{\partial r}\left(\phi rk_f\frac{\partial T_f}{\partial r}\right) + \frac{1}{r^2}\frac{\partial}{\partial\theta}\left(\phi k_f\frac{\partial T_f}{\partial\theta}\right) \tag{5-21}$$

$$\frac{\partial}{\partial t}[(1-\phi)\rho_s c_{ps}T_s] = \frac{1}{r}\frac{\partial}{\partial r}\left[(1-\phi)rk_r\frac{\partial T_s}{\partial r}\right] + \frac{1}{r^2}\frac{\partial}{\partial\theta}\left[(1-\phi)k_r\frac{\partial T_s}{\partial\theta}\right] \tag{5-22}$$
$$+ (-\Delta H_r)a_v R(C_s) - h_c a_v(T_s - T_f)$$

$$R(C_s, T_s) = k_s(T_0)C_s \exp\left[\frac{E_g}{R}\left(\frac{1}{T_0} - \frac{1}{T_s}\right)\right] \tag{5-23}$$

$$Nu = \frac{2h_c r_p}{k_f} = Nu_\infty + n(RePr)^{1/3} \tag{5-24}$$

式 (5-21)～式 (5-24) 中，T_f 和 T_s 分别为液体和岩石的温度，K；T_0 为酸液初始温度；ρ_f 和 ρ_s 分别为液体和岩石的密度，kg/m³；c_{pf} 和 c_{ps} 分别为液体和岩石的比定压热容，J/(kg·K)；k_f 和 k_r 分别为液体和岩石的导热率，W/(m·K)；$-\Delta H_r$ 为酸岩反应放出的热量，kJ/mol；a_v 为比表面积，m⁻¹；C_s 为液固表面的酸液浓度，mol/L；

h_c 为传热系数，W/(m²·K)；k_s 为反应速率常数，m/s；E_g 为活化能，kJ/mol，取 50.24；R 为气体常量，8.314J/(mol·K)；Nu 为努塞特数，表示对流与传热之比；Re 为雷诺数；Nu_∞ 为渐进努塞特数；Pr 为普朗特数，表示黏性扩散与热扩散之比。

5.2.5　初始及边界条件

侵入区边界条件：

$$\text{当 } r=r_0 \text{ 时，} \quad P=P_{bh}，\quad C_f=C_0，\quad T_f=T_0，\quad \frac{\partial T_s}{\partial r}=0 \tag{5-25}$$

$$\text{当 } r=r_0 \text{ 时，} \quad u=-\frac{K}{\mu_a}\frac{\partial P}{\partial r}=u_0，\quad C_f=C_0，\quad T_f=T_0，\quad \frac{\partial T_s}{\partial r}=0 \tag{5-26}$$

$$\text{当 } r=r_{inv} \text{ 时，} \quad P=P_1，\quad \frac{\partial C_f}{\partial r}=0，\quad \frac{\partial T_f}{\partial r}=0，\quad \frac{\partial T_s}{\partial r}=0 \tag{5-27}$$

$$\text{当 } r=r_{inv} \text{ 时，} \quad P=P_1，\quad \frac{\partial C_f}{\partial r}=0，\quad T_f=T_s=T_{s0} \tag{5-28}$$

$$\text{当 } \theta=0 \text{ 时，} \quad P(r,\theta)=P(r,2\pi)，\quad C_f(r,\theta)=C_f(r,2\pi)$$

$$T_f(r,\theta)=T_f(r,2\pi)，\quad T_s(r,\theta)=T_s(r,2\pi) \tag{5-29}$$

式中，r_0 为井筒半径，m；u_0 为酸液注入速度，m/s；C_f 为酸液浓度，mol/L；C_0 为初始酸液浓度，mol/L；P 为地层压力，MPa；P_{bh} 为井底压力(下称入口压力)，MPa；T_0 为初始酸液温度，K；T_s 为固体温度；T_f 为液体温度；μ_a 为液体黏度；r_{inv} 为侵入区半径，m；P_1 为侵入区与压缩区交界面的压力(下称出口压力)，MPa；T_{s0} 为岩石的初始温度，K。式(5-25)为定压边界条件，式(5-26)为定流量边界条件，模拟计算时只选择其中之一。式(5-27)为绝热边界条件，式(5-28)为等温边界条件，模拟计算时也只选择其中之一。

侵入区初始条件：

$$\text{当 } t=0 \text{ 时，} \quad C_f=0，\quad T_f=T_s=T_{s0} \tag{5-30}$$

压缩区边界条件：

$$\text{当 } r=r_{inv} \text{ 时，} \quad P_r=P_1 \tag{5-31}$$

$$\text{当 } r=r_e \text{ 时，} \quad P_r=P_e \tag{5-32}$$

式中，r_e 为压缩区半径，m；P_e 为压缩区外边界压力，即原始地层压力，MPa。由于把压缩区考虑为一维,所以没有周向的边界条件。

压缩区初始条件:

$$当\ t=0\ 时,\quad P_r = P_e \tag{5-33}$$

5.2.6 井筒传热模型

酸液由地面注入地层的过程中,由于随着地层深度的增加,地层温度不断升高,酸液受地层的加热作用越来越强,这与实验室条件下的酸液温度几乎不变相比有很大的差异。由于酸岩反应速度受温度的影响非常大,必须对这一发生在井筒中的传热过程进行模拟,以更符合实际情况。研究发现,这个传热过程主要受地层的深度和注入排量的影响,如图 5-22 所示。

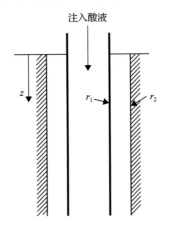

图 5-22 井筒传热模型示意图

z-垂深;r_1-注酸管半径;r_2-套管半径

在已知注入排量和地表温度的情况下,需要确定注入酸液的温度随地层深度和时间的关系,可以用以下的计算公式:

$$T(Z,t) = eZ + f - eA + (T_{sur} - q_T A - f)e^{-Z/A} \tag{5-34}$$

$$A = \frac{Wc_{pf}[k_r + r_1 U f(t)]}{2\pi r_1 U k_r}$$

式中,T 为酸液温度,K;T_{sur} 为地面条件下的酸液温度,K;Z 为地层深度,m;t 为注酸时间,s;A 为逆向松弛距离,m;r_1 为油管内径,m;U 为油管内外的总传热系数,W/(m²·K);q_T 为地热梯度,K/m;f 为地表温度,K。

$f(t)$ 为岩石的瞬态导热时间函数,由图 5-23 得到。图中横坐标的 $\alpha' = k_r/\rho_s c_{pf}$,

α' 为岩石的热扩散系数，m^2/d。

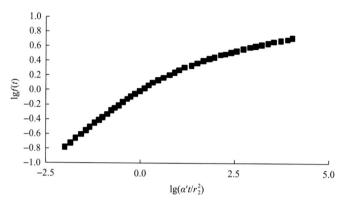

图 5-23   有限径向系统中的瞬态热传导曲线

5.2.7   变黏函数

如 1.2.3 节所述，VES 自转向酸的黏度随着 pH 和 Ca^{2+} 浓度的增加而增加，2.3 节的残酸流变性实验又进一步证实了这一观点。从图 2-17 可知，残酸黏度随 pH 的变化与误差函数的形状极为相似，$y=erf(x)$。把 pH 的变化设为 x 轴，残酸的黏度变化设为 y 轴，可以通过变换误差函数来近似地模拟 pH 对残酸黏度的影响。由于 Ca^{2+} 浓度的增加起到了升高残酸黏度的作用，因此可以通过一个乘数因子来表示，变黏函数构造如下：

$$\mu_s = \mu_a m[\text{erf}(n\,\text{pH} - k) + 1] \tag{5-35}$$

式中，μ_s 为残酸黏度，$mPa\cdot s$；μ_a 为鲜酸黏度，$mPa\cdot s$；m 为乘数因子；n 为残酸黏度从初始值增加到最大值时的 pH 变化宽度的常数；k 为与残酸黏度开始增加的 pH 相关的常数。

基于误差函数的性质和图 2-17，可以得到 $n=1$，$k=0.75$。根据 HCl 和 $CaCl_2$ 的反应关系，生成 1mol 的 Ca^{2+} 需要 2mol 的 HCl 参与反应，因此 4.4mol/L 的 HCl 可以生成 2.2mol/L 的 Ca^{2+}。若往残酸中加入 10%(残酸总质量的 10%)的 $CaCl_2$，则 Ca^{2+} 浓度大约为 3.2mol/L。由于 Ca^{2+} 浓度对残酸黏度的影响非常复杂，要建立一个准确描述二者关系的公式是不太现实的，这里假设：当 Ca^{2+} 浓度从 2.2mol/L 增加到 3.2mol/L 时，残酸的黏度是线性增加的；当 Ca^{2+} 浓度超过 3.2mol/L 时，残酸的黏度不再增加。因此，乘数因子 m 与 Ca^{2+} 浓度的关系可以表述如下：

$$m = \begin{cases} 17.5, & C_{Ca^{2+}} \leqslant 2.2\text{mol/L} \\ 12.5C_{Ca^{2+}} - 10, & 2.2\text{mol/L} < C_{Ca^{2+}} < 3.2\text{mol/L} \\ 30, & C_{Ca^{2+}} \geqslant 3.2\text{mol/L} \end{cases} \tag{5-36}$$

图 5-24 为由变黏函数得到的残酸黏度随 pH 和 Ca²⁺浓度变化的关系。与图 2-17 对比可以看出，变黏函数很好地模拟了三者之间的关系。

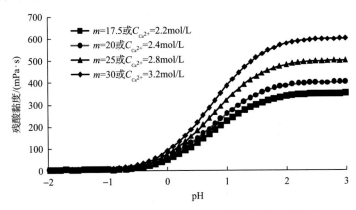

图 5-24　构造的残酸黏度随 pH 和 Ca²⁺浓度变化的关系

5.2.8　表皮系数模型

基质酸化的目的是消除近井筒地带的污染，从而达到降低表皮系数的目的。表皮系数是影响油气井开发效果的重要因素之一，正的表皮系数表示油气井为不完善井，负的表皮系数表示油气井为超完善井，表皮系数为零表示油气井为完善井。

图 5-20 展示了平面上井筒、蚓孔和油藏的分布情况。表皮模型包括两种情况：①当蚓孔没有突破污染区域之前，即 $r_{wh} < r_d < r_{inv}$；②当蚓孔突破污染区域之后，即 $r_d < r_{wh} < r_{inv}$；两种情况的模型如下。

1) $r_{wh} < r_d < r_{inv}$

表皮系数为

$$S_{before} = \frac{K_0}{K_d}\ln\frac{r_d}{r_{wh}} + \ln\frac{r_{inv}}{r_d} - \ln\frac{r_{inv}}{r_0} = \frac{K_0}{K_d}\ln\frac{r_d}{r_{wh}} + \ln\frac{r_0}{r_d} \tag{5-37}$$

从表皮系数公式可以看出，$\lim\limits_{r_{wh}\to r_d}\frac{K_0}{K_d}\ln\frac{r_d}{r_{wh}} = 0$，则 $S_{before} = \ln\frac{r_0}{r_d}$ 为一定值，即酸化到污染区域边缘时的表皮系数为一小于零的定值。

2) $r_d < r_{wh} < r_{inv}$

表皮系数为

$$S_{after} = \ln\frac{r_0}{r_d} + \ln\frac{r_d}{r'_{wh}} = \ln\frac{r_0}{r'_{wh}} \tag{5-38}$$

式中，S_{before} 和 S_{after} 分别为第 1) 种和第 2) 种情况的表皮系数；r_d 为污染区的半径，m；r_{wh} 为蚓孔区的半径，m；r_{inv} 为侵入区半径，m；r_0 为井筒半径，m；r'_{wh} 为蚓孔突破污染区之后的蚓孔长度；K_0 为地层原始渗透率，μm^2；K_d 为污染区渗透率，μm^2。

若 K_0/K_d=10，r_d=0.1m 时，图 5-25 表示蚓孔长度与表皮系数随注酸量的变化关系。从图中可以看出，随着酸液注入量的增加，蚓孔长度不断增加，表皮系数不断减小。当蚓孔突破污染区域之前，表皮系数下降非常快；当蚓孔刚好突破污染区域时，表皮系数下降到零以下；之后随着蚓孔的继续扩展，表皮系数降低的速度大大放缓。因此可以认为，当蚓孔突破污染区域后，注入的酸液对实际的油气井改善效果不明显，应停止继续注酸。

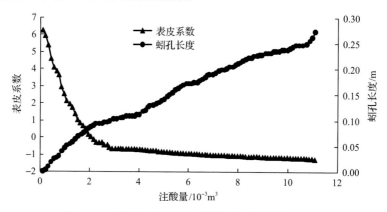

图 5-25　蚓孔长度与表皮系数随注酸量的变化关系

5.2.9　模型的离散化

求解以上诸多模型，需要对模型进行离散化。由于是在极坐标下进行计算，为了保证质量、动量和酸相的物质平衡，采用有限体积法对式(5-6)、式(5-7)、式(5-11)~式(5-13)和式(5-20)~式(5-22)8 个方程进行离散化。下面以式(5-11)为例，对有限体积法的离散过程进行介绍。

如图 5-26 所示为差分离散的网格划分示意图，控制体单元为 $P_{i,j}$ 所在单元，东西南北四个控制体单元分别为 $P_{i+1,j}$、$P_{i-1,j}$、$P_{i,j-1}$ 和 $P_{i,j+1}$ 所在单元。利用积分的方法对 $P_{i,j}$ 所在单元在 $r_{i-1/2}$ 到 $r_{i+1/2}$ 和 $\theta_{j-1/2}$ 到 $\theta_{j+1/2}$ 进行积分，式(5-11)积分式如下：

$$\int_{\theta_{j-1/2}}^{\theta_{j+1/2}} \int_{r_{i-1/2}}^{r_{i+1/2}} \left[\frac{\partial(\phi C_f)}{\partial t} + \frac{1}{r}\frac{\partial}{\partial r}(ru_r C_f) + \frac{1}{r}\frac{\partial}{\partial \theta}(u_\theta C_f) \right] r \mathrm{d}r \mathrm{d}\theta$$

$$= \int_{\theta_{j-1/2}}^{\theta_{j+1/2}} \int_{r_{i-1/2}}^{r_{i+1/2}} \left[\frac{1}{r}\frac{\partial}{\partial r}\left(r\phi D_{er}\frac{\partial C_f}{\partial r}\right) + \frac{1}{r}\frac{\partial}{\partial \theta}\left(\frac{\phi D_{e\theta}}{r}\frac{\partial C_f}{\partial \theta}\right) - k_c a_v (C_f - C_s) \right] r \mathrm{d}r \mathrm{d}\theta$$

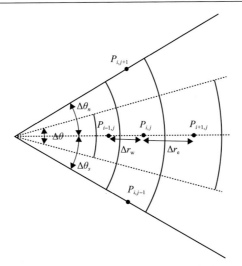

图 5-26 二维极坐标网格划分示意图

则离散化后的方程为

$$
\left(C_{\mathrm{f}(i,j)}^{n+1} \frac{\partial \phi}{\partial t} + \phi_{i,j} \frac{C_{\mathrm{f}(i,j)}^{n+1} - C_{\mathrm{f}(i,j)}^{n}}{\Delta t} \right) \frac{r_{i+1/2}^2 - r_{i-1/2}^2}{2} (\theta_{j+1/2} - \theta_{j-1/2})
$$

$$
+ (\theta_{j+1/2} - \theta_{j-1/2}) \left[\left(\left| u_{r(i+1/2)}, 0 \right| \right) r_{i+1/2} C_{\mathrm{f}(i,j)}^{n+1} - \left(\left| -u_{r(i+1/2)}, 0 \right| \right) r_{i+1/2} C_{\mathrm{f}(i+1,j)}^{n+1} \right]
$$

$$
- (\theta_{j+1/2} - \theta_{j-1/2}) \left[\left(\left| u_{r(i-1/2)}, 0 \right| \right) r_{i-1/2} C_{\mathrm{f}(i-1,j)}^{n+1} - \left(\left| -u_{r(i-1/2)}, 0 \right| \right) r_{i-1/2} C_{\mathrm{f}(i,j)}^{n+1} \right]
$$

$$
+ (r_{i+1/2} - r_{i-1/2}) \left[\left(\left| u_{\theta(j+1/2)}, 0 \right| \right) C_{\mathrm{f}(i,j)}^{n+1} - \left(\left| -u_{\theta(j+1/2)}, 0 \right| \right) C_{\mathrm{f}(i,j+1)}^{n+1} \right]
$$

$$
- (r_{i+1/2} - r_{i-1/2}) \left[\left(\left| u_{\theta(j-1/2)}, 0 \right| \right) C_{\mathrm{f}(i,j-1)}^{n+1} - \left(\left| -u_{\theta(j-1/2)}, 0 \right| \right) C_{\mathrm{f}(i,j)}^{n+1} \right]
$$

$$
= (\theta_{j+1/2} - \theta_{j-1/2}) \left(r_{i+1/2} \phi_{i+1/2} D_{\mathrm{e}r(i+1/2)} \frac{C_{\mathrm{f}(i+1,j)}^{n+1} - C_{\mathrm{f}(i,j)}^{n+1}}{r_{i+1} - r_i} - r_{i-1/2} \phi_{i-1/2} D_{\mathrm{e}ri-1/2} \frac{C_{\mathrm{f}(i,j)}^{n+1} - C_{\mathrm{f}(i-1,j)}^{n+1}}{r_i - r_{i-1}} \right)
$$

$$
+ \ln \frac{r_{i+1/2}}{r_{i-1/2}} \left(\phi_{j+1/2} D_{\mathrm{e}\theta(j+1/2)} \frac{C_{\mathrm{f}(i,j+1)}^{n+1} - C_{\mathrm{f}(i,j)}^{n+1}}{\theta_{j+1} - \theta_j} - \phi_{j-1/2} D_{\mathrm{e}\theta(j-1/2)} \frac{C_{\mathrm{f}(i,j)}^{n+1} - C_{\mathrm{f}(i,j-1)}^{n+1}}{\theta_j - \theta_{j-1}} \right)
$$

$$
- k_{\mathrm{c}} a_{\mathrm{v}} C_{\mathrm{f}(i,j)}^{n+1} \left(\frac{k_{\mathrm{s}}}{k_{\mathrm{s}} + k_{\mathrm{c}}} \right) \frac{r_{i+1/2}^2 - r_{i-1/2}^2}{2} (\theta_{j+1/2} - \theta_{j-1/2})
$$

$[|u_{r(i+1/2)}|]$ 和 0 表示取 $u_{ri+1/2}$ 和 0 中的最大值。单元之间的边界上的孔隙度和有效扩散系数由调和平均得到

$$
\phi_{i+1/2} = \frac{\ln \left(\dfrac{r_{i+1}}{r_i} \right)}{\dfrac{1}{\phi_i} \ln \left(\dfrac{r_{i+1/2}}{r_i} \right) + \dfrac{1}{\phi_{i+1}} \ln \left(\dfrac{r_{i+1}}{r_{i+1/2}} \right)}, \quad \frac{\theta_{j+1} - \theta_j}{\phi_{j+1/2}} = \frac{\theta_{j+1/2} - \theta_j}{\phi_j} + \frac{\theta_{j+1} - \theta_{j+1/2}}{\phi_{j+1}}
$$

$$\phi_{i-1/2} = \frac{\ln\left(\dfrac{r_i}{r_{i-1}}\right)}{\dfrac{1}{\phi_{i-1}}\ln\left(\dfrac{r_{i-1/2}}{r_{i-1}}\right) + \dfrac{1}{\phi_i}\ln\left(\dfrac{r_i}{r_{i-1/2}}\right)} , \quad \frac{\theta_j - \theta_{j-1}}{\phi_{j-1/2}} = \frac{\theta_j - \theta_{j-1/2}}{\phi_j} + \frac{\theta_{j-1/2} - \theta_{j-1}}{\phi_{j-1}}$$

$$D_{er(i+1/2)} = \frac{\ln\left(\dfrac{r_{i+1}}{r_i}\right)}{\dfrac{1}{D_{eri}}\ln\left(\dfrac{r_{i+1/2}}{r_i}\right) + \dfrac{1}{D_{er(i+1)}}\ln\left(\dfrac{r_{i+1}}{r_{i+1/2}}\right)} , \quad \frac{\theta_{j+1} - \theta_j}{D_{e\theta(j+1/2)}} = \frac{\theta_{j+1/2} - \theta_j}{D_{e\theta j}} + \frac{\theta_{j+1} - \theta_{j+1/2}}{D_{e\theta(j+1)}}$$

$$D_{er(i-1/2)} = \frac{\ln\left(\dfrac{r_i}{r_{i-1}}\right)}{\dfrac{1}{D_{er(i-1)}}\ln\left(\dfrac{r_{i-1/2}}{r_{i-1}}\right) + \dfrac{1}{D_{eri}}\ln\left(\dfrac{r_i}{r_{i-1/2}}\right)} , \quad \frac{\theta_j - \theta_{j-1}}{D_{e\theta(j-1/2)}} = \frac{\theta_j - \theta_{j-1/2}}{D_{e\theta j}} + \frac{\theta_{j-1/2} - \theta_{j-1}}{D_{e\theta(j-1)}}$$

则将离散后的方程写成五点差分格式的差分表达式如下：

$$\text{AS}C_{f(i,j-1)} + \text{AW}C_{f(i-1,j)} + \text{AP}C_{f(i,j)} + \text{AE}C_{f(i+1,j)} + \text{AN}C_{f(i,j+1)} = f$$

式中，

$$\text{AS} = -(r_{i+1/2} - r_{i-1/2})\left[\left(\left|u_{\theta(j-1/2)}, 0\right|\right) - \frac{\phi_{j-1/2}D_{e\theta(j-1/2)}}{\theta_j - \theta_{j-1}}\ln\frac{r_{i+1/2}}{r_{i-1/2}}\right]$$

$$\text{AN} = -(r_{i+1/2} - r_{i-1/2})\left[\left(\left|-u_{\theta(j+1/2)}, 0\right|\right) - \frac{\phi_{j+1/2}D_{e\theta(j+1/2)}}{\theta_{j+1} - \theta_j}\ln\frac{r_{i+1/2}}{r_{i-1/2}}\right]$$

$$\text{AW} = -(\theta_{j+1/2} - \theta_{j-1/2})\left[\left(\left|u_{r(i-1/2)}, 0\right|\right)r_{i-1/2} + \frac{r_{i-1/2}\phi_{i-1/2}D_{er(i-1/2)}}{r_i - r_{i-1}}\right]$$

$$\text{AE} = -(\theta_{j+1/2} - \theta_{j-1/2})\left[\left(\left|-u_{r(i+1/2)}, 0\right|\right)r_{i+1/2} + \frac{r_{i+1/2}\phi_{i+1/2}D_{er(i+1/2)}}{r_{i+1} - r_i}\right]$$

$$\begin{aligned}
\text{AP} =\ & (\theta_{j+1/2} - \theta_{j-1/2})\left[\left(\left|u_{r(i+1/2)}, 0\right|\right)r_{i+1/2} + \left(\left|-u_{r(i-1/2)}, 0\right|\right)r_{i-1/2}\right] \\
& + (r_{i+1/2} - r_{i-1/2})\left[\left(\left|u_{\theta(j+1/2)}, 0\right|\right) + \left(\left|u_{\theta(j-1/2)}, 0\right|\right)\right] \\
& + (\theta_{j+1/2} - \theta_{j-1/2})\left(\frac{r_{i+1/2}\phi_{i+1/2}D_{er(i+1/2)}}{r_{i+1} - r_i} + \frac{r_{i-1/2}\phi_{i-1/2}D_{er(i-1/2)}}{r_i - r_{i-1}}\right) \\
& + \ln\frac{r_{i+1/2}}{r_{i-1/2}}\left(\frac{\phi_{j+1/2}D_{e\theta(j+1/2)}}{\theta_{j+1} - \theta_j} + \frac{\phi_{j-1/2}D_{e\theta(j-1/2)}}{\theta_j - \theta_{j-1}}\right) \\
& + \frac{r_{i+1/2}^2 - r_{i-1/2}^2}{2}(\theta_{j+1/2} - \theta_{j-1/2})\left[\left(\frac{k_s C_s a_v \alpha}{\rho_s} - \frac{\phi_{i,j}}{\Delta t}\right) + k_c a_v\left(\frac{k_s}{k_s + k_c}\right)\right]
\end{aligned}$$

$$f = \frac{\phi_{i,j} C_{f(i,j)}^n}{\Delta t} \frac{r_{i+1/2}^2 - r_{i-1/2}^2}{2} (\theta_{j+1/2} - \theta_{j-1/2})$$

式(5-7)、式(5-11)～式(5-13)和式(5-20)～式(5-22)的离散过程同上。方程离散之后，对以上方程在指定的初始和边界条件下进行编程计算，计算过程为：第一，求解连续性方程得到压力场和速度场；第二，求解酸浓度模型、Ca^{2+}浓度模型、表面活性剂浓度模型和地层温度场模型得到酸浓度场、Ca^{2+}浓度场、表面活性剂浓度场和地层温度场；第三，由酸岩反应动力方程计算酸蚀量，由孔隙尺度模型更新孔隙度、渗透率等孔隙信息；第四，求解地层流体模型得到出口压力；第五，更新出口压力再一次求解连续性方程，进入下一步迭代。

5.3　VES 自转向酸转向规律研究

通过对酸蚀蚓孔形成机理的研究，得知蚓孔的形成与注酸速度和非均质性等因素有很大的关系。众所周知，盐酸是一种强酸，它的反应速率非常快，而 VES 自转向酸虽然以盐酸为原料，但是当其变黏后，不但反应速率下降了约 50%(马永生等，1999)，氢离子向液固表面扩散的速度也将大幅度降低，这就使对 VES 自转向酸的模拟与盐酸迥然不同。本节首先对 5.2 节得到的转向机理进行模拟以验证 VES 自转向酸转向模型的合理性；然后，模拟单段酸化，分析注酸速度和层内非均质性对转向规律的影响；最后，模拟两射孔段酸化，分析段间距和段间渗透率比对转向规律的影响。

5.3.1　VES 自转向酸模型验证

在 VES 自转向酸酸化过程中可以看到两个重要的实验现象：岩心两端压差随着酸液的注入不断升高，在临近突破时压差骤降为零；最高压力比和岩心的初始渗透率在双对数坐标系下呈线性关系。有了这两个实验现象，可以通过模型模拟以验证模型的合理性。

图 5-27～图 5-35 为岩心渗透率从 $1 \times 10^{-3} \mu m^2$ 增加到 $100 \times 10^{-3} \mu m^2$ 时压力比随注酸时间的变化，压力比是指 VES 自转向酸驱替岩心时的岩心两端压差与盐水驱替岩心时的稳定压差之比。由于盐水驱替时的稳定压差为一定值，因此压力比的变化反映的就是 VES 自转向酸驱替岩心时岩心两端压差的变化。以图 5-27 为例，从图中可以看出，在酸液的注入过程中，岩心两端压差呈逐渐上升的趋势。当注酸时间达到约 110s 时，蚓孔即将突破岩心，此后岩心两端压差骤然下降，在短短 30s 内下降到零。由 2.2 节的分析可知，这种现象是增黏区和残酸黏度的双重增加造成的。图 5-28～图 5-35 的模拟现象与图 5-27 相似。

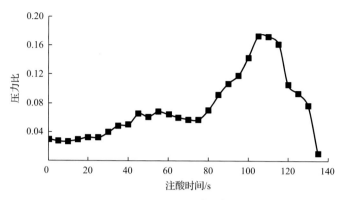

图 5-27　初始渗透率为 $1\times10^{-3}\mu m^2$ 的压力比曲线

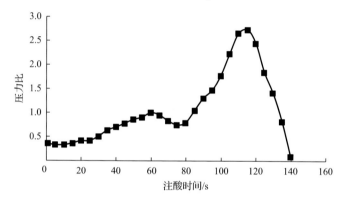

图 5-28　初始渗透率为 $10\times10^{-3}\mu m^2$ 的压力比曲线

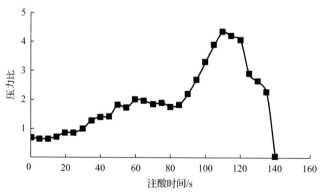

图 5-29　初始渗透率为 $20\times10^{-3}\mu m^2$ 的压力比曲线

　　从图 5-27～图 5-35 看出，不同初始渗透率模拟的压降曲线与实验观察结果均比较相近。图 5-35 所示为初始渗透率与最高压力比的关系。从图中可以看出，在双对数坐标系中，随着初始渗透率的增加，最高压力比基本呈线性增加。这就说明，初始渗透率越大，岩心的转向能力越强。因此，可以认为本模型很好地模拟了 VES 自转向酸的转向机理。

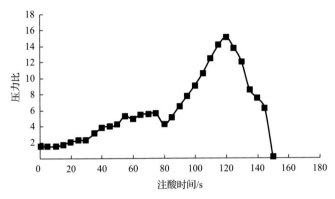

图 5-30　初始渗透率为 $30 \times 10^{-3} \mu m^2$ 的压力比曲线

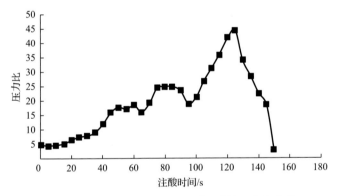

图 5-31　初始渗透率为 $40 \times 10^{-3} \mu m^2$ 的压力比曲线

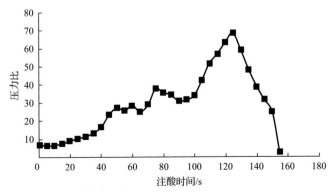

图 5-32　初始渗透率为 $60 \times 10^{-3} \mu m^2$ 的压力比曲线

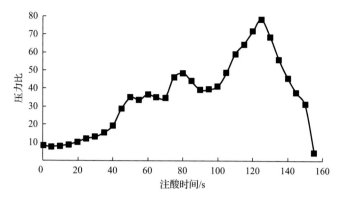

图 5-33　初始渗透率为 $80 \times 10^{-3} \mu m^2$ 的压力比曲线

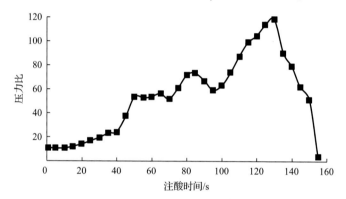

图 5-34　初始渗透率为 $100 \times 10^{-3} \mu m^2$ 的压力比曲线

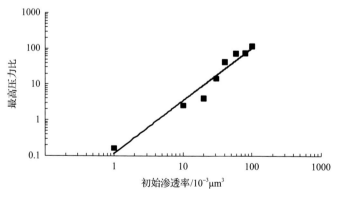

图 5-35　初始平均渗透率与最高压力比的关系

图 5-36 所示为岩心初始渗透率为 $40 \times 10^{-3} \mu m^2$ 时 Ca^{2+} 浓度和残酸黏度形态图。从 Ca^{2+} 浓度图中可以看出，蚓孔中的 Ca^{2+} 浓度很低，Ca^{2+} 在对流作用的影响下，随着残酸流出蚓孔进入地层。根据多孔介质对 Ca^{2+} 的吸附作用和发生反应先后的原因，可以看出从蚓孔壁往外 Ca^{2+} 浓度越来越小。蚓孔前端到 Ca^{2+} 浓度逐渐降为

零的地方即为残酸区或增黏区。从黏度图中可以看出，由于蚓孔中没有 Ca^{2+} 且 pH 极低，所以蚓孔中的黏度为 VES 自转向酸变黏前的初始黏度。在增黏区中，黏度从蚓孔前缘到增黏区前缘逐渐减少。蚓孔前缘的 pH 非常低且增黏区前缘的 Ca^{2+} 浓度很低，使蚓孔前缘和增黏区前缘的黏度都不高，只有增黏区中间位置的黏度最高。这一点在压差变化曲线上的表现就是随着酸液的注入，压差不断上升，在临近突破的时候，增黏区中间位置的高黏残酸一旦突破，压差很快骤降为零。

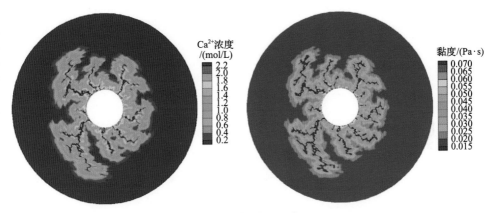

图 5-36　初始渗透率为 $40 \times 10^{-3} \mu m^2$ 时 Ca^{2+} 浓度和残酸黏度形态图

5.3.2　注酸速度的影响

对于普通盐酸酸化来说，当注酸速度分别为高、中、低时，溶解形态分别为均一溶蚀、蚓孔和面溶蚀，且形成蚓孔时的突破酸液量（PV 数）最小。模拟了不同初始渗透率条件下突破酸液量（PV 数）与注酸速度的关系，如图 5-37 所示。从图中可以看出，相同注酸速度条件下，随着初始渗透率的增加，突破酸液量（PV 数）降低。这主要是两方面的原因：第一，初始渗透率越高，总的孔隙体积越大；第二，

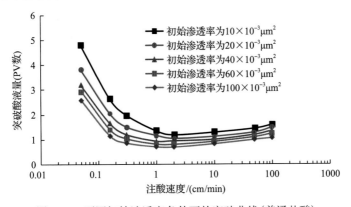

图 5-37　不同初始渗透率条件下的突破曲线（普通盐酸）

初始渗透率越高，非均质性越强，大孔隙越多，比表面积越小，也就不需要太多的酸液来溶解岩石就能很快突破。这一现象与 5.3.3 的第 2 节研究的初始孔隙度对突破酸液量(PV 数)的影响一样，因为初始孔隙度与初始渗透率均是非均质性最直接的表现。另外，从图中还可以看出，最优注酸速度随初始渗透率的增加而降低。

图 5-38 所示为 VES 自转向酸酸化时不同初始渗透率的突破曲线，从图中可以看出，与普通盐酸酸化一样，随着初始渗透率的增加，突破酸液量(PV 数)和最优注酸速度均降低。然而与普通盐酸酸化不同的是，当注酸速度从 0.05cm/min 增加到 1cm/min 时，突破酸液量(PV 数)快速下降，但此时没有到达最小值；当注酸速度从 1cm/min 增加到 50cm/min 时，突破酸液量(PV 数)缓慢下降到最小值点。

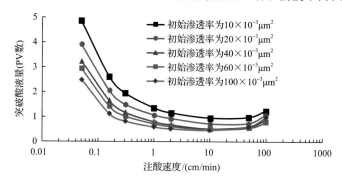

图 5-38　不同初始渗透率条件下的突破曲线(VES 自转向酸)

只有当酸液中氢离子受到的对流作用和扩散作用相当时，突破酸液量(PV 数)才能达到最小值。扩散作用或对流作用占主导时得到的突破酸液量(PV 数)均较大。因此，从图 5-39 可以看出，当注酸速度在 0.05～1cm/min 时酸液中氢离子主要是扩散作用占主导，当注酸速度大于 100cm/min 时酸液中氢离子主要是对流作用占主导，当注酸速度在 1～50cm/min 时，酸液中氢离子受到的扩散作用与对流作用相当。然而，在如此大的一个范围内，氢离子受到的扩散作用与对流作用相当的现象是与普通盐酸酸化不同。

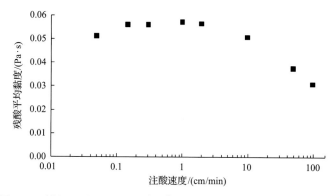

图 5-39　模拟区域内($40×10^{-3}\mu m^2$)残酸平均黏度与注酸速度的关系

图 5-39 所示为模拟区域内残酸平均黏度与注酸速度的关系。从图中可以看出，当注酸速度从 0.05cm/min 增加到 2cm/min 时，残酸平均黏度相差不多；当注酸速度从 2cm/min 增加到 100cm/min 时，由于剪切速率的增加，残酸平均黏度大幅下降。Fogler(2005)认为液体的扩散系数与其黏度成反比，即黏度越大扩散系数越小，黏度越小扩散系数越大。因此可得，当注酸速度从 0.05cm/min 增加到 1cm/min 时，由于残酸黏度比较高，其扩散作用相对较弱，但此时扩散作用仍然占主导，应该形成面溶蚀的溶解形态；当注酸速度在 1~50cm/min 时，酸液黏度的下降使扩散作用增强，此时对流作用的巨大提升使其与扩散作用基本相当，从而产生突破酸液量(PV 数)较小且相差不多的现象；当注酸速度大于 100cm/min 时，由于对流作用过于强大，此时扩散作用处于次要地位，突破酸液量(PV 数)再次增大。然而，在如此之大的范围内(1~50cm/min)如何确定最优注酸速度呢？

图 5-40 所示为不同注酸速度下的溶解形态孔隙度图。从图中可以看出，注酸速度从 0.05cm/min 增加到 100cm/min，与普通盐酸酸化一样仍然能够形成面溶蚀、主蚓孔、分支蚓孔和均一溶蚀等形态。图 5-38 所示初始渗透率为 $40 \times 10^{-3} \mu m^2$ 时的最优注酸速度为 10cm/min，然而此注酸速度下形成了分支蚓孔的形态，并不是一条主蚓孔的情况(1cm/min)。由于注酸速度从 1cm/min 变化到 50cm/min 的突破酸液量(PV 数)变化很小，因此最优注酸速度的确定更为重要。若以突破酸液量(PV 数)最小为依据，注酸速度为 10cm/min 时形成的溶解形态是分支蚓孔；若以 1cm/min 的注酸速度进行酸化，则可以得到一条主蚓孔的最优情况，而突破酸液量(PV 数)只增加了很少一部分。因此，确定 VES 自转向酸酸化的最优注酸速度不能再以突破酸液量(PV 数)的最小值为依据，而是应以是否形成主蚓孔作为判断标准。

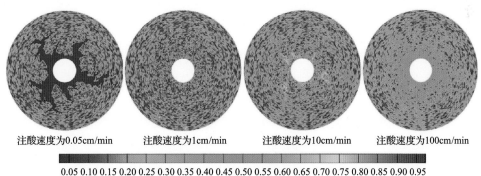

注酸速度为0.05cm/min　　注酸速度为1cm/min　　注酸速度为10cm/min　　注酸速度为100cm/min

0.05 0.10 0.15 0.20 0.25 0.30 0.35 0.40 0.45 0.50 0.55 0.60 0.65 0.70 0.75 0.80 0.85 0.90 0.95

孔隙度

图 5-40　不同注酸速度下的溶解形态孔隙度图

5.3.3　非均质性的影响

由普通盐酸酸化数值模拟结果可知，非均质性的强弱对蚓孔扩展的影响非常大。非均质性越强，蚓孔扩展越快，最优注酸速度越小，突破酸液量(PV 数)越小；非均质性越弱，蚓孔扩展越慢，最优注酸速度越大，突破酸液量(PV 数)越大。为了研究 VES 自转向酸酸化与普通盐酸酸化的差异，模拟计算了初始孔隙度和变异系数对 VES 自转向酸酸化时的最优注酸速度和突破酸液量(PV 数)的影响。

1. 初始孔隙度的影响

对于非均质性的表征，初始孔隙度和初始渗透率的意义是一样的。图 5-41 所示为不同初始孔隙度条件下，不同注酸速度时的总注酸体积曲线。从图中可以看出，随着初始孔隙度的增大，总注酸体积减小，最优注酸速度基本不变，且注酸速度在很大范围内对应的总注酸体积相差无几，这些现象与图 5-41 相同，产生这种现象的原因也相同。

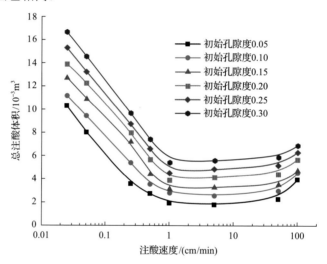

图 5-41　不同初始孔隙度时注酸速度对总注酸体积的影响

2. 变异系数的影响

由前所述可知，VES 自转向酸酸化形成蚓孔时的突破酸液量(PV 数)并不是最小突破酸液量(PV 数)。为了研究形成蚓孔时变异系数对突破酸液量(PV 数)的影响，使用了形成蚓孔条件下的突破酸液量(PV 数)。图 5-42(a)所示为不同初始孔隙度时变异系数对形成蚓孔条件下的突破孔隙体积倍数的影响。从图中可以看出，随着变异系数的增大，突破酸液量(PV 数)减小，且二者呈良好的线性关系，这与普通盐酸酸化时[图 5-42(b)]截然不同。通过实际计算得知，变异系数从 0.01 增加到 1，总孔隙度体积的增加幅度很小(不超过 8%)，然而注入的酸液量减少了 70%，说明非均质性的增加减少了酸液的总注入量。而形成蚓孔条件下的突破酸液量(PV 数)与变异系数的直线关系说明，随着变异系数的增加，非均质性对突破酸液量(PV 数)的影响是均匀的,而不像普通盐酸酸化时变异系数存在一个临界值,低于临界值的最小突破酸液量(PV 数)随变异系数缓慢下降,高于临界值的最小突破酸液量(PV 数)随变异系数急速下降。图 5-43 所示为不同变异系数时的蚓孔形态图。从图中可以看出,随着变异系数的增加,蚓孔形态发生了巨大的变化。当变异系数为 0.1 时,与普通盐酸酸化一样,蚓孔也呈较规则的形状均匀地分布,多条主蚓孔的长度相差不大,差距在于,突破会在随机的一条产生;随着变异系数的增大,主蚓孔的数量减少,主蚓孔的形状变得不规则,分支较多;当变异系数增大为 1.0时,蚓孔数量降为最少,受非均质性的影响,蚓孔的扩展轨迹非常弯曲。与普通盐酸酸化相比,变异系数为 1.0 时的主蚓孔数量变为 2 条,且其他蚓孔相对更为发育。这是因为,在 VES 自转向酸酸化过程中,随着主蚓孔前缘残酸黏度的增加,酸液被迫流入其他不发育的蚓孔,当不发育的蚓孔前缘的黏度增高后,酸液又被迫流入主蚓孔中,如此反复,虽然酸液仍然从主蚓孔突破,但是不发育的蚓孔的长度也变得更长。

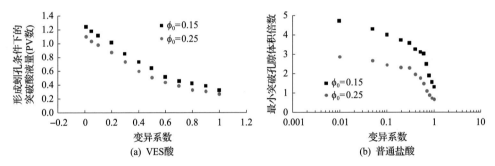

图 5-42　不同变异系数时注酸速度对突破酸液量(PV 数)的影响

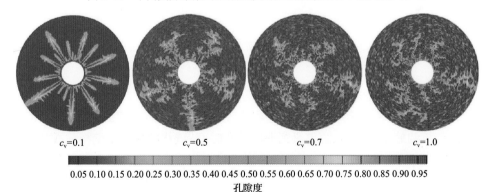

图 5-43　不同变异系数时的蚓孔形态图

5.3.4　并联酸化流动模拟

根据 Liu 等(2012)的研究可知,在分段酸化中射孔段间距和段间渗透率比对普通盐酸酸化的酸液分配和各段内的蚓孔扩展有很大的影响。在进行 VES 自转向酸酸化时，同样会存在进行多段酸化的问题，因此，段间距和段间渗透率比也会对段间酸液分配和各段的蚓孔扩展产生很大的影响。为了研究这一影响，模拟计算了不同段间距和不同渗透率比时各段的蚓孔扩展情况，通过对比各段的蚓孔长度分析 VES 自转向酸的适用条件。

1. 段间距的影响

研究段间距对各段内蚓孔扩展的影响时，假设各段的渗透率相等。图 5-44 所示为不同段间距条件下前后两射孔段内的蚓孔长度，可以看出当段间距小于 100m 时，前后两射孔段内的蚓孔长度几乎相等；当段间距从 150m 增大到 300m 时，后射孔段的蚓孔长度大幅缩短，从约 0.3m 降为约 0.2m。这是因为随着段间距的增加，在酸液到达后射孔段之前，前射孔段得到的酸液量越来越多，蚓孔越来越长，后射孔段内的蚓孔越来越短。即两射孔段的改善差异越来越大。

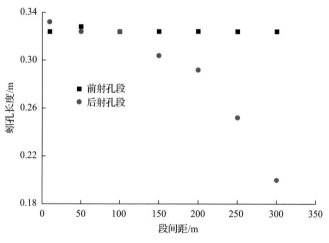

图 5-44　段间距对蚓孔长度的影响

为了说明 VES 自转向酸对后射孔段的改造效果好于普通盐酸，对比了不同段间距时二者的蚓孔长度之比(定义为 VES 自转向酸酸化的蚓孔长度与普通盐酸酸化的蚓孔长度之比)。图 5-45 所示为后射孔段内的蚓孔长度之比随段间距的变化关系，可以看出当段间距小于 50m 时，蚓孔长度之比为 1，说明若两段的渗透率相等或伤害程度相同，且段间距小于 50m 时 VES 自转向酸与普通盐酸的作用相同；当段间距在 50～150m 时，蚓孔长度之比大于 1，但是随段间距的增加而保持不变；当段间距大于 150m 时，蚓孔长度之比随段间距的增加而增大，说明相比于普通盐酸，VES 自转向酸对后射孔段起到了更好的改善效果，但是从段间距为

300m 时的蚓孔长度之比来看(1.39)，改善的效果不是很显著。

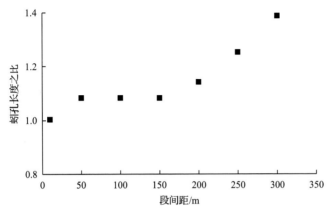

图 5-45　段间距对后射孔段的蚓孔长度之比的影响

2. 渗透率比的影响

研究段间渗透率比对各段内蚓孔扩展的影响时假设各段同时进酸。图 5-46 所示为不同渗透率比条件下前后两射孔段内的蚓孔长度，可以看出当渗透率比为 1 时，两段内的蚓孔长度相当；当渗透率比从 2 增加到 10 时，低渗段的蚓孔长度几乎呈直线下降，这说明 VES 自转向酸的转向效果有一定的渗透率条件限制。当普通盐酸酸化时，由于地层压缩效应的影响，高渗段和低渗段的酸液分配不会简单地按照渗透率的比值进行，如图 5-46 所示，低渗段的蚓孔长度在渗透率比大于 4 时基本上保持稳定。然而，当 VES 自转向酸酸化时，酸液首先在高渗段内变黏，使高渗段受变黏效应的影响大于受地层压缩效应的影响，酸液将按照高渗段和低渗段内残酸的黏度进行分配。当两段渗透率差异较大时，高渗段竞争酸液的能力过强，从而产生了低渗段内的蚓孔长度随着渗透率比值的增加而不断下降的现象。

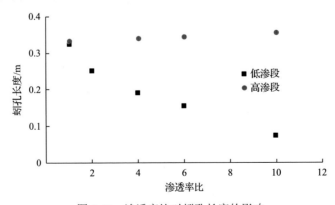

图 5-46　渗透率比对蚓孔长度的影响

图 5-47 所示为低渗段内的蚓孔长度之比随渗透率比的变化关系, 可以看出随着渗透率比的增加, 相比于普通盐酸酸化, 使用 VES 自转向酸进行酸化对于低渗段的改善效果越来越好。当渗透率比为 10 时, 蚓孔长度之比达到了 3.2。然而, 并不是蚓孔长度之比越大越好, 因为渗透率比很大时普通盐酸酸化得到的蚓孔长度很短。由图 5-47 可知, 当渗透率比为 10 时, VES 自转向酸酸化得到的蚓孔长度仅为 0.076cm, 虽然这个是普通盐酸酸化得到的蚓孔长度的 3.2 倍, 但仍然较小, 对低渗段起不到实质性的改善作用。因此, 从以上分析可以得到两个结论: ①相比于普通盐酸, VES 自转向酸能对低渗段进行更好的改善; ②对于渗透率差异较大的两段进行笼统酸化时, 还应注意 VES 自转向酸酸化后得到的蚓孔实际长度, 若实际长度仍然较短, 那么即使相比于普通盐酸 VES 自转向酸的改善效果更好, 也不能采用笼统酸化的方式, 而应采用分段酸化的方式。

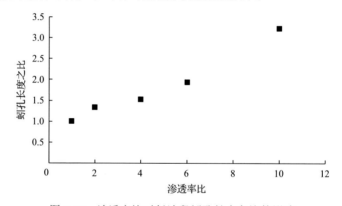

图 5-47 渗透率比对低渗段蚓孔长度之比的影响

3. 段间距和渗透率比的共同影响

在实际的地层酸化中, 段间距和渗透率比通常共同影响着酸化的效果。为了研究二者共同的影响, 模拟计算了不同段间距和不同渗透率比情况下的各段内的蚓孔长度。其中, 不同渗透率比分为两种情况: ①前段渗透率小, 渗透率比为 1:2~1:10; ②前段渗透率大, 渗透率比为 2:1~10:1。

图 5-48 所示为渗透率比分别为 1:2、1:4、1:6 和 1:10 时不同段间距对低渗段的蚓孔长度的影响, 可以看出当渗透率比为 1:2 时, 随着段间距的增加, 低渗段的蚓孔长度不断增加; 当渗透率比为 1:4 和 1:6 时, 低渗段的蚓孔长度在段间距小于 150m 的范围内几乎没有变化, 在段间距大于 150m 的范围内随段间距有较小的增加; 当渗透率比为 1:10 时, 低渗段的蚓孔长度在整个段间距的变化范围内几乎不发生变化。

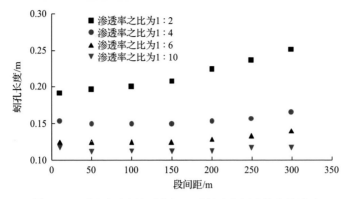

图 5-48　不同渗透率比时段间距对低渗段蚓孔长度的影响

　　产生这种现象主要是由各段的渗透率差异与残酸变黏受哪一个因素对酸液分配起主导作用引起的。当渗透率比为 1∶2 时，两段的渗透率差异相对较小，酸液首先进入低渗段变黏，后续酸液进入高渗段后也变黏，两射孔段均变黏后高渗段的吸酸能力仍然大于低渗段，使低渗段的蚓孔长度小于高渗段，但是随着段间距的增加，低渗段内的蚓孔长度会不断增加。当渗透率比为 1∶4 和 1∶6 时，两段的渗透率差异增加，在段间距较小时(小于 150m)，渗透率差异对酸液分配起主导作用，酸液进入高渗段之前低渗段得到的酸液也不多，无法形成较长的蚓孔，直到段间距增加(150~300m)低渗段才得到足够的酸液形成足够长的蚓孔，因此在此范围内，低渗段的蚓孔长度会适当地增加。当渗透率比为 1∶10 时，两段的渗透率差异非常大，低渗段分得的酸液量非常少，即使当段间距为 300m 时也无法为低渗段争得足够的时间获得足够的酸液，一旦酸液达到高渗段，蚓孔将会快速扩展，从而造成低渗段的蚓孔长度很短。因此，可以看出低渗段的蚓孔长度受渗透率比和段间距的影响非常大，VES 自转向酸对于渗透率差异非常大的两段的共同改善效果也不好，再一次说明 VES 自转向酸有一定的适用条件。

　　图 5-49 所示为渗透率比分别为 1∶2、1∶4、1∶6 和 1∶10 时不同段间距对低渗段的蚓孔长度之比的影响，可以看出当渗透率比为 1∶2、1∶4 和 1∶6 时，以段间距为 150m 为界，段间距小于 150m，低渗段的蚓孔长度之比随着段间距的增大而减小，段间距大于 150m，低渗段的蚓孔长度之比随着段间距的增大而基本保持不变；当渗透率比为 1∶10 时，蚓孔长度之比随段间距的增大而减小。当利用普通盐酸进行酸化时，对于一定的渗透率比，低渗段的蚓孔长度随着段间距的增大而减小。虽然两者蚓孔长度之比都大于 1，但是说明了 VES 自转向酸的转向效果较好，但是若要判断对低渗段的改善效果如何还需结合蚓孔长度的大小。例如，当渗透率比为 1∶10 时，虽然蚓孔长度之比很大，但是 VES 自转向酸酸化后的蚓孔长度非常小，无法达到对低渗段改善的目的。

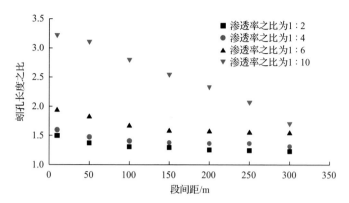

图 5-49　不同渗透率比时段间距对低渗段蚓孔长度之比的影响

对于前段渗透率小的情况，由于渗透率小的射孔段先得到酸液，蚓孔形成的较早，有利于对后续酸液的竞争，那么对于酸液首先进入渗透率大的射孔段时低渗段的蚓孔扩展情况又是如何呢？图 5-50 所示为前段渗透率大的情况下不同渗透率比时段间距与低渗段蚓孔长度的关系，可以看出当渗透率比为 2∶1 时，随着段间距的增加，低渗段的蚓孔长度不断减小；当渗透率比为 4∶1、6∶1 和 10∶1 时，低渗段的蚓孔长度在段间距小于 200m 的范围内变化很小，在段间距大于 200m 的范围内随段间距的增加而快速减小，其中，当段间距为 300m 时渗透率比为 6∶1 和 10∶1 的低渗段蚓孔长度为 0。这说明高渗段在首先得到酸液的情况下能争取到更多的酸液，以致低渗段的蚓孔变得非常短。

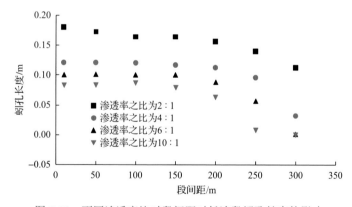

图 5-50　不同渗透率比时段间距对低渗段蚓孔长度的影响

图 5-51 所示为渗透率比分别为 2∶1、4∶1、6∶1 和 10∶1 时不同段间距对低渗段的蚓孔长度之比的影响，可以看出随着段间距的增加，低渗段的蚓孔长度之比逐渐增加，且随着渗透率比的增大，增加的速度越来越快。图中未显示的点表示蚓孔长度之比为无穷大时的情况，即普通盐酸酸化时的蚓孔长度为 0。当渗

透率比分别为 2∶1、4∶1、6∶1 和 10∶1 时，段间距分别大于 250m、200m、150m 和 100m 时的蚓孔长度之比为无穷大。如前所述，这虽然说明了 VES 自转向酸的转向效果，但是结合图 5-51 中所示的实际蚓孔长度来看，即使蚓孔长度之比为无穷大也不能说明 VES 自转向酸一定能对低渗段进行成功的改善。

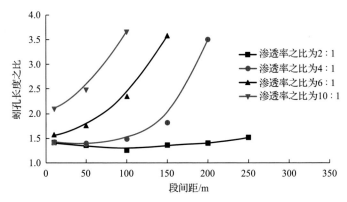

图 5-51 不同渗透率比时段间距对低渗段蚓孔长度之比的影响

参 考 文 献

马永生, 梅冥相, 陈小兵, 等. 1999. 碳酸盐岩储层沉积学. 北京: 地质出版社.

Al-Mutawa M, Al-Anzi E, Ravula C, et al. 2003. Field cases of a zero damaging stimulation and diversion fluid from the Carbonate Formations in North Kuwait//The International Symposium on Oilfield Chemistry, Houston.

Al-Mutawa M, Al-Matar B, Dashti A A, et al. 2008. High-water-cut wells stimulation combined viscoelastic surfactant//The SPE International Symposium and Exhibition on Formation Damage Control, Lafayette.

Balakotaiah V, West D H. 2002. Shape normalization and analysis of the mass transfer controlled regime in catalytic monoliths. Chemical Engineering Science, 57(8): 1269-1286.

Bazin B. 2001. From matrix acidizing to acid fracturing: a laboratory evaluation of acid/rock interactions. SPE Production & Facilities, 16(1): 22-29.

Bazin B, Abdulahad G. 1999. Experimental investigation of some properties of emulsified acid systems for stimulation of carbonate formations//The Middle East Oil Show and Conference, Bahrain.

Buijse M A, van Domelen M S. 1998. Novel application of emulsified acids to matrix stimulation of heterogeneous Formations//The SPE Formation Damage Control Conference, Lafayette.

Buijse M A. 2000. Understanding wormholing mechanisms can improve acid treatments in carbonate formations. SPE Production & Facilities, 15(3): 168-175.

Chatriwala S A, Cawiezel K E, Nasr-El-Din H A, et al. 2005. A case study of a successful matrix acid stimulation treatment in horizontal wells using a new diversion surfactant in Saudi Arabia//The SPE Middle East Oil and Gas Show and Conference, Kingdom of Bahrain.

Daccord G, Lenormand R. 1987. Fractal patterns from chemical dissolution. Nature, 325(6099): 41-43.

Daccord G, Lenormand R, Lietard O. 1993a. Chemical dissolution of a porous medium by a reactive fluid- I. Model for the "wormholing" phenomenon. Chemical Engineering Science, 48(1): 169-178.

Daccord G, Lenormand R, Lietard O. 1993b. Chemical dissolution of a porous medium by a reactive fluid-Ⅱ. Convection vs reaction, behavior diagram. Chemical Engineering Science, 48(1): 179-186.

Daniel S, Morris L, Chen Y, et al. 2002. New visco-elastic surfactant formulations extend simultaneous gravel-packing and cake-cleanup technique to higher-pressure and higher-temperature horizontal open-Hole completions: Laboratory development and a field case history from the North Sea//The International Symposium and Exhibition on Formation Damage Control, Lafayette.

Economides M J, Nolte K G. 2000. Reservoir Stimulation. 3th edition. New York: John Wiley & Sons, Ltd.

Fogler H S. 2005. Elements of Chemical Reaction Engineering. 4th ed. New York: Prentice Hall.

Fredd C N, Fogler H S. 1999. Optimum conditions for wormhole formation in carbonate porous media: influence of transport and reaction. SPE Journal, 4(3): 196-205.

Frick T P, Mostofizadeh B, Economides M J. 1994. Analysis of radial core experiments for hydrochloric acid interaction with limestones//The SPE Formation Damage Control Symposium, Lafayette.

Gdanski R. 1999. A fundamentally new model of acid wormholing in carbonate//The SPE European Formation Damage Conference, The Hague.

Golfier F, Zarcone C, Bazin B, et al. 2001. On the ability of a Darcy-scale model to capture wormhole formation during the dissolution of a porous medium. Journal of Fluid Mechanics, 457: 213-254.

Gupta N, Balakotaiah V. 2001. Heat and mass transfer coefficients in catalytic monoliths. Chemical Engineering Science, 56(16): 4771-4786.

Hill A D, Zhu D, Wang Y. 1995. The effect of wormholing on the fluid loss coefficient in acid fracturing. SPE Production and Facilities, 10(4): 257-263.

Hoefner M L, Fogler H S. 1988. Pore evolution and channel formation during flow and reaction in porous media. AIChE Journal, 34(1): 45-54.

Huang T, Hill A D, Schechter R S. 1997. Reaction Rate and Fluid Loss: The Keys to Wormhole Initiation and Propagation in Carbonate Acidizing. SPE Journal, 5: 287-292.

Liu M, Zhang S, Mou J. 2012. Effect of normally distributed porosities on dissolution pattern in carbonate acidizing. Journal of Petroleum Science and Engineering, 94: 28-39.

Lungwitz B R, Fredd C N, Brady M E, et al. 2007. Diversion and cleanup studies of viscoelastic surfactant-based self-diverting acid. SPE Production & Operations, 22(1): 121-127.

Nasr-El-Din H A, Hill A D, Chang F F, et al., 2007. Chemical diversion techniques used for carbonate matrix acidizing: an overview and case histories//The International Symposium on Oilfield Chemistry, Houston.

Tardy P M J, Lecerf B, Christanti Y. 2007. An experimentally validated wormhole model for self-diverting and conventional acids in carbonate rocks under radial flow conditions//The European Formation Damage Conference, Scheveningen.

Wang Y, Hill A D, Schechter R S. 1993. The optimum injection rate for matrix acidizing of carbonate formations//The SPE Annual Technical Conference and Exhibition, Houston.

第6章 转向酸压物理模拟与数学模型

在转向酸压过程中,当储层可压性较差或应力差较大时,难以形成复杂裂缝网络,通过暂堵迫使裂缝转向是增强缝网扩展复杂性的重要手段,从而提高储层改造范围和效果。一般采用粉陶、油溶性树脂等暂堵转向剂,但是它们对转向性能受限,且会受到地层温度限制等。通过纤维暂堵可实现裂缝转向,它具有封堵强度高、遇地层温度自动彻底降解、对地层基本无伤害等优点,但目前对纤维暂堵裂缝转向的力学机理及其影响规律尚不清楚,因此首先开展了转向压裂物理模拟实验研究,在此基础上进行数学模型推导。本章对理解人工裂缝转向扩展机理、指导转向压裂方案设计具有重要的意义。

6.1 转向酸压物理模拟

6.1.1 试验装置

为了模拟水力压裂过程中纤维暂堵人工裂缝引起的新裂缝转向,设计了纤维暂堵裂缝转向压裂物理模拟试验。该试验利用大尺寸 MTS 真三轴水力压裂模拟系统,如图 6-1 所示,主要由围压系统(MTS 伺服增压器)、真三轴装置系统、泵注

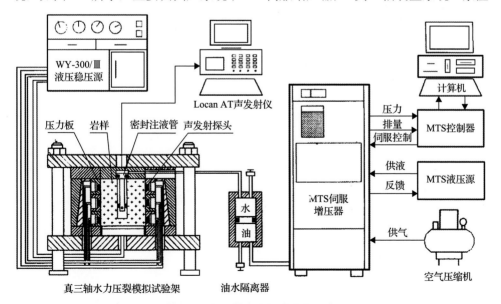

图 6-1　真三轴水力压裂模拟系统

系统(高压驱替泵)和输出显示端等部件构成,可对尺寸为 30cm×30cm×30cm 的露头岩样进行压裂模拟。利用纤维暂堵转向压裂液,对第一次压裂中已形成的裂缝进行暂堵,然后提高压裂液的注入压力,使其超过最大水平主应力,在垂直最大主应力方向上开启新缝。经过多次暂堵、新缝开裂,形成不同方位裂缝交织的缝网系统。

6.1.2　试验方案及步骤

1. 试验方法

为了模拟已经存在的人工裂缝或天然裂缝,首先利用清水或压裂液基液模拟第一次压裂,压开一条人工裂缝;之后配制纤维转向压裂液,利用纤维压裂液模拟第二次暂堵压裂,其间记录压力变化。试验全部结束后,打开试验装置,观察人工裂缝形态。

2. 试验岩样与液体准备

(1)天然露头制备岩样,尺寸为 30cm×30cm×30cm,一面正中打 27mm 小孔,深度 17cm,并黏接 10cm 长钢管(外径 25mm,内径 22mm),如图 6-2 所示,青色部分为黏接钢管,白色部分为裸眼(Chang et al.,2002;赵振峰等,2014)。

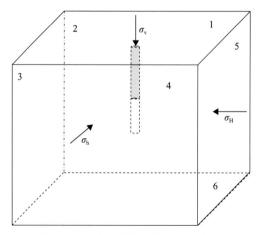

图 6-2　水力压裂物理模拟试验岩样

(2)压裂液:3%～5%瓜尔胶+0.04%柠檬酸+5%交联剂+1%～2%纤维,压裂液基液黏度为 24～30mPa·s。

(3)破胶剂:过硫酸铵。

3. 试验步骤

(1)岩样准备:中间位置钻直径 27mm,长 17cm 的小孔模拟井筒,并与内径为 25mm 的钢管相黏接。钢管全长 10cm，预留 7cm 作为裸眼。

(2)纤维压裂液配制：配制瓜尔胶溶液作为基液，加入 1.2%的纤维(纤维长度为 6cm)，并交联形成冻胶。

(3)将岩样放入真三轴水力压裂模拟系统，施加三轴应力(大小根据试验设计设定)，并标记三个地应力方向。

(4)利用压裂液基液模拟第一次压裂，压开第一条缝模拟天然裂缝或已存在的水力缝。排量 5~20mL/min，并用示踪剂标示。试验过程记录压力变化。

(5)取出岩样，观察第一次压裂后形成的裂缝，拍照记录。

(6)重新安装岩心，并施加与第一次相同的三轴应力。改注纤维压裂液，排量不变，模拟第二次压裂。试验过程记录压力变化。

(7)取出岩样，观察第二次压裂后形成的裂缝，拍照记录。

4. 试验方案

灰岩岩样：如图 6-2 所示，向岩样三面加不同的地应力，模拟岩样在三种不同应力状态(σ_h=5MPa，σ_H=7.5MPa，σ_v=15MPa；σ_h=5MPa，σ_H=10MPa，σ_v=15MPa；σ_h=5MPa，σ_H=12.5MPa，σ_v=15MPa)下的裂缝转向规律。

砂岩岩样：①向岩样三面加不同的地应力，模拟岩样应力状态(σ_h=5MPa，σ_H=7.5MPa，σ_v=15MPa)下的裂缝转向规律；②在不使用纤维暂堵转向液情况下，第二次压裂使用压裂液基液，在相同应力状态下，模拟能否形成转向裂缝。

6.1.3 灰岩岩样裂缝转向试验

1)1#灰岩岩样，应力状态：σ_h=5MPa，σ_H=7.5MPa，σ_v=15MPa

如图 6-3 所示，由压力曲线分析，第一次压裂时，压力达到岩石破裂压力之后，人工裂缝形成，而后压力降至 0，仪器底部开始有液体流出，清水开始漏失。第一次压裂后裂缝形态如图 6-4 所示。可以看出，裂缝基本沿着最大水平主应力方向扩展，并贯穿岩样。

第二次使用纤维压裂液压裂后，从图 6-4 可以明显看出形成两条互相垂直的裂缝，说明当水平最大应力与水平最小主应力相差 2.5MPa 时，纤维压裂液起到了封堵旧缝、开启新缝的转向作用。两条裂缝均已贯穿岩石，在所有岩石面上均观察到人工裂缝的存在。

从压力曲线上看，压力多次出现先上升后下降的过程，可以把每一个这样的过程看成是一个拟破裂过程。其形成的原因为：纤维压裂液注入井筒后液体沿着已形成的裂缝滤失，而纤维会慢慢积聚在裂缝起始端，进而形成滤饼，当滤饼达到一定程度后液体滤失速度越来越慢，或者无法继续无法滤失进入裂缝，从而形成压力开始上升；待压力上升到一定程度后，由于新缝的形成，或者旧缝的延伸，

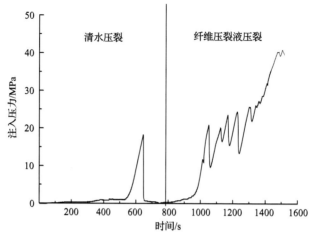

图 6-3　1#灰岩岩样压力曲线

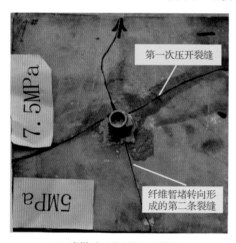

(a) 岩样顶面形成的人工裂缝

(b) 岩样打开后形成的纤维滤饼

图 6-4　1#灰岩岩样裂缝形态

液体又再次滤失进入岩石，导致压力迅速下降；待新滤失达到一定程度后纤维再次聚集形成滤饼，导致新一轮的压力上升，新缝开裂或旧缝扩展后泵压又降低，此过程反复进行，直到所有滤失点均被堵住，压力就会呈现持续上升现象，如图 6-3 所示。这一过程可以从图 6-4 中得到证实：纤维已经在井筒中形成厚厚的滤饼，将滤失点堵住。

　　从上述试验结果可以看出，纤维压裂液具有明显的暂堵作用，在试验应力状态条件下，当水平主应力差值为 2.5MPa 时，可以暂堵旧缝，同时在垂直最大主应力方向上开启新缝。压裂物理模拟试验过程中，压力多次出现上升然后下降的过程，说明该压裂液可以形成多次破裂或裂缝延伸过程，在应力条件允许的情况下，可以形成多缝交织的网络结构。

2）2#灰岩岩样，应力状态：σ_h=5MPa，σ_H=10MPa，σ_v=15MPa

试验过程注入压力变化曲线如图 6-5 所示，2#灰岩岩样第一次压裂的压力曲线与 1#岩样的压力曲线类似，当压力达到岩石破裂压力时，人工裂缝形成之后，压力迅速降至 0，液体开始滤失。第一次压裂后岩石各面的裂缝状态如图 6-6 所示。裂缝沿着最大水平主应力方向扩展，且裂缝并未贯穿岩石。

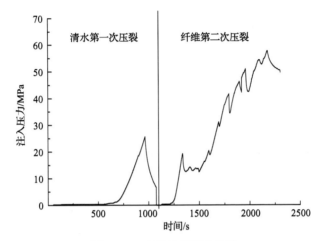

图 6-5　2#灰岩岩样压力曲线

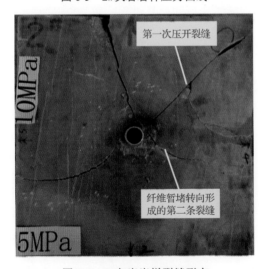

图 6-6　2#灰岩岩样裂缝形态

从压力曲线上看，2#灰岩岩样第二次压裂同样出现了压力上升和下降的反复过程，形成原因与 1#灰岩岩样相同，显示了纤维良好的暂堵性能。第二次压裂后，由图 6-6 可以看出，两次压裂过程中形成了两条夹角约为 45°的相交裂缝。最大水平主应力方向上有一条贯穿缝，而垂直于最大主应力方向上只压开了上半部分。这也进一步验证了纤维良好的暂堵转向性能。

从上述试验结果可以看出，纤维压裂液具有明显的暂堵作用，在试验应力状态条件下，在地应差为 5MPa 范围内，可以暂堵旧缝，同时在垂直最大主应力方向上开启新缝。因此，纤维压裂液具有良好的暂堵转向性能，实际压裂施工中可以形成多缝交织的网络结构。

3)3#灰岩岩样，应力状态：σ_h=5MPa，σ_H=12.5MPa，σ_v=15MPa

本次试验与前两组试验的不同之处为：采用声发射装置监测岩石内部破裂时产生的声波信号。声发射装置的原理与微地震监测原理相似，都是利用声波接收装置，监测地层或岩石内部由于破裂所产生的声发射事件，用以判定并记录裂缝的开裂时间、方位等信息。本次使用的声发射装置由于设备本身的限制，只能监测到裂缝开裂的时间信息。

试验过程中注入压力变化曲线及声发射装置监测到的声波数量曲线如图 6-7 所示，从压力曲线上来看，3#灰岩岩样第一次使用清水压裂，岩石破裂压力只有 6.5MPa。如图 6-8 所示，第一次压裂产生了一条垂直于最小水平主应力方向的裂缝(红色部分)。第二次纤维压裂过程中，压力明显提高。第 600s 时出现第一次破裂，从声发射数据上也能看到强烈的破裂事件发生，随后纤维堵住新开裂缝，导致压力再次上升。第 600～700s 出现第一次压力波动，显示了第一次形成的裂缝继续延伸一段距离后又被纤维堵死的反复过程，第 700s 之后再次出现一次强烈的破裂事件，随后压力突然下降，可能是第一次压开的裂缝已延伸至岩样边界，滤失

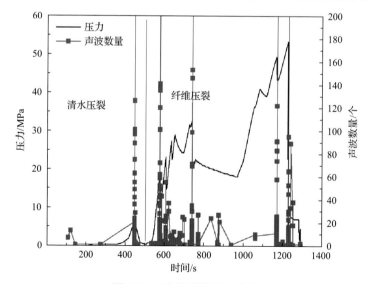

图 6-7　3#灰岩岩样压力曲线

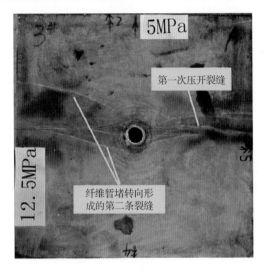

图 6-8　3#灰岩岩样裂缝形态

突然增大；随后由于纤维的封堵作用压力再次上升，直到第 1200s 处，再次发生比较强烈的破裂事件，预示一条新裂缝的开裂。由图 6-8 可以清楚地看到，面上呈现三条主裂缝，与压力曲线及声发射数据的变化相吻合。然而，三条主裂缝都是沿着最大水平主应力方向，而没有在最小水平主应力方向上开启新缝，说明在试验应力状态条件下，当水平最大主应力和最小主应力差在 7.5MPa 以上时，裂缝很难转向到垂直于最大水平主应力方向上，但纤维还是有效封堵了旧缝而迫使岩石开启新缝。

灰岩裂缝转向试验结论：①压力曲线后半段呈现的反复跳跃过程表明，纤维压裂液具有良好的暂堵转向性能。②在试验应力状态条件下，当水平主应力差小于或等于 5MPa 时，纤维压裂液可以暂堵垂直最小主应力方向上的旧缝，同时在垂直最大主应力方向上开启新缝，应力条件允许时还可能形成水平缝。③在试验应力状态条件下，当水平主应力差大于 7.5MPa 时，虽然纤维可以封堵旧缝，但是无法在垂直于最大主应力方向上开启新缝。

6.1.4　试验分析、现场应用与结论

1. 试验分析

根据 Olson 和 Taleghani(2009)提出的净压力系数定义：

$$R_n = \frac{P_f - \sigma_{min}}{\sigma_{max} - \sigma_{min}} \tag{6-1}$$

式中，R_n 为净压力系数；P_f 为地层破裂压力，MPa；σ_{max} 为最大地应力，MPa；

$\sigma_{\min}$ 为最小地应力，MPa。

按照式（6-1），可以得出三块灰岩裂缝转向试验对应的净压力系数分别为 $R_n=6$（对应 2.5MPa 应力差）、$R_n=3$（对应 5.0MPa 应力差）和 $R_n=2$（对应 7.5MPa 应力差）。R_n 越大，越容易形成新的裂缝，易与第一次压裂裂缝交叉成网状。当 $R_n=2$ 时，即使加入纤维转向液，也难以形成新的转向裂缝。

从上述试验结果可以看出，纤维压裂液具有明显的暂堵作用，可以暂堵旧缝，同时在垂直最大主应力方向上开启新缝。在试验应力状态条件下，当地应力差达到某一临界值时，即使注入纤维封堵也难以使裂缝发生转向。压裂模拟过程中，压力多次出现先上升后下降的过程，说明纤维暂堵转向液可以形成多次破裂或裂缝延伸过程。

2. 现场应用情况

在非均质碳酸盐岩酸压施工中，当地应力方位、天然裂缝方位、储集体方位与钻井井眼方位不相匹配，且存在转向造缝（地应力差较小）的可能时，可通过高浓度纤维暂堵旧裂缝，提高注入压力，迫使裂缝在其他方向开裂并延伸，以增加沟通概率来提高酸压效果。纤维转向酸压施工采取使用较低排量充填、提高缝内净压力、多次加纤维暂堵等手段提高纤维转向效率。

在塔里木盆地采用纤维转向酸压工艺，取得了显著效果。该盆地试验区块的储层岩石类型主要为颗粒灰岩和礁灰岩。颗粒灰岩的颗粒含量大于 70%。储集空间以岩心级别的溶蚀孔洞为主，少量大型溶洞及裂缝。根据岩心样品的测试数据统计，孔隙度为 0.099%～12.74%，平均孔隙度为 2.03%，渗透率分布范围为 0.002×10^{-3}～$840\times10^{-3}\mu m^2$，平均为 $8.39\times10^{-3}\mu m^2$。由于非均质性强、天然裂缝和溶洞体分布不一、地应力各向异性强，为了提高酸压沟通缝洞体概率，采用纤维转向酸压工艺，共进行了 85 口井次施工，转向压力（即净压力增加值）最高可达 40MPa，增产效果明显。

实例 1：A 井是塔里木盆地塔北 YM2 号大型背斜构造上的一口评价井，钻井录井油气显示一般，实钻井眼轨迹偏离了油气储集体，从目的井段至储集体中部距离为 150m，如图 6-9 所示。套管射孔完井后测试开井 36 小时产少量油（0.02m³），关井曲线反映近井储层致密，试井解释认为远井存在良好储集体。本井酸压改造虽然主应力方位有利，但高角度天然裂缝发育方向不利，且储集体距离井眼较远，采用纤维暂堵转向酸压提高沟通缝洞体概率，同时可以扩大改造范围。

第一级压裂无明显沟通显示；纤维暂堵转向液到位后泵压上升 5.8MPa，第二级压裂液造缝泵压明显增高（高出第一级 14MPa），转向造缝明显，且后期观察到明显的沟通迹象，分析认为转向裂缝沟通油气层；注酸后酸沟通作用明显，泵压下降达 15MPa 以上，沟通效果好。

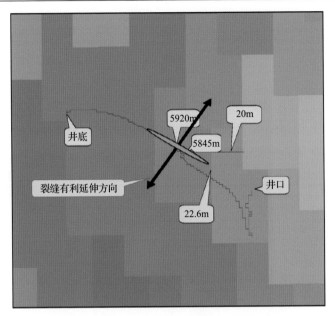

图 6-9 18A 井均方根振幅平面图

酸压后用 6mm 油嘴放喷排液；累计排残酸 156.81m³ 后开始产油，累计排残酸 259.43m³ 后无残酸排出；后期日产油 100t，折日产气 11000m³；目前本井试采日产油 110t，折日产气 4400m³，不含水。因此本井酸压后增产效果显著。

本井井下压力计关井曲线反映酸压后恢复速度明显比措施前加快，双对数诊断图上有明显 1/2 斜率曲线的人工缝特征，说明裂缝沟通了有利储集体(表现为恒压边界特征)；用垂直裂缝、不稳定状态模型进行拟合分析：本井到储集体的距离为 94m。第一级前置液与第二级前置液规模相同，但第一级前置液泵注结束时无明显沟通显示，通过新型转向液转向后，第二级压裂液在有利的方位上沟通了距离井眼 94m 的储集体，并获得了商业油气流(Li and Nordlund，1993)。

实例 2：B 井是某油田的一口水平开发井，酸压目的层段为 643m，且不同井段储层发育状况差别较大，A 点(造斜开始)附近(5850.6m)和 B 点(造斜结束)附近(5920.5m)表现为串珠状反射，气测显示高。A 点附近井段在钻井过程中漏失大量泥浆，中间层段表现为弱反射特征且油气显示好。酸压原则是尽量使长水平段的多个储层发育段获得有效改造，考虑采用人工裂缝强制转向酸压工艺，争取形成多条裂缝、获得多处沟通：首先泵注一定规模的前置液造缝；然后注入纤维转向液形成暂堵，继续注入前置液争取在另一井段形成新的裂缝；再注入酸液对形成的人工裂缝及其连通的天然缝洞系统进行酸蚀疏通，建立高效的导流通道(Holt et al.，1996；Liu et al.，2000；Marsala et al.，2001；Tare et al.，2001；Muniz et al.，2005)。

根据酸压施工曲线，第一级前置液造缝后无明显沟通显示，在注入 DCF 转向液过程中排量稳定时，泵压呈上升趋势，反映 DCF 转向液在井底缝口的积聚暂堵过程；改变排量，使得每一级前置液水平时泵压有一定增加，说明纤维对人工裂缝起到了暂堵转向作用；注入酸液进入地层后泵压下降，酸蚀效果明显。压后用 4mm 油嘴放喷求产，油压 20MPa，日产油 90.7t，日产气 9032m³，不含水。

实例 3：C 井是塔里木盆地塔北隆起轮南奥陶系潜山背斜西围斜哈拉哈塘富油气区带上的一口裸眼探井，井型为直井，目的层是奥陶系一间房组及鹰山组一段。经研究决定，先打底水泥塞，塞面深度控制在 6700m（测井深度）。然后对一间房组 6in 裸眼井段 6675～6695m（测井深度）进行钻杆传输射孔；再对奥陶系 6618.5～6700m 进行酸压改造。物探资料反映井眼已钻入串珠状反射体中，平面图上反映井底向南东偏移串珠中心 55m，如图 6-10 所示，目的层段位于强振幅区。

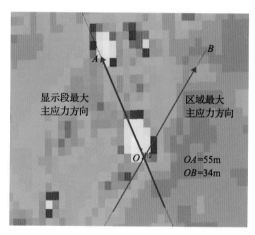

图 6-10　B 井均方根振幅平面图

采用 C 井油层段 6680～6700m 井段声波时差数据，依据地应力计算公式得出此井 6680～6700m 井段最大水平主应力为 136～153MPa，平均值为 144.8MPa；最小水平主应力为 136～152MPa，平均值为 143.7MPa，应力差值为 0～3MPa，平均值仅为 1.1MPa。

根据 C 井施工曲线，第一级压裂破裂后，泵压持续升高（76.8MPa 升高至 88.4MPa），说明未沟通到储集体；泵注第二级压裂液过程中，排量低于第一级排量，但泵压高于第一级，两次泵压不相同，说明可能是产生了转向裂缝导致两级泵压有差异。

从施工压力曲线中读出两级压裂的破裂压力（转换成井底压力），第二级破裂压力比第一级破裂压力高出约 25MPa。根据转向判定数值模拟结果，第二级破裂压力至少比第一级高出 12.2MPa 才能产生转向裂缝，两次张性破裂压力不同，结合注酸后泵压大幅度下降及压后返排残酸情况，有力地说明第二级压裂产生了转向裂缝。纤维进入地层后泵压升高了 20MPa，说明纤维起到了暂堵裂缝的作用，之后注入第二级压裂液，破裂点明显。

C 井储集体与地应力方位匹配图显示本区最大主应力方向为约 NE40°，A 井储层段最大主应力方向为 NW300°～330°，两者之间的夹角为±85°，储集体在显示段最大主应力方向上距离井眼 55m。模拟了 C 井的转向裂缝形态，产生了转向半径为 62m、与初压缝相垂直的转向裂缝，当转向裂缝距初压缝的垂向距离超过 62m 后，应力场恢复到远场地应力状态，转向裂缝延伸方向与初压缝方向平行。

综合上述分析，模拟的转向裂缝起裂角约为 90°，转向半径为 62m，C 井储层段最大主应力方向与区域最大主应力方向夹角为 85°，井眼距离串珠 55m，两者结果基本接近。

C 井酸压施工虽有明显沟通，但储集体内流体为水。酸压后残酸排净，见少量气，用 4mm 油嘴求产，油压 0.45MPa，日产水 23.92m^3。测试结论为含气水层。

3. 试验结论

(1) 在试验应力状态条件下 (σ_h=5MPa, σ_H=7.5MPa/10MPa/12.5MPa, σ_v=15MPa)，给出了裂缝发生转向时的临界应力差：水平主应力差低于 7.5MPa，水平主应力差值越小，两次压裂产生的裂缝夹角越大，越易于转向。

(2) 利用净压力系数概念 (Olson and Taleghani，2009)，三块灰岩裂缝转向试验对应的净压力系数分别为 R_n=6 (对应 2.5MPa 应力差)、R_n=3 (对应 5.0MPa 应力差) 和 R_n=2 (对应 7.5MPa 应力差)。R_n 越大，越容易形成新的裂缝，更易于与第一次压裂裂缝交叉成网。当 R_n=2 时，即使加入纤维转向液，也难以形成新的转向裂缝。

(3) 揭示了纤维暂堵裂缝转向的机理是对原有裂缝的封堵和裂缝内净压力的提高，暂堵提升缝内净压力是裂缝转向的核心。

6.2　裂缝转向数学模型

传统有限元方法模拟水力压裂计算量大，难以实时模拟裂缝扩展，工程参数多，计算效率缓慢。针对上述缺点，将近年来新提出的 PGD 算法用于水力压裂数值模拟中，分别将原先的时间与空间区域分解，将多维问题分解成几个低维问题，实现水力压裂裂缝扩展实时快速求解，大大降低运算成本。

水力压裂是提高单井产量的一门重要技术。随着水平井钻完井技术的不断进步，水力压裂已成为成功开发非常规油气藏的必用手段。特别是石油工程师及科研人员非常关心如何实时模拟水力压裂施工过程中的裂缝尺寸(缝长、缝宽等)和裂缝延伸方向。然而，由于水力压裂问题是一个动边界、非线性、强耦合的复杂物理过程，数值模拟水力压裂过程十分耗时，因此较难实现实时快速模拟。

　　为了处理此难题，国内外学者应用不同的数值算法来模拟水力压裂问题，如有限差分法（FDM）、有限元法（FEM）、离散元法（DEM）、有限体积法（FVM）、扩展有限元法（XFEM）、无网格方法、相场和数值流形法等。但是无论使用哪种数值算法，都必须处理非线性、强耦合的计算难题，因此模拟速度都比较缓慢。因而快速模拟水力裂缝扩展具有较大的挑战性。

　　为了有效解决以上难题，一种新的思想是使用降阶方法（ROM），如正交分解法或降维法等来处理非线性、瞬态和耦合的难题。ROM法可以极大地降低运算成本，因此它可以实现实时快速计算模拟。其中 PGD（proper generalized decomposition）算法是一种很新的 ROM 法，它是由法国数学家于 2010 年提出来的（Néron and Ladevèze，2010）。PGD法将解分解为一系列分离变量形式函数的乘积之和。这意味着 PGD 算法可以将时间域和空间域分开，从而将原先的多维问题降成 1 个一维时间问题和 1 个空间问题。它使用交替方向迭代方法来求解非线性、耦合问题，使计算成本大大降低。近年来，PGD 算法已被成功地应用于不同的工程和科学问题中，证实它是一种高效、快速的数值模拟算法。

　　本节将 PGD 算法首次用于水力压裂问题中，分别将原先的时间与空间区域分解，将多维问题分解成几个低维问题，同时将水力压裂的各项工程参数统一考虑到 PGD 模型中，实现水力压裂裂缝扩展实时快速求解，大大降低了运算成本。

6.2.1　控制方程及边界条件

　　1. 岩石应力平衡方程及边界条件

　　根据经典的弹性力学理论，下述的边值问题（BVP）由应力平衡方程［式（6-2）］和边界条件［式（6-3）～式（6-6）］组成，如图 6-11 所示，即在区域 Ω 内，求解二维位移函数 $\boldsymbol{u}(x, y)$，使其满足如下：

$$\text{在 } \Omega \text{ 内，} \quad \nabla \cdot \boldsymbol{\sigma} = 0 \tag{6-2}$$

$$\text{在 } \Gamma_L \cup \Gamma_R \text{ 边界上，} \quad \boldsymbol{\sigma} \cdot \boldsymbol{n}_t = \sigma_H \tag{6-3}$$

$$\text{在 } \Gamma_T \cup \Gamma_B \text{ 边界上，} \quad \boldsymbol{\sigma} \cdot \boldsymbol{n}_t = \sigma_h \tag{6-4}$$

$$\text{在 } \Gamma_f \text{ 边界上，} \quad \boldsymbol{\sigma} \cdot \boldsymbol{n}_f = P(s, t) \tag{6-5}$$

$$\text{在矩阵 4 个顶点处，} \quad \boldsymbol{u} = \boldsymbol{0} \tag{6-6}$$

式中，$\boldsymbol{\sigma}$ 为二阶柯西应力张量；$\boldsymbol{u}$ 为一阶位移张量（即向量）；$P(s,t)$ 为作用于裂缝面 Γ_f 上的流体压力；σ_H、σ_h 分别为远场最大、最小水平主应力；$\boldsymbol{n}_t$、$\boldsymbol{n}_f$ 分别为外边界、裂缝边界的单位法向量，其中外边界 $\Gamma_{out} = \Gamma_L \cup \Gamma_R \cup \Gamma_T \cup \Gamma_B$，裂缝内边界为 Γ_f。式（6-3）～式（6-5）表示 Neumann 边界条件（即力边界条件），式（6-6）表示

Dirichlet 边界条件（即位移边界条件）。

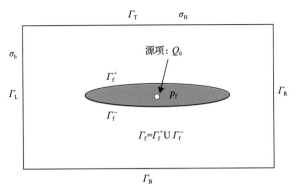

图 6-11　水力压裂示意图

应力张量和应变张量间的本构方程如下：

$$\boldsymbol{\sigma}_{e} = \boldsymbol{D} \cdot \boldsymbol{\varepsilon} \tag{6-7}$$

$$\boldsymbol{\varepsilon} = \nabla^{s}\boldsymbol{u} = \frac{1}{2}(\nabla \boldsymbol{u} + \nabla \boldsymbol{u}^{T}) \tag{6-8}$$

式(6-7)～式(6-8)中，$\boldsymbol{\varepsilon}$ 为二阶应变张量；∇^{s} 为张量的对称运算符号；$\boldsymbol{\sigma}_{e}$ 为 Biot 有效弹性张量；$\boldsymbol{u}$ 为一阶位移张量；$\boldsymbol{D}$ 为弹性系数矩阵，对于各向异性岩石平面应变状态：

$$\boldsymbol{D} = \frac{E}{1-v^{2}}\begin{bmatrix} 1 & v & 0 \\ v & 1 & 0 \\ 0 & 0 & \dfrac{1-v}{2} \end{bmatrix} \tag{6-9}$$

式中，E 为岩石弹性模量；v 为泊松比。

根据有效应力的定义，Biot 有效弹性张量可以分解为以下两部分：

$$\boldsymbol{\alpha}_{e} = \boldsymbol{\sigma} - \alpha P_{p}\boldsymbol{I} \tag{6-10}$$

式中，$\boldsymbol{\sigma}$ 为二阶柯西应力张量；P_{p} 为作用于岩石基质上的孔隙压力；$\boldsymbol{I}$ 为单位张量。

2. 裂缝内流体流动方程及边界条件

根据流体力学中的润滑方程理论，两平行板间 Poiseuille 平面流动的连续性方程如下：

$$\text{在}\ \Omega_{f}\ \text{内，}\quad \frac{\partial w}{\partial t} = \frac{\partial}{\partial s}\left(\frac{w^{3}}{12\mu}\frac{\partial P}{\partial s}\right) + Q_{0} \tag{6-11}$$

$$K = \frac{w^3}{12\mu} \tag{6-12}$$

$$w = (\boldsymbol{u}^+ - \boldsymbol{u}^-) \cdot \boldsymbol{n}_{\mathrm{f}}\big|_{\Gamma_{\mathrm{f}}} \tag{6-13}$$

$$在缝尖处，\quad \frac{w^3}{12\mu}\frac{\partial P}{\partial \boldsymbol{n}} = 0 \tag{6-14}$$

式(6-11)～式(6-14)中，w 为缝宽；μ 为压裂液黏度；Q_0 为汇源项(即井筒处压裂液的注入速率)；Ω_{f} 为裂缝区域；K 为根据立方定律得出的裂缝渗透率；t 为时间；s 为比裂缝方向为 x 轴的裂缝位置；P 为流体压力；$\boldsymbol{n}$ 为裂缝面法向量；$\boldsymbol{u}^+$、$\boldsymbol{u}^-$ 分别为裂缝两个表面处的位移向量；$\boldsymbol{n}_{\mathrm{f}}$ 为裂缝边界的单位法向量。由于缝宽立方项存在，式(6-11)为非线性瞬态方程。式(6-14)说明式(6-11)在缝尖处压力满足 Neumann 边界条件。

根据式(6-13)缝宽计算公式，存在某一稀疏矩阵 $\boldsymbol{A}$，使缝宽满足如下关系：

$$w = \boldsymbol{A}\boldsymbol{u}\big|_{\Omega} \tag{6-15}$$

式中，$\boldsymbol{u}$ 为位移，代表整个区域 Ω 内的位移，据式(6-15)可以看出，$\boldsymbol{A}$ 为稀疏矩阵，每行的非零元素为 1 和–1，其余元素均为 0。式(6-15)建立了区域 Ω 内的位移场 $\boldsymbol{u}$ 与裂缝区域 Ω_{f} 内的缝宽 w 之间的联系。

6.2.2　有限元离散形式

1. 控制方程的有限元弱形式

根据 6.2.1 节的固体应力平衡方程与裂缝内流体流动方程，位移场与压力场的试探函数空间分别定义如下：

$$V_u = \{\boldsymbol{u} = (u_1, u_2) \in [H^1(\Omega; C)]^2 \,\big|\, \boldsymbol{u} = 0,在外边界 \Gamma_{\mathrm{out}}的4个顶点处\} \tag{6-16}$$

$$V_P = \{P \in [H^1(\Omega_{\mathrm{f}}; C)] \,\big|\, P = 0,在缝尖处\} \tag{6-17}$$

式(6-16)～式(6-17)中，V_u、V_p 分别为位移场函数 $\boldsymbol{u}$、压力场函数 P 的解的试探空间。可看出，式(6-16)、式(6-17)自动满足式(6-2)、式(6-11)的 Dirichlet 边界条件(或位移边界条件)。由于此处 Dirichlet 边界处值为零，它们对应的权函数空间 W_u、W_P 与 V_u、V_P 相同。据此，可以得到上述两个方程组呈耦合系统(包括 Neumann 边界条件)的弱形式。即寻求 $(\boldsymbol{u}, P) \in V_u \times V_P$，使对于任意的权函数 $(\delta\boldsymbol{u}, \delta P) \in W_u \times W_P$，满足如下：

$$\int_{\Omega} \delta\boldsymbol{\varepsilon}^{\mathrm{T}}\boldsymbol{\sigma}\mathrm{d}\Omega - \int_{\Gamma_{\mathrm{out}}} \delta\boldsymbol{u}^{\mathrm{T}}\boldsymbol{\sigma}_0\mathrm{d}\Gamma + \int_{\Omega_{\mathrm{f}}} (\delta\boldsymbol{u}^+ - \delta\boldsymbol{u}^-)^{\mathrm{T}}P\mathrm{d}\Omega_{\mathrm{f}} = 0 \tag{6-18}$$

$$\int_{\Omega_\mathrm{f}} \delta P \dot{w} \mathrm{d}\Omega_\mathrm{f} + \int_{\Omega_\mathrm{f}} \nabla(\delta P) \frac{w^3}{12\mu} \nabla P \mathrm{d}\Omega_\mathrm{f} + P Q_0 \mathrm{d}\Omega_\mathrm{f} = 0 \tag{6-19}$$

式(6-18)~式(6-19)中，$\boldsymbol{u}$ 为位移；P 为压力；$\boldsymbol{\sigma}_0$ 在外边界 $\varGamma_\mathrm{out}$ 处等于 σ_1 或 σ_3，因而它代表在外边界处的力的大小；μ 为液体黏度；Q_0 为液体流量；$\dot{w}$ 为缝宽 w 相对于时间变量 t 的导数；$\boldsymbol{\varepsilon}$ 为虚应变；T 为对向量或矩阵求转置。

2. 固体应力平衡方程离散化

假定 $\boldsymbol{u} \approx \boldsymbol{u}^\mathrm{h} = \sum\limits_{i=1}^{n_u} N_i^u u_i = \boldsymbol{N}_u \tilde{\boldsymbol{u}}$，$P \approx P^\mathrm{h} = \sum\limits_{i=1}^{n_P} N_i^P P_i = \boldsymbol{N}_P \tilde{\boldsymbol{P}}$，其中 N_i^u、N_i^P 分别表示位移 $\boldsymbol{u}$、压力 P 的形函数；$\boldsymbol{u}^\mathrm{h}$、$P^\mathrm{h}$ 为真实 $\boldsymbol{u}$ 和 P 的近似解；$\boldsymbol{N}_u$、$\boldsymbol{N}_P$ 分别为由相应形函数构成的列向量；u_i、P_i 为位移、压力在节点处的值；$\tilde{\boldsymbol{u}}$、$\tilde{\boldsymbol{P}}$ 为位移、压力节点值构成的列向量。将它们和缝宽-位移关系式[式(6-15)]代入固体方程的弱形式[式(6-18)]，可得其离散形式为

$$\boldsymbol{K}_\mathrm{s} \tilde{\boldsymbol{u}}^{n+1} - \boldsymbol{A}^\mathrm{T} \boldsymbol{M}_\mathrm{s} \tilde{\boldsymbol{P}}^{n+1} - \boldsymbol{f}_\mathrm{s} = 0 \tag{6-20}$$

式中，$\boldsymbol{A}$ 为稀疏矩阵；$\boldsymbol{M}_\mathrm{s}$ 为刚度矩阵；$\boldsymbol{K}_\mathrm{s} = \int_\Omega \boldsymbol{B}^\mathrm{T} \boldsymbol{D} \boldsymbol{B} \mathrm{d}\Omega$ 为刚度矩阵；$\boldsymbol{f}_\mathrm{s} = \int_{\varGamma_\mathrm{out}} \boldsymbol{N}_u^\mathrm{T} \boldsymbol{\sigma}_0 \mathrm{d}\varGamma$；$\boldsymbol{B}$ 为应力-位移矩阵，若为双线性四边形单元，其中 N_i 为位移形函数，则 $\boldsymbol{B}$ 定义如下：

$$\boldsymbol{B} = [\boldsymbol{B}_1, \boldsymbol{B}_2, \boldsymbol{B}_3, \boldsymbol{B}_4] \tag{6-21}$$

$$\boldsymbol{B}_i = \begin{bmatrix} \dfrac{\partial N_i}{\partial x} & 0 \\[2mm] 0 & \dfrac{\partial N_i}{\partial y} \\[2mm] \dfrac{\partial N_i}{\partial y} & \dfrac{\partial N_i}{\partial x} \end{bmatrix}, \quad i = 1, 2, 3, 4 \tag{6-22}$$

3. 流体压力方程离散化

将缝宽与位移关系式[式(6-15)]代入流体方程的弱形式[式(6-19)]，可得出如下弱形式：

$$\int_{\Omega_\mathrm{f}} \delta P \boldsymbol{A} \dot{\boldsymbol{u}} \mathrm{d}\Omega_\mathrm{f} + \int_{\Omega_\mathrm{f}} \nabla(\delta P) K \nabla P \mathrm{d}\Omega_\mathrm{f} + \int_{\Omega_\mathrm{f}} \delta P Q_0 \mathrm{d}\Omega_\mathrm{f} = 0 \tag{6-23}$$

类似于 6.2.1 节应力平衡方程的离散化处理过程，将 $\boldsymbol{P} = \boldsymbol{N}_P\tilde{\boldsymbol{P}}, \boldsymbol{u} = \boldsymbol{N}_u\tilde{\boldsymbol{u}}$ 代入弱形式 [式 (6-23)] 中，可得

$$\boldsymbol{M}_\mathrm{f}\boldsymbol{A}\dot{\tilde{\boldsymbol{u}}}^{n+1} + \boldsymbol{K}_{f(w^3)}\tilde{\boldsymbol{P}}^{n+1} - \boldsymbol{f}_\mathrm{f} = \boldsymbol{0} \tag{6-24}$$

式中，

$$\boldsymbol{M}_\mathrm{f} = \boldsymbol{M}_\mathrm{s}^\mathrm{T} = \int_{\Omega_\mathrm{f}} \boldsymbol{N}_P^\mathrm{T}\boldsymbol{N}_u\mathrm{d}\Omega_\mathrm{f}$$

$$\boldsymbol{K}_{f(w^3)} = \int_{\Omega_\mathrm{f}} \nabla\boldsymbol{N}_P^\mathrm{T}k\nabla\boldsymbol{N}_P\mathrm{d}\Omega_\mathrm{f} = \int_{\Omega_\mathrm{f}} \nabla\boldsymbol{N}_P^\mathrm{T}\frac{w^3}{12\mu}\nabla\boldsymbol{N}_P\mathrm{d}\Omega_\mathrm{f}$$

$$\boldsymbol{f}_\mathrm{f} = \int_{\Omega_\mathrm{f}} \nabla\boldsymbol{N}_P^\mathrm{T}Q_0\mathrm{d}\Omega_\mathrm{f}$$

其中，$\boldsymbol{A}$ 为稀疏矩阵；$\dot{\boldsymbol{u}}$ 为位移矩阵；Q_0 为液体流量；$\boldsymbol{f}_\mathrm{f}$ 为载荷向量；$\dot{\boldsymbol{u}}$ 为位移节点向量 $\tilde{\boldsymbol{u}}$ 对时间的一阶偏导数；$\dot{\tilde{\boldsymbol{u}}}^{n+1}$ 为 $n+1$ 时步的节点位移列向量。

为了完成对时间域的离散，式 (6-24) 中位移对时间一阶导数可以用有限差分表达式 [式 (6-24)] 来近似，因此式 (6-24) 变成：

$$\dot{\tilde{\boldsymbol{u}}} = \frac{\tilde{\boldsymbol{u}}^{n+1} - \tilde{\boldsymbol{u}}^n}{\Delta t} \tag{6-25}$$

$$\boldsymbol{M}_\mathrm{f}\boldsymbol{A}\frac{\tilde{\boldsymbol{u}}^{n+1}}{\Delta t} + \boldsymbol{K}_{f(w^3)}\tilde{\boldsymbol{P}}^{n+1} - \boldsymbol{f}_\mathrm{f} - \boldsymbol{M}_\mathrm{f}\boldsymbol{A}\frac{\tilde{\boldsymbol{u}}^n}{\Delta t} = 0 \tag{6-26}$$

式 (6-25) ～式 (6-26) 中，上标 n 表示第 n 时间步；Δt 表示时间步长。由于 $\boldsymbol{K}_{f(w^3)}$ 积分中包括立方项 w^3，因此方程 (6-26) 具有非线性。

最终，固体方程 (6-20) 与流体方程 (6-26) 完全耦合形式用分块矩阵形式表达如下：

$$\begin{bmatrix} \boldsymbol{K}_\mathrm{s} & -\boldsymbol{A}^\mathrm{T}\boldsymbol{M}_\mathrm{s} \\ \dfrac{1}{\Delta t}\boldsymbol{M}_\mathrm{f}\boldsymbol{A} & \boldsymbol{K}_{f(w^3)} \end{bmatrix} \cdot \begin{bmatrix} \tilde{\boldsymbol{u}}^{n+1} \\ \tilde{\boldsymbol{P}}^{n+1} \end{bmatrix} = \begin{bmatrix} \boldsymbol{f}_\mathrm{s} \\ \boldsymbol{f}_\mathrm{f} + \dfrac{1}{\Delta t}\boldsymbol{M}_\mathrm{f}\boldsymbol{A}\tilde{\boldsymbol{u}}^n \end{bmatrix} \tag{6-27}$$

式 (6-27) 为水力压裂问题的完全耦合离散形式。

6.2.3　PGD 数值计算方法

1. 固体方程的预处理

根据固体方程 (6-20) 离散化形式，得出位移函数解如下：

$$\boldsymbol{u}(x,t) = \boldsymbol{K}_s^{-1}\boldsymbol{f}_s + \boldsymbol{K}_s^{-1}\boldsymbol{A}^{\mathrm{T}}\boldsymbol{M}_s, \boldsymbol{u}(x,t) = \boldsymbol{b} + \boldsymbol{B} \cdot P(x,t) \tag{6-28}$$

式中，$\boldsymbol{b} = \boldsymbol{K}_s^{-1}\boldsymbol{f}_s$，$\boldsymbol{B} = \boldsymbol{K}_s^{-1}\boldsymbol{A}^{\mathrm{T}}\boldsymbol{M}_s$。

将式(6-28)位移函数解分别代入缝宽方程[式(6-15)]和流体方程离散化形式[式(6-20)]中，可得

$$w(x,t) = \boldsymbol{A}\boldsymbol{u}(x,t) = \boldsymbol{A}\boldsymbol{b} + \boldsymbol{A}\boldsymbol{B} \cdot P(x,t) \tag{6-29}$$

$$\dot{w} = \boldsymbol{A}\boldsymbol{B}\dot{P}(x,t) \tag{6-30}$$

$$\boldsymbol{M}_{\mathrm{f}}\boldsymbol{A}\boldsymbol{B}\dot{P} + \boldsymbol{K}_{f(w^3)}P = Q_0 \tag{6-31}$$

为了简化起见，下面在不引起歧义的情况下，省略刚度矩阵 $\boldsymbol{K}_{f(w^3)}$ 下标 f。上述方程意味着，一旦得出流体方程[式(6-31)]关于压力 P 的分离形式 PGD 解，根据式(6-28)、式(6-29)，易得出位移 $\boldsymbol{u}$ 和缝宽 w 的 PGD 形式解。这是因为从式(6-29)可知向量 $\boldsymbol{b}$、矩阵 $\boldsymbol{B}$ 仅是空间变量 x 的函数，而与时间变量 t 无关。因此下一步仅得出流体方程的 PGD 形式解即可。

2. 流体方程的 PGD 形式解

所寻求压力 P 的 PGD 形式解如下：

$$P^m(x,t) = \sum_{i=1}^{m} X_i(x)T_i(t) = P^{m-1}(x,t) + X_m(x)T_m(t) \tag{6-32}$$

可看出 PGD 解形式为一些分离变量形式函数乘积之和，其中 m 表示项数，$X_i(x)$、$T_i(t)$ 为分离变量形式的函数，X 仅是空间变量 x 的函数，T 仅是时间变量 t 的函数，$P^{m-1}(x,t) = \sum_{i=1}^{m-1} X_i(x)T_i(t)$ 为 X 和 T 的前 $m-1$ 项乘积之和。下面为了简化起见，再次忽略第 m 项函数 X_m、T_m 的下标 m，简记为 X、T。

将式(6-32)压力函数 P 的 PGD 形式解代入式(6-31)中，可得

$$\boldsymbol{M}_{\mathrm{f}}\boldsymbol{A}\boldsymbol{B}X\dot{T} + \boldsymbol{K}_{w^3}XT = Q_0 - \boldsymbol{M}_{\mathrm{f}}\boldsymbol{A}\boldsymbol{B}\dot{P}^{m-1} - \boldsymbol{K}_{w^3}P^{m-1} \tag{6-33}$$

由于流体刚度矩阵 $\boldsymbol{K}_{w^3}$ 含非线性项，使用奇异值分解(SVD)对其预分解成空间变量与时间变量函数，分解如下：

$$[K_{w^3}]_{ij} = \int_{\Omega_{\mathrm{f}}} N_i \frac{w^3}{12\mu} N_j \mathrm{d}s \tag{6-34}$$

式中，s 为裂缝路径。

$$\frac{w^3}{12\mu} = \sum_l \theta^l(x)\phi^l(t) \tag{6-35}$$

$$\boldsymbol{K}_{w^3} = \sum_l K^l(x)\phi^l(t) \tag{6-36}$$

式中，$\theta^l(x)$ 和 $\phi^l(t)$ 分别为关于空间和时间的函数；其中 $[K^l]_{ij} = \int_{\Omega_f} N_i \theta^l(x) N_j dx$，$N_i$、$N_j$ 为形函数，仅与空间变量 x 有关。

将式(6-36)代入式(6-33)中，可得压力函数 $P(x,t)$ 的 PGD 形式解如下：

$$\boldsymbol{M}_f \boldsymbol{A}\boldsymbol{B}X\dot{T} + \sum_l K^l(x)\phi^l(t)XT = Q_0 - \boldsymbol{M}_f \boldsymbol{A}\boldsymbol{B}\dot{P}^{m-1} - \sum_l K^l(x)\phi^l(t)P^{m-1} \tag{6-37}$$

3. PGD 形式解的交替方向迭代格式

假定已计算出 PGD 解中的前 $m-1$ 项 P^{m-1}，需要求第 m 项 X、T。由于对每一富集步(enrichment) m，函数 X、T 均未知，它们的乘积 XT 使方程(6-32)具有非线性。因此选用交替方向格式的不动点迭代法来得到 PGD 形式解。对每一迭代步 p 包括两个过程：①给定 $T_m^{p-1}(t)$，求解 $X_m^p(x)$；②给定刚求得的 $X_m^p(x)$，求解 $T_m^p(t)$。初始步迭代时，$T_m^0(t)$ 可取任意随机向量。这样可使每步求解变为给定一个函数，求解另一函数。当不动点迭代满足如下条件时，停止迭代：

$$\frac{\left\| X_m^p(x)T_m^p(t) - X_m^{p-1}(x)T_m^{p-1}(t) \right\|}{\left\| X_m^{p-1}(x)T_m^p(t) \right\|} < \varepsilon \tag{6-38}$$

式中，$\|\cdot\|$ 为合适的范数；ε 为给定的允许误差。一旦 $X_m^p(x)$、$T_m^p(t)$ 满足停止准则[式(6-38)]，将它们的值分别赋予 $X_m(x)$、$T_m(t)$。这样即为所求的第 m 项函数 X、T。同样，下面为了简化起见，忽略迭代次数下标 p。

1)给定 T，求解 X

在给定函数 T 情况下，所有关于时间变量 t 的函数已知，因此对方程(6-37)两边同时乘以函数 T，并对时间变量 t 求积分，整理可得如下：

$$\begin{aligned}
&\int_{\Omega_{\text{time}}} T(\boldsymbol{M}_f \boldsymbol{A}\boldsymbol{B}X\dot{T} + \sum_l K^l \phi^l XT)dt \\
&= \int_{\Omega_{\text{time}}} T(Q_0 - \boldsymbol{M}_f \boldsymbol{A}\boldsymbol{B}\dot{P}^{m-1} + \sum_l K^l \phi^l P^{m-1})dt
\end{aligned} \tag{6-39}$$

式中，Ω_{time} 为时间域。

$$[\boldsymbol{M}_{\mathrm{f}}\boldsymbol{A}\boldsymbol{B}\int_{\Omega_{\mathrm{time}}}T\dot{T}\mathrm{d}t + \sum_l K^l\int_{\Omega_{\mathrm{time}}}T\phi^l T\mathrm{d}t]X$$

$$= Q_0\int_{\Omega_{\mathrm{time}}}T\mathrm{d}t - \sum_{i=1}^{m-1}\boldsymbol{M}_{\mathrm{f}}\boldsymbol{A}\boldsymbol{B}X_i\int_{\Omega_{\mathrm{time}}}T\dot{T}_i\mathrm{d}t + \sum_{i=1}^{m-1}\sum_l K^l X_i\int_{\Omega_{\mathrm{time}}}T\phi^l T_i\mathrm{d}t \tag{6-40}$$

上述过程用数学语言表达：给定 T，求解函数 X 使其满足式(6-40)。

为简化起见，以上关于时间域 Ω_{time} 的一维积分定义如下：

$$\begin{cases} \alpha^x = \int_{\Omega_{\mathrm{time}}}T\dot{T}\mathrm{d}t, \alpha_i^{\ x} = \int_{\Omega_{\mathrm{time}}}T\dot{T}_i\mathrm{d}t \\ \beta^{x,l} = \int_{\Omega_{\mathrm{time}}}T\phi^l T\mathrm{d}t, \beta_i^{x,l} = \int_{\Omega_{\mathrm{time}}}T\phi^l T_i\mathrm{d}t \\ \gamma^x = \int_{\Omega_{\mathrm{time}}}T\mathrm{d}t \end{cases} \tag{6-41}$$

因此，需求解函数 X 的方程简化形式为

$$(\boldsymbol{M}_{\mathrm{f}}\boldsymbol{A}\boldsymbol{B}\alpha^x + \sum_l K^l \beta^{x,l})X = Q_0\gamma^x - \sum_{i=1}^{m-1}\boldsymbol{M}_{\mathrm{f}}\boldsymbol{A}\boldsymbol{B}X_i\alpha_i^{\ x} - \sum_{i=1}^{m-1}\sum_l K^l X_i\beta_i^{x,l} \tag{6-42}$$

边值问题(BVP)为关于函数变量 X 的代数方程，可以通过合适数值方法，结合边界条件容易解出 X。

2) 给定 X，求解 T

此求解推导过程与上述求解过程类似。由于已知所有关于空间变量 x 的函数 X，在方程(6-37)两边同时乘以 X^{T}，可得

$$X^{\mathrm{T}}[\boldsymbol{M}_{\mathrm{f}}\boldsymbol{A}\boldsymbol{B}X\dot{T} + \sum_l K^l\phi^l XT] = X^{\mathrm{T}}[Q_0 - \boldsymbol{M}_{\mathrm{f}}\boldsymbol{A}\boldsymbol{B}\dot{P}^{m-1} - \sum_l K^l\phi^l P^{m-1}] \tag{6-43}$$

$$(X^{\mathrm{T}}\boldsymbol{M}_{\mathrm{f}}\boldsymbol{A}\boldsymbol{B}X)\dot{T} + \sum_l X^{\mathrm{T}}K^l\phi^l XT$$

$$= X^{\mathrm{T}}Q_0 - \sum_{i=1}^{m-1}X^{\mathrm{T}}\boldsymbol{M}_{\mathrm{f}}\boldsymbol{A}\boldsymbol{B}X_i\dot{T}_i - \sum_{i=1}^{m-1}\sum_l X^{\mathrm{T}}K^l X_i\phi^l T_i \tag{6-44}$$

式(6-44)中，关于空间变量 x 的表达式定义如下：

$$\begin{cases} \alpha^t = X^{\mathrm{T}}\boldsymbol{M}_{\mathrm{f}}\boldsymbol{A}\boldsymbol{B}, \alpha_i^{\ t} = X^{\mathrm{T}}\boldsymbol{M}_{\mathrm{f}}\boldsymbol{A}\boldsymbol{B}X_i \\ \beta^{t,l} = X^{\mathrm{T}}K^l X, \beta_i^{t,l} = X^{\mathrm{T}}K^l X_i \\ \gamma^t = X^{\mathrm{T}}Q_0, \xi^t = \gamma^t - \sum_{i=1}^{m-1}\alpha_i^{\ t}\dot{T}_i - \sum_{i=1}^{m-1}\sum_l \beta_i^{t,l}\phi^l T_i \end{cases} \tag{6-45}$$

因此，式(6-44)的简洁形式定义如下：

$$\alpha^t \dot{T} + \sum_l \beta^{t,l} \phi^l T = \xi^t \tag{6-46}$$

式(6-46)为 T 的一阶常微分方程的初值问题 $T(0) = 0$（IVP），为了提高计算精度，采用四阶 Runge-Kutta 迭代格式进行求解，根据式(6-46)，定义如下函数及变量：

$$\dot{T} = \frac{1}{\alpha^t} \left(\gamma^t - \sum_l \beta^{t,l} \phi^l T \right) \tag{6-47}$$

$$F(t,T) = \frac{1}{\alpha^t} \left(\xi^t - \sum_l \beta^{t,l} \phi^l T \right) \tag{6-48}$$

则方程(6-47)的四阶 Runge-Kutta 迭代格式如下：

$$\begin{cases} T_{i+1} = T_i + \dfrac{\Delta t}{6}(k_1 + 2k_2 + 2k_3 + k_4) \\ k_1 = F(t_i, T_i) \\ k_2 = F\left(t_i + \dfrac{\Delta t}{2}, T_i + \dfrac{\Delta t}{2}k_1 \right) \\ k_3 = F\left(t_i + \dfrac{\Delta t}{2}, T_i + \dfrac{\Delta t}{2}k_2 \right) \\ k_4 = F\left(t_i + \dfrac{\Delta t}{2}, T_i + \Delta t k_3 \right) \end{cases} \tag{6-49}$$

4. 非线性项的处理方法

前述方程(6-32)中，$\boldsymbol{K}_{w^3}$ 使此方程为非线性方程，因此使用 Picard 迭代（或不动点迭代法）使方程线性化，其迭代格式定义如下：

$$\boldsymbol{M}_\mathrm{f} \boldsymbol{A} \boldsymbol{B} \dot{P}^{\delta+1} + \boldsymbol{K}_{w^3}^{\delta} P^{\delta+1} = Q_0 \tag{6-50}$$

式中，δ 为 Picard 迭代次数，式(6-49)满足的终止迭代条件如下：

$$\left\| P^{\delta+1} - P^{\delta} \right\| < \varepsilon \tag{6-51}$$

5. 算法概括

将前四小节瞬态、非线性、耦合水力压裂问题的 PGD 算法概括如下：对每一非线性迭代循环步 δ，预先采用 SVD 分解将非线性项 $\boldsymbol{K}_{w^3}^{\delta}$ 分解成 $K^l(x)$ 与 $\phi^l(t)$，然后使用 PGD 交替迭代算法得到每一项 X、T，最后根据式(6-32)，将求解得到的每一项 X、T 相乘并求和，即得到压力 P 的解，再根据式(6-28)和式(6-29)最终得

到位移 $\boldsymbol{u}$、缝宽 w 的解。因此，使用 PGD 算法可以把原先有限元的二维问题分离成空间、时间域的 2 个低维问题，下面可看出计算速度明显快于传统有限元方法。

6. 水力裂缝与天然裂缝相交准则

若地层中存在天然裂缝或弱面时，需要考虑水力裂缝与天然裂缝相遇时裂缝如何扩展的问题。当水力裂缝与天然裂缝相交时，可发生裂缝穿越、转向、停止和剪切膨胀(Cipolla et al.，2012)。水力裂缝、天然裂缝相互作用行为取决于地应力状态、岩石和天然裂缝力学性质、压裂液流变性能及其泵入排量等。目前已有不少学者通过理论和试验手段研究了水力裂缝与天然裂缝之间的相互作用，并提出了相应的相交准则。

如图 6-12 所示，水力裂缝与天然裂缝间交角为 β，根据 Renshaw 和 Pollard 相交准则，天然裂缝可视为一种摩擦性界面，则沿着天然裂缝面不发生滑移的条件如式(6-52)～式(6-55)：

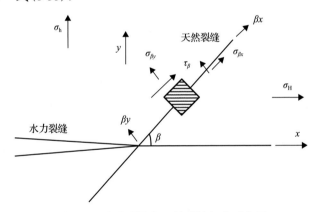

图 6-12　水力裂缝与天然裂缝相交示意图

$$\left|\tau_\beta\right| < S_0 - \lambda\sigma_{\beta y} \tag{6-52}$$

$$\tau_\beta = K\sin\frac{\theta}{2}\sin\frac{3\theta}{2}\sin 2\beta + K\sin\frac{\theta}{2}\cos\frac{3\theta}{2}\cos 2\beta - \frac{\sigma_H - \sigma_h}{2}\sin 2\beta \tag{6-53}$$

$$\sigma_{\beta y} = K + K\sin\frac{\theta}{2}\sin\frac{3\theta}{2}\cos 2\beta - K\sin\frac{\theta}{2}\cos\frac{3\theta}{2}\sin 2\beta$$
$$+ \frac{\sigma_H + \sigma_h}{2} - \frac{\sigma_H - \sigma_h}{2}\cos 2\beta \tag{6-54}$$

$$\cos^2\frac{\theta}{2}K^2 + 2\left[\left(\frac{\sigma_H - \sigma_h}{2}\right)\sin\frac{\theta}{2}\sin\frac{3\theta}{2} - T\right]K + \left[T^2 - \left(\frac{\sigma_H - \sigma_h}{2}\right)^2\right] = 0 \tag{6-55}$$

式中，λ 为天然裂缝面摩擦系数；S_0 为天然裂缝面内聚力；τ_β、$\sigma_{\beta y}$ 分别为天然裂缝面上的剪切应力和正应力；$\theta=\beta$ 或 $\beta-\pi$；β 为天然裂缝与水力裂缝间交角；σ_H、σ_h 分别为远场最大、最小水平应力；$T=T_0-[(\sigma_H-\sigma_h)/2]$，$T_0$ 为岩石抗拉强度；K 为式(6-55)的两个根，本节中取最大主应力 σ_1 等于 T_0 的那个根，最大主应力 σ_1 计算公式如式(6-56)～式(6-59)所示，其中 K_I 为裂缝尖端处 I 型应力强度因子；r 和 α 为裂缝尖端处的极坐标；σ_x、σ_y 和 τ_{xy} 为各应力分量，具体表达式如下：

$$\sigma_1 = \frac{\sigma_x + \sigma_y}{2} + \sqrt{\left(\frac{\sigma_x - \sigma_y}{2}\right)^2 + \tau_{xy}^2} \tag{6-56}$$

$$\sigma_x = \sigma_H + \frac{K_I}{\sqrt{2\pi r}}\cos\frac{\alpha}{2}\left(1 - \sin\frac{\alpha}{2}\sin\frac{3\alpha}{2}\right) \tag{6-57}$$

$$\sigma_y = \sigma_h + \frac{K_I}{\sqrt{2\pi r}}\cos\frac{\alpha}{2}\left(1 + \sin\frac{\alpha}{2}\sin\frac{3\alpha}{2}\right) \tag{6-58}$$

$$\tau_{xy} = \frac{K_I}{\sqrt{2\pi r}}\sin\frac{\alpha}{2}\cos\frac{\alpha}{2}\cos\frac{3\alpha}{2} \tag{6-59}$$

7. PGD 解的验证与稳定性分析

解的验证：使用相同的网格尺寸与参数，将 PGD 算法计算结果与有限元方法(FEM)的结果相比较，如图 6-13(a)和(b)所示，可看出这两种方法得出的解相近，从而证实了 PGD 算法的可靠性，但是 PGD 算法的计算时间比有限元方法要少得多。因此 PGD 算法模拟水力压裂过程要比有限元方法快速，可以极大地节约计算成本。

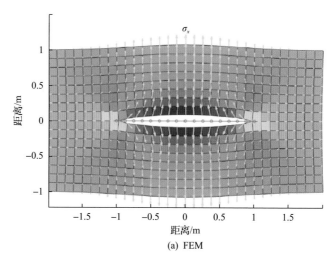

(a) FEM

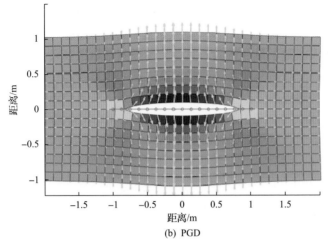

(b) PGD

图 6-13　PGD 与 FEM 计算结果比较

　　稳定性分析：使用不同的网格尺寸 (h、$h/2$、$h/4$ 和 $h/8$)，绘制缝内最大压力与最大缝宽(均在井筒原点处最大，即裂缝中心)与网格尺寸的半对数曲线，单元使用双线性四边形网格，结果如图 6-14 所示。可以看出，随着网格尺寸越来越小，最大压力与最大缝宽逐渐变小，并呈现稳定趋势。因此可以说明，PGD 解在网格尺寸达到一定值后，其数值解将趋于稳定。说明水力压裂 PGD 算法模拟结果的解收敛性较好。需要注意的是，裂缝面上的压力节点与位移节点不能重合，否则解将不稳定。正确方法是将压力节点置于两位移节点之间，再编程求解即可得到较稳定的解。

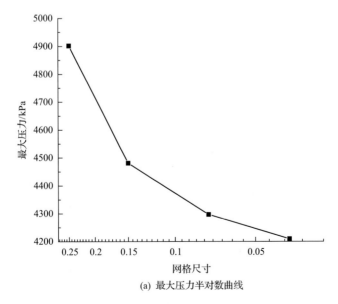

(a) 最大压力半对数曲线

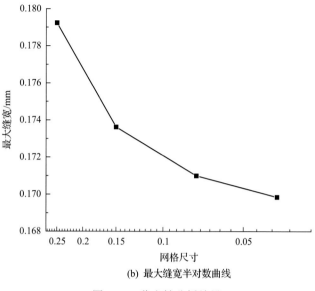

(b) 最大缝宽半对数曲线

图 6-14　稳定性分析结果

本节模拟了不同网格尺寸下对应的裂缝节点上的压力与缝宽分布，如图 6-15(a)和(b)所示，可以看出它们均在裂缝中心节点达到最大值，即对应注入点处。随着缝长的逐渐延伸，压力和缝宽变得越来越小；在裂缝尖端处，其值达到最小值。说明此模拟结果与先前已发表文献中的结果相符，再次验证了 PGD 算法解的可靠性。

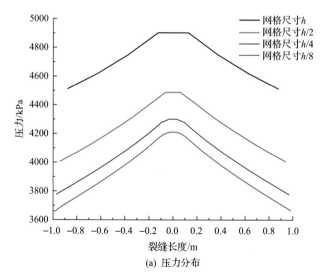

(a) 压力分布

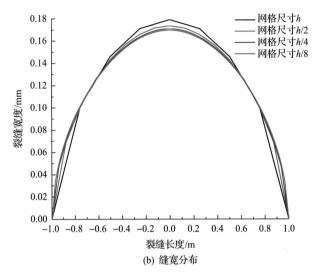

(b)　缝宽分布

图 6-15　裂缝节点处的压力与缝宽分布

8. 数值模拟结果及结论

1) 单条裂缝转向扩展模拟与转向能力评价

裂缝转向扩展模拟：如图 6-16 所示，模拟了应力差为 3MPa 时转向裂缝的扩展路径，转向裂缝呈现对称双翼扩展，其中(a)、(b)、(c)分别为对应的位移场、应力场和缝内压力场的平面分布状况。

图 6-17 为对应的转向裂缝缝宽和净压力分布，可以看出，在此条件(裂缝分布和地应力分布对称)下，缝宽呈现对称分布特征，但在转向处曲线上出现拐点，即缝宽突变，说明裂缝发生转向时的耗散能力较大。净压力分布与缝宽分布特征相一致。

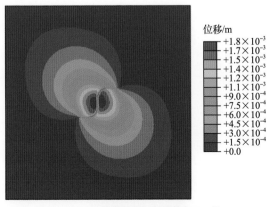

(a)　位移场分布(缝宽放大1000倍)

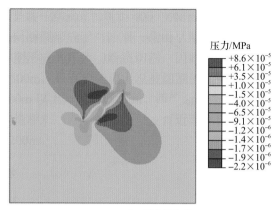

(b) 应力场分布

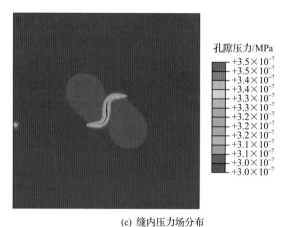

(c) 缝内压力场分布

图 6-16　转向裂缝扩展模拟结果

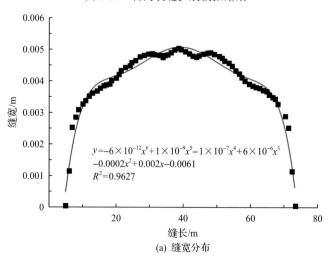

(a) 缝宽分布

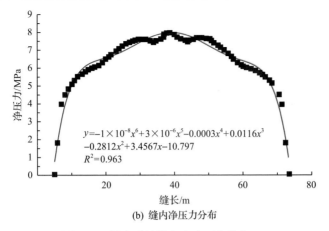

(b) 缝内净压力分布

图 6-17　转向裂缝缝宽和净压力分布

图 6-18 为不同时步下转向裂缝的扩展路径，可以看出，开始时裂缝沿垂直方向扩展；第 896.8s 时裂缝开始发生转向，裂缝沿水平方向延伸；第 2238.9s 时，

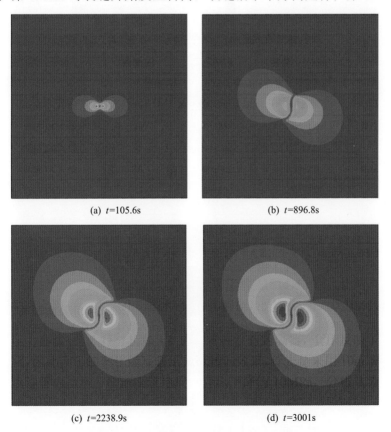

(a) t=105.6s　　　　　　　　　　　　　(b) t=896.8s

(c) t=2238.9s　　　　　　　　　　　　(d) t=3001s

图 6-18　不同时步下转向裂缝扩展路径

转向裂缝基本沿水平方向扩展；第 3001s 时，停止注液，裂缝停止扩展，图 6-18（d）为最终裂缝扩展形态，两侧呈对称分布。

转向能力评价模型：当裂缝发生转向时，它与人工裂缝倾角、水平地应力差、成缝能力（基于断裂韧性获得成缝能力指数）和缝内压力等几个因素有关，利用扩展有限元（XFEM）理论和 PGD 算法（Li and Nordlund，1993；Holt et al.，1996；Liu et al.，2000；Marsala et al.，2001；Tare et al.，2001；Muniz et al.，2005），模拟了不同人工裂缝倾角和水平地应力差下转向裂缝扩展轨迹，如图 6-19 和图 6-20 所示，具体分析如下。

（1）初始人工裂缝倾角。

图 6-19 为不同人工裂缝倾角情形下，转向裂缝的扩展路径，定义破裂角为转向裂缝与初始人工裂缝的夹角，从图中可以看出，人工裂缝倾角越小，转向裂缝破裂角度越大，裂缝越容易发生转向。

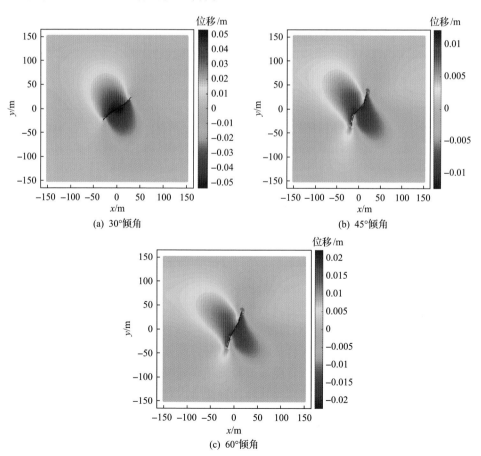

图 6-19   不同人工裂缝倾角下转向裂缝扩展路径

(2) 水平地应力差。

图 6-20 为不同水平地应力差情形下，转向裂缝的扩展路径，从图中可以看出，水平地应力差越小，转向裂缝破裂角越大，裂缝越容易发生转向。

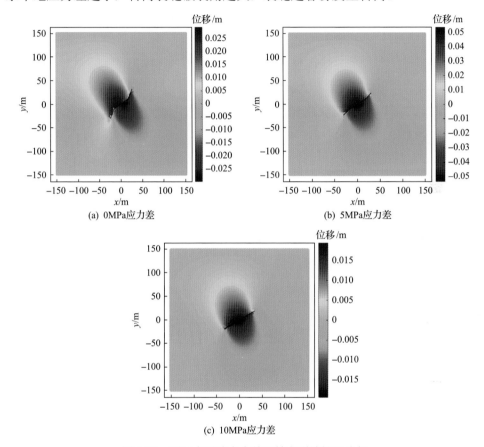

图 6-20　不同水平地应力差下转向裂缝扩展路径

转向能力评价数学模型：由以上两小节分析可知，转向裂缝破裂角与水平地应力差、初始裂缝倾角、成缝能力和裂缝内流压有关，据此进行了 4 因素 3 水平 $L_9(3^4)$ 的正交试验方案设计，模拟结果如表 6-1 所示。其中成缝能力指数由 Jin 等 (2013) 提出的公式计算得到，公式如下：

$$FI = \frac{B_n + K_{IC\_n}}{2} \tag{6-60}$$

$$K_{IC\_n} = \frac{K_{IC\_max} - K_{IC}}{K_{IC\_max} - K_{IC\_max}}, \quad B_n = \frac{B - B_{min}}{B_{max} - B_{min}} \tag{6-61}$$

式 (6-60) 或式 (6-61) 中，FI 为成缝能力指数，取值范围为 0～1。K_{IC} 和 B 分别为储层的断裂韧性和脆性系数，K_{IC_n} 和 B_n 分别为归一化断裂韧性和脆性系数，如式(6-61)所示。

表 6-1　不同因素水平下的转向裂缝破裂角

序号	应力差 $\Delta\sigma$	倾角 θ/(°)	成缝能力 FI	流压 P_f/MPa	破裂角/(°)	转向能力指数 DI
1	10	30	1	60	0.0223	3
2	10	45	0.5	70	0.0122	2.5
3	10	60	0	80	0.0607	2
4	5	30	0.5	80	7.9876	3
5	5	45	0	60	21.346	1
6	5	60	1	70	10.295	2
7	0	30	0	70	20.67	1.5
8	0	45	1	80	15.83	2.5
9	0	60	0.5	60	25.29	0.5

将以上四个因素都考虑到数学模型中，建立转向能力评价模型，以评价裂缝的转向能力。当水平地应力差较小、人工裂缝倾角较小、成缝能力较强和缝内压力较高时，裂缝较容易转向，因此转向能力指数 DI 数学模型定义如下：

$$DI = \sum_i X_{id} \tag{6-62}$$

$$X_{id} = \frac{X_i - X_{i\min}}{X_{i\max} - X_{i\min}} \tag{6-63}$$

$$X_{id} = \frac{X_{i\max} - X_i}{X_{i\max} - X_{i\min}} \tag{6-64}$$

式中，X_{id} 为每个裂缝转向能力影响因素的归一化值；X_i 为每个裂缝转向能力影响因素，如水平地应力差、人工裂缝倾角、成缝能力和缝内流压等；$X_{i\min}$ 和 $X_{i\max}$ 分别为相应影响因素的最小值、最大值。由于流压、成缝能力与转向能力正相关，其余两个因素与转向能力负相关，因此计算转向能力指数时，流压、成缝能力用式(6-63)进行归一化处理，其余两个因素用式(6-64)进行归一化。

从式(6-62)可以看出，裂缝转向能力指数是归一化水平地应力差、归一化初始人工裂缝倾角、归一化成缝能力和归一化缝内流压的总和。每个归一化裂缝转向能力影响因素取值范围为 0～1，因此裂缝转向能力指数变化范围为 0～4。裂缝转向能力指数 DI=4.0，说明裂缝转向能力最强；如果 DI=0，裂缝转向能力最差。DI 值越大，说明裂缝越容易发生转向。

利用以上提出的新模型，根据表 6-1 中各项参数计算了转向能力指数大小，并绘制了转向能力指数 DI 与破裂角间的关系曲线，如图 6-21 所示。可以看出，转向能力指数与破裂角间存在良好的正线性关系，突出转向能力评价模型的可靠性与合理性。

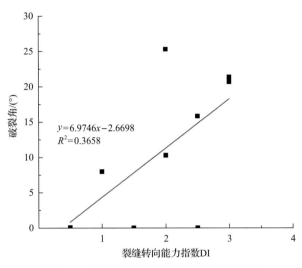

图 6-21　裂缝转向能力指数与破裂角关系

2) 多条平行裂缝转向扩展模拟

"应力阴影"效应对非常规油气藏水力压裂过程中的裂缝扩展轨迹具有重要影响，正确利用应力阴影效应将有助于合理设计页岩气井的完井方式、压裂工艺和提高油气井产能。模拟裂缝间距分别为 20m、60m 和 100m 时，多条平行裂缝的扩展路径，如图 6-22 所示，输入参数如表 6-2 所示。可以看出，裂缝间距越小，多条平行裂缝越容易发生转向扩展，位于中间位置裂缝缝长较长，两侧裂缝缝长较短，当裂缝间距为 100m 时，三条裂缝几乎同时扩展，与裂缝间距较短时比较，裂缝转向弯曲程度较小。

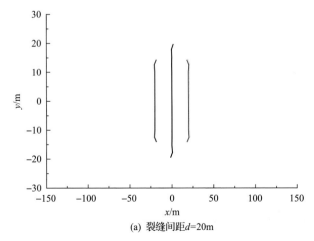

(a) 裂缝间距 d=20m

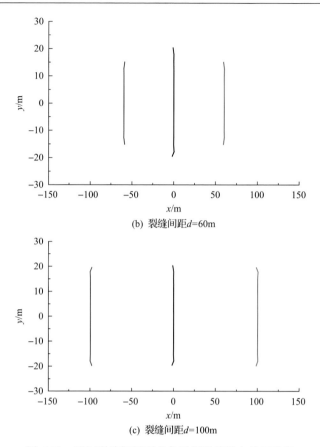

(b) 裂缝间距d=60m

(c) 裂缝间距d=100m

图 6-22　不同裂缝间距下多条平行裂缝转向扩展路径

表 6-2　模型输入参数

	数值
弹性模量/GPa	30
泊松比	0.25
最大主应力/MPa	55.2
最小主应力/MPa	48.3
地层压力/MPa	25
注入排量/(m³/min)	8
液体黏度/(mPa·s)	10
断裂韧性/(MPa·m$^{1/2}$)	1.2

　　以上三种情形下对应的缝间应力场分布如图 6-23 所示，缝间红色程度越深，应力干扰越强。可以看出，裂缝间距较小时，缝间干扰较强，产生了明显的"应力阴影"效应，尤其在裂缝端部，缝间干扰明显，因此产生了裂缝转向现象；随着缝间距离增加，裂缝间"应力阴影"效应减弱。

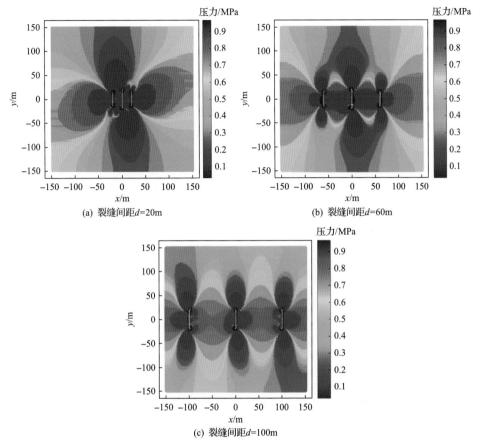

图 6-23　不同裂缝间距下多条平行裂缝的应力场分布

根据表 6-2 中的参数，当裂缝间距为 20m 时，模拟了水平主应力差分别为 2MPa、4MPa、6MPa 和 10MPa 情形下的裂缝扩展规律，定义偏转角 θ 如图 6-24 所示，表示裂缝的转向程度。

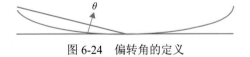

图 6-24　偏转角的定义

以图 6-23 中左侧裂缝(对应第一条裂缝)为例，得到了不同应力差下的偏转角。如图 6-25 所示，水平地应力差越小，偏转角越大，在低应力差下裂缝间应力干扰加强，裂缝更容易转向。

体积压裂过程中，当裂缝发生剪切滑移时，裂缝面受到剪切应力作用。如图 6-26 所示，模拟当裂缝间距为 100m 时裂缝受剪应力和缝面流压共同作用时，三条平行裂缝的扩展轨迹，可以看出，即使裂缝间距较大，但在缝面流压和剪应力联合作用下，裂缝发生了转向。从图 6-27 的应力场分布可以看出，每条裂缝周

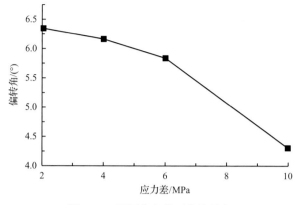

图 6-25　不同应力差下的偏转角

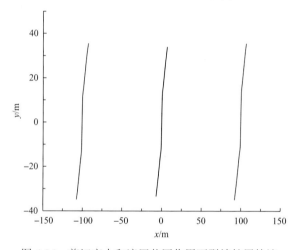

图 6-26　剪切应力和流压共同作用下裂缝扩展轨迹

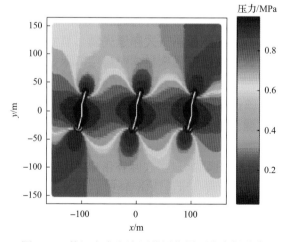

图 6-27　剪切应力和流压共同作用下应力场分布

围的应力场发生扰动，因而人工裂缝重新定向延伸。说明剪切滑移对裂缝转向扩展路径具有明显影响。

3) 天然裂缝作用下水力裂缝转向的模拟

模拟地层中随机分布一组倾角为 60°、长度为 2m 的天然裂缝型储层中水力压裂裂缝的扩展情况，如图 6-28 所示，可以看出，当水力裂缝遇到天然裂缝后，裂缝发生了转向，在裂缝转向处，应力发生了集中现象(应力值较大)。裂缝内的宽度和净压力分布如图 6-29 所示，裂缝宽度和净压力在转向处发生了突变，缝宽变窄，净压力降低。

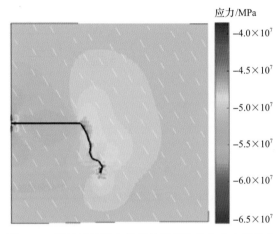

图 6-28　裂缝型地层中的裂缝扩展轨迹和应力场分布

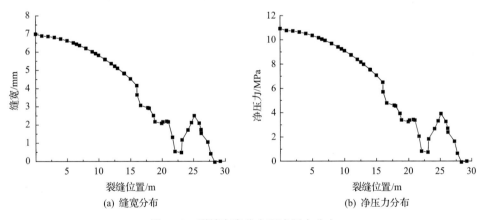

(a) 缝宽分布　　　　　　　　　　　　　　　　(b) 净压力分布

图 6-29　裂缝宽度分布和净压力分布

6.2.4　模型验证

以本章中岩样尺寸大小为物理模型，按上述模拟方法，模拟了不同应力差下的转向裂缝起裂角(转向裂缝与初始裂缝夹角)和转向半径大小，如图 6-30 所示，可以看出，应力差越小，起裂角越大，数值接近 90°；应力差超过 7.87MPa 时，起裂角为零，裂缝难以发生转向，这与本章物理模拟试验结果相吻合，证明了本模型计算结果的可靠性。

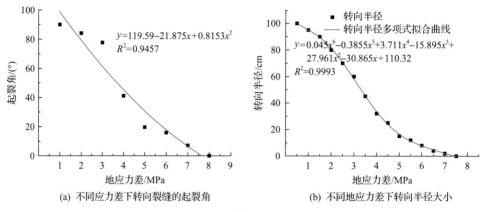

(a) 不同应力差下转向裂缝的起裂角   (b) 不同地应力差下转向半径大小

图 6-30　模型验证结果

参 考 文 献

赵振峰, 王文雄, 邹雨时, 等. 2014. 致密砂岩油藏体积压裂裂缝扩展数值模拟研究. 新疆石油地质, 35(4): 447-451.

Chang S H, Lee C I, Jeon S. 2002. Measurement of rock fracture toughness under modes I and II and mixed-mode conditions by using disc-type specimens. Engineering geology, 66(1): 79-97.

Cipolla C L, Weng X, Mack M, et al. 2012. Integrating microseismic mapping and complex fracture modeling to characterize fracture complexity//The SPE Hydraulic Fracturing Technology Conference, The Woodlands.

Holt R M, Sonstebo E F, Horsrud P, et al. 1996. Fluid effects on acoustic wave propagation in shales//The ISRM International Symposium-EUROCK 96, Turin.

Jin L, Zhu C, Ouyang Y, et al. 2013. Successful fracture stimulation in the first joint appraisal shale gas project in China//IPTC 2013: International Petroleum Technology Conference, Beijing.

Li C, Nordlund E. 1993. Experimental verification of the Kaiser effect in rocks. Rock mechanics and rock engineering, 26(4): 333-351.

Liu X J, Luo P Y, Cheng Y J. 2000. Experimental investigation of the effect of drilling-fluids/clay-minerals interaction on resistivity, acoustic velocity, and log-derived porosity//The SPE International Symposium on Formation Damage Control, Lafayette.

Marsala A F, Brignoli M, Del Gaudio L, et al. 2001. Water based drilling fluid evaluation: Acoustic on cuttings reveals geomechanical modifications induced on shale formations//Offshore Mediterranean Conference, Ravenna.

Muniz E S, Fontoura S A B, Lomba R F T. 2005. Rock-drilling fluid interaction studies on the diffusion cell//The SPE Latin American and Caribbean Petroleum Engineering Conference, Rio de Janeiro.

Néron D, Ladevèze P. 2010. Proper generalized decomposition for multiscale and multiphysics problems. Archives of Computational Methods in Engineering, 17: 351-372.

Olson J E, Taleghani A D. 2009. Modeling simultaneous growth of multiple hydraulic fractures and their interaction with natural fractures//The SPE Hydraulic Fracturing Technology Conference, The Woodlands.

Tare U A, Mese A I, Mody E K. 2001. Time dependent impact of water-based drilling fluids on shale properties//The 38th US Symposium on Rock Mechanics (USRMS). American Rock Mechanics Association, Washington.

Zhao H F, Chen H, Liu G H, et al. 2013. New insight into mechanisms of fracture network generation in shale gas reservoir. Journal of Petroleum Science and Engineering, 110: 193-198.

第 7 章 转向酸化酸压工艺技术

转向酸化酸压技术是常规酸化酸压技术的补充和发展，是提高油层生产潜力的有力手段。大多数转向酸化酸压技术都是在特定条件下，利用转向剂改变其某种条件下产生的特殊性能来对储层的高渗透带进行暂堵，迫使酸液转向低渗透带，达到对非均质低渗透带均匀酸化的目的，全面改善油气的开发条件，增大原油的开采效率和经济效益，因此在目前得到广泛应用。本章将介绍转向酸化酸压设计方法及各种独具特色的工艺。

7.1 转向酸化酸压优化设计方法

7.1.1 转向工艺设计方法

转向工艺设计方法理论研究有以下内容。

(1)天然裂缝岩心岩石力学及强度参数实验。

(2)对岩心进行岩石力学参数及强度实验，校正应力计算，为裂缝起裂、扩展研究提供参数依据。

(3)裂缝型储层裂缝起裂、延伸规律。

(4)施工参数对裂缝尺寸的影响规律。

(5)施工过程中储层转向规律。

(6)复合暂堵转向材料封堵与转向规律。

转向工艺设计主要包括根据地质力学解释成果进行改造分级、数值模拟获取裂缝参数、室内实验获取暂堵剂组合及不同浓度、不同封堵强度下的封堵深度（表 7-1）。

表 7-1 转向工艺设计方法

转向工艺设计内容	原设计方法	优化设计方法
地质力学改造分级	结合地质力学、井漏、裂缝等资料人为分级	人为分级+ABAQUS 有限元模拟：两者互相验证
裂缝参数	缝宽采用模拟缝宽；缝高采用射孔厚度代替	ABAQUS 有限元模拟获得裂缝参数
暂堵剂组合及浓度	经验尝试确定组合及浓度	室内实验确定组合及浓度
封堵深度/强度	根据现场效果调整计算封堵深度，得出经验值	室内实验确定最优组合封堵深度

通过地质力学解释成果和 ABAQUS 有限元模拟，获取井下裂缝参数；结合室

内暂堵评价实验，得到封堵不同缝宽对应的组合、浓度及封堵深度；基于以上两点，形成定量的转向工艺设计方法。

为满足实际需求，结合室内暂堵评价实验成果及有限元模拟，对转向设计方法进行优化。

7.1.2　转向酸压工艺设计实例

K 井是塔里木盆地库车坳陷的一口开发评价井。完钻井深 6523.00m，完钻层位为白垩系巴什基奇克组二段，人工井底 6510.00m。具体的计算方法和用量如图 7-1～图 7-4 所示。

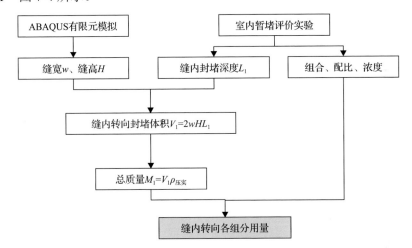

图 7-1　缝内暂堵转向剂用量计算方法

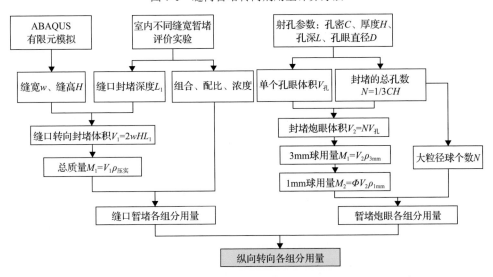

图 7-2　纵向暂堵转向颗粒用量计算

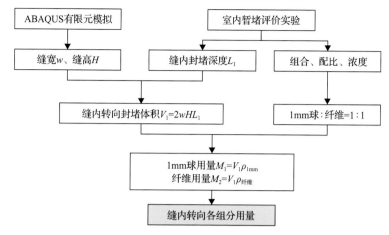

图 7-3　缝内暂堵转向纤维用量计算方法

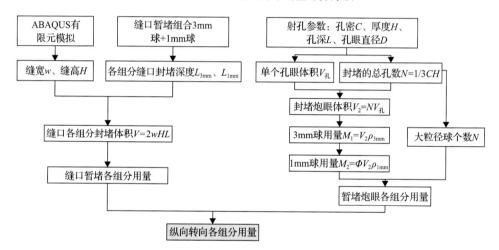

图 7-4　纵向暂堵转向纤维用量计算

该井拥有良好的物质基础，地层能量足，裂缝有效性好。前期重晶石解堵未能使投产段得到充分改造，解堵未能突破污染带。参考区块储层改造经验，对比分析解堵施工情况及测试情况，结合安全性及经济性评价，本次采用暂堵转向酸压工艺对井段 6356.00～6501.00m 进行改造，提高单井产量。

1. 暂堵剂优化目的与原则

本井储层跨度 145m，酸压施工排量 3.5～5.0m³/min，储层跨度较大，而一级酸压不能完全覆盖储层有效厚度，采用粒径为 6mm 和 3mm 的暂堵球进行架桥，结合 1mm 暂堵球填充，进行层间转向提高分层效果，实现多级酸压改造不同层段，尽可能地提高储层改造程度。

2. 地质力学分级情况

本井钻进期间井漏情况及储层裂缝分布情况见表 7-2。由于井段 6464.00～6480.00m、6484.50～6501.00m 钻进期间发生井漏，裂缝分布密集且与应力夹角较小，分为第一级，共 32.5m/2 段；将 6356.00～6364.00m、6394.00～6407.00m 分为第二级，共 21m/2 段。

表 7-2　K 井射孔段井漏及裂缝分布

井段/m	厚度/m	漏失/m³	应力/MPa	平均应力/MPa	裂缝条数	裂缝与应力夹角/(°)	分级
6356.00～6364.00	8		127.36～137.99	132.74	2	18～45	2
6394.00～6407.00	13		129.06～139.73	133.58	1	9～18	2
6464.00～6480.00	16	190.74	130.53～141.28	136.31	32	0～36	1
6484.50～6501.00	16.5		131.22～144.10	137.84	15	0～63	1

注：第一级 32.5m/2 段，第二级 21m/2 段

3. 软件裂缝模拟

根据 K 井地质力学综合评价成果图，利用 ABAQUS 软件建立三维有限元模型(图 7-5)，并分层给定岩石力学及地应力参数，模型尺寸为 160m×160m×200m(长×宽×高)。通过软件模拟裂缝开启状态(图 7-5)，第一级裂缝开启对应井段 6464.00～6480.00m、6484.50～6501.00m，第二级裂缝开启对应井段 6356.00～6364.00m、6394.00～6407.00m，与前期通过地质力学分析得到的分级结果相同，两者得到了互相验证。

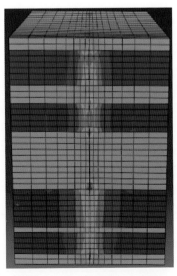

图 7-5　K 井三维有限元模型

给定排量 3.5～5.0m³/min，模拟两级裂缝形态(图 7-6)，FFOPEH 表示缝宽大小，颜色越深，缝宽越大。输出缝宽沿井筒纵向分布曲线如图 7-7 所示，读出两级裂缝平均缝宽和缝高，根据模型尺寸，读出缝长，见表 7-3。

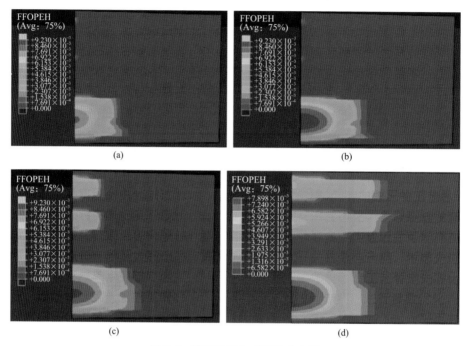

图 7-6　模拟酸压生成裂缝动态图

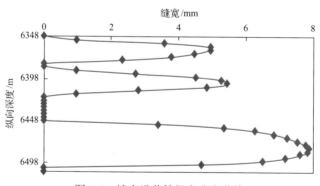

图 7-7　缝宽沿井筒纵向分布曲线

表 7-3　模拟裂缝三维尺寸表

裂缝级数	缝长/m	最大缝宽/mm	缝高/m
一级	85	7.9	52
二级	92	5.0	26
	93	5.6	30

4. 确定转向排量

通过室内实验模拟暂堵剂转向，确定注入排量、缝宽、液体黏度三者对转向效果(用附加压降表示)的影响(图 7-8、图 7-9)。

(1)液体黏度不变，注入排量越低，附加压降越大，当排量超过 1.6m³/min 时，继续增大排量，压降变化较小。

(2)液体黏度不变，人工缝宽越大，附加压降越小，当缝宽超过 4mm 时，附加压降变化较小。

(3)随着液体黏度的增加，附加压降逐渐增加。

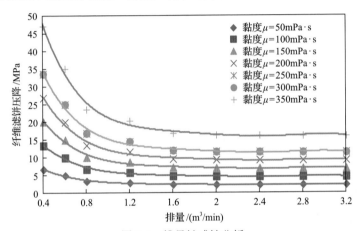

图 7-8 排量敏感性分析

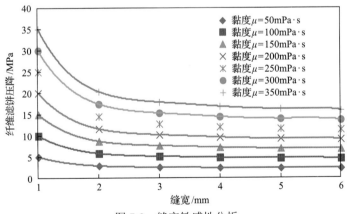

图 7-9 缝宽敏感性分析

因此，确定现场施工时将排量在暂堵剂到达井底之前增至 1～1.5m³/min，确保人工缝宽较小，暂堵剂携带液黏度适当增加，以增大附加压降，加强封堵裂缝的效果，更好地实现裂缝转向。

5. 暂堵剂用量优化方案

本井射孔枪枪型 SQ89；弹型 SDP35HNS25-4，射孔炮眼直径为 $r_0 \approx 8$mm。本井钻进目的层段的钻头直径 Φ_1=168.3mm，目的层段套管直径 Φ_2=139.7mm，套管壁厚 d=12.09mm，因此计算炮眼穿通管壁和水泥环的确定深度为

$$L_0 = (\Phi_1 - \Phi_2)/2 + d = 26.39 \text{(mm)} \tag{7-1}$$

计算单个炮眼体积为

$$V_0 = \pi r_0^2 L_0/4 = 1.33 \times 10^{-6} \text{(m}^3) \tag{7-2}$$

暂堵剂的一级纵向转层，模拟该层段有效缝高为 52m，缝口平均缝宽 $w_{平均}$=5mm。

1) 3mm 暂堵球的用量优化

(1) 封堵炮眼的用量。

一级酸压射孔井段 32.5m 的范围内射孔孔数的 1/3 进行用量优化，射孔孔密为 16 孔/m，因此本次拟封堵炮眼数 N_1=520，得出封堵的炮眼体积为

$$V_1 = 1/3 \, N_1 V_0 = 0.0000231 \text{(m}^3) \tag{7-3}$$

(2) 封堵与炮眼连接的主裂缝的用量。

一级酸压改造缝高 H_1=52m，动态平均缝宽 $w_{平均}$=0.005m，封堵裂缝深度 L_1=0.05m，主裂缝的封堵体积为

$$V_2 = 2H_1 w_{平均} L_1 = 0.026 \text{(m}^3) \tag{7-4}$$

根据 3mm 暂堵球的堆积密度 800kg/m³，富余量 20%，计算 3mm 暂堵球一次注入时进行层间转向所需用量为

$$M_1 = 1.2 \times 800 (V_1 + V_2) = 24.98 \text{(kg)} \tag{7-5}$$

根据现场实际情况，3mm 暂堵球一次注入进行纵向转层工艺用量约为 25kg。

2) 1mm 暂堵球的用量优化

(1) 填充暂堵球孔隙的用量。

转向球完成架桥后，要实现完全封堵，需要 1mm 暂堵球充填至其堆积孔隙(孔隙度 $\approx$ 36%)中，其体积用量为

$$V_3 = 36\% \times (V_1 + V_2) = 0.0094 \text{(m}^3) \tag{7-6}$$

（2）通过暂堵球孔隙进入主裂缝堆积形成封堵所需用量。

一级酸压改造缝高 H_2=52m，动态平均缝宽 $w_{平均}$=0.005m，封堵裂缝深度 L_2=0.08m，计算 1mm 暂堵球通过暂堵球孔隙进入主裂缝形成堆积体积为

$$V_4=2\times H_2 w_{平均} L_2=0.0416\,(\text{m}^3) \tag{7-7}$$

根据 1mm 暂堵球堆积密度 800kg/m³，富余量 20%，1mm 暂堵球所需用量为

$$M_2=1.2\times 800\,(V_3+V_4)=48.96\,(\text{kg}) \tag{7-8}$$

根据现场实际情况，1mm 暂堵球进行纵向转层工艺的用量约为 49kg。

3）6mm 暂堵球的用量优化

一级酸压射孔井段 32.5m 的范围内射孔孔数的 1/3 进行用量优化，富余量 20%，32.5m 范围内炮眼数 N_1=520，则封堵炮眼数为

$$N_2=1.2\times 1/3 N_1=208\,(\text{个}) \tag{7-9}$$

6. 暂堵剂用量备用方案

通过开展复合暂堵剂实验评价研究工作，获取不同缝宽条件下所需的最佳的暂堵球粒径组合（及浓度）。对于 4～7mm 缝宽，采用 2%纤维+1%（3mm）暂堵球+1%（1mm）暂堵球+1%粉末组合方式，通过计算，需要备用 6mm 暂堵球 208 个，纤维 40kg，3mm 暂堵球 20kg，1mm 暂堵球 20kg，粉末 20kg。

若第一次暂堵剂转向效果不明显，则现场调整用量再次投入暂堵剂材料（该用量根据施工压力情况酌情调整），对第一级酸压层段进行再次封堵。

综上所述，第一级酸压结束后注入 6mm 暂堵球 208 个+3mm 暂堵球 25kg+1mm 暂堵球 49kg。设计备用材料：6mm 暂堵球 208 个，纤维 40kg，3mm 暂堵球 20kg，1mm 暂堵球 20kg，粉末 20kg，施工过程中，在暂堵剂到达地层之前，一般降排量至 1～1.5m³/min 观察转向效果。

7. 暂堵转向效果分析

K 井酸压施工曲线如图 7-10 所示。该井进行一次缝内转向（投球①），暂堵剂用量为 1mm 暂堵球 20kg，纤维 26kg；对比暂堵转向前后，排量 4.7m³/min，泵压 91.9MPa 增至 96.3MPa，上升 4.4MPa。该井进行一次纵向转向（投球②），暂堵剂用量为 6mm 暂堵球 208 个，3mm 暂堵球 25kg，1mm 暂堵球 49kg；对比暂堵转向前后，排量 4.8m³/min，泵压 86.6MPa 增至 93.9MPa，上升 7.3MPa。缝内转向压力与纵向转向压力均增加有效（>3MPa）。

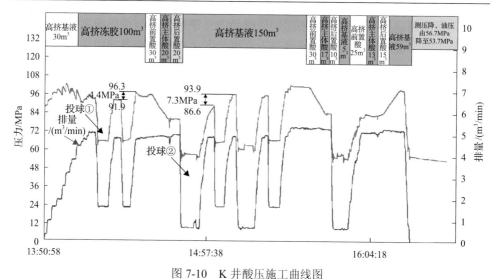

图 7-10 K 井酸压施工曲线图

施工井段：6356.00～6501.00m；施工层位：白垩系巴什基奇克组；2016 年 9 月 26 日

8. 转向酸压后排液求产情况

该井酸压后排液求产情况如图 7-11 所示。

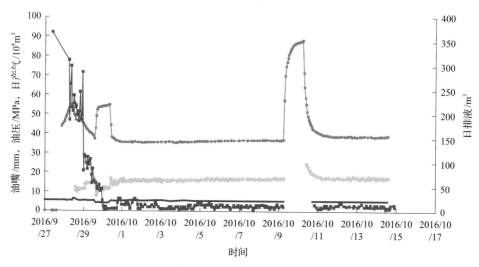

图 7-11 K 井求产曲线图

酸压前定产数据：求产时间 2016 年 10 月 13 日 7:00～12:00，工作制度：5mm 油嘴，油压 38.624MPa，套压 3.362MPa，日产气 169831m³（气比重 0.580），日产液 8.16m³（密度 1.09g/cm³，氯离子 91623mg/L，pH=5），测试结论为气层。

酸压后 5mm 油嘴放喷求产，油压 38.8MPa，折日产气 170445m³；本次施工通过暂堵转向提高了储层的改造程度，达到了提高单井产量的目的。

7.2　转向酸化工艺技术

7.2.1　直井厚层转向酸化工艺

较厚储层段酸化改造时，常规酸化技术注入的酸液优先进入高渗带或低污染带，而最需要改造的低渗带或高污染带不能得到有效改造。

酸化是改造低渗储层、解除近井地带地层伤害、提高油井产能的重要方法。直井厚层在改造过程中存在、纵向上非均质性较强、小层发育射孔段多、无法卡封分层酸化等难题。笼统酸化往往更易造成酸液在高渗层指进，进一步增大层间渗流差异，导致低渗层段等不到酸化改造，影响厚层改造程度，甚至导致高渗段过早水淹的现象。直井厚层纵向均匀酸化技术旨在提高较厚油气层相对低渗段的酸化强度，改善注采剖面(万向辉等，2018)。

为了对厚层直井进行均匀酸化，可在施工过程中对相对高渗的层段已完成酸化解堵后加入适量的暂堵颗粒，因为流体流动遵循向阻力最小方向流动的原则，颗粒会随液体流向已改造的高渗段，并在其连接的射孔孔眼处聚积，提高该处的附加压降，增大后续液体流入的阻力，导致井底压力升高，迫使后续液体能够进入相对低渗的井段，进而达到均匀酸化的目的。

直井厚层纵向均匀酸化技术主要内涵如下。

(1)以实验测试为核心，采用宏观与微观相结合的方式，优选酸液体系。提出将钻井液伤害实验与酸化解堵实验相结合，长岩心实验与短岩心实验相结合，宏观测试与微观分析相结合，以最大限度解堵、最小限度对岩心破坏为目标，优选酸液体系。

(2)集成"机械转向"与"化学转向"为一体的均匀酸化模式。采用机械封隔的方式将物性一致、裂缝发育集中段封隔，以提高各层段酸化改造针对性。采用深穿透、变密度射孔技术进一步促使井筒内酸液的注入剖面的均匀化。借助转向酸的化学转向特性，在改善井筒内注入剖面的同时，还能实现储层内部的酸液分流转向，使储层纵向及内部都能得到均匀改造。

(3)采用实验测试与理论计算相结合的方式，优化用酸规模。明确不同深度岩心的伤害类型及储层伤害半径，并结合理论计算优化用酸规模。

(4)依据储层特征，采用"一段一策"的个性化酸化设计思路。针对储层天然裂缝不发育，但跨度较大、物性差异较大的储层，采用转向酸化的设计思路；针对储层天然裂缝较发育的储层，采用网络裂缝酸化的设计思路，以实现储层酸化解堵效果最大化。

直井厚层转向酸化工艺中，对于巨厚强非均质性储层，即使通过封隔器分段，也需要根据各改造段内储层特征差异采用不同的酸化工艺。

对于巨厚非均质储层油井的酸化，以 X 井为例。X 井为一口气田开发井，该井改造前测试表皮系数达到 19，在油压 13.62MPa 的情况下产量为 $8.23 \times 10^4 m^3/d$，储层受到了严重的伤害。结合该井储层特征，提出针对性的改造策略。

针对裂缝不发育段主要采取"转向酸化"的改造思路，将"封隔器分隔+变密度射孔+转向酸"相结合，实现基质储层纵向和储层深部均匀改造。

对于裂缝发育段，考虑钻完井过程中，储层形成"非径向"污染带，伤害半径大、伤害严重，在低于破裂压力的"径向流"模式下注酸，可能难以接触储层深部的堵塞，因此提出适合裂缝型岩层深部解堵和沟通的"网络裂缝酸化技术"（Xiong，1993；Martin et al.，2010；龙刚等，2010；王明贵等，2011；曾凡辉等，2011）。

图 7-12 为 X 井的现场施工曲线，在网络裂缝酸化施工阶段，将主体酸排量提

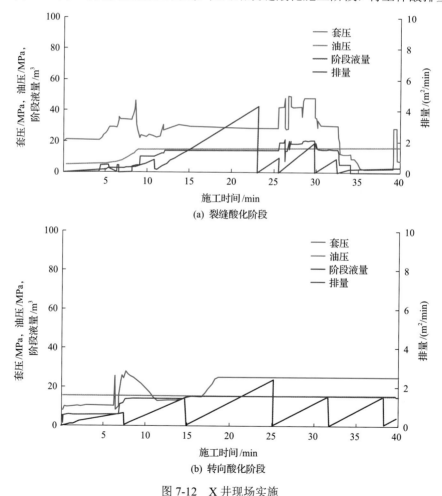

(a) 裂缝酸化阶段

(b) 转向酸化阶段

图 7-12　X 井现场实施

高到 2.3m³/min，施工压力达到 50MPa，计算井底压力超过破裂压力，有利于解除裂缝型储层深部堵塞。在转向酸化阶段，初期注入普通酸阶段注入压力仅 15MPa，而当转向酸进入储层后，在排量不变的情况下，注入压力大幅度提高到 26MPa，注入压力增加了 11MPa，表明转向酸能够依靠黏度建立较高的黏性表皮，可以提高酸液均匀置放的效果。

X 井改造后试井解释表皮系数大幅降低，针对各段特征提出的针对性改造措施很好地解除了改造层段的堵塞伤害。试气阶段在油压 18.2MPa 下产量达到 11.94×10⁴m³/d，获得了很好的酸化改造效果。

7.2.2　水平井长井段转向酸化工艺

水平井长井段转向酸化工艺受具体的地层条件、井眼类型、完井方式和开采方式的限制。储层非均匀性强，水平长井段均匀、高效布酸困难。碳酸盐岩地层所钻水平井与直井相比，水平井更常使用基质酸化，因此水平井进行酸化的目的是解除储层伤害。水平井的伤害一般在射孔井眼内或在其附近，引起深度伤害的可能性小，因此采用基质酸化（Kalfayan，2008）。

从 1932 年石油工业开始使用盐酸对油井进行增产改造时，就提出改善储层吸酸剖面，让酸液进入期望层段的问题。目前，酸化转向技术主要分为机械转向和化学转向两大类。机械转向是采取井下工具来达到转向的目的，如封隔器、连续油管、堵球等。虽然机械转向很有效，但使用成本较高，且施工时间长。化学转向主要是通过增加流体流过该区域的流动阻力来达到转向的目的，主要有颗粒转向、泡沫转向、VES 自转向酸转向等。

对于长的水平井段，使用封隔器存在可靠性的问题，作业相对比较复杂。固体颗粒转向剂也是酸液置放的有效手段之一，但是存在一定程度的返排效果差、堵塞地层，以及与地层孔喉的不合理匹配问题。

为了使水平井的目标储层酸化处理达到较好的增产效果，最主要的是要解决好酸液合理分布的问题。除机械转向外，碳酸盐岩酸化时，常用的酸液的有效布酸主要有封堵球、胶凝酸、泡沫酸、暂堵转向、自转向酸。

投入封堵球同时在高排量下施工，可使通过封堵射孔孔眼实现转向。还有一种方法为交替注入胶凝酸（稠化酸）和普通酸（非稠化酸）。这一方法可在低排量下施工或通过连续油管注入。

胶凝酸利用黏度转向，转向效果有限，但具有两个优点：①能显著降低反应速度；②降低处理井段内的注入能力和滤失，这是因为黏度增加，流动阻力也增加。

反应速度的降低和流动阻力的增加使后续注入的酸液趋向于流入未酸化的区域。交替注入胶凝酸和非胶凝酸，使非胶凝酸逐渐进入整个酸化井段。交联胶凝酸的黏度更高，有利于实现转向。胶凝酸随着温度的升高和时间的增长而破胶，但可能产生残渣。

泡沫酸或泡沫转向液也能有效转向。对于高渗透地层，它不产生残渣，所以伤害较少，甚至不产生伤害。黏性泡沫能暂时堵塞，从而有助于酸液覆盖整个施工井段。

根据目前国内外超深井布酸工艺概况，碳酸盐岩储层布酸适应性分析如表 7-4 所示。

表 7-4　碳酸盐岩储层布酸工艺适应性分析

布酸工艺	优点	缺点
封隔器+滑套	不动管柱多段压裂 酸化的布酸效果好，针对性强	长水平井封隔器下入难度大、施工复杂、分段数受限 存在打不开滑套的风险 一些井下封隔器+滑套价格昂贵
水力喷射酸化	不受水平井完井方式限制 无须封隔器实现分段改造	喷射速度设计必须满足要求 喷嘴易损坏 深井如连续油管酸化排量受限，如采用油管酸化需 要动管柱 存在阻卡的风险 分段的有效性尚需进一步验证
滑套分流	工艺简单，水平段无须下入封隔器 可实现在水平段各个位置的均匀布酸	没有封隔器分隔，布酸差，分段的有效性待验证； 存在滑套打不开的风险
连续油管	可实现水平段的均匀布酸 大压差笼统注酸实现解堵和深度改造	施工排量受限 布酸效果差于封隔器等机械分隔
黏弹性表面 活性剂转向	工艺简单 可实现在水平段各个位置的均匀布酸	转向机理复杂、高温下的转向效果有限 对于毫米级裂缝转向效果有限；液体费用较高
纤维暂堵 转向酸化	工艺简单 可实现在水平段各个位置的均匀布酸	受水平段物性影响较大 对暂堵剂的性能要求较高

1. 机械转向酸化

1) 封隔器转向技术

机械工具转向技术是最有效的分流转向技术，通常转向发生在井筒内。其通过封隔器卡封某些层段，以此来控制酸化目的层。由于转向发生在井筒内部，在储层无法实现转向(何春明等，2009)。

封隔器分隔转向酸化技术通常被认为是最可靠的转向手段(Nasr-El-Din et al., 2007；詹鸿运等，2011)，它可以使酸液注入有限的处理层段，同时还可以酸化改造多个层段。但由于分隔水平井的段数有限，需要多次坐封及上提管柱等复杂操作。同时，对完井方式有要求，固井质量要求合格。分的段数越多，施工过程中发生事故的概率越高，施工周期长，成本较高。施工完成后，有时要通过压井处理回收封隔器和桥塞，这会对储层造成附加伤害。如果固井质量不好，酸液有可能沿着固井水泥和地层接触面流动，从而使得机械封隔无法达到较好的转向效果。

2) 堵球转向技术

堵球转向技术最早出现于 1956 年,它是机械转向技术的一种(Economides et al.,1994)。此技术是采用比射孔孔眼稍大的球(一般为射孔孔眼直径的 1.25 倍),酸化施工时,将封堵球加入处理液中,随着液体被带至射孔孔眼部位,封堵孔眼。现场大量实例说明,必须要有足够排量才能保证堵球成功坐封,其封堵有效性受孔眼圆度及光滑度的限制,而且在射孔数量较多的井中堵球是无效的。Erbstoesse(1980)、Gabriel 和 Erbstoesser(1984)指出,采用浮球来代替普通沉球可获得较好的转向效果。

3) 最大压差及注入速率转向技术

最大压差及注入速率转向技术(MAPDIR)是由 Nasr-El-Din 等(2007)提出的。严格来说,MAPDIR 不是一种专门的转向技术,由于其在增加低渗透层流速的同时,也增加了高渗透层的流速,因此,它不能调整天然流动剖面,也不能有效分配酸液。该方法的核心思想是在低于地层破裂压力的前提下,以最大速率注入酸液,使流体的注入压力达到最大,所以注入速率是该理论的关键(Buijse et al.,2000)。对于薄差型储层,MAPDIR 可以取得很好的酸化改造效果,但对于水平段较长或微裂缝发育的储层,其分流转向效果并不好。但总体来说,几乎所有的酸化施工都借用了MAPDIR 的思想,但单独使用该技术的较少,大多都是与其他转向技术联合使用。

4) 连续油管转向技术

20 世纪 60 年代初连续油管技术出现并应用在石油工业,迄今为止,已有半个世纪的发展历史(贺会群,2006)。目前,连续油管作业已涉及钻井、完井、试油、采油、修井和集输等领域。连续油管酸化是另一种普遍采用的水平井酸化工艺,水平井连续油管酸化就是按照评估或模拟的地层损害情况,通过上提油管逐渐放慢的方式,注入酸液。采用这种方法可比笼统布酸节省 1/3 酸量。水平井酸化过程中采用连续油管的主要优点是生产管柱不用起出,作业时间短;不需设置封隔器;可以避免完井管柱与酸液接触,减少不必要的腐蚀,降低了垢和铁离子进入地层造成伤害的可能性。

连续油管在水平井的酸化处理中能很好地改善井眼处的渗透率,并且减少井眼处因钻井液和泥浆侵入造成的伤害。连续油管虽然是一种比较受推崇的水平井布酸技术,但管径较小,导致施工摩阻高,从而使注入排量受到限制。

连续油管均匀布酸技术仍将是长井段水平井均匀布酸的主流技术之一,如果能进一步提高其使用深度,将能获得更加广泛的应用。

2. 化学转向技术

化学转向技术被称为内部转向(通常转向发生在地层内),它主要是通过增加流体流过该区域的流动阻力来达到转向的目的(何春明等，2009)。

1) 化学颗粒转向技术

1972 年由 Halliburton 公司提出专利，使用皂类溶液与 $CaCl_2$ 反应生成的颗粒作为转向剂，是一种只溶于油而不溶于水的脂肪酸钙。但因其沉淀可能引起永久性的储层伤害，很快被淘汰(Harrison，1972)。这之后出现的洋槐豆橡胶(可使 $CaCl_2$ 与 NaCl 形成凝胶)、$CaSO_4$ 也因具有同样的缺陷，而无法广泛使用，20 世纪 80 年代 OSR 等可溶于油的转向剂在国外投入使用。

化学颗粒转向主要是通过微粒在高渗透层以及蚓孔壁面形成低渗透的滤饼，造成附加流动阻力，从而迫使流体发生转向的技术(Nasr-El-Din et al.，2007；高鹏宇，2012)。颗粒转向的关键是选用与储层条件相匹配的颗粒转向剂，这就必须对井身结构、储层岩石的颗粒大小及孔隙大小有全面的了解。此外，颗粒转向剂在液体中的浓度同样对转向效果有很大的影响。

目前，转向剂有多种类型，最常用的是颗粒状，其对于没有裂缝和大孔隙的储层较为合适；但对于天然裂缝和孔洞发育的储层来说，暂堵转向效果并不理想。

2) 泡沫转向技术

成功的碳酸盐岩地层的水平井基质酸化施工有时是通过交替注入泡沫和酸液进行的，首先注入酸液，然后注入泡沫转向液，直至压力升高到足够高表明转向已发生，再泵入酸液。重复这两个过程，直至施工完成。

泡沫作为酸化作业的转向剂使用至少出现在 20 世纪 60 年代(赵洪涛和王素兵，2007；Al-Anazi et al.，1998)。学者发现一些泡沫能在水环境中保持稳定，在油环境中破掉，可以将其应用于油井作业中进行转向。近年来，目标含油层充分利用这种现象与含水层分离，能够在最坏的情况下取得较好的酸化效果。酸液中加入气体和表面活性剂后产生泡沫，气泡优先进入水淹程度较高的相对高渗透层，形成稳定的乳状液，由此造成必要的压差，而含油饱和度较高的相对低渗透层中的油可溶解泡沫，将其中的酸液释放出来，进而达到酸化低渗透层的目的。

在下面施工案例中使用胶凝液的高排量酸压施工成功实现转向(Dees et al.，1990；Tambini，1992)，施工程序如下。

(1)下 7.30cm 酸化管柱，并在施工期间保持环空压力。

(2)在 30Bbl/min 的排量下泵入清水前置液；水中加入 0.025%的降阻剂。

(3)按照设计的酸液量和胶凝转向液量酸化地层，步骤为：①在约 30Bbl/min 的排量下泵入酸。②在约 6Bbl/min 的排量下泵入 2Bbl 清水隔离液。③在约 6Bbl/min 的排量下泵入胶凝转向液。④在约 6Bbl/min 的排量下泵入 2Bbl 清水隔离液。

根据需要重复进行，但最后一个循环时，无步骤②、③和④。注入的酸液一般为 10000gal① 的 15%HCl，其中的添加剂为 0.1%缓蚀剂、0.1%降阻剂、1%阳离子表面活性剂（对于水润湿地层）。

胶凝转向体系一般为 1000gal 的清水溶液，其中加入碱性改性瓜尔胶，碱性改性瓜尔胶只有当温度升高到一定程度或与酸接触才水解，胶凝水的加量按施工设计（表 7-5）。

表 7-5　凝胶转向液的施工设计

液体次序	加入的改性瓜尔胶量/lb*
第一次	300
第二次	400
第三次	500
第四次	500
第五次	500
第六次	500
第七次以及之后	500

*1lb=0.453592kg

(4)用足量的加有降阻剂的清水顶替酸液，将酸从油管或套管中挤入地层。排量约为 30Bbl/min。清水降阻剂的浓度为 0.025%。

使用高排量进行基质酸化施工，可使天然裂缝型碳酸盐岩地层中的长水平井有效增产。施工中，在最大排量下交替注入酸液。第一步为向水平井中注入足够量的普通酸（28%HCl），尽可能地覆盖水平井段，然后交替注入 28%HCl 的普通酸和胶凝。酸从井口注入。在整个施工过程中，在低于破裂压力下使排量达到最大。

3）VES 自转向酸转向技术

VES 自转向酸分流酸化技术是近年来针对大井段、多层系储层改造而发展的新方法（何春明等，2010）。酸液分流转向主要依靠酸液体系自身具有的"变黏、缓速、降滤、无伤害"特性，从而实现储层纵向上一次作业、均匀改造的目的。

自转向酸转向机理：在碳酸盐岩基质酸化中，自转向酸与岩石反应后，酸浓度降低，体系 pH 升高，加之反应产生了大量的 $MgCl_2$ 和 $CaCl_2$，屏蔽了分子之间的电荷，降低了分子间的排斥力，使表面活性剂分子从球型胶束或刚性棒状胶束转变为蠕虫状胶束，使酸液黏度明显增大，从而增加酸液流动阻力，后续的酸液要想继续进入此处，外界则必须给予更高的注入压力；而在注酸压力升高的过程中，原先不进酸或进酸相对少的储层开始进酸，即酸液就地自转向。在此过程中，保持较高的注酸压力，迫使物性存在级差的储层同时吸酸，实现非均质储层的均

---

① 1gal=3.785412L。

匀改造，从而提高酸化效果(Artola et al.，2004；Zeiler et al.，2006；Alghamdi et al.，2009；沈建新等，2012)。

7.3 转向酸压工艺技术

在国内的塔里木盆地、柴达木盆地、四川盆地、鄂尔多斯盆地和渤海湾盆地的多个碳酸盐岩油气田均为非均质碳酸盐岩油气田，进行了大量的转向酸压工艺技术现场应用(Chang et al.，2001；周福建等，2002)，并取得良好的增产效果。国外在中亚的哈萨克斯坦让纳若尔、肯基亚克盐下、和中东区块伊拉克 AHDEB 油田和叙利亚 Tishrine 油田等合作区块也有大量碳酸盐岩油气田，采用转向酸压工艺也取得显著的效益。

7.3.1 酸压施工工艺方法

常用的酸压工艺方法和施工程序一般有多级注入酸压裂、稠化酸酸压、前置液酸压、乳化酸酸压、泡沫酸酸压、闭合酸化(Coulter et al.，1976；Fredrickson，1986；Wehunt，1990)。

1. 多级注入酸压裂

首先用非活性的高黏前置液(一般为交联瓜尔胶)产生水力裂缝。这一过程能产生设计要求的缝特征(即长、高和宽)。然后向缝中注入低黏酸液(盐酸或盐酸和有机酸的混合物)。

酸液在高黏液体中指进流动，这是因为黏度差及其引起的流动能力差所致。这一现象称作为黏性指进。只要黏度差高于 200mPa·s，则将发生明显的指进现象。典型的黏性指进施工设计见表 7-6。

表 7-6 典型的多级注入酸压施工设计

程序	用液强度/(m³/m)
(1)酸	1.5~2.25
(2)胶凝水	1.5~4.5
(3)酸/堵球	1.5~7.5
(4)胶凝水	1.5~4.5
(5)若需要重复步骤(3)~(4)	
(6)酸	1.5~2.25
(7)顶替液	将管柱中酸顶入孔眼

最常用的酸为 15%HCl，也可使用更高浓度的酸液，如 20%HCl 或 28%HCl。

高黏度的酸有助于降低滤失，也可不使用 HCl 体系，而使用盐酸和有机酸或全为有机酸的混合体系。有机酸体系适合于高温处理。

酸液添加剂包括缓蚀剂和铁离子稳定剂。典型的用液强度列于表 7-7 多级、高液量的施工常称作大型酸压(MAF)施工。酸可以为稠化酸或非稠化酸。更常使用的是将酸液增黏到一定程度，特别是当使用盐酸时。普通的酸体系为油包酸乳化酸、泡沫酸和胶凝酸，要求酸和高黏段塞之间的黏度差必须大于 50cP[①]。

高黏段塞一般为含 $36\times10^{-3}\sim60\times10^{-3}$lb/gal 的瓜尔胶或改性瓜尔胶水溶液。为了提高前置液的黏度和增加其稳定性，可交联。加入降滤失剂或 100 目砂有助于控制滤失并增长有效裂缝长度。

2. 稠化酸酸压

稠化酸酸压采用稠化酸酸压体系。这些体系的作用是既产生裂缝又对裂缝壁面进行不均匀刻蚀。稠化酸酸压适合于非均质性碳酸盐岩，如白云岩和不纯的灰岩。

稠化酸酸压越来越成为酸压施工的更常见方式，稠化酸酸压的基本程序如下。

1) 前置液

前置液的作用是产生裂缝并降低裂缝周围的温度。前置液一般为胶凝剂加少量的水溶液(称为降阻水)。

2) 稠化酸

稠化酸的作用是支撑裂缝并不均匀刻蚀裂缝壁面。稠化酸一般为胶凝酸、乳化酸或泡沫酸，也可组合使用这三种酸液。

碳酸盐岩酸压施工最常用的酸为 15%HCl。但有时也使用更高浓度的盐酸、有机酸或盐酸和有机酸的混合体系。大多数酸压施工使用胶凝酸。

很多胶凝酸使用聚丙烯酰胺胶凝剂。聚丙烯酰胺可在低温和高温下使用，也可通过交联提高其黏度和稳定性。现已开发了新型酸液体系，如自转向酸、温控变黏酸。

顶替液的目的是顶替管柱中的酸液并将酸往前推，从而增加酸的穿透距离。使用稠化酸时不增加顶替液用量有助于增长刻蚀裂缝的长度。

也可注入普通酸。使用普通酸时，酸反应速度非常快。酸将溶解井筒附近大量的岩石，但是穿透距离将变短。若施工设计仅是穿透非常浅的地层，普通酸就能达到这一要求。若使用普通酸，则不需注入大量的顶替液，因为普通酸不能增加穿透距离。若施工目的是改造储层，则必须使用稠化酸。

更复杂的稠化酸的酸压方法为多级注入高黏段塞和酸液。交替注入的胶凝水

———————————

① 1cP=10^{-3}Pa·s。

溶液的作用如下。

(1)胶凝水溶液的黏度高,将使裂缝变得更宽。

(2)胶凝水溶液能冷却裂缝,因此可增加酸的穿透距离(由于酸岩反应为放热反应,因而缝的局部温度升高)。

(3)若酸为缓速酸,交替注入技术能增长酸的作用距离。因为高黏度水溶液能降低酸液从缝内滤失进入基质内的速度。

交替注入不同酸液的技术是指交替注入不同性质的两种酸液。一般一种酸液中有缓速剂;另一种酸液不具有缓速能力,反应较快,特别是在近井反应更快。这一工艺方法的目的是加强刻蚀的不均匀程度并增加近井周围岩石的溶解度。

基本的稠化酸酸压方法满足了大多数酸压施工要求。但是,交替注入高黏段塞和酸液及交替注入不同酸液的技术应用十分成功。若需增产的井为新井,或该井所在油田未进行过酸压作业,施工设计应尽可能简单。

对于某一特定的油田,没有过去的增产资料,很难准确预测某一施工方法的效果。但是,不能因为预见性差,而不进行大胆设计。当然,压裂酸化成功的可能性很大,而且施工结果令人满意。不加支撑剂是酸压的优点。

若有需要,在压裂酸化的最后阶段也可实施小规模的加砂压裂以确保地层流向井筒的导流能力。

7.3.2　裂缝转向酸压

21 世纪初至今,转向重复压裂技术进一步发展,有人提出了一种迫使裂缝转向的新技术,即裂缝强制转向压裂技术。其技术内涵是研究一种高强度的裂缝堵剂封堵原有裂缝,当堵剂泵入井内后有选择性地进入并封堵原有裂缝,但不能渗入地层孔隙而堵塞岩石孔隙,同时在井筒周围能够有效地封堵射孔孔眼;而在储层最大最小应力条件差别不大或有天然裂缝影响时,继续泵注有可能在其他方位或其他井段张开新的裂缝。

7.3.3 节和 7.3.4 节将裂缝转向酸压分为裂缝纵向转向酸压和裂缝平面转向酸压,无论是哪种裂缝转向,在旧裂缝出现堵塞而导致进入阻力增大后,更容易诱导裂缝发生转向,因此为实现裂缝转向压裂,必须研究裂缝强制转向剂。裂缝强制转向剂应具备以下性能:①容易封堵裂缝并具备一定的强度;②现场施工易于加入;③施工结束后能够自行降解,使所有裂缝发挥效能。

7.3.3　裂缝纵向转向酸压

直井长井段压裂改造时(不具备分层条件或成本高),裂缝纵向转向可提高井的动用程度,提高产能;对非均质的碳酸盐岩储层还可以增大沟通非均质发育储层的概率。

1. 直井中垂直裂缝纵向转向

在直井长井段中，裂缝可能在最小起裂压力处起裂，受施工排量、液体黏度、储层滤失等影响，缝高可能不能将长井段覆盖，影响长井段的改造程度[图7-13(a)]，在非均质缝洞型储层中，还影响裂缝沟通概率[图7-13(b)]（Zerhboub et al.，1994）。人工裂缝如果能够纵向上转向形成多条裂缝，则可以提高改造效率或增大沟通概率。

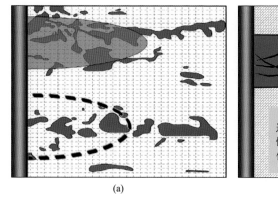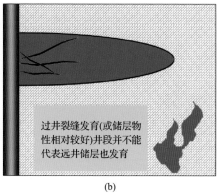

过井裂缝发育(或储层物性相对较好)井段并不能代表远井储层也发育

(a)   (b)

图 7-13 长井段直井中人工裂缝可能形态示意图

在同一井眼内，如上所述，裂缝在任何一点起裂可能受天然裂缝控制，也可能受最大、最小水平主应力差控制，其起裂压力为极限破裂压力。纵向上各点的极限破裂压力不同，其差值大小控制着裂缝纵向上转向的可能性（Thompson and Gdanski，1993；Zhou and Rossen，1994；Kibodeaux et al.，1994）。如果差值较小，在原有裂缝中注入暂堵转向剂，增大裂缝净压力，当净压力超过极限破裂压力差值，则裂缝可能在纵向上转向。

2. 水平井中纵向裂缝横向转向

此处介绍的纵向裂缝与本节中的裂缝纵向转向涵义大不相同，但是改造时可能遇到的特殊情况，不另列章节，此处一并介绍，望读者区别理解。水平井的应力状态与直井不同(图7-14)，其上覆压力一般为最大的应力值，其横向的水平应力在差别不大时往往主要受井眼上部张性岩石状态的影响，非常容易产生沿井眼方向的纵向裂缝，在远离井眼后裂缝再受应力控制发生扭转，最终形成扭曲裂缝(Siddiqui et al.，1997)。

因此，无论水平井井眼轨迹是平行还是垂直于最小水平主应力，其近井的起裂可能均易于形成沿井眼起裂的纵向缝，而在平行于最小水平主应力的井眼上，裂缝在远井区可能会产生裂缝扭曲(图7-15)。

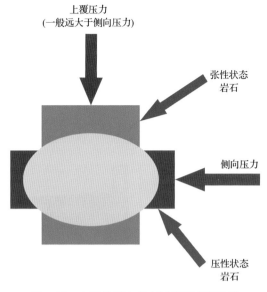

图 7-14　水平井应力状态示意图(横切面)

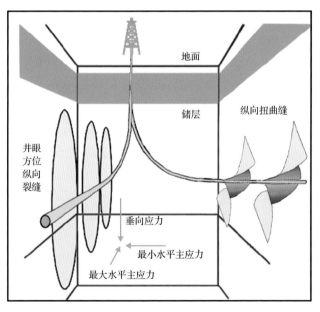

图 7-15　水平井裂缝形成示意图

　　纵向裂缝在井眼处较长,接触面积一般较大,如果旧裂缝被暂堵而增大进液压力时,极易导致纵向裂缝长度增大,这时纵向裂缝更长,与水平井眼的接触面积更大,从而减弱进液的压力增量。在地面泵压力表现上,也不会出现明显的泵压增量,其裂缝转向效果转化成裂缝长度的增加,裂缝转向难度较大,转向剂用量增加(Logan et al., 1997)。

3. 暂堵炮眼强制纵向转向工艺

利用携带液携带转向材料暂堵已压开的人工裂缝及人工裂缝对应的炮眼，对压开井段及炮眼形成"双重"暂堵，迫使裂缝纵向转向，形成新一级的人工裂缝，然后根据改造的需要进行重复操作，使储层内部形成裂缝网络(周福建等,2015a)。

该工艺针对现有分段压裂或分段酸压改造技术的不足，以及新的分段改造技术应具备的特点，结合储层压裂裂缝与酸压裂缝形成的规律，提出了"无工具"的分段压裂或分段酸压改造的技术思路。

该技术思路的核心：长井段水力压裂或酸压时，人工裂缝会首先在其最薄弱处起裂，继续施工使该处裂缝延伸；然后使用含有清洁转向材料的携带液，该携带液会优先进入已压裂裂缝对应的炮眼或其缝口处，而清洁转向材料或坐落或封堵在进液炮眼/缝口处，大幅降低开裂层段炮眼的进液流量，导致井底憋起高压，迫使长井段中次一级薄弱层被压开；继续施工使次一级薄弱层内形成的裂缝延伸。以上过程可多次进行，使长井段的产层被全部压开、延伸，施工后清洁转向材料降解，通道重新恢复，达到全部产层被压裂动用的目的。

该工艺具体包括以下步骤。

(1)使用 30～500m³ 的压裂液，以 1.0～15.0m³/min 的排量注入地层，在长井段最薄弱处压开第一级人工裂缝并使裂缝延伸(在实际应用中压裂液的用量和排量可根据储层的类型确定)。

(2)以 2.0～15.0m³/min 的排量向地层注入 5～500m³ 的活性液体，激活储层的微裂缝。

(3)使用 30～500m³ 的酸液或携砂液，以 2.0～15.0m³/min 的排量注入地层(对第一级裂缝进行改造)。

(4)使用 5～100m³ 的含有清洁转向材料的携带液，以 0.5～15.0m³/min 的排量注入地层，暂堵步骤(1)中压开的第一级人工裂缝(含清洁转向材料的携带液的用量和排量可根据分段技术和炮眼的数量确定，可大可小)。

(5)使用 5～100m³ 的含有清洁转向材料的携带液，以 0.5～15.0m³/min 的排量注入地层，暂堵步骤(1)中压开的第一级人工裂缝对应的炮眼，迫使裂缝纵向发生转向，然后压开第二级人工裂缝；清洁转向材料进入裂缝和炮眼后形成双重暂堵，井下憋压后自然选择压开破裂压力较低的储层(多对应物性较好的储层)，分段可靠，效果好。

(6)使用 30～500m³ 的酸液或压裂液，以 2.0～15.0m³/min 的排量注入地层(对第二级裂缝进行改造)。

(7)当需要更大程度的改造时，即要求纵向射孔段改造分段数更多(2～10

段)，形成裂缝缝长(100～200m)，裂缝条数更多(2～10 条)，最后形成复杂的裂缝网络时，重复上述步骤(3)～(6)的操作 2～10 次。从而获得不用工具实现分段改造，减小井下工具的复杂程度，降低工程风险、减小作业难度的有益效果，对于高温深井尤其适用。

(8)使用压裂液顶替(该压裂液的用量可以为一个施工管柱体积)，完成对储层的分段缝网改造。

步骤(3)中：当使用 30～500m³ 的压裂液注入地层时，还包括加入过硫酸铵和/或支撑剂的步骤。其中，以所述压裂液的体积计，所述支撑剂的加入量为 50～1000kg/m³(加入过硫酸铵可以使压裂液在施工结束后快速破胶)，过硫酸铵的加入量可以由室内破胶实验确定。过硫酸铵的质量与压裂液的体积之比更优选为 0.00001t/m³。步骤(6)中过硫酸铵的质量与压裂液的体积之比更优选为 0.01～0.00201t/m³。

暂堵炮眼裂缝纵向转向有以下优点。

(1)清洁转向材料进入炮眼后形成封堵，井下憋压后自然选择压开破裂压力较低的储层(多对应物性较好的储层)，分段可靠，效果好；

(2)不用工具实现分段改造，减小了井下工具的复杂程度，降低了工程风险、减小了作业难度，对于高温深井尤其适用。

(3)减少了多套机械分段工具的下入，缩短了作业周期，可大幅降低成本。

(4)不改变井下管柱内径，在井筒内无任何遗留，不会给后续作业遗留难题。

(5)既适用于碳酸盐岩油气藏的酸压裂施工，也适用于致密砂岩、煤岩和页岩等常规储层或非常规储层的水力加砂压裂施工；既能用于长井段直井，也可用于水平井中。

7.3.4　裂缝平面转向酸压

砂岩与碳酸盐岩储层在改造时都有裂缝平面转向的需求，裂缝转向可增大泄流面积，老井改造时还可使转向裂缝延伸到采出程度低，剩余油较多的方位；非均质碳酸盐岩改造时裂缝转向还可以提高沟通大缝大洞的概率。

1. 直井中垂直裂缝缝横向转向

强制裂缝转向的转向剂暂堵旧裂缝，强制裂缝在新的方向上开启，而新方向上裂缝的开启、延伸长度和方向上的变化受地层地应力场及天然裂缝影响。在长时间开发区块，由于长时间采出，原地最大主应力和最小主应力方向可能会发生偏转或应力差大幅减小，重新压裂改造时就容易形成转向裂缝。

压裂后生产的井，受人工裂缝、孔隙热弹性应力、邻井注水/生产活动、支撑剂嵌入应力都可能影响对地应力改变。水力压裂人工曲面裂缝的转向半径同时也和地应力差值、压裂液黏度、压裂排量等多个参数有关。地应力的差值越小，压裂液黏度越大、压裂排量越高，则曲面裂缝的转向半径越大。针对以上分析，应当选择井筒周围可能有较大的地应力改变的井采用合适的工艺进行转向压裂[图 7-16(a)]。

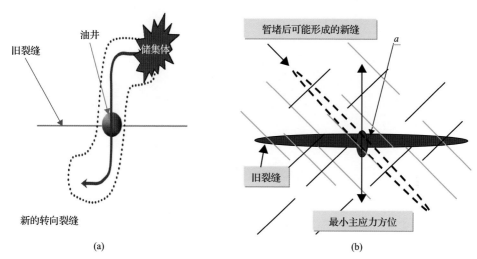

图 7-16　横向上裂缝转向示意图

在均质条件下，人工裂缝的扩展方向总是垂直于就地地应力场的最小主应力。但在非均质裂缝型碳酸盐岩储层，人工裂缝的扩展方向除了受就地地应力方位及大小控制外，还会受古应力场作用下形成的天然裂缝的控制，人工裂缝最终的取向是复杂的。为了实现酸压时的裂缝转向酸压及为设计提供参数依据，理论计算和实验模拟了天然裂缝型岩块中人工裂缝起裂规律和裂缝的延伸规律(Kennedy et al.，1992；Rossen et al.，1995)。

在裂缝延伸过程中，人工裂缝与天然裂缝在相交时，人工裂缝的取向类似于以上井眼处的情况。如果天然裂缝张开或沿最大水平主应力方位张开裂缝的压力差别不大，则在缝内加入暂堵转向剂，增大已张开裂缝的净压力，则在另一个方向有可能形成新的裂缝，新的裂缝在下一个选择点(穿越天然裂缝的交叉点)再次选择，有可能形成形态复杂的曲折裂缝(图 7-17)。新裂缝在每个选择点的取向规律受人工裂缝与天然裂缝夹角、天然裂缝抗张强度、天然裂缝与最大水平主应力方位的夹角等因素的影响(Bernadiner et al.，1992)。

2. 水平井中横切裂缝横向转向

在水平井压裂或酸压过程中，因为优化布井，压裂人工缝多横切于井眼。在水平井中进行裂缝转向，需要形成多个横切井眼的人工裂缝(图 7-18)，因此必须研究水平井条件下横切裂缝转向的机理(Zeilinger et al.，1995)。水平井笼统压裂改造时，其最初起裂的人工裂缝肯定在最薄弱处起裂延伸，挤入暂堵剂后增大裂缝净压力，裂缝就会在次一级薄弱处起裂延伸，出现水平井的横向转向。

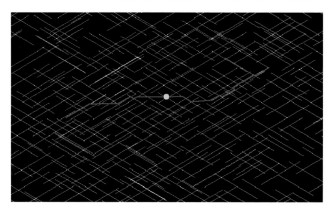

图 7-17　天然裂缝储层中可能的复杂人工裂缝示意图

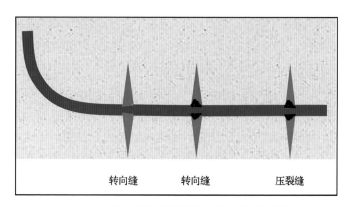

转向缝　　　　转向缝　　　　压裂缝

图 7-18　水平井横切裂缝转向压裂需求示意图

在水平井压裂改造时，由于压裂液的注入，裂缝周围局部的压力增加将诱导岩石应力的变化(应力阴影)。应力增加发生在水力裂缝附近的一个椭圆形区域内，一条水力长缝导致一个椭圆形应力变化区，该区域的长轴比垂直于裂缝的短轴要长得多(Behenna，1995；Parlar et al.，1995；Robert and Mack，1997)。同时，距离该水力裂缝的较近区域比较远区域受到的应力影响更大。因此在这种情况下，暂堵原来裂缝后，重复注入产生的裂缝将会自动偏离原来注入所产生的裂缝，转向到其他无裂缝的井段。在多条裂缝产生的条件下，最小的新裂缝受应力影响，更容易产生在已产生的两条裂缝之间；同时，由于相近两条裂缝的应力阴影，在水平井井眼延伸方向应力差别较小时，两条裂缝之间的区域的应力大小发生偏转，在两条裂缝之间产生纵向裂缝(图 3-139)。

3. 暂堵缝口强制平面转向工艺

暂堵缝口强制平面转向形成多缝的方法主要是使用暂堵转向材料液进入储层在裂缝缝口附近形成桥堵，迫使裂缝转向形成多条裂缝，并使用活性液或酸液激活储层微裂缝(周福建等, 2015b)。

(1) 以 2.0~15.0m³/min 的排量向地层注入 50~500m³ 压裂液，并尾追压裂液用量 0.01%~0.1%的过硫酸铵破胶剂；或者注入酸液，注入量为 20~300m³，注入速度为 2.0~15.0m³/min。

(2) 与步骤(1)相对应，注入酸液，注入量为 20~300m³，注入速度为 2.0~15.0m³/min；或者以 2.0~15.0m³/min 的排量向地层注入 50~500m³ 压裂液，并尾追压裂液用量 0.01%~0.1%的过硫酸铵破胶剂。

(3) 以 0.5~5.0m³/min 的排量向地层注入暂堵转向材料液，当暂堵转向材料液进入缝口时，以 0.5~2.0m³/min 的排量泵注暂堵转向材料液，共注入 5~100m³ 的暂堵转向材料液。本步骤可以低速注入暂堵转向材料液，使人工缝宽收窄，便于在裂缝缝口附近形成桥堵，而分成两次不同排量注入可以增强桥堵效果。

(4) 以 2.0~15.0m³/min 的排量向地层泵注 20~200m³ 的压裂液或酸液。本步骤的压裂液也可以分两次进行注入，第一次以较小速度注入，用于顶替清洁转向材料液至缝口，第二次加大速度进行注入，产生压力。

(5) 深度改造时，重复进行步骤(3)和步骤(4)的操作。

(6) 使用至少 1 个施工管柱容积的低黏度的中性或碱性液体进行顶替压井。

上述暂堵缝口强制平面转向形成多缝的方法中，压裂液的用量和排量(即注入速度)根据储层类型确定，优选以 2.0~15.0m³/min 的排量向地层注入 50~500m³ 压裂液；暂堵转向材料液的用量和排量根据储层暂堵级数确定，可大可小，优选以 0.5~15.0m³/min 的排量向地层注入使用 50~100m³ 的暂堵转向材料液。

上述暂堵缝口强制平面转向形成多缝的方法中，步骤(1)注入压裂液的目的是形成一条人工裂缝主缝，或者对目的层段布酸并降低破裂压力；步骤(1)、(2)、(4)的酸蚀改造使形成的人工裂缝具有一定酸蚀导流能力，并能够激活储层微裂缝；步骤(3)加入暂堵转向材料液，可以使第一级人工裂缝缝宽收窄，利于纤维在缝口形成稳定的封堵，迫使裂缝内部增压导致平面转向或激发潜在天然裂缝；步骤(4)或者加入压裂液，使得地层压力增大，使得在新位置、新方向上产生的分支裂缝得以延伸；步骤(5)中的重复步骤，可以根据需要实施，以实现形成更复杂缝网的改造；步骤(6)中，使用至少一个施工管柱容积的低黏度瓜尔胶溶液(低黏度的中性或碱性液体)进行顶替，其目的是将管柱内的用于酸蚀改造的混合液暂堵转向材料液顶替进地层裂缝中。

步骤(1)以 2.0~15.0m³/min 的排量向地层注入 50~500m³ 压裂液，可以为前置液造缝。步骤(2)以 2.0～15.0m³/min 的排量向地层注入 5～500m³ 活性液,能够激活储层的微裂缝。步骤(3)以 2.0～15.0m³/min 的排量向地层注入 50～500m³ 砂比为 1%～50%的携砂压裂液,并伴随加入携砂压裂液用量 0.01%～0.1%的过硫酸铵破胶剂,能够支撑裂缝。步骤(4)以 0.5～5.0m³/min 的排量向地层注入暂堵转向材料液,当暂堵转向材料液进入缝口时,以 0.5～2.0m³/min 的排量泵注暂堵转向材料液,共注入 5～100m³ 的暂堵转向材料液:能够形成桥堵。步骤(5)重复循环进行步骤(1)到步骤(4)的操作 1～6 次,最后一次循环进行到步骤(6)。

7.3.5　就地分流转向酸压工艺(智能转向)

非均质碳酸盐岩油气藏使用常规酸液进行酸化酸压改造,往往效果不理想。主要原因在于:①酸液在基质酸化过程中将沿着最小阻力通道流动;②非均质储层中物性差、损害严重的层段难以达到改造目的;③需要合适的转向液体来提高基质酸化效果。

国外清洁就地自转向技术进行酸化,改造效果较好,但对我国技术封锁,价格昂贵。常规的转向酸化技术,在碳酸盐岩油气藏基质酸化增产改造中,其目的是处理整个储层段。在储层改造过程中,经常使用转向剂。大多数转向剂为固相颗粒,转向剂的粒径必须与储层的渗透率和孔隙相匹配,且一般转向剂无法使酸液在储层深部进行转向,达不到对非均质性储层全面改造的目的,同时这些转向剂在酸化过程中容易形成残渣而对储层造成损害。从经济和操作方面来看,理想的酸液体系需具备两个特点、其一是自转向性能;其二是不留残渣不会对储层损害(图 7-19)。

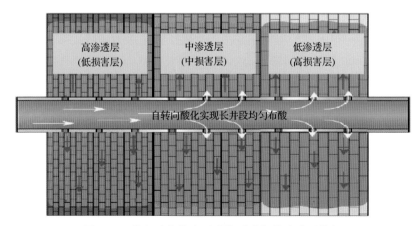

图 7-19　常规酸化技术对非均质油气藏改造不均匀

就地自转向是转向酸化技术的发展方向。酸液为表面活性剂基酸液,鲜酸黏度很低易于配制和泵送,当酸液在储层岩石接触反应时,酸液变黏就地自转向,从而实现均匀酸化；并且酸液为表面活性剂基酸液，酸液中无固相转向剂，无聚合物，残酸与储层油气接触自动破胶，无须添加破胶剂，实现清洁酸化；另外，智能转向酸与储层岩石接触反应，酸液变黏，降低酸液滤失，同时降低氢离子扩散对流速度，降低酸岩反应速度，酸液可以进行深度酸化。

DCA 智能转向酸化酸压技术，通过在酸液中加入一种特殊黏弹性表面活性剂转向剂，鲜酸黏度低易泵送；酸液注入地层后先与高渗带或低伤害区的储层反应，反应后特殊的黏弹性表面活性剂在各种离子的作用下形成棒状胶束，残酸自动变黏而阻止酸液继续进入这些部位，迫使后续鲜酸转向低渗层或高伤害区域酸化，此过程反复交替进行，实现对非均质储层或非均匀伤害储层的全面、均匀、深度改造；施工结束后，随油气水产出残酸自动破胶。

目前国内外酸化酸压技术主要朝着非均质储层的全面均匀酸化、提高酸蚀作用距离的深度酸化以及避免或降低酸化损害的清洁酸化三个方向发展。黏弹性表面活性剂智能转向酸化技术可以较好地满足全面、均匀、深度、清洁的高效酸化酸压要求，它是今后酸化技术尤其是转向酸化技术的重要发展方向。

1. 智能转向酸化酸压工艺思路

智能转向酸化酸压工艺设计思路如下。

(1)优选井层方面，智能转向酸更适合应用于非均质性强、大段目的层、油水同层、微裂缝较发育、温度较高等储层的转向改造或深穿透改造。

(2)工艺应用方面，智能转向酸与其他类油田工作液配伍性好，可与压裂液、胶凝酸、温控变黏酸等组合应用；智能转向酸的性质决定其更适合在酸液前段注入，可以用来深部穿透、减轻滤失等。

(3)对于大层段碳酸盐岩储层酸压施工，可于前期低排量注入进行全井段布酸，降低低渗段注入应力，提高高渗层注入压力，以利对大段目的层的整体均匀改造。

(4)现场施工时与醇醚酸配套应用，以确保酸压后残酸破胶。

2. 自转向酸酸化工艺

1)最大井底压力(地层破裂压力)计算

地层破裂压力公式：

$$P_{max} = \beta H \tag{7-10}$$

式中，P_{max} 为地层破裂压力，MPa；H 为油层深度，m；β 为地层破裂压力梯度，MPa/m，根据实际情况确定，一般 β 取 0.016~0.018MPa/m。

由于采用的是常规酸化，要求井底的压力小于地层的破裂压力，所以最大的井底压力可取地层的破裂压力。

2) 最大施工排量计算

酸化施工中，排量越大，酸液的有效作用距离越大，理想情况下的最大施工排量可以用达西方程确定：

$$Q_{\max} = \frac{2\pi Kh\Delta P}{\mu B \ln(r_{e} / r_{w} + s)} a \tag{7-11}$$

$$\Delta P = P_{\max} - P_{i} + \Delta P_{s} \tag{7-12}$$

式中，$Q_{\max}$ 为最大施工排量，m^3/d；K 为地层渗透率，μm^2；h 为地层厚度，m；B 为原油体积系数，无量纲；μ 为地层流体黏度，$mPa \cdot s$；r_{e} 为处理井的泄油半径，m；r_{w} 为井筒半径，m；s 为表皮系数，无因次；a 为单位换算系数，一般取 86.4；ΔP 为最大注入压差，MPa；$P_{\max}$ 为地层破裂压力，MPa；P_{i} 为地层压力，MPa；ΔP_{s} 为安全压力余量，一般为 1.4~3.5MPa。

因此，基质酸化时施工排量 Q_{it} 应满足：$Q_{it} \leqslant 0.8 q_{\max}$，同时基于图 7-20 综合考虑。

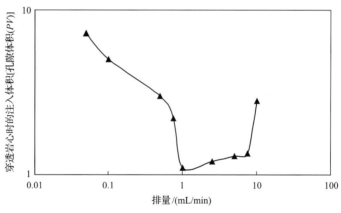

图 7-20　施工排量的优化

3) 最大泵压计算

最大泵压计算遵循的原则是井底压力低于破裂压力。

(1) 井筒摩擦系数 λ 计算。

首先，计算液体雷诺数 Re，计算公式如下：

$$Re = \frac{\rho_{a} v D_{t}}{\mu_{a}} \tag{7-13}$$

式中，μ_{a} 为黏性液体黏度，$mPa \cdot s$；ρ_{a} 为井筒中混合流体密度，kg/m^3；v 为井筒

中的液流速度，m/s；D_t 为油管直径，m。

然后根据计算得到的液体雷诺数 Re 的大小，根据式(7-14)选择相应的井筒摩擦系数 λ 的计算公式，从而得到井筒摩擦系数的值。

$$\lambda = \begin{cases} 64 / Re, & Re \leqslant 2000 \\ 0.3164 / \sqrt[4]{Re}, & 2000 < Re \leqslant \dfrac{59.7}{\varepsilon^{8/7}} \\ -1.81\lg\left[\dfrac{6.8}{Re} + \left(\dfrac{\Delta}{3.7D_t}\right)^{1.11}\right]^{-2}, & \dfrac{59.7}{\varepsilon^{8/7}} < Re < \dfrac{665 - 765\ln\varepsilon}{\varepsilon} \\ \dfrac{1}{\left(2\lg\dfrac{3.7D_t}{\Delta}\right)^2}, & Re \geqslant \dfrac{665 - 765\ln\varepsilon}{\varepsilon} \end{cases} \quad (7\text{-}14)$$

式中，ε 为壁面粗糙度。

(2)最大泵压计算。

采用的计算公式如下：

$$P_{wf} = P_{max} + P_{ft} - P_h \quad (7\text{-}15)$$

式中，P_{wf} 为井底压力，MPa；P_{max} 为最大压力，MPa；P_{ft} 为沿程摩阻，MPa；P_h 为静液柱压力，MPa。

其中，

$$P_h = \rho_a g H \quad (7\text{-}16)$$

$$P_{ft} = \frac{v^2}{2D_t}\lambda\rho_a H = \frac{1.087 \times 10^{-10} q^2 \lambda \rho_a H}{D_t^5} \quad (7\text{-}17)$$

式中，H 为油层深度，m；D_t 为注酸油管内径，m；q 为地层排量，m³/d；ρ_a 为酸液密度，kg/m³；λ 为水力沿程摩阻系数，小数。

(3)酸液用量及泵注时间的确定。

在自转向酸酸化分流中，可以引入黏性表皮系数来量化分流效果。

对于完善井，黏度为 μ 的油藏流体的产量计算公式为

$$Q_o = \frac{2\pi K h(P_e - P_{wf})}{\mu B \ln\dfrac{r_e}{r_w}} \quad (7\text{-}18)$$

式中，K 为渗透率；P_e 为供给压力；r_e 为供给半径；P_{wf} 为井底压力；r_w 为井筒半径。

当变黏后的 VES 酸液注入油层时，有

$$Q = \frac{2\pi Kh(P'_{\text{wf}} - P_{\text{e}})}{B\mu_{\text{a}} \ln \dfrac{r_{\text{a}}}{r_{\text{w}}} + B\mu \ln \dfrac{r_{\text{e}}}{r_{\text{a}}}} \tag{7-19}$$

利用式(7-18)和式(7-19)，令 $Q_0=Q$，来求解表皮系数。

黏性流体造成的附加压降为

$$\begin{aligned}
\Delta P_{\text{vis}} &= P_{\text{wf}} - P'_{\text{wf}} \\
&= \frac{QB}{2\pi Kh}\left(\mu_{\text{a}} \ln \frac{r_{\text{a}}}{r_{\text{w}}} + \mu \ln \frac{r_{\text{e}}}{r_{\text{a}}} - \mu \ln \frac{r_{\text{e}}}{r_{\text{w}}}\right) \\
&= \frac{Q\mu B}{2\pi Kh}\left(\frac{\mu_{\text{a}}}{\mu} - 1\right) \ln \frac{r_{\text{a}}}{r_{\text{w}}}
\end{aligned} \tag{7-20}$$

$$S_{\text{vis}} = \left(\frac{\mu_{\text{a}}}{\mu} - 1\right) \ln \frac{r_{\text{a}}}{r_{\text{w}}} \tag{7-21}$$

将式(7-21)代入式(7-20)中，可得

$$\Delta P_{\text{vis}} = \frac{Q\mu B}{2\pi Kh} S_{\text{vis}} \tag{7-22}$$

式(7-21)中的 S_{vis} 即为黏性流体在井眼附近形成的黏性表皮系数。

黏性表皮系数 S_{vis} 计算公式如下：

$$S_{\text{vis}} = \left(\frac{\mu_{\text{a}}}{\mu} - 1\right) \ln \frac{r_{\text{a}}}{r_{\text{w}}} \tag{7-23}$$

式中，μ 和 μ_{a} 分别为地层流体黏度和黏性流体黏度，mPa·s；r_{w} 和 r_{a} 分别为井眼半径和黏性流体侵入半径，m。对黏性表皮系数 S_{vis} 进行分析，μ_{a} 越大，r_{a} 越大，则黏性表皮系数越大，表明封堵效果好。

则注入单层的总黏性流体体积 V_{a} 为

$$V_{\text{a}} = \pi\phi h(r_{\text{a}}^2 - r_{\text{w}}^2) \tag{7-24}$$

式中，ϕ 为孔隙度，小数；h 为单层厚度，m。

黏性流体侵入半径为

$$r_{\text{a}} = \sqrt{r_{\text{w}}^2 + \frac{V_j}{\pi\phi}} \tag{7-25}$$

式中，V_j 为注入层段单位厚度上的注入流体体积。

所以，j 层段的黏性表皮系数可以表达为

$$S_{\text{vis},j} = \left(\frac{\mu_{\text{a}}}{\mu} - 1 \right) \left[\frac{1}{2} \ln \left(r_{\text{w}}^2 + \frac{V_j}{\pi \phi} \right) - \ln r_{\text{w}} \right] \tag{7-26}$$

注入 j 层段的吸液能力为

$$Q_j = \frac{2\pi a h_j K_j (P_{\text{wf}} - P_{\text{i}})}{\mu B \left\{ \ln \dfrac{r_{\text{e}}}{r_{\text{w}}} + S_{0,j} + \left(\dfrac{\mu_{\text{a}}}{\mu} - 1 \right) \left[\dfrac{1}{2} \ln \left(r_{\text{w}}^2 + \dfrac{V_j}{\pi \phi} \right) - \ln r_{\text{w}} \right] \right\}} \tag{7-27}$$

式中，Q_j 为 j 层段的吸液能力，m^3/min；a 为单位换算系数，取值为 0.06；h_j 为 j 层段的厚度，m；K_j 为 j 层段的渗透率，μm^2；P_{wf} 和 P_{i} 分别为井底压力和地层压力，MPa；r_{e} 为泄油半径，m；$S_{0,j}$ 为 j 层段的初始表皮系数。

在注入量 Q 一定的情况下，当存在 n 个小层，且这 n 个小层的吸液能力相同时，Q 的排量被这 n 个小层平分，每个小层的吸液能力为 Q/n，则根据式 (7-24)，就可以得出 j 层段的注入体积 V_j。然后再根据注入的体积求得自转向酸的停注时间。

注入层段 j 的黏性流体体积随时间的变化率为

$$\frac{\text{d}V_j}{\text{d}t} = Q_j = \frac{2\pi a h_j K_j (P_{\text{wf}} - P_{\text{e}})}{\mu B \left\{ \ln \left(\dfrac{r_{\text{e}}}{r_{\text{w}}} \right) + S_{0,j} + \left(\dfrac{\mu_{\text{a}}}{\mu} - 1 \right) \left[\dfrac{1}{2} \ln \left(r_{\text{w}}^2 + \dfrac{V_j}{\pi \phi} \right) - \ln r_{\text{w}} \right] \right\}} \tag{7-28}$$

对式 (7-28) 进行变换，可以得

$$\frac{\text{d}V_j}{\text{d}t} = \frac{b_{3j}}{b_{1j} + b_{2j} \ln(b_{4j} V_j + r_{\text{w}}^2)} \tag{7-29}$$

式中，$b_{1j} = \ln r_{\text{e}} - \dfrac{\mu_{\text{a}}}{\mu} \ln r_{\text{w}} + S_{0,j}$；$b_{2j} = \dfrac{1}{2} \left(\dfrac{\mu_{\text{a}}}{\mu} - 1 \right)$；$b_{3j} = \dfrac{2\pi h_j K_j (P_{\text{wf}} - P_{\text{i}})}{\mu B}$；

$b_{4j} = \dfrac{1}{\pi \phi}$。

对式 (7-29) 进行积分：

$$\int b_{3j} \text{d}t = \int [b_{1j} + b_{2j} \ln(b_{4j} V_j + r_{\text{w}}^2)] \text{d}V_j \tag{7-30}$$

$$b_{3j} t_j = (b_{1j} - b_{2j}) V_j + b_{2j} \left(V_j + \frac{r_{\text{w}}^2}{b_{4j}} \right) \ln(b_{4j} V_j + r_{\text{w}}^2) \tag{7-31}$$

把求得的注入体积 V_j 代入式(7-31)，就可以求得自转向酸的停注时间。

对于非均质性多层储层酸化，总的黏性表皮系数为

$$S_{\mathrm{vis},z} = \frac{\displaystyle\sum_{j=1}^{J} h_j S_{\mathrm{vis},j}}{\displaystyle\sum_{j=1}^{J} h_j} \qquad (7\text{-}32)$$

将厚度为 h_j 没有入侵转向剂的区域 $S_{\mathrm{vis},z}$ 视为 0，所以 $\displaystyle\sum_{j=1}^{J} h_j$ 即是酸化层段的总厚度。

(4) 实现转向均匀酸化时酸液黏度的确定。

首先考虑微元体的酸的平衡。假设稳态、层流、不可压缩、牛顿流体，酸的质量守恒方程有流入的质量–流出的质量=质量的变化，即

$$\pi[(r+\Delta r)^2 - r^2]\Delta t \left(\mu C - D\frac{\partial C}{\partial x} \right)\Big|_x + 2\pi r\Delta x\Delta t \left(vC - D\frac{\partial C}{\partial r} \right)\Big|_r$$

$$+ \pi[(r+\Delta r)^2 - r^2]\Delta t \left(\mu C - D\frac{\partial C}{\partial x} \right)\Big|_{x+\Delta x} + 2\pi r\Delta x\Delta t \left(vC - D\frac{\partial C}{\partial r} \right)\Big|_{r+\Delta r} \qquad (7\text{-}33)$$

$$= C\pi[(r+\Delta r)^2 - r^2]\Delta x\big|_{t+\Delta t} - C\pi[(r+\Delta r)^2 - r^2]\Delta x\big|_t$$

式中，C 为酸的浓度；D 为扩散系数；μ 和 v 为流体的速度组成。

酸平衡方程的最终形式：

$$\left(1 - \frac{2Re_{\mathrm{w}}}{Re}\xi \right) f'(\zeta)\frac{\partial C_{\mathrm{D}}}{\partial \xi} + \frac{2Re_{\mathrm{w}}}{Re_{\mathrm{w}}} f(\zeta)\frac{\partial C_{\mathrm{D}}}{\partial \zeta} = \frac{Re_{\mathrm{w}}}{Re_{\mathrm{w}}Pe_{\mathrm{w}}}\left(\frac{\partial C_{\mathrm{D}}}{\partial \zeta} + \xi\frac{\partial^2 C_{\mathrm{D}}}{\partial \zeta^2} \right) \qquad (7\text{-}34)$$

式中，$C_{\mathrm{D}} = C/C_0$；C_0 为注入酸的浓度；$\xi = x/r_{\mathrm{wh}}$；$\zeta = r/r_{\mathrm{wh}}$；$Re_{\mathrm{w}} = \dfrac{u(0)r_{\mathrm{w}}}{v}$（进口基于平均速度的雷诺数）；$Re_{\mathrm{w}} = \dfrac{v_{\mathrm{w}}r_{\mathrm{w}}}{v}$；$Pe_{\mathrm{w}} = \dfrac{v_{\mathrm{w}}r_{\mathrm{w}}}{D}$（基于流体扩散系数的佩克莱数）；

式(7-34)的边界条件为

当 $\xi = 0$ 时，$C_{\mathrm{D}} = 1$；

当 $\zeta = 0$ 时，$\dfrac{\partial C_{\mathrm{D}}}{\partial \zeta} = 0$；

当 $\zeta = 1$ 时，$C_{\mathrm{D}} = 0$。

酸平衡方程的解析解在 1989 年由 Hung 等(1989)给出。通过分离变量法得到

方程的解，偏微分方程被转换为两个常微分方程，其中一个是简单的酸浓度和轴向距离的指数关系式。另一个是 Sturm-Liouville 边界条件方程。这样，问题就很容易地简化为寻找特征值和它们相对应的特征解。式 (7-33) 就是酸平衡的解。

$$\overline{C} = -2C_0 \sum_{n=0}^{\alpha} \left[K_n \left(1 - \frac{2Re_\mathrm{w}}{Re} \xi \right)^{\frac{\lambda_n^2}{2Pe_\mathrm{w}}} \left(\frac{B_n^-(1)}{\lambda_n^2 + 2Pe_\mathrm{w}} \right) \right] \tag{7-35}$$

式中，K_n 为地层渗透率，$10^{-3}\mu\mathrm{m}^2$；B_n 为原油体积系数，无量纲；λ_n 为井筒摩擦系数；n 为地层层数。这个酸的平均浓度的解的限制条件是 $0.001 < Re < 1.0$，并且 $Pe < 8$。式 (7-38) 所描述的 5 个条件是为了保证合理的精度。

(5) 实现转向均匀酸化时酸化级数的确定。

在给定转向酸液黏度为 200mPa·s 的条件下，在规定井段上的均匀酸化指数大于 0.5 条件下，对给定的储层条件 (物性与损害情况) 和井段长度，确定实现转向均匀酸化时的酸化级数。均匀酸化指数计算如下：

$$0.5 \leqslant \frac{r_\mathrm{wh,min}}{r_\mathrm{wh,max}} = \frac{r_\mathrm{wh1}}{r_\mathrm{wh2}} = \mathrm{e}^{\frac{2\pi\Delta P(h_2 K_2 Q_1 - h_1 K_1 Q_2)}{Q_1 Q_2 \mu_\mathrm{d}}} \leqslant 1 \tag{7-36}$$

式中，$r_\mathrm{wh,min}$ 为最小酸蚀孔洞穿透半径，m；$r_\mathrm{wh,max}$ 为最大酸蚀孔洞穿透半径，m；r_wh1 为第 1 级酸蚀孔洞穿透半径，m；r_wh2 为第 2 级酸蚀孔洞穿透半径，m；K_1、K_2 分别为一级、二级酸化渗透率；h_1、h_2 分别为一级、二级酸化的高度；μ_d 为注入酸液黏度；Q_1、Q_2 分别为一级、二级酸排量。

优化设计时，考虑一级酸化 (即一段转向酸、一段常规酸)，应用式 (7-8) ~ 式 (7-27) 验证是否均匀酸化；若不满足则采取两级酸化 (即转向酸、常规酸两级交替注入)，再次应用上述公式验证是否均匀酸化；若不满足则采取三级酸化，以此类推。

(6) 自转向酸化效果评价。

对于酸化后的每小层平均渗透率的计算可分为两种情况处理：一是酸蚀孔洞穿透半径 r_wh 小于储层伤害带半径 r_s；二是酸蚀孔洞穿透半径 r_wh 大于储层伤害带半径 r_s。

在第一种情形下，油井井筒附近的储层带可划分为增产带、伤害带及原生带三部分。在增产带，酸蚀孔洞的形成了新的地层渗透率 K_wh，而与未酸化的地层伤害带的渗透率 K_s 无关，且其中的压力可视为不变；在伤害带，忽略酸蚀孔洞的尖端效应，其中的压力分布遵循 Darcy 定律；在原生带不存在地层伤害的情况下，其中的压力分布仍遵循 Darcy 定律。在这种情况下酸化井的表皮系数可按下式计算：

$$s' = \frac{K_{wh}}{K_s} \ln \frac{r_s}{r_{wh}} - \ln \frac{r_s}{r_w} \tag{7-37}$$

式中，K_{wh} 为酸化后地层渗透率，$10^{-3} \mu m^2$；K_s 为未酸化时地层渗透率，$10^{-3} \mu m^2$；r_s 为储层伤害带半径，m；r_{wh} 为酸蚀孔洞穿透半径，m；r_w 为井筒半径，m。

在第二种情形下，井筒附近的储层带可划分为增产带和原生带两部分，酸化井的表皮系数按下式计算：

$$S' = -\ln \frac{r_{wh}}{r_w} \tag{7-38}$$

则酸化后的增产倍比为

$$\frac{J'}{J} = \frac{\ln \dfrac{r_e}{r_w} - \dfrac{3}{4} + S}{\ln \dfrac{r_e}{r_w} - \dfrac{3}{4} + S'} \tag{7-39}$$

式中，S 为酸化措施前的表皮系数；S' 为酸化措施后的表皮系数；J 为酸化措施前的采油指数，$m^3/(s \cdot Pa)$；J' 为酸化措施后的采油指数，$m^3/(s \cdot Pa)$。

7.3.6 裂缝上下定向酸压工艺

1. 缝高控制技术概况

在水力压裂中，如何控制裂缝高度的过度增长，是较棘手的问题。当油层很薄或上下盖层为弱应力层时，垂直裂缝过度向上或向下延伸，就会穿透产层进入盖层或底层，同时缝高过大，会阻碍缝长的延伸，影响压裂液效率，进而影响压裂效果。缝高过大可能会导致压后裂缝完全失效，或压开水层，引起油井含水暴增，缝高过大也会浪费压裂液和支撑剂，所以将缝高尽量控制在产层内是压裂成功的关键因素之一。

近年来，国内外的工程技术人员在这方面进行了很多研究工作，特别是美国在 20 世纪 80 年代发明的几项缝高控制技术在油田进行了探索性应用，取得了一定的效果，但其机理并不是很清楚。将缝高控制技术应用于裂缝型碳酸盐岩储层也较少。目前常用的缝高控制技术如下。

1) 利用泥质遮挡层控制裂缝高度

根据大量现场资料统计和室内研究，利用泥质遮挡层控制裂缝高度一般应具备以下两个条件：对于常规作业，在砂岩油气层上下的泥质遮挡层厚度一般应不小于 5m；上下遮挡层地应力高于油气层地应力 2.1～3.5MPa 时更为有利。遮挡层厚度可以利用测井曲线确定，油气层和遮挡层地应力值则可以通过小型压裂测试、声波和密度测井或岩心试验取得。

2) 利用施工排量控制裂缝高度

施工排量越大,裂缝越高。不同地区由于地层情况不同,施工排量对裂缝高度的影响也不同。美国棉谷地区通过压裂后测井温,总结出施工排量与裂缝高度有如下关系:

$$H=7.23e^{1.03Q} \tag{7-40}$$

式中,H 为裂缝高度,m;Q 为施工排量,m^3/min;e 为自然常数。

为了避免裂缝过高,一般应将施工排量控制在 $3\sim5m^3/min$。

3) 利用压裂液黏度和密度控制裂缝高度

在其他参数相同的情况下,压裂液黏度越大,裂缝越高。目前尚没有定量关系。一般认为,压裂液在裂缝内的黏度保持在 $50\sim100mPa\cdot s$ 较合适。利用压裂液密度控制裂缝高度,主要是通过控制压裂液中垂向压力的分布来实现。若要裂缝向下延伸,应采用密度较大的压裂液;若要裂缝向上延伸,则应采用密度较小的压裂液。

4) 冷水水力压裂控制缝高

向温度较高的地层注入冷水,使地层产生弹性回缩,降低地层应力,把裂缝高度控制在产层范围内。在低于地层破裂压力的条件下,向地层注入冷水预冷地层;提高排量和压力,使压力仅大于被冷却区的水平应力,在冷却区内压开一条裂缝;控制排量和压力,注入含高浓度降滤剂的冷水前置液延伸裂缝;注入低温黏性携砂液支撑裂缝,完成压裂全过程。冷水水力压裂技术主要用于产层不存在清水伤害问题、胶结性较差的地层、用常规水力压裂技术难以控制裂缝延伸方向的油气层。

5) 建立人工遮挡层控制缝高

由于地下物质特性、地层应力差及断裂韧性不同,垂直裂缝高度不同程度地受到遏止。限制裂缝垂向增长的实质性机理是使流体进入狭窄的上下裂缝末梢时受到阻抗。这种控制方法主要根据地层条件,注入上浮或下沉转向剂对垂向裂缝端进行封堵,形成人工遮挡层,控制裂缝垂向延伸。

裂缝能否上下延伸穿透界面进入盖层、底层与许多因素有关,如地层应力差,岩石物质特性,裂缝上下末端阻抗值、压裂参数等。其中,地层应力差及岩石物质特性都由地质结构本身决定,不易改变。但裂缝上下末端阻抗值可以通过在压裂携带液中添加转向剂,将裂缝尖角钝化,制造人工遮挡层的措施来改变。同时控制压裂的其他参数,来达到遏制裂缝纵向增长,提高压裂效率,促进裂缝水平方向扩展的目的。

2. 裂缝上下定向控制酸压技术的需求

1) 避免裂缝过度向上延伸的需求

在碳酸盐岩油藏中有一种重要的油藏类型是古潜山油藏。在碳酸盐岩潜山油藏中，潜山风化壳是重要的储层发育带，是储层发育、油气富集的重要勘探部位。潜山风化壳之上不整合接触的其他时代地层可能为较厚的盖层，也可能为较薄的泥岩或砂岩，当其盖层较薄，盖层以上发育水层或盖层底部发育水层时，进行潜山风化壳的酸压改造，往往导致裂缝向上过度延伸，沟通其上覆盖层中的水层，导致油井暴性水淹，所以酸压改造时避免裂缝过度向上延伸十分重要。

以塔里木油田轮古潜山为例，轮古潜山区上方不整合接触的为石炭系砂岩，石炭系岩底部普遍发育水层，水层与其下的风化壳碳酸盐岩储层隔层薄，潜山区风化壳储层进行酸压改造时需要控制裂缝过度向上延伸，避免沟通上覆岩层底部发育的高压水层(图 7-21)。

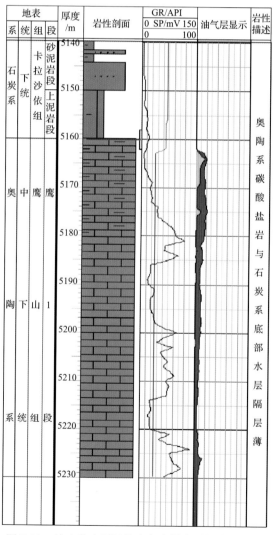

图 7-21　轮古潜山区风化壳与上覆岩层纵向分布图

2) 避免裂缝过度向下延伸的需求

对于非均质缝洞型碳酸盐岩储层，油水关系十分复杂。油层之下有时发育水层，而油水层之间隔层的作用由于多发育裂缝，其遮挡作用较差，酸压时如果不能控制裂缝过度向下延伸，酸压裂缝沟通其下部水层的概率大，导致油井暴性水淹，因此酸压改造时避免裂缝过度向下延伸有时十分重要。

以塔里木油田哈拉哈塘区块的新垦 7 井为例，在酸压后快速水淹，由高产油井在极短时间内变为水淹井(图 7-22)。

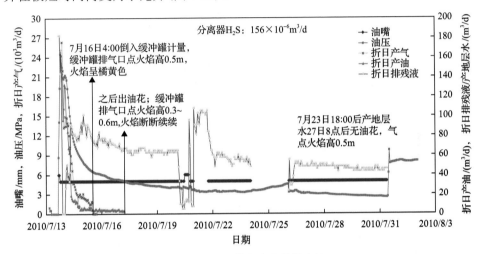

图 7-22　XK7 井求产中暴性水淹

3) 保证裂缝足够向下延伸的需求

由于缝洞型碳酸盐岩储层油水关系复杂，在钻井时应多避免直接钻遇地震解释的缝洞储集体，如果其主体为水层，一旦钻中则投产时快速水淹。因此钻井时尽量钻缝洞储集体的中上部，从而导致部分井尤其是侧钻井的目的井段位于储集体的上方，需要裂缝尽可能向下延伸来沟通储集体(图 7-23)。

采用常规酸压工艺在极限排量下的缝高也是有限的，有时即使采用最高排量，可能也难以保证有足够的缝高沟通下部储集体的主体，因此需要采用特殊的工艺，保证裂缝向下足够的延伸以增大沟通概率。在此情况下施工初期以较小的排量预造缝，采用缝高控制工艺控制裂缝向下延伸，然后采用较大排量施工增加缝高，则更可能形成裂缝足够的向下延伸从而沟通储集体。

3. 裂缝上下定向控制技术的机理

在目前缝高控制技术中，在地层条件较差时，靠泥质隔层、排量控制、黏度控制等技术难以有效控制裂缝高度，相比较而言，人工隔层技术更具主动性和可靠性。因此主要将人工隔层的缝高控制技术应用于非均质裂缝型碳酸盐岩储层。

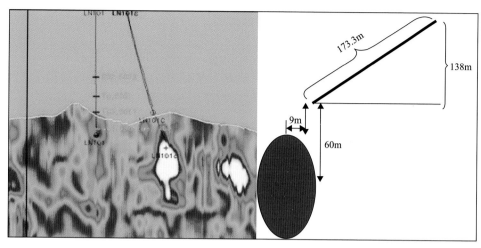

图 7-23 某侧钻井完钻后目的井段与储集体相对位置图

人工隔层控制缝高的基本机理是通过在压裂时注入上浮式或/和沉降式转向剂在裂缝的顶部或底部形成人工遮挡层,阻止裂缝中的流体压力向上或向下传播,从而控制裂缝在向上或向下的进一步延伸(图 7-24)。裂缝的延伸主要在应力薄弱的方向上,裂缝端部的压裂液滤失,造成局部压力增加,逐渐超过地层中该点的破裂压力极限而产生裂缝,并沿该方向向前延伸。加入转向剂并使其沉积在裂缝端部(由于转向剂粒度较小,一般小于 0.3mm,较窄的裂缝也可以进入),会阻止一部分压裂液的滤失,形成附加压力值,即人为增大了隔挡层的压力值或者说减弱了压裂液向裂缝端部的压力传递,从而达到阻止裂缝在该方向上的延伸效果。

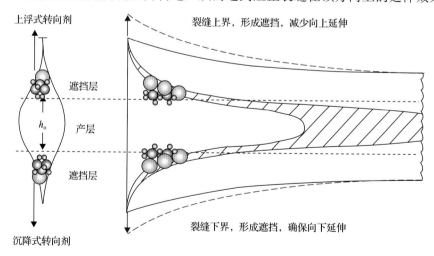

图 7-24 人工隔层裂缝缝高控制原理示意图

h_o-产层高度

　　根据现场地质条件的实际需要，在现场施工时有时只加入上浮式转向剂形成顶部隔层，上下单向控制裂缝高度，即只控制裂缝过度向上延伸，确保裂缝向下的足够延伸或任由裂缝自由向下延伸(图 7-25)。而有时只加入沉降式转向剂形成底部隔层，单向控制裂缝高度，即只控制裂缝过度向下延伸，任由裂缝自由向上延伸(图 7-26)。

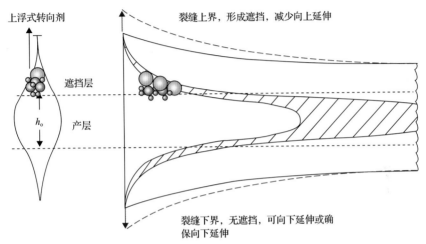

图 7-25　人工隔层裂缝缝高单向控制(避免向上过度延伸)原理示意图

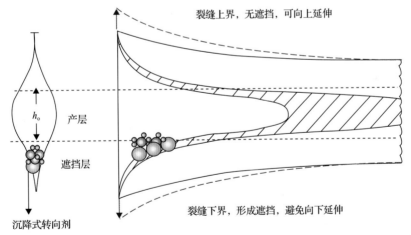

图 7-26　人工隔层裂缝缝高单向控制(避免向下过度延伸)原理示意图

4. 人工隔层裂缝上下控制技术工艺过程

　　压裂液在裂缝中运移的相对有序性原则是充填上浮式或沉降式转向剂，形成人工隔层，这是实现缝高控制的重要前提条件之一。裂缝中压裂液移动的相对有序性是指进入裂缝的液体在裂缝中运移的过程中，基本上是按照进入裂缝的先后次序呈不规则条带状分布规律依次向裂缝周边地带运移，而不是以杂乱无序状态或单方向推进状态流动，如图 7-27 所示。

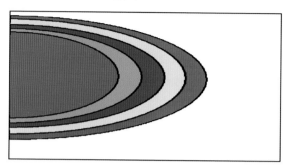

图 7-27　压裂施工中压裂液有序性移动示意图

充填上浮式或沉降式转向剂施工时，混有转向剂的携带液紧随前置液注入裂缝，运移到裂缝上下端部，第一批接触狭小裂缝尖端的转向剂颗粒在高压流体压力下在裂缝尖端形成桥塞，紧随其后的转向剂颗粒在已形成的转向剂层继续桥塞，如此不断补充新的转向剂颗粒，最终在流体压力下形成压实、低渗的人工隔层。

形成人工隔层之后，再以较大排量施工，后一级的施工液推动前一级压裂液向外扩展，在上部或下部裂缝端部形成的人工隔层继续被压实，形成更稳定的人工隔层，达到控制裂缝高度的效果。

根据以上过程，人工隔层控制缝高的工艺施工可以包括以下步骤。

(1)结合储层地质条件，依据压裂软件模拟结果优化液量和排量。施工时，先打一部分前置液起裂，并控制裂缝高度不能过度延伸，避免在上浮式转向剂或沉降式转向剂到达前裂缝高度就已经过高，导致缝高控制失败；人工隔层必须在裂缝开始向产层之外延伸以前形成，在压裂过程中，靠近井眼处的缝内液体压力比沿裂缝长度内的任何点都大，一定要在此步骤控制裂缝高度过度延伸。

(2)裂缝预起裂后，注入携带液(如滑溜水、线性胶等)+上浮式转向剂(如空心玻璃微珠等)或+沉降式转向剂(如粉陶)，此段也应在较低排量下注入，一般不超过第一级预造缝的排量。

(3)转向剂注入到位后保持低排量注入或停泵几分钟，使转向剂有时间顺利上浮或(和)沉降，待上浮剂上浮、下沉剂下沉，形成稳定人工隔层。

(4)由低排量到高排量注入前置液，进行充分造缝改造，在限制住裂缝高度情况下扩展裂缝，确保改造效果。

5. 裂缝上下定向控制转向剂

为实现人工隔层技术中裂缝高度的控制，必须有性能良好的转向剂。具体来讲其需要有以下几方面的性能要求。

（1）粒度：转向剂的粒度分布及粒径大小对上浮速度、阻流效果、工艺的成败有密切的关系。若颗粒较大，抗压性能下降，则阻流效果变差；如果颗粒较小，上浮速度或沉降速度就会受到影响，在裂缝中不易上浮于裂缝顶部或沉降到裂缝底部，影响人工隔层的形成。经大量试验筛选和现场论证，工业产品粒度标准为0.05~0.2mm，含量大于98%。

（2）密度：转向剂密度是关系到转向剂能否使用的关键因素。上浮式转向剂密度要小于压裂液密度，一般把转向剂真密度控制在0.3~0.6g/cm³；沉降式转向剂密度要大于压裂液密度，从理论上讲，其密度越大越好，但受材料控制，一般选用的粉陶的真密度在1.5g/cm³以上。

（3）上浮（沉降）速度：上浮（沉降）速度用来衡量转向剂进入裂缝后能否在较短时间内迅速上浮于（或沉降于）裂缝端部，形成人工遮挡层，以阻止高压流体压力向上（或下）部缝端传递；可以根据此项指标确定转向剂进入裂缝后的停泵时间或低排量注入时间。

（4）抗压试验：沉降式转向剂多为陶粒等，其抗压能力是足够的，但上浮式转向剂多为空心结构，其必须能够在一定温度下承受一定的压力，在地层条件下颗粒完好率应在80%~85%。

（5）形成阻挡条带后，转向剂层的渗透率应足够小，以便能够产生足够的压力降，从而能够起到很好的隔挡作用。

为实现避免裂缝过度向下延伸可采用实心的高密度材料（目前常采用100目左右的粉陶），其抗压耐温条件一般较容易满足，但为实现避免裂缝过度向上延伸则需要采用空心的超低密度材料，必须发明新型材料才能满足其抗压耐温性能。为此，本书发明了TBA新型上浮式转向剂——一种空心玻璃微珠（图7-28、图7-29）。TBA上浮式转向剂（耐压18000psi），颗粒密度为0.40g/cm³；堆积密度约0.55g/cm³。600℃时开始变软；酸（HF）溶性为99.5%，pH为9.1~9.9，颗粒目数控制在100~150目。

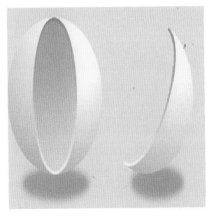

图7-28　TBA放大示意图

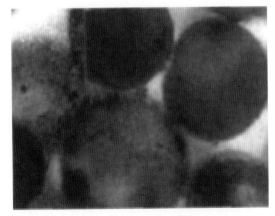

图7-29　TBA显微照相图

6. 人工隔层缝高控制的工艺优化

目前人工隔层缝高控制工艺中常用的转向剂为上浮式转向剂或沉降式转向剂。沉降式转向剂主要采用粉陶，其沉降规律遵循斯托克定律，可以用来进行工艺优化。而上浮式转向剂目前没有现成的方法来参考，必须研究其优化工艺，本节主要论述上浮式转向剂的工艺优化。

1）上浮式转向剂上浮速度计算

如图 7-30 所示，直径为 d 的小球在黏度为 μ 的流体向上运动时受到重力 mg、摩擦阻力 f 和浮力 F 三个力的共同作用，根据牛顿第二定律得

$$F - mg - f = ma = m\frac{\mathrm{d}v}{\mathrm{d}t} \tag{7-41}$$

$$mg = \rho V g = \frac{4}{3}\pi\rho d^3 g \tag{7-42}$$

$$f = 6\pi\mu v d \tag{7-43}$$

$$F = \rho' g V = \frac{4}{3}\pi\rho' g d^3 \tag{7-44}$$

联立式（7-41）～式（7-44）可得

$$m\frac{\mathrm{d}v}{\mathrm{d}t} - \frac{4}{3}\pi(\rho' - \rho)d^3 g = -6\pi\mu v d \tag{7-45}$$

当 $\frac{\mathrm{d}v}{\mathrm{d}t} = 0$ 时，可求得小球速度为

$$v = \frac{2(\rho' - \rho)d^2 g}{9\mu} \tag{7-46}$$

式（7-42）～式（7-46）中，ρ 为流体密度，g/cm^3；V 为小球体积，m^3；v 为小球运动速度，m/s；g 为重力加速度。

应用式（7-46）可以计算不同密度小球的上浮速度，得到图 7-31。从图中可以看出，密度越小，小球上浮速度越快，因此到达裂缝上端的时间越短，形成人工隔层的时间较短。目前采用的上浮式转向剂的密度仅为 $0.40g/cm^3$，可较快形成较致密的隔层，满足施工需要；通过计算上浮式转向剂的上浮速度为 0.78m/min，在注入转向剂裂缝高度为 50m 时，裂缝中部的转向剂到达缝顶时间约为 32min，施工时可预测裂缝中全部的上浮式转向剂完全到达缝顶时间约 60min。

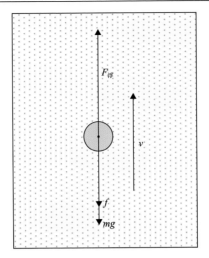

图 7-30　上浮式转向剂受力分析示意图

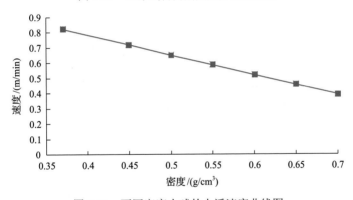

图 7-31　不同密度小球的上浮速度曲线图

2) 上浮式转向剂的用量优化数值模拟

当裂缝中心在产层内部，由线弹性断裂力学理论，裂缝壁面上张开应力在裂缝上下两端所产生的应力强度因子分别为

$$K_{\text{top}} = \frac{1}{\sqrt{\pi a}} \int_{-a}^{a} P(y)\sqrt{\frac{a+y}{a-y}}\mathrm{d}y \tag{7-47}$$

$$K_{\text{bottom}} = \frac{1}{\sqrt{\pi a}} \int_{a}^{-a} P(y)\sqrt{\frac{a-y}{a+y}}\mathrm{d}y \tag{7-48}$$

式中，a 为裂缝半高度，m；$P(y)$ 为裂缝内部净压力，MPa；K_{top}、K_{bottom} 分别为裂缝顶部、底部的应力强度因子，$\mathrm{MPa \cdot m^{1/2}}$。

结合人工隔层条件下的张开裂缝净应力分布，并考虑 I 型裂缝延伸判据，即

$$K_{\text{top}}=K_{\text{ICs}}, \quad K_{\text{bottom}}=K_{\text{ICx}} \tag{7-49}$$

由此可以导出：

$$
\begin{aligned}
\frac{\sqrt{\pi}(K_{\text{ICs}} + K_{\text{ICx}})}{2\sqrt{\dfrac{h_s + h_x + h}{2}}} &= \frac{\pi}{2}(2P - \sigma_s - \sigma_x - t_1 d_1 - t_2 d_2) \\
&+ (\sigma_2 - \sigma_1)\arcsin\left(\frac{h_x + h - h_s}{h_s + h + h_x}\right) + (\sigma_x - \sigma)\arcsin\left(\frac{h_s + h - h_x}{h_s + h + h_x}\right) \\
&+ t_1 d_1 \arcsin\left(\frac{(h_s + h + h_x) - 2d_1}{h_s + h + h_x}\right) + t_2 d_2 \arcsin\left(\frac{(h_s + h + h_x) - 2d_2}{h_s + h + h_x}\right)
\end{aligned}
\tag{7-50}
$$

$$
\begin{aligned}
\frac{\sqrt{\pi\dfrac{h_s + h_x + h}{2}}(K_{\text{ICx}} - K_{\text{ICs}})}{2} &= (\sigma_s - \sigma_1)\sqrt{(h + h_x)h_s} - (\sigma_x - \sigma)\sqrt{(h + h_s)h_x} \\
&- t_1 d_1 \sqrt{(h + h_s + h_x - d_1)d_1} + t_2 d_2 \sqrt{(h + h_s + h_x - d_2)d_2}
\end{aligned}
\tag{7-51}
$$

式(7-49)~式(7-51)中，h、h_x 分别为产层厚度，裂缝进入盖层和底层的距离，m；d_1、d_2 分别为下沉剂和上浮剂隔层厚度，m；t_1、t_2 分别为下沉剂和上浮剂隔层阻抗梯度，MPa/m；σ、σ_s、σ_x 分别为产层、盖层和底层水平最小主应力，MPa；K_{ICs}、K_{ICx} 分别为盖层、底层岩石的断裂韧性，MPa·m$^{1/2}$。

式(7-50)和式(7-51)是关于 h_s 和 h_x 的二元非线性方程组，用 MATLAB7.0 编程可以求其数值解。特别地当 $t_1=0$，且 $d_1=0$ 时，使用上述方程组可以做出关于上浮剂隔层厚度 d_2 与向上穿层厚度 h_s 的关系式图，从而可以优化上浮式转向剂的用量。

7.4　转向酸化酸压实施质量控制

7.4.1　转向酸化酸压现场盐酸选择

在选择配制就地自转向酸的工业盐酸时，除要考虑盐酸浓度、成本等因素外，主要应考虑盐酸中所含的各种离子。

对于某个油田而言，首先根据就近原则，对该施工井所在矿区附近盐酸生产厂家的样品进行取样，使用原子吸收方法分析其中所有的离子，确定各种离子对就地自转向酸的性能有没有影响，初步选择不含对就地自转向酸性能影响的盐酸，再分析盐酸的纯度，确定盐酸的用量，最后从成本和运输等方面考虑，选择哪个厂家、哪个批次的盐酸作为就地自转向酸的基础酸。

7.4.2　转向酸化酸压现场清水选择

由于使用的工业盐酸浓度一般为 31%，而现场使用的就地自转向酸中盐酸的酸浓度一般为 20%，需要将工业盐酸用水稀释，这就涉及配酸液用水的选择。

在选择配制就地自转向酸的水时，主要考虑水源、水质情况。由于水中的一些离子会影响就地自转向酸的转向性能，另外对于油田腹地的一些地表水源经常含有烃类物质，这些物质对残酸的胶束形态影响更大，要求配制就地自转向酸的用水中烃类物质含量低于 10mg/L。对于塔里木沙漠腹地酸压作业，还要考虑水的组织难易情况。

7.4.3　深井转向酸化酸压的降阻工艺

就地自转向酸降阻的设计原理就是在酸液中加入线型聚合物，在泵注就地自转向酸施工时，线型聚合物在泵注管线的管壁形成膜降阻 (Lumley，1969；Bewersdorff et al.，1986；Keyes and Abernathy，2006)。

具有减阻能力的高分子聚合物都存在一个浓度阈值，称为临界浓度。该数值因高分子聚合物不同而异，其最小值称为最小临界浓度。Peterson 和 Rabie (1970)、Abernathy (1970) 使用经抗自然降解处理的 PEO(聚环氧乙烷)进行实验，在 0.1mg/kg 开始减阻，是当时所达到的最小值。Gordon (1970)、Pinho 和 Whitelaw (1983) 用聚丙烯酰胺(EIO)及 MG-200 等作为减阻剂，在水中的临界浓度为 0.02mg/kg，与 Peterson 和 Rabie (1970) 的实验相比再降一个数量级。在此极稀的溶液内，每立方毫米中的大分子数为 6.4×10^5，大分子平均间距为 1.3×10^{-2}mm。这个距离比大分子静态平均回转直径及分子间力的有效区间均大几个数量级，不可能在近壁区形成网状结构。因此促使减阻的基本作用单元应当是分散的个体，其几何尺度应与 Kolmogorov 微涡尺度 (Kolmogorov and Tiederman，1991) 可比。在剪切流中，至少存在两种形成较大作用个体的可能机制：一种是若干大分子局部物理化学聚结，另一种是大分子强烈旋转及大变形导致水动力学远场效应，形成大分子间的动力相干。Oliver 和 Willmarth (1997) 的实验对于分析大分子发挥减阻作用的基本模式以及从微观水平研究减阻机理具有重要意义。

酸液胶凝剂是较好的酸液降阻剂，它已得到广泛应用。本节实验研究了酸液胶凝剂在就地自转向酸中作为降阻剂的使用浓度，其实验结果见图 7-32。可以得出，随着酸液胶凝剂(降阻剂)浓度的增大，就地自转向酸的降阻率增大，当酸液胶凝剂(降阻剂)浓度大于 0.05mg/kg 时，继续增加其浓度，就地自转向酸的降阻率增加不大。为了现场便于加入均匀，确定就地自转向酸液中加入酸液胶凝剂的浓度为 0.1%。

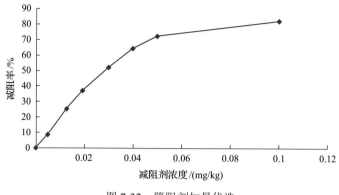

图 7-32　降阻剂加量优选

7.4.4　转向酸化酸压固体转向材料的加入

转向材料要易于现场应用，转向材料的密度应与工作液密度一致，转向材料暂堵后应能够自动解除，转向材料降解后的溶液应与工作液配伍，避免影响工作液的性能或造成二次伤害；转向剂的降解要完全，不能影响改造后的生产。因此转向材料的性能设计如下：①转向剂密度在 $1g/cm^3$ 左右，能够易于混溶于工作液；②转向剂应易于封堵裂缝并具备一定的强度；③转向剂的形状必须能够实现现场的实时加入；④转向剂降解后应能够与工作液配伍；⑤转向剂降解要尽可能完全，保证解除封堵并不影响生产；⑥转向剂必须具备系列产品，能够满足不同条件下的应用；⑦转向剂必须能够满足油井、水井和气井的应用；⑧必须控制成本。

转向剂的温度系列优化：不同的井深、井温和施工条件下，转向液体到达井底时温度不同，施工后井底恢复所达到的井底温度也相差较大，为确保转向液中的转向材料能够稳定到达井底起到暂堵转向作用，并在施工结束后能较快、较彻底地降解。根据井底温度模拟结果，清洁转向剂共优化为 90℃降解、120℃降解和 150℃降解三个系列。

转向材料的配伍性能：为形成清洁无损害的转向酸化，除了保证暂堵转向剂能够在温度恢复时自动降解，还要保证暂堵转向剂不与各种酸液反应而产生酸渣或其他不溶性成分。例如，在塔里木山前盆地转向酸化改造中，根据塔里木盆地山前现场配酸液浓度范围来配制酸液，进行一系列不同质量分数常用酸液体系的配伍性实验，结果见表 7-7。由于实验酸液密度较大，转向材料有向上浮起的现象，在各种酸液体系中均未发生物理化学反应而生成不溶物质。由表 7-7 可以看出，转向材料与各种酸液长时间放置均能保持清洁的分散体系，说明转向剂和各种酸液的配伍性良好。

表 7-7　清洁转向剂与各种酸液的配伍性实验结果

酸液种类	实验现象
10%HCl	溶液清澈，转向剂呈白色纤维状，分布于量筒上部
8%HCl	溶液清澈，转向剂呈白色纤维状，分布于量筒中上部
10%HCl+3%HF	溶液清澈，转向剂呈白色纤维状，分布于量筒上部
12%HCl+2%HF	溶液清澈，转向剂呈白色纤维状，分布于量筒上部
6%HCl+1.5%HF	溶液清澈，转向剂呈白色纤维状，分布于量筒中上部
10%HCl+5%HAc+2%HF	溶液清澈，转向剂呈白色纤维状，分布于量筒上部

7.4.5　转向酸化酸压后油水井管理

(1)注完酸后短时关井，一旦连接好排液管线，立即开始返排。

在碳酸盐岩地层酸化酸压施工后，一般要求返排残酸，除非为了增产选择焖井(Hebert et al.，1996)。若返排措施不当，在返排初期将引起严重的储层伤害。返排时常出现的三个问题为：①微粒运移；②酸反应产物的二次沉淀；③添加剂的返排和处理。

酸液中大部分添加剂在施工后将返排出，它们对生产设备和设施不利，根据环保要求，残酸必须收集起来并进行正确处理，有时，要使残酸的处理达到环保要求是不现实的，流体过滤的方法最好。

(2)至少收集 3 瓶返排液样以供分析，分别在返排的初期、中期和末期取样。若为抽吸排液，则在抽吸时应各隔一次，取一个样。对返排液做以下分析：①固体颗粒的量、大小和类型；②返排酸液的强度；③总铁浓度；④是否存在乳化现象或酸渣；⑤任何两次沉淀的组分(除铁外)。

这些信息可显示残酸的性质：酸化是过度还是不充分，是否发生铁沉淀和潜在的反应产物沉淀，注入的酸与地层流体是否配伍。在正确判断泵注施工过程是否恰当之前，必须对返排液的组分进行全面评价分析。

若条件具备，使用光谱方法完全分析返排酸液，测定 Al^{3+}、Mg^{2+}、Cl^-、Ba^{2+}、K^+、F^-、Ca^{2+}、Na^+、Fe^{3+}、Fe^{2+}的浓度。这些分析结果可显示所注入酸的消耗情况，以及残酸是否按设计要求返排。这些信息有助于同一油田下一步施工。

(3)提交施工报告和压力曲线图以便进行评价，并将资料存放在该井的资料中。

参 考 文 献

高鹏宇. 2012. 水平井酸化化学微粒分流工艺模拟研究. 成都: 西南石油大学.

顾军. 2003. 裂缝-孔隙型储层保护机理与钻井工作液研究——以吐玉克油田为例. 成都: 成都理工大学.

何春明, 陈红军, 王文耀. 2009. 碳酸盐岩储层转向酸化技术现状与最新进展. 石油钻采技术, 37(5): 121-126.

何春明, 陈红军, 刘岚, 等. 2010. VES 自转向酸变黏机理研究. 钻井液与完井液, 27(4): 84-86.

贺会群. 2006. 连续油管技术与装备发展综述. 石油机械, 34(1): 1-6.

龙刚, 王兴文, 任山, 等. 2010. 网络裂缝酸化技术在 DY1 井须家河组气藏的应用. 钻采工艺, 32(3): 76-81.

沈建新, 周福建, 张福祥, 等. 2012. 一种新型高温就地自转向酸在塔里木盆地碳酸盐岩油气藏酸化压裂中的应用. 天然气工业, 32(5): 28-30.

万向辉, 王坤, 吴增智. 2018. 安塞油田长 6 厚状油层纵向均匀酸化技术研究与应用. 钻采工艺, 41(3): 8, 52-54.

王明贵, 张朝举, 王萍. 2011. 复杂砂岩高效酸化技术先导性实验. 石油钻采工艺, 33(3): 66-69.

曾凡辉, 郭建春, 赵金洲, 等. 2011. 深层裂缝性碎屑岩储层的网络裂缝酸化技术. 大庆石油地质与开发, 30(4): 101-104.

詹鸿运, 刘志斌, 程智远, 等. 2011. 水平井分段压裂裸眼封隔器的研究与应用门. 石油钻采工艺, 33(1): 123-125.

赵洪涛, 王素兵. 2007. 水基泡沫在碳酸盐岩气藏酸化中的转向作用机理和效果研究. 天然气工业, 27(4): 79-81.

周福建, 熊春明, 刘玉章, 等. 2002. 一种地下胶凝的深穿透低伤害盐酸酸化液. 油田化学, 19(4): 322-324.

周福建, 杨向同, 何君. 2015b. 一种暂堵缝口强制平面转向形成多缝的方法: 中国, CN105041289A.

周福建, 张福祥, 熊春明. 2015a. 一种清洁转向材料暂堵炮眼形成缝网的储层改造方法: 中国, CN104963672A.

Abernathy N S. 1970. Velocity fluctuations in non-homogeneous drag reduction. Chemical Engineering Communications, 42(1-3): 37-51.

Alghamdi A, Nasr-El-Din M A, Hill A D, et al. 2009. Diversion and propagation of viscoelastic surfactant based acid in carbonate cores//The SPE International Symposium on Oilfield Chemistry, Woodlands.

Al-Anazi H A, Nasr-El-Din H A, Mohamed S K. 1998. Stimulation of tight carbonate reservoirs using acid-in-diesel emulsions: Field application//The SPE Formation Damage Control Conference, Lafayette.

Artola P, Alvarado O, Huidobro E, et al. 2004. Nondamaging viscoelastic surfactant-based fluids used for acid fracturing treatments in Veracruz Basin Mexico//The SPE International Symposium and Exhibition on Formation Damage Control, Lafayette.

Behenna F R 1995. Acid diversion from an undamaged to a damaged core using multiple foam slugs//The SPE European Formation Damage Conference, Hague.

Bernadiner M G, Thompson K E, Fogler H S. 1992. Effect of foams used during carbonate acidizing. SPE Production Engineering, 76(4): 350-356.

Bewersdorff H W, Frings B, Lindner P, et al. 1986. The conformation of drag reducing micelles from small-angle-neutron-scattering experiments. Rheologica Acta, 25(6): 642-646.

Buijse M, Maier R, Casero A, et al. 2000. Successful high-pressure/high-temperature acidizing with in-situ crosslinked acid diversion//The SPE International Symposium on Formation Damage Control, Lafayette.

Chang F F, Qu Q, Frenier W. 2001. A novel self-diverting-acid developed for matrix stimulation of carbonate reservoirs//The SPE International Symposium on Oilfield Chemistry, Houston.

Coulter A W, Crowe C W, Barrett N D, et al. 1976. Alternate stages of pad fluid and acid provide improved leakoff control for fracture acidizing//The SPE Annual Fall Technical Conference and Exhibition, New Orleans.

Dees J M, Freet T G, Hollabaugh G S. 1990. Horizontal well stimulation results in the austin chalk formation, Pearsall Field, Texas//The SPE Annual Technical Conference and Exhibition, New Orleans.

Economides M J, Frick T P, Nittman J. 1994. Enhanced visualization of acid carbonate rock interaction. Journal of Petroleum Technology, 46(4): 82.

Erbstoesser S R. 1980. Improved ball sealer diversion. Journal Petroleum Technology, 32: 1903-1910.

Fredrickson S E. 1986. Stimulating carbonate formations using a closed fracture acidizing technique//The SPE East Texas Regional Meeting, Tyler.

Gabriel G A, Erbstoesser S R. 1984. The design of buoyant ball sealer treatments//The SPE Annual Technical Conference and Exhibition, Houston.

Gordon R J. 1970. Mechanism for turbulent drag reduction in dilute polymer solutions. Nature, 227(5258): 599-600.

Harrison N W. 1972. Diverting agents-history and application. Journal of Petroleum, 24: 593-598.

Hebert P B, Khatib Z I, Norman W D, et al. 1996. Novel filtration process eliminates system upset following acid stimulation treatment//The SPE Annual Technical Conference and Exhibition, Denver.

Kalfayan L. 2008. Production enhancement with Acid Stimulation, second ed. Tulsa: Penwell.

Hung K M, Hill A D, Sepehrnoori K.1989.A mechanistic model of wormhole growth in carbonate matrix acidizing and acid fracturing. Journal of Petroleum Technology, 41(1): 59-66.

Kennedy D K, Kitziger F W, Hall B E. 1992. Case study on the effectiveness of nitrogen foams and water zone diverting agents in multistage matrix acid treatments. SPE Production Engineering, 7(2): 203-211.

Keyes D E, Abemathy F H. 2006. A model for the dynamics of polymers in laminar shear flows. Journal of Fluid Mechanics, 185(1): 503-522.

Kibodeaux K R, Zeilinger S C, Rossen W R. 1994. Sensitivity study of foam diversion processes for matrix acidization// The SPE Annual Technical Conference and Exhibition, New Orleans.

Kolmogorov K J, Tiederman W G. 1991. Drag reduction and turbulent and turbulent structure in two-dimensional channel flows. Philosophical Transactions of the Royal Society A,336(1640): 19-34.

Logan E D, Bjornen K H, Sarver D R. 1997. Foamed diversion in the chase series of Hugoton Field in the Mid-Continent//The SPE Production Operations Symposium, Oklahoma City.

Lumley J L. 1969. Drag reduction by additives.Annual Review of Fluid Mechanics, 1: 367-384.

Martin F, Jimenez-Bueno O, Garcia Ocampo A, et al. 2010. Fiber-assisted self-diverting acid brings a new perspective to hot deep carbonate reservoir stimulation in Mexico//The SPE Latin American and Caribbean Petroleum Engineering Conference, Lima.

Nasr-El-Din H A, Hill A D, Chang F F, et al. 2007. Chemical diversion techniques used for carbonate matrix acidizing: an overview and case histories. International Symposium on Oilfield Chemistry//The International Symposium on Oilfield Chemistry, Houston.

Oliver W T, Willmarth W W, 1997. Modifying turbulent structure with drag-reducing polymer additives in turbulent channel flows. Journal of Fluid Mechanics, 245(1): 619.

Parlar M, Parris M D, Jasinski R J, et al. 1995. An experimental study of foam flow through berea sandstone with applications to foam diversion in matrix acidizing//The SPE Western Regional Meeting, Bakersfield.

Peterson W D, Rabie L H. 1970. Local drag reduction due to injection of polymer solutions into turbulent flow in pipe. AIChE Journal, 28(4): 558-565.

Pinho F T, Whitelaw J H. 1990. Flow of non-Newtonian fluids in a pipe. Journal of Non-Newtonian Fluid Mechanics, 34(2): 129-144.

Robert J A, Mack M G. 1997. Foam diversion modeling and simulation. SPE Production Facilities, 112(2): 123-128.

Rossen W R, Zhou Z H, Mamun C K. 1995. Modeling foam mobility in porous media. SPE Advanced Technology, 3(1): 146-153.

Siddiqui S, Talabani S, Saleh S T, et al. 1997. A laboratory investigation of foam flow in low-permeability berea sandstone cores//The SPE Production Operations Symposium, Oklahoma City.

Tambini M. 1992. An effective matrix stimulation technique for horizontal wells//The European Petroleum Conference, Cannes.

Thompson K E, Gdanski R D. 1993. Laboratory study provides guidelines for diverting acid with foam. SPE Production Facilities, 8: 285-290.

Wehunt C D. 1990. Evaluation of alternating phase fracture acidizing treatment using measured bottomhole pressure//The Permian Basin Oil and Gas Recovery Conference, Midland.

Xiong H J. 1993. Prediction of effective acid penetration and acid volume for matrix acidizing treatments in naturally fractured carbonates//The SPE Annual Technical Conference and Exhibition, New Orleans.

Zeiler C E, Alleman D J, Qu Q. 2006. Use of Viscoelastic Surfactant-Based Diverting Agents for Acid Stimulation: Case Histories in GOM. SPE Production & Operations, 21: 448-454.

Zeilinger S C, Wang M, Kibodeaux K R, et al. 1995. Improved prediction of foam diversion in matrix acidization//The SPE Production Operations Symposium, Oklahoma City.

Zerhboub M, Touboul E, Ben-Naceur K, et al. 1994. Matrix acidizing: A novel approach to foam diversion. SPE Production Facilities, 9: 121-126.

Zhou Z H, Rossen W R. 1994. Applying fractional-flow theory to foams for diversion in matrix acidization. SPE Production Facilities, 9: 29-35.

第8章 转向酸化酸压工艺推广应用

转向酸化酸压技术在国内油田和海外油田进行了规模化的应用，这里给出了各工艺的现场应用典型井，主要工艺包括水平井长井段转向酸化工艺、裂缝平面转向工艺、裂缝纵向转向工艺、高温智能转向酸酸压工艺、裂缝上下定向酸压工艺及体积酸化酸压工艺。

8.1 水平井长井段转向酸化工艺

水平井长井段转向酸化工艺受具体的地层条件、井眼类型、完井方式和开采方式的限制。储层非均匀性强，水平长井段均匀、高效布酸困难。碳酸盐岩地层所钻水平井与直井相比，水平井更常使用基质酸化，因此水平井进行酸化的目的是解除储层伤害。水平井的伤害一般在射孔井眼内或在其附近，引起深度伤害的可能性小，因此采用基质酸化。

对于碳酸盐岩地层中水平井的酸化，流体的置放是关键。酸化时可通过使用封隔器成功置放流体。但是，对于长的水平井段，使用封隔器存在可靠性的问题，作业也相对比较复杂。固体颗粒转向剂是酸液置放的有效手段之一，但是存在一定程度的返排效果差、堵塞地层，以及与地层孔喉的合理匹配问题。为了使水平井的目标储层酸化处理达到较好的增产效果，最主要的是要解决好酸液合理分布的问题，以下是两个典型井例。

8.1.1 A1 井

1. A1 井碳酸盐岩储层概况

A1 井位于塔里木盆地塔北隆起轮台凸起英买 7 潜山构造带上。A7 号潜山构造位于英买 7 潜山构造带的东部，其西部为火成岩发育区。该构造主要为一受北西-南东向和近东西向断层夹持而成的北西-南东向不规则短轴断背斜，长轴长约 4.6km，短轴宽约 2.9km，圈闭内碳酸盐岩分布区面积为 5.5km²，高点海拔–4140m，闭合线海拔–4350m，闭合幅度 210m。断背斜内部进一步可分为 3 个局部构造圈闭，其中东部英买 7 井区为一短轴断背斜。北部 A2 井区为一被断层复杂化的断背斜，圈闭长约 1.3km，宽 0.3km，圈闭面积 0.9km²，闭合幅度 76m。

英买 7 潜山构造带断裂发育，按断裂走向主要分为三组：近东西向断裂、北西向断裂和近南北向断裂。北西向断裂在海西期形成，延伸长、断距大、保存完整，断开层位为白垩系—寒武系，断距 400～600m，为英买 7 潜山的控制性断裂。南北向断裂和东西向断裂形成于海西期—燕山早期，整体上南北向断裂形成稍早，其在潜山顶部被后期形成的东西向断裂切割，因此构造上南北向断裂整体延伸较短，大都在 200～500m，只有构造边上没被切割的延伸较长。东西向断层延伸相对较长，大多在 500m 以上，大的近 2km。两组断层断距大都为 10～80m。此外，在与英买 7 主体构造相对的工区西部主要发育近南北向断层，整体延伸较长，断距较大，为 100～200m。

2. A1 井转向酸压施工设计原则

(1) A1 井为筛管完井。筛管段长(约 137m)，井底温度较高(114℃)，储层物性较好，常规酸化改造效果受限。因此，酸化改造的原则是对水平段进行均匀布酸。

(2) 结合本井情况，拟采用优化工艺实现全井段布酸+优化酸液体系实现均匀布酸的思路：①先注入 DCA 解除井底附近污染，改善其渗透性，然后伴注具有暂堵转向功能的纤维，封堵井底漏失层，使酸液转向至其他段，再使用 DCA 对全井段均匀布酸，改善驱替效果，提高布酸效率；②由于该井部分井段(5530～5532m)储层物性较好，为使酸液继续转向至其他井段，再伴注 DCF 暂堵，从而使整个水平段得到较好改造；③酸化半径最大 4m，且 DCA 具有一定避水功能，沟通底水的风险较小。

(3) 所有酸液体系及暂堵转向剂确保清洁：酸液增黏采用表面活性剂，不加任何聚合物；暂堵转向剂高温下可降解。

3. A1 井酸化方案设计

1) 酸化管柱结构

酸化管柱：下入 8.89cm+7.30cm 组合油管至井底。

计算管柱内容积 24.2m^3，以现场实际数据核实为准。

2) 施工压力预测

按照吸酸压力梯度 0.010～0.013MPa/m 进行计算，排量在 3.0m^3/min 时油压在 30MPa 左右，施工压力预测见表 8-1。

3) 酸压工作液配方确定

根据室内研究与实验结果，结合本次改造目的，确定采用 DCA 酸配方体系，制备 DCF-1(纤维)300kg。具体的液体配方如表 8-2 所示。

4) 酸化设计方案

(1) 酸化模拟计算。按酸化半径 1.8m，平均孔隙度 8%计算，酸液体积为 111.5m^3，用液规模确定为 120m^3。

表 8-1　A1 井 5442.94～5580.77m 施工压力预测

	施工排量							吸酸压力梯度/(MPa/m)
	1.50m³/min	2.00m³/min	2.50m³/min	3.00m³/min	3.50m³/min	4.00m³/min	4.50m³/min	
油压/MPa	3.90	8.80	15.46	20.39	30.63	39.49	49.36	0.010
	9.15	14.05	20.71	25.64	35.88	44.73	54.61	0.011
	14.40	19.30	25.96	30.89	41.12	49.98	59.86	0.012
	19.65	24.55	31.21	36.13	46.37	55.23	65.11	0.013
总摩阻/(Pa/m)	6.71	11.61	18.27	23.20	33.44	42.29	52.17	

表 8-2　A1 井 5442.94～5580.77m 改造液体配方及配制量

序号	液体名称	液体配方	配制量/m³
1	DCA 酸	20%HCl+0.25%VTC-21(胶凝剂)+8%DCA-1(清洁转向酸主剂)+2%DCA-6(缓蚀剂)	120
2	清水	清水	40

(2)酸压施工泵注程序。A1 井 5442.94～5580.77m 酸压泵注程序见表 8-3。

表 8-3　A1 井 5442.94～5580.77m 酸压泵注程序表

序号	施工步骤	液量/m³	油压/MPa	排量/(m³/min)	备注
1	连接高压管线并试压 90MPa 合格				
2	低挤 DCA 酸	10	15～20	1.5	
3	低挤 DCA 酸	10	10～25	1.0～1.5	伴注 1.5%纤维
4	低挤 DCA 酸	45	10～30	1.0～1.5	
5	低挤 DCA 酸	10	10～30	1.5～2.0	伴注 1.5%纤维
6	低挤 DCA 酸	45	10～30	2.0～3.0	
7	低挤顶替液(清水)	25	10～20	1.0～1.5	
8	停泵测压降 15min				

注：①顶替液量以现场实际油管内容积进行调整；②挤酸过程中在限压情况下，确保不压开储层情况下尽量提高排量

4. A1 井转向酸化后认识

施工压力曲线(图 8-1)分析如下：施工管柱没有封隔器，套压反映了真实井底压力的变化，因此套压的变化能反映出分流转向效果，首先是采用 10m³清水+10m³酸，置换出油管内盐水；酸液刚进地层，套压下降约 10MPa，分析认为酸液解除 B 点附近最易吸酸井段的污染；纤维进地层后，套压先稳定一段时间，之后下降幅度较慢，纤维起到一定的降滤和暂堵作用，有利于酸化其他储层段；之后套压变为零，停泵压力较低。

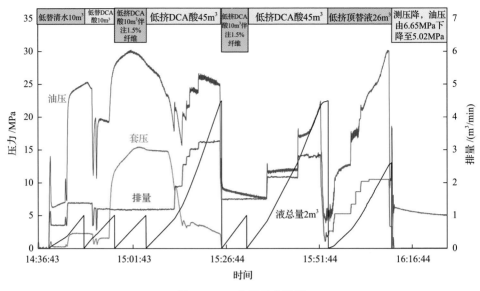

图 8-1　A1 井施工曲线图

施工井段：5442.94～5580.77m；施工层位：奥陶系；2012 年 8 月 7 日

2012 年 8 月 12 日 22:00 至 2012 年 8 月 13 日 10:00，3mm 油嘴控制放喷求产，油压 15.97MPa，套压 8.85MPa，产油 45.54m³，折日产油 91.08m³，油比重为 20℃/0.8411g/cm³，50℃/0.8195g/cm³，含水 0m³。累计产油 286.9m³，累计产气 5144m³，累计产残液 43.15m³。本次测试结论为油层，求产曲线如图 8-2 所示。

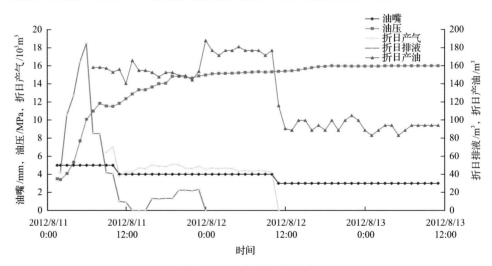

图 8-2　A1 井求产曲线图

酸化后认识如下。

(1)通过加入纤维前后泵压变化对比发现，纤维进入地层后起到一定的降滤和暂堵效果；施工后酸化效果较好，为类似储层酸化设计提供经验。

(2)建议以后施工中，如果纤维进地层后压力上升不明显，则提高暂堵剂浓度及暂堵液加量，提高暂堵效果。

(3)本井在 B 点附近漏失 9.4m³ 泥浆，建议以后将油管下至 A 点，利于其他井段酸化改造；同时优化酸液黏度，使纤维较快分散在酸液中。

(4)建议类似储层暂堵酸化采用颗粒纤维+纤维复合体系，形成更致密的网状结构，加强对漏失井段的封堵，提高暂堵效果。

8.1.2　A2 水平井先导性试验设计、施工及效果分析

1. A2 水平井碳酸盐岩储层特征

A2 井位于四川盆地磨溪构造东端轴部，为一口水平井，是天然气聚集的有利部位。该井的基础资料见表 8-4。该井造斜点井深为 2758m，A 点斜深 3465m，垂深 3082.35m，井斜角 91.8°，方位角 343.5°，闭合距 520.12m，闭合角 342.84°；B 点斜深 3766m，垂深 3078.69m，井斜角 88.0°，方位角 342.0°，闭合距 814.98m，闭合角 342.59°；井底位移 814.98m，水平段长 301.0m。

表 8-4　A2 水平井基础数据表

井别/井型	开发/水平井		开钻日期		2006/2/23	完钻日期		2006/6/16
完井日期	2006/06/30		完钻层位		嘉二¹	完钻井深/m		3766.0(斜深) 3078.69(垂深)
地面海拔/m	278.83		补心海拔/m		286.33	完井方法		射孔完成
人工井底/m	3753.5		套管头至补心距离/m		7.5	井型		水平井
钻探目的	开发磨溪构造嘉二气藏天然气资源							
最大井斜/(°)	93.87	井深 3700m		闭合方位角/(°)		342.59	井底位移/m	814.98
井身结构	钻头尺寸×深度/(mm×m)		套管尺寸×深度/(mm×m)		水泥返深/m	试泵情况		
	444.5×99.00		339.7×98.25		地面	18.0MPa 30min 17.8MPa		
	311.2×1666.00		244.5×1664.58		地面	35.0MPa 30min 35.0MPa		
	215.9×3061.00		177.8×3059.67		地面	52.0MPa 30min 52.0MPa		
	152.4×3766.00		127×2900.94～3765.15		2900.94	24.0MPa 30min 24.0MPa		
射孔参数								
层位	井段/m		厚度/m	枪型	弹型	孔密/(孔/m)	备注	
嘉二¹—嘉二²	3740.0～3585.0		155.0			16	总射厚 449.0m；采用液压延时起爆	
	3549.0～3293.4		255.6			16		
	3215.2～3206.6		8.6	89	89	8		
	3183.4～3162.0		21.4			16		
	3118.0～3109.6		8.4			8		

产层为嘉二^{2}和嘉二^1，测井解释结果见表 8-5。A2 井射孔井段有 5 段，分别为 3740～3585m、3549～3293.4m、3215.2～3206.6m、3183.4～3162m 和 3118～3109.6m，总射厚 449m，射孔跨度为 3109.6～3740m，跨度为 630.4m。嘉二段储层主要由亮晶粒屑灰岩、粉晶云(灰)岩、粒屑云岩、泥晶云岩和膏质碳酸盐岩组成。该构造嘉二云岩储层中大多含有石膏及一定量的泥质成分，膏质与酸液作用会产生石膏沉淀，黏土矿物与泥质成分会使储层具速敏、酸敏、水敏性。储层温度为 96℃。

表 8-5　嘉二段综合测井解释成果表

层号	层位	井段/m	厚度/m	孔隙度/%	含水饱和度/%	结论
1	嘉二^2	3162.0～3183.7	21.7	4.0～8.0	40～60	气水层
2	嘉二^1	3293.7～3762.0	468.3	5.0～10.0	40～80	气水层

2. A2 水平井设计原则与思路

A2 水平井酸化段共有五段，跨度为 630.4m，总射厚 449.0m。由表 8-5 测井资料可见，孔隙度为 4.0%～10.0%，非均质性强。该井酸化的难点是如何实现整个射孔段能够得到有效的、全面的改造，即如何实现整个射孔井段的均匀布酸。该井就地自转向酸化改造的原则和思路如下。

(1)储层主要由亮晶粒屑灰岩、粉晶云(灰)岩、粒屑云岩、泥晶云岩和膏质碳酸盐岩组成，该构造嘉二云岩储层中大多含有石膏及一定量的泥质成分，膏质与酸液作用会产生石膏沉淀，黏土矿物与泥质成分会使储层具速敏、酸敏、水敏性，因此，要求酸液具有保护产层的功能，尽力减少储层因酸化造成的二次伤害。

(2)基于水平射孔井段长、储层非均质性强的特点，采用缓速、清洁自转向酸进行酸化，以实现长水平射孔段的全面、均匀、清洁酸化改造。

(3)由于储层温度为 96℃，使用中温就地自转向酸液体系。

(4)为保证残酸返排彻底，采用自转向酸和含有醇醚破胶剂的醇醚酸分级注入。

(5)为了提高酸液的覆盖率，在作业设备许可的条件下，应尽量提高施工排量，并采取两方面措施：油管和套管同时注酸；在就地自转向酸中添加降阻剂。

3. A2 水平井施工情况

施工中采用了 73mm 油管和油套环空同注，施工泵序见表 8-6。施工资料分析如下。

(1)使用就地自转向酸 50m^3 从环空注入压井，使环空和油管充满就地自转向酸，套管排量为 1.24～1.45m^3/min。

表 8-6　A2 水平井酸化施工泵注程序表

序号	时间/min	泵注程序	阶段量/m³	油管压力/MPa	环空压力/MPa	油管排量/(m³/min)	套管排量/(m³/min)
1	00:57	转向酸压井	50.1	26～56	32～43	0	1.24～1.45
2	00:45	高挤转向酸	32.0	55～62	41.8～50.3	1.24～2.0	1.32～2.0
3	00:00	高挤醇醚酸	23.0	68～71	50～51	2.68～3.32	1.32
4	00:15	高挤转向酸	80.0	74～80	51～52	3.12～3.16	2.0～2.43
5	00:18	高挤醇醚酸	18.02	71.3	51.7	2.45	2.43
6	00:30	高挤转向酸	58.8	67～71	51	2.84～3.36	2.43
7	00:39	高挤醇醚酸	28.2	53～57	48～51	1.6～2.13	1.64～2.18
8	00:04	顶替降阻水	58.8	49～61	48～53	1.3～2.9	2.99～3.0
9	00:24	停泵记压降 20min					

(2) 在约 41min 时，就地自转向酸进入储层，酸液与储层岩石发生反应，在排量没有改变的条件下，压力下降了近 10MPa；随后，随着就地自转向酸的注入，油管压力明显上升。

(3) 当醇醚酸进入储层(65.8～68.63min)，由于破胶剂破坏了就地自转向酸残酸中的胶束结构，其黏度降低，油管压力大幅降低，压力由 65.8min 的 71.67MPa 下降到 68.63min 的 68.63MPa。

(4) 就地自转向效果明显：在 78～83min 时间段，排量没有改变，泵注同一液体，压力从 73.92MPa 上升到 84.76MPa。

4. A2 水平井酸化效果分析

A2 水平井就地自转向酸化前，使用胶凝酸洗后，日产水 12.88m³，日产气 7.32×10⁴m³；就地自转向酸化后，日产水 20.3m³，日产气 18.5×10⁴m³，产水增加到原来的 1.57 倍，产气增加到原来的 2.52 倍，增产效果明显，同时说明就地自转向酸具有一定的选择性，对油气层改造程度比对水层改造程度大。

8.2　裂缝平面转向工艺

砂岩与碳酸盐岩储层在改造时都有裂缝平面转向的需求。裂缝转向可增大泄流面积，老井改造时还可使裂缝延伸到采出程度低、剩余油较多的方位；非均质碳酸盐岩改造时裂缝转向还可以增大沟通大缝大洞的概率。DCF 裂缝转向酸压在塔里木油田轮古区块、英买力区块、和田河区块、哈拉哈塘等区块大量应用，部分井应用情况见表 8-7。

表 8-7　国内塔里木油田 DCF 裂缝转向酸压技术应用情况

序号	井别	井号	施工井段/m	求产方式	定产制度	压后产量/(m³/d)			试油结论
						油	气	水	
1	勘探	A3-1 井	5850.61~5920.50	自喷	6mm	112.88	7973		油层
2	开发	A3-2 井	5662.25~5760.00	掺稀	8mm	140	0	0	稠油层
3	开发	A3-3 井	5492.29~5663.37	气举	H2800m	少量		少量	油气层
4	开发	A3-4 井	5660.00~5779.00	自喷	7mm	70		残液	油层
5	开发	A3-5 井	5301.30~5433.00	自喷	5mm	76.02	139224	残液	油气层
6	开发	A3-6 井	5021.00~5080.00	气举	H2300m	0	0	49.8 残液	水层
7	开发	A3-7 井	5785.00~5863.00	自喷	5mm	12.21	210301	残液 15.99	凝析气层
8	勘探	A3-8 井	6618.50~6700.83	自喷	4mm	0	微量	20	含气水层
9	勘探	A3-9 井	6668.58~6800.00	自喷	4mm	70	0	32	含水油层
10	开发	A3-10 井	5773.41~5900.00	自喷	5mm	135.57	1730	9.43	油层
11	开发	A3-11 井	6527.83~6650.00	自喷	3mm	67.73	5890	0	油气层
12	开发	A3-12 井	6598.00~6697.00	自喷	3mm	18.9	1316	0	油气层
13	开发	A3-13 井	6597.60~6715.00	自喷	3mm	41.41	7543	4.57	油层
14	开发	A3-14 井	6548.38~6705.00	自喷	5mm	14.4	1548	14.4 残酸	油层
15	勘探	A3-15 井	6884.64~6936.79	气举	H1500m	少量	0	0.7 残酸	油干层
16	勘探	A3-16 井	6517.36~6536.00	自喷	5mm	0	3.8 残液		待定
17	勘探	A3-17 井	6534.00~6670.00	气举	敞放	0	0	31 残液	干层
18	勘探	A3-18 井	6735.00~6820.00	气举	畅	0	0	126	水层
19	勘探	A3-19 井	6542.00~6595.00	自喷	4mm	77.95	4450	0	稠油层
20	勘探	A3-20 井	6675.00~6708.00	自喷	10mm	17.28	0	133	含油水层
21	开发	A3-21 井	6018.00~6075.00	自喷	4mm	112	3151	0	油层
22	勘探	A3-22 井	5450.00~5515.00	自喷	4mm	55.44	73704	6.96 残酸	油气层
23	勘探	A3-23 井	5479.64~5745.00	自喷	8mm	12 不稳	45000 不稳	残酸	低产油气层
24	开发	A3-24 井	6831.76~6985.00	自喷	4mm	130.3	16560	2.64 残液	油层
25	开发	A3-25 井	6608.00~6666.00	自喷	4mm	99.6	10728	0	油层
26	开发	A3-26 井	5072.46~5120.00	自喷	8mm	1.68	3792	15.12 残液	低产油气层
27	开发	A3-27 井	5328.49~5475.00	自喷	4mm	13.9	62712	15.36 残液	油气层
28	勘探	A3-28 井	6625.40~6650.00	自喷	4mm	103.2	少量	10.32 残液	油层
29	开发	A3-29 井	5572.24~5898.00	自喷	6mm	64.64	0		油层
30	开发	A3-30 井	6559.69~6597.00	自喷	6mm	0	0		干层
31	开发	A3-31 井	5396.00~5580.00	自喷	4mm	20.4	24840	19.68 残液	油层
32	开发	A3-32 井	6508.49~6650.00	自喷	4mm	33.84	2760	26.4 残液	油层
33	勘探	A3-33 井	5220.00~5240.00	自喷	4mm	18.72	37391	6.24 残液	凝析气层
34	开发	A3-34 井	6606.65~6705.00	气举	H2000m	0		12 残液	干层
35	勘探	A3-35 井	5659.73~5720.00	自喷	敞放	0	0	11.52 残液	干层
36	开发	A3-36 井	6695.00~6731.00	自喷	4mm	115.2	4728	0	油层
37	开发	A3-37 井	6501.00~6669.00	自喷	4mm	72	0	0	油层
38	勘探	A3-38 井	6489.60~6606.00	自喷	8mm	1	少量	24 残液	油干层
39	开发	A3-39 井	6601.70~6733.00	掺稀	6mm	12	0	0	稠油层

注：H2800m 表示气举深度 2800m，余同。

8.2.1　A3 井

1. A3 井碳酸盐岩储层特征

A3 井是塔里木盆地英买 2 号大型背斜构造上的一口评价井。英买 2 号构造目的储层为中下奥陶统的碳酸盐岩储层，储层埋深 5730～6150m，储层温度 120～130℃，地面原油密度 0.8792～0.9210g/cm³，黏度 14.65～47.64mPa·s(50℃)，生产气油比 27～44(m³/m³)，为溶解气。储层纵向及横向的非均质性均很强，裂缝为主要的储集空间与渗流通道。由于储层的非均质性强，钻井成功率低(57.1%)，完钻井多需酸压改造，酸压改造受非均性强、天然缝发育等因素影响，酸压工艺设计难度大。

A3 井钻井录井油气显示差，目的井段 5850.61～5920.50m 气测全烃最高为 0.78%；测井解释目的层储层物性一般(图 8-3)。实钻井眼轨迹偏离了强振幅异常反映的储集体，从目的井段至储集体中部距离为 100m 左右(图 8-4)。

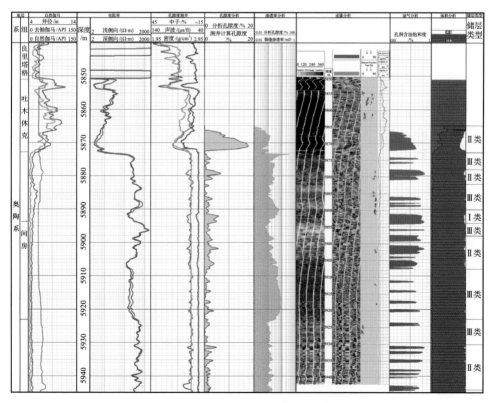

图 8-3　A3 井目的段测井解释成果图

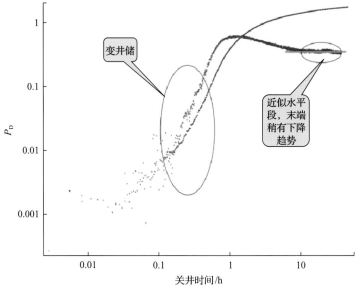

图 8-4　A3 二关井双对数曲线图

套管射孔完井后测试开井 36h 产少量油(0.02m³)，试井二关井曲线反映近井储层致密、物性差，导数曲线后期下降并趋平，试井解释认为远井存在好的储集体(图 8-4)。测井资料解释目的层段最大主应力方位为 45°左右，而天然裂缝发育方位为 315°左右，天然裂缝发育方位与最大主应力方位基本垂直(图 8-5)。

2. A3 井设计思路

根据区块资料算 P_{ff} 约为 105MPa，而 P_{fR} 约为 98MPa，说明垂直于最大主应力的天然裂缝理论上不活跃。但现场实例认为本井更易沿天然裂缝开裂，这将导致人工缝难以沟通储集体。即使人工缝沿最大主应力延伸，但储集体距井较远，且垂直人工缝的天然缝发育，滤失影响大，沟通难度大。为解决以上难点，本井设计了联合分流转向技术和裂缝转向技术的新型高效转向深度清洁酸压、酸化技术。酸压裂目的层物性差，为Ⅲ类储层，采用较大规模的 TCA+胶凝酸闭合酸压裂工艺。使用变黏酸+胶凝酸交替注入，在深部穿透的同时进一步提高酸蚀裂缝的导流能力，结合闭合酸化工艺提高近井裂缝导流能力。设计的主体思路如下。

(1)首先考虑裂缝受应力控制沿有利方位延伸，则优化设计一定规模的前置液造缝(确保沟通至有利储集体处)，若有沟通显示，则注入转向液使之起分流降滤作用，克服与人工裂缝直角截交的天然裂缝系统的滤失影响，争取有效沟通储集体。

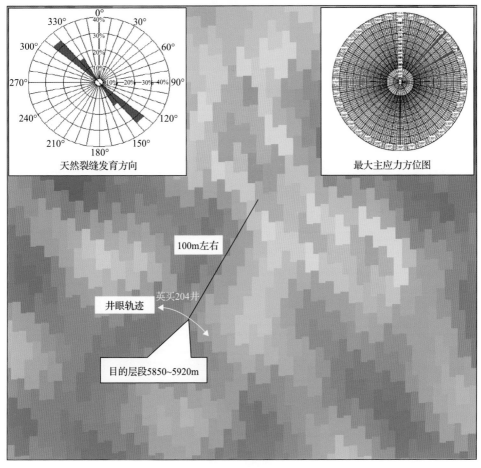

图 8-5 天然裂缝及应力发育与强振幅区方位匹配关系图

（2）若第一级前置液无明显沟通，则裂缝的起裂和延伸可能主要受天然裂缝控制，则需试验裂缝转向技术：低排量注入转向液，封堵已形成裂缝，增大进液阻力，争取在 P_{ff} 和 P_{fR} 相差较小的情况实现裂缝转向，再注交联压裂液争取转向后的沟通。

（3）为实现裂缝的重新转向，在转向液到位后设计一段高黏压裂液以高排量泵注，形成高的井底压力。

（4）酸液体系选为 DCA 酸液体系，克服天然裂缝发育对沟通距离的不利影响，通过酸液体系分流转向能力争取深度穿透并对裂缝体系均匀布酸。

3. A3 井现场施工及压后分析

按照酸压改造思路进行了现场施工，酸压泵注程序如表 8-8 所示，酸压施工曲线见图 8-6。因井深大，无法采用地面微地震等手段进行裂缝监测，为便于压后分析，酸压管柱带入了井下压力计。

表 8-8　A3 井酸压泵注程序表

序号	施工步骤	液量/m³	排量/(m³/min)	备注
1	泵注 DCA	30	2.0~2.6	目的井段布酸并降低应力
2	泵注交联前置液	160	4.5~5.5	争取人工裂缝在有利方位延伸时沟通
3	泵注 DCF 转向液	14.5	0.8	低排量挤入转向液争取裂缝转向
4	泵注交联高黏前置液	40	2.4	挤入高黏液提高延伸压力
5	泵注交联前置液	180	5.2~5.6	转向并延伸新的人工裂缝
6	泵注 DCA	120	5.5~5.7	酸蚀改造
7	泵注线性胶	5	5.4~5.5	隔离作用
8	泵注醇醚酸	60	5.3~5.5	
9	泵注线性胶	5	5.3	隔离作用
10	泵注 DCA	60	5.4~4.1	
11	泵注线性胶	5	4.1	隔离作用
12	泵注醇醚酸	60	4.4~2.2	
13	泵注顶替液	28	2.2~1.8	低排量形成闭合酸化
14	停泵测压降			

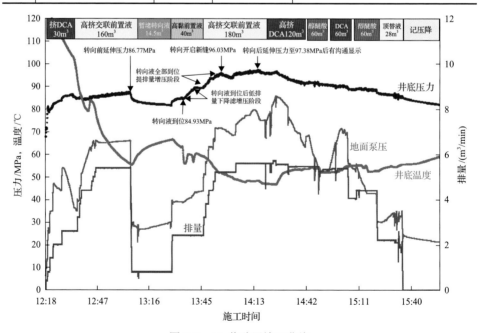

图 8-6　A3 井酸压施工曲线

施工井段：5850.61~5920.50m；施工层位：奥陶系良里塔格组——间房组；施工日期：2008 年 7 月 3 日

　　施工结束后通过井底压力数据(图 8-7)得到以下认识：第一级交联压裂液造缝明显，但无明显沟通；DCF 转向液到位后井底压力上升 11.1MPa，转向造缝明显，第二级压裂液造缝时井底延伸压力明显增高(高出第一级 10.6MPa)，且后期有明显沟通，分析转向沟通了强振幅区代表的储集体。井下压力计关井曲线反映酸压后恢复速度明显比措施前加快，双对数诊断图上有明显 1/2 斜率曲线的人工缝特征，且双对数图后期下降裂缝沟通了有利储集体(表现为恒压边界特征)；用垂直裂缝、不稳定状态模型进行拟合分析：井到储集体的距离为 94m。酸压后用 6mm 油嘴求产，获得日产油 112.88m³、日产气 7973m³ 的高产油气流。

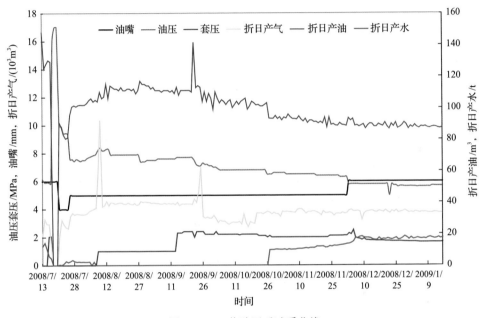

图 8-7　A3 井酸压后试采曲线

8.2.2　A4 井

1. A4 井碳酸盐岩储层特征

A4 井位于塔里木盆地塔北隆起轮南低凸起东部斜坡带上，为一口开发井。A4 井位于内幕型岩溶发育区，处在一条近东西向的断裂附近，利于优质储层的发育。物探资料表明，目的层段表现为串珠状强反射特征，对应裂缝孔洞型储层；均方根振幅平面图表现为强反射特征，目的层段录井见油气显示。测井解释 II 类裂缝孔洞型储层 48m/4 层，孔隙度为 3.4%；II 类孔洞型储层 21.5m/3 层，孔隙度为 3.7%；II 类裂缝型储层 9m/1 层，孔隙度为 1.8%。酸压目的层段为奥陶系一间房组 5785～5790m+鹰山组 5823～5828m、5858～5863m 井段(图 8-8)，本井一间房组和鹰山组裂缝孔洞较发育。FMI 成像测井显示中高角度裂缝发育(图 8-9)。

本井射孔后自然投产，5mm 油嘴求产，油压 15MPa，日产油 7.9m³，日产气

43248m³。说明裂缝型储层发育程度较高，但可能受裂缝体系内连通程度与钻井污染等原因影响，产量一般。最大主应力方位有利于沟通北东向储集体。本井所在区块试采普遍有底水影响。本井酸压受储层中高角度裂缝影响可能会向下有一定延伸，从钻时曲线看，裂缝向下过度延伸可能性小。酸压可适当控制规模与排量，尽量减少酸压缝向下部的延伸。

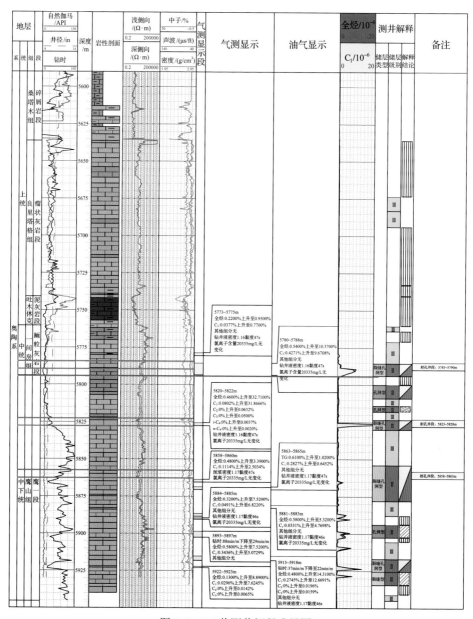

图 8-8　A4 井测井解释成果图

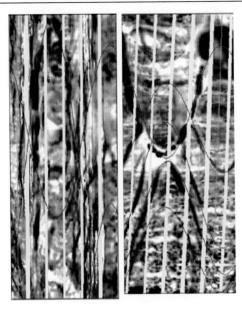

图 8-9　A4 井目的段成像图

2. A4 井酸压设计原则

(1)本井改造的关键与难点是使分段射孔的三层均能够压开并得到酸液改造，在工艺上必须形成裂缝转向及各段的有效布酸，实现改造后的高产与稳产。

(2)改造的主体思路是先以一定量前置液造缝，压开应力最低的射孔段，后注入酸液改造；然后采用暂堵转向液 DCF、冻胶与酸液多级交替注入，逐层转向：含纤维的转向液黏度高，同时形成桥接，暂堵已得到改造的储层，再提高排量注入一定压裂液转向造缝，然后注入酸液转向到未充分受改造的层位，同时进入未充分改造层的纤维可以封堵天然裂缝，降低滤失，从而形成有效酸蚀长缝；在井底温度和一定时间下，纤维可自动降解，对储层无伤害。

(3)酸液采用降滤缓速深穿透的 TCA 体系；采用压裂液与 TCA 多级注入工艺，控制酸液过度滤失，深穿透形成更长的人工缝，提高酸蚀裂缝导流能力，同时采用闭合酸化工艺，提高缝口导流能力。

3. A4 井施工情况与改造后效果

A4 井于 2009 年 6 月 22 日进行了酸压施工。酸压施工共注入压裂液 205m³、TCA240m³、DCA60m³ 和顶替液 26m³，注入井筒总液量 531m³，施工排量为 2.4～5.6m³/min，施工泵压为 17.0～75.3MPa，停泵压力为 24.1MPa，停泵后无压降。从施工曲线看(图 8-10)，第一级前置液有明显压开储层显示；第一级转向剂到位后，低挤过程中，泵压上升了 10MPa；重新注压裂液有新的压开显示；第二级转向剂到位后，低挤过程中，泵压上升了 11.4MPa，转向作用明显，再次注入压裂液又有明显压开显示。

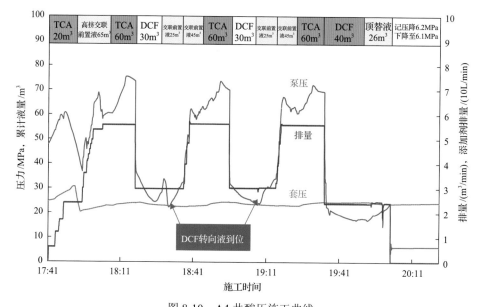

图 8-10　A4 井酸压施工曲线

施工井段：5785~5790m、5823~5828m、5858~5863m；施工层位：下奥陶统鹰山组一段；

施工日期：2009 年 6 月 22 日

A4 井酸压后用 5mm 油嘴求产，油压 48MPa，折日产油 19.5m³，日产气204624m³；测试结论为凝析气层。酸压前后求产曲线如图 8-11 所示。

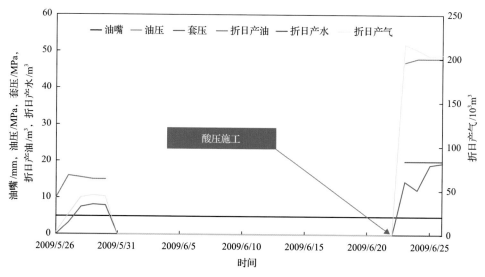

图 8-11　A4 井酸压前后求产曲线

8.3　水井平横向转向工艺

直井长井段压裂改造时,裂缝横向向转向可提高井的动用程度,提高产能;对非均质碳酸盐岩储层还可以提高沟通非均质发育储集体的概率。

8.3.1　A5 井碳酸盐岩储层特征

玛扎塔格构造带位于塔里木盆地中央隆起巴楚凸起南缘与麦盖提斜坡相交的枢纽部位,巴楚凸起南北两侧分别以逆冲断裂与麦盖提斜坡和阿瓦提凹陷相接,东侧、东南侧分别与塔中凸起和塘古孜巴斯凹陷相邻,西北与柯坪断隆相连。A5井的目的层主要为低孔低渗的灰岩储层,局部为低孔高渗储层,储层裂缝发育。

该井 2007 年 11 月 19 日开钻,2008 年 6 月 11 日完钻。造斜点井深为 1884.00m, A 点井深 2285.00m(斜深)/2143.86m(垂深), B 点井深 2785.00m(斜深)/2145.07m(垂深),完钻井深 2785.00m(斜深)/2145.07m(垂深),水平段长 463m。裸眼完井,井身结构为 339.72mm 套管×198.89m+244.47mm 套管×1268.04m+177.80mm 套管×2283.00m。水平段 2285~2785m 共漏失钻井液 28.6m³。

测井资料显示:目的层段 2289~2768m 测井解释 I 类储层 26m/3 层,储层孔隙度为 12.4%~19.4%,裂缝孔隙度为 0.047%~0.394%; II 类储层 219m/18 层,储层孔隙度为 2.5%~8.8%,裂缝孔隙度为 0.014%~0.149%; III类储层 209.5m/12层,储层孔隙度为 1.8%~2.5%,裂缝孔隙度为 0.008%~0.024%;其余为干层,24.5m/3 层。在水平井眼段有三段相对集中的储层发育井段:①2340.0~2450.5m;②2523.0~2610.5m;③2702.0~2768.0m。天然裂缝方位 230°左右,天然裂缝的平均倾角为 75°~85°,以高角度缝为主;裂缝发育密度为 1~4 条/m。最大主应力方向为北东-南西向,裂缝方向与之基本一致。水平井眼方位为 114°~119°,与应力方位基本为有利的匹配。

该井储层为正常温度、压力系统,地温梯度为 2.1~2.5℃/100m,压力系数为 0.91~1.08。

8.3.2　A5 井设计原则与思路

为进一步改善地层供液渗流状况,提高单井产能,决定对奥陶系储层水平井段 2322~2785m 进行分段酸压改造。

本井改造总体思路:因施工井段为 2322~2785m,跨度达到 463m,为了提高改造效果,设计通过工具实现分 2612.5~2785m/172.5m、2502~2607.5m/ 105.5m、2322~2498m/176m 三段改造,在各段再采用转向酸化+转向酸压的工艺思路以实现体积酸化酸压效果。工具分段及各段储层情况示意图如图 8-12 所示。

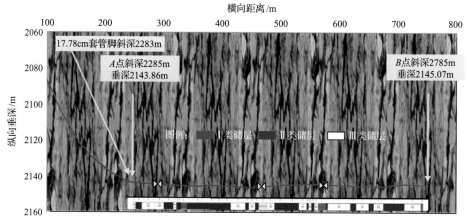

图 8-12　A5 井工具分段及各段储层情况示意图

通过工具实现全井分段改造,在各分段采用转向酸化+转向酸压的工艺思路:通过各分段的转向酸化实现裂缝发育储层均匀布酸与深度酸化,争取裂缝发育长井段的高效酸化;通过各分段的新型转向酸压工艺争取多处沟通近井可能存在的高渗带,争取每一段更大突破;最终目标是达到水平井的最佳产能。考虑先进行酸压后可能形成单点突破对全井转向酸化带来困难,每段改造工艺暂定先酸化后酸压。现场根据第一段施工情况再调整第二、三段设计方案,进行参数优化。

转向酸化工艺:每个分段长度大(分别为 176m、105.5m、172.5m),采用普通低黏度酸难以全井段高效布酸,采用高聚合物的酸液体系在储层低温条件下(64℃),破胶及降解难度大,易对裂缝型储层造成伤害,故酸液体系优选为高黏度、高缓速、低聚合物、低温破胶彻底、具自转向功能的 DCA 酸液体系,实现水平井段的高效、清洁酸化;为避免酸化后滤失增大导致转向困难,同时采用 DCF 新型转向液加强效果。

转向酸压工艺:对于裂缝发育及长度较大的分段,试验采用 1 次转向酸压,争取形成更多深穿透裂缝,以增大沟通概率或增大储层向井的供液(气)能力。转向酸压采用含可降解固相添加剂的 DCF 清洁转向液进行转向酸压。为保证压裂液在酸性条件下高黏造缝,压裂液采用清洁压裂液体系。

8.3.3　A5 井施工过程设计与分析

2008 年 10 月 30 日,对 A5 井 2322~2785m 井段分三段进行 DCA 酸化/酸压施工。挤入井筒总液量 1891.5m³,其中,清洁压裂液 170m³,DCA 酸 1160m³,醇醚酸 447.5m³,DCF 转向液 84m³,清水 30m³。施工曲线见图 8-13~图 8-15。

8.3.4　A5 井改造效果

酸化前:无产量。酸化后:用 22mm 油嘴进分离器放喷,油压 10.79~

11.019MPa，套压 1.161~2.245MPa，日产油 9.99m^3，日产气 55.08×10^4~55.99×10^{4}m^3。油气当量是直井的 2.48 倍，是稠化酸改造水平井的 1.77 倍。详见表 8-9。

由于 A5 井井深不大，地面条件较好，所以本井在酸压施工改造时进行了地面微地震监测，从监测解释结果看(图 8-16)，酸压在整个水平井段产生 5 条裂缝，证明裂缝转向压裂起到了多点沟通的作用。

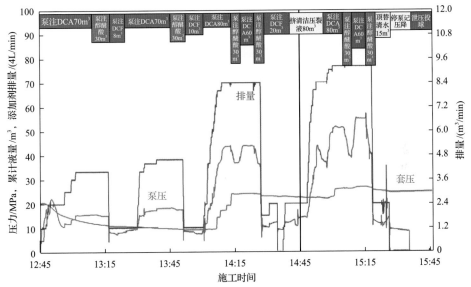

图 8-13　A5 井第一段三次裂缝转向酸压施工曲线

施工井段：2612.5~2785m；施工层位：奥陶系；施工日期：2008 年 10 月 30 日

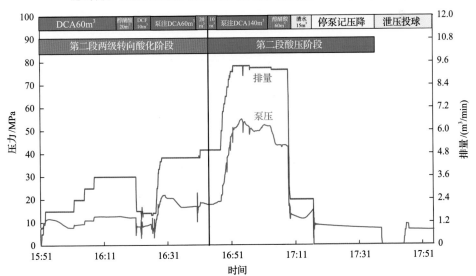

图 8-14　A5 井第二段二次裂缝转向酸压施工曲线

施工井段：2502~2607.5m；施工层位：奥陶系；施工日期：2008 年 10 月 30 日

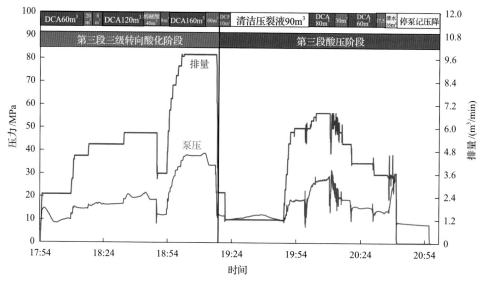

图 8-15　A5 井第三段二次裂缝转向酸压施工曲线

施工井段：2322~2498m；施工层位：奥陶系；施工日期：2008 年 10 月 30 日

表 8-9　A5 井酸压效果与邻井对比

井号	井型	层位	井深 /m	油嘴 /mm	日产气量 /10⁴m³	日产油量 /m³	日产水量 /m³	酸液体系
A5-1	直井	奥陶系	2243~2272	8	1.6~2.0	0	0	胶凝酸
			2243~2272	12	22.8	0	0	低浓度酸
A5-2	水平井	奥陶系	1931.41~2433.00	10	32	0	0	稠化酸
A5-3	水平井	奥陶系	2322~2785	22	55.08~55.99	9.99	0	转向酸

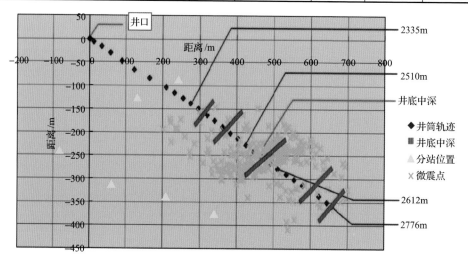

图 8-16　A5 水平井酸压施工微地震监测成果图

8.4　高温智能转向酸压工艺

智能转向酸化酸压技术已在国内外得到广泛应用。其中在国外主要有中油阿克纠宾油气公司的哈萨克斯坦让纳若尔碳酸盐岩油气田，伊拉克的 AHDEB 和 Halfaya 等油田、叙利亚 Tishrine 油田，在国内有塔里木油田、青海油田、长庆油田、西南油气田、冀东油气田及西北油田等。高温智能转向酸化酸压技术在国内的应用主要在塔里木油田的轮古区块、英买力区块、和田河区块、哈拉哈塘区块等。

8.4.1　A6 井深度酸压

1. A6 井碳酸盐岩储层特征

A6 井位于塔里木盆地中央隆起塔中低凸起塔中Ⅰ号坡折带塔中 24-塔中 26 号岩性圈闭中。A6 井的改造层段为良里塔格组颗粒灰岩段上部，岩性为灰白色荧光砂屑灰岩。4380.0～4415.0m 改造井段内测井解释Ⅱ类储层 18.0m/4 层，Ⅲ类储层 9.0m/3 层，加权平均孔隙度为 1.63%，加权平均裂缝孔隙度为 0.05%，储层主要为裂缝孔洞型。对 4347.97～4560.00m 曾进行中途测试，6mm 油嘴求产，油压 1.551MPa，日产油 1.86m³，日产水 1.15m³，日产气 11072m³。A6 井基础数据表如表 8-10 所示。

测井资料表明：4365～4384m 为基质孔隙型，4384～4409m 为裂缝型，4409～4435m 为基质孔隙型；高导裂缝主要发育在 4355～4500m 井段，其中 4355～4410m 相对比较发育，如图 8-17 所示。A6 井最大主应力方向为北东-南西向，裂缝发育方向与最大主应力方向垂直，如图 8-18 所示。

2. 设计原则与思路

由成像测井资料可见，在 4350～4500m 井段均有储层发育，其中 4435～4438m 储层发育较大裂缝。根据该井的改造层段跨度大、非均质性强的特点，为了使所有储层均有所贡献，确定本井使用智能转向酸酸压改造。

该井智能转向酸酸压改造的原则和思路：①基于储层主要为裂缝孔洞型，酸压应该在形成长的高导流人工裂缝的同时，尽可能加强对人造缝四周天然缝系统的改造沟通，大幅度提高人造缝周围的渗流能力，以期获得好的增产效果。②基于改造层段跨度大、储层非均质性强的特点，采用缓速、智能转向酸进行酸压，以实现对储层的全面、均匀、深度、清洁酸压改造。③由于储层温度高达 140℃，应使用高温智能转向酸液体系。④为降低成本，使用成本相对低的冻胶压裂液造缝，尽可能多地沟通缝洞发育带。⑤为确保残酸返排彻底，采用自转向酸和含有醇醚破胶剂的醇醚酸分级注入。⑥为提高压开裂缝缝口的导流能力，施工最后使用醇醚酸闭合酸化工艺。

表 8-10 塔中 A6 井基础数据表

井号		塔中 A6		井别	评价井
构造位置		塔中低凸起塔中Ⅰ号坡折带塔中 24-塔中 26 号岩性圈闭			
目前井深/m		4560.00		完井方法	射孔完井
人工井底/m		4540		完钻层位	奥陶系
井身结构数据				地层分层数据	
钻头尺寸/mm	311.1	215.9	152.4	地层	底深/m
钻深/m	1200.00	4350.00	4560.00	P	3244.0
套管名称	套管 1	套管 2	尾管	C_1	3411.5
套管尺寸/mm	244.5	177.8	127	C_2	3505.0
分级箍/m		999.40	捉球器深 4500.82m	C_3	3624.0
喇叭口/m			4033.17	C_4	3652.5
下深/m	1199.94	4347.97	4558	C_5	3761.5
钢级	TP110B	TP110SS	P110	C_6	3796.5
壁厚/mm	11.99	10.36	9.19	C_7	3823.0
水泥返深 二级		60m		C_8	3853.5
水泥返深 一级	地面	3100m		O_3s	4352.0
试压情况	试压 20MPa 20min	试压 20MPa 30min		O_3l	4560(▼)
最大井斜数据					
深度/m	4550.00	斜度/(°)	12.21	方位/(°)	37.55
4550.00m 井深总位移/m		52.38	4550m 总方位/(°)		37.55

注：▼表示未钻穿该层。

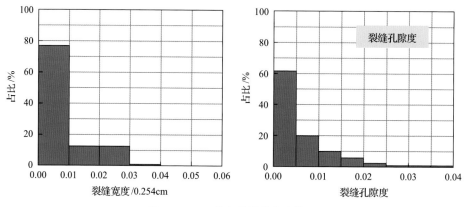

图 8-17 A6 井高导裂缝发育情况

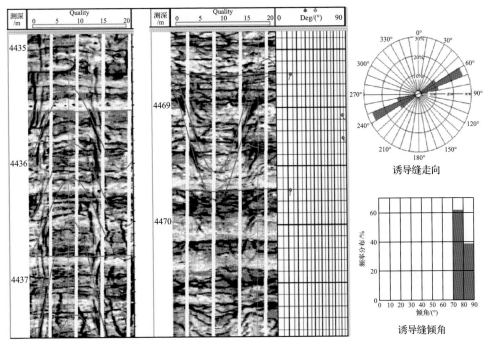

图 8-18　A6 井地应力分析图

3. 施工过程设计与分析

设计酸压施工管柱及泵注程序分别见表 8-11、表 8-12。酸压施工曲线见图 8-19，施工过程分析如下。

(1) 低挤就地自转向转向酸 40m³：施工排量 1.77～1.35m³/min，泵压 38.47～26.7MPa。因井筒液为前期顶替的压裂液，智能转向酸与压裂液摩阻差别小，故稳定排量后泵压逐渐下行，酸液至井底后泵压变平。因压力较低，提高排量至 2.00m³/min。

(2) 高挤就地自转向转向酸 120m³：排量快速上提至 4.40m³/min，地面泵压快速上升至 42.68MPa 后不再上升，泵压较低，反映储层物性较好。后期排量稳定而泵压有轻微上升，反映智能转向酸良好的增黏降滤特性，实现智能转向酸的深穿透。

(3) 高挤醇醚酸 30m³：排量 3.00m³/min 注入，泵压随之下降。排量稳定后，泵压呈轻微下降趋势，说明醇醚酸对智能转向酸残酸的破胶性能良好。

(4) 顶替阶段：施工排量 1.35～1.15m³/min，泵压初期缓慢上升，原因为顶替液密度较低。后期泵压开始下降，应是醇醚酸与裂缝内智能转向酸残酸混合后快速破胶所致。

表 8-11　A6 井射孔酸压联作管柱

管柱	名称	内径/mm	外径/mm	上扣扣型	下扣扣型	数量	总长度/m	下深/m	垂/斜深/m
	油管挂			3 1/2″EUEB	3 1/2″EUEB	1	0.43	7.48	
	双公短节	76.00	88.90	3 1/2″EUEB	3 1/2″EUEP	1	0.85	8.33	
	3 1/2″油管	76.00	88.90	3 1/2″EUEB	3 1/2″EUEP	420	3999.96	4008.29	
	变扣接头	57.00	115.00	3 1/2″EUEB	2 7/8″EUEP	1	0.17	4008.46	
	2 7/8″油管	62.00	73.00	2 7/8″EUEB	2 7/8″EUEP	28	268.92	4277.38	
	校深短节	62.00	73.00	2 7/8″EUEB	2 7/8″EUEP	1	1.02	4278.40	
	油管	62.00	73.00	2 7/8″EUEB	2 7/8″EUEP	2	19.17	4297.57	
	常闭阀	51.00	95.00	2 7/8″EUEB	2 7/8″EUEP	1	0.37	4297.94	
	油管	62.00	73.00	2 7/8″EUEB	2 7/8″EUEP	1	9.64	4307.58	
	变扣接头	47.00	100.00	2 7/8″EUEB	3 3/32″UEP	1	0.23	4307.81	
	RTTS 封隔器	47.00	102.00	3 3/32″UNB	2 7/8″EUEP	1	0.49 0.73	4308.30 4309.03	
	油管	62.00	73.00	2 7/8″EUEB	2 7/8″EUE	3	28.90	4337.93	
	筛管	62.00	73.00	2 7/8″EUEB	2 7/8″EUEP	1	9.64	4347.57	
	减震器	42.00	93.00	2 7/8″EUEB	2 7/8″EUEP	1	2.43	4350.00	
	起爆器		89.00	2 7/8″EUEB	特殊扣	1	0.36	4350.36	
	安全枪		89.00	特殊扣	特殊扣	1	6.64	4357.00	
	射孔枪		89.00	特殊扣	特殊扣	5	23.00	4380.00	
	枪尾起爆器		89.00	特殊扣		1	0.36	4380.36	

注：油补距 5.61m；压缩距 1.90m；常闭阀投球直径为 54.00mm；管柱内容积 19.22m³；射孔枪起爆压力 19.81MPa；最高起爆压力 22.98MPa；最低起爆压力 16.64MPa；3 1/2″表示 3 1/2in，余同。

表 8-12　A6 井酸压施工泵注程序表

序号	时间	泵注程序	泵注量/m³	泵压/MPa	套压/MPa	排量/(m³/min)	备注
1		2006 年 10 月 21 日酸洗油管，酸洗液配方：5%HCl+1%KMS-6					
2	21 日 11:45～12:30	正替前置液	19.00				
3	22 日 9:30～10:30	试压		90.00			试压合格
4	22 日 11:00～11:31	低挤就地自转向酸	40.00	38.50	16.90	2.00	
5	22 日 11:30～12:01	高挤就地自转向酸	120.00	45.50	15.60	4.40	
6	22 日 12:00～12:18	高挤醇醚酸	40.00	34.20	14.90	3.00	
7	22 日 12:10～12:32	低挤顶替液	19.20	27.80	13.60	1.25	
8	22 日 12:30～12:52	停泵测压降					17MPa 下降至 13.7MPa

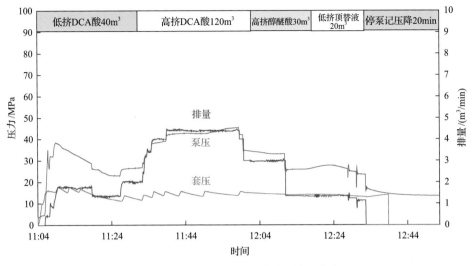

图 8-19　A6 井智能转向酸酸压施工曲线

(5) 停泵测压降：现场读取瞬时停泵压力 17MPa，停泵测压降 20 分钟，压力降至 13.7MPa，降低了 3.3MPa。

4. 酸压效果分析

酸压后排液情况：2006 年 10 月 22 日酸压施工结束后，用 6mm 油嘴放喷排液，自喷排出残液 54.73m³ 后，折天然气产量 83478~136853m³/d；自喷排液至 10 月 25 日，累计排残酸 136.23m³，累计产油 46.07m³，累计产气 411716m³。定产情况：求产时间为 2006 年 10 月 25 日 8:00~18:00，工作制度 6mm 油嘴，油压 26.2MPa，套压 4MPa，出油 6.83m³，折日产油 16.39m³，产气 60043m³，折日产气 140426m³，气油比 8567(m³/m³)，测试结论为凝析气层。

8.4.2　A7 井水平井转向酸化酸压

1. A7 井碳酸盐岩储层特征

A7 井是轮南潜山中部斜坡带的一口水平开发井。该井井眼轨迹在平面上局部强振幅发育，地震剖面上串珠反射明显，酸压目的井段为 5204.86~5533.00m，长 328.14m。受筛管完井影响，无法分段改造。结合水平井眼轨迹平面振幅图 (图 8-20)、剖面图及钻井显示，本井最好的储层发育段有四段：B 点、A 点附近、AB 点之间及套管脚以下(图 8-21 中所标①~④指示井段)。

2. 设计原则与思路

酸压工艺思路：优化管柱管脚位于①段和②段之间，从油管大排量注入 DCA

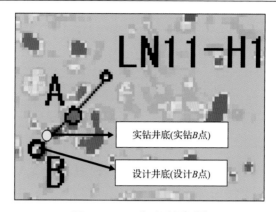

图 8-20　A7 井平面振幅图

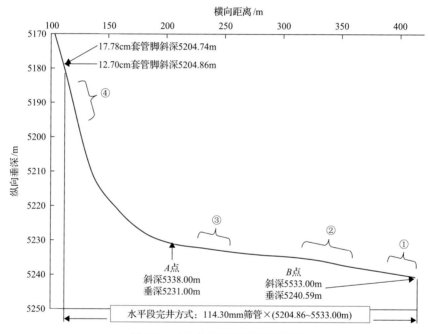

图 8-21　A7 井眼储层发育示意图

图中①②③④所指示井段有好的储层及显示

体系使①②处尽量得到改造，从环空注入 DCA 来实现③④段的改造；为防止早期在目的井段形成大缝大洞，造成工作液的局部突破，影响全井段的改造效果，本井的主体改造思路设计为 DCA 酸化+TCA 酸压的组合模式，为克服水平井段长、裂缝发育、高滤失的不良影响，保证酸压阶段能够造缝沟通，酸压设计为油、套管同注，以保证施工排量。该井酸压施工曲线见图 8-22，酸压后期有明显沟通大缝洞显示。酸压后稳定生产期较长，目前已累计出油达到 6.6245×10^4 t(图 8-23)。

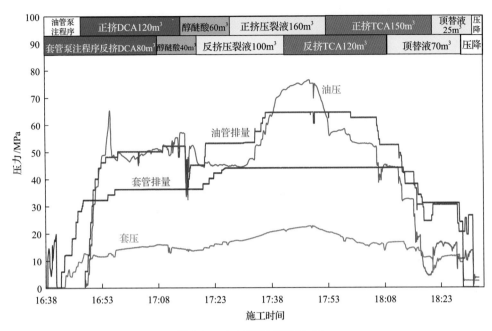

图 8-22　A7 井酸压施工曲线

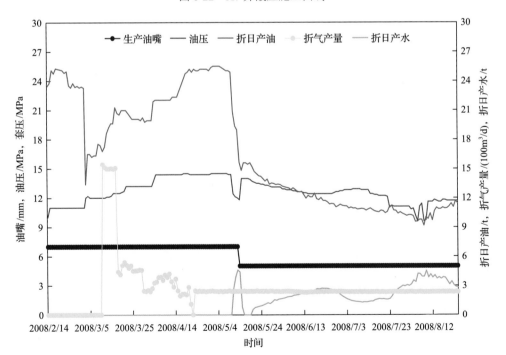

图 8-23　A7 井酸压后生产曲线

8.4.3　A8 井裂缝型储层布酸酸化酸压

1. A8 井碳酸盐岩储层特征

本井钻井基本钻至"串珠"反映的缝洞储集体的顶部,井底基本位于储集体的中心(图 8-24 和图 8-25)。钻井见到好的油气显示。FMI 解释裂缝发育,措施井段见高角度裂缝 19 条,裂缝孔隙度为 0.136%~0.654%。本井受两条近

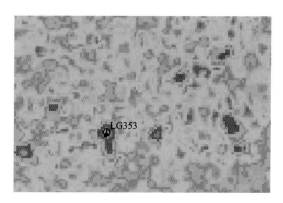

图 8-24　A8 井平面振幅图

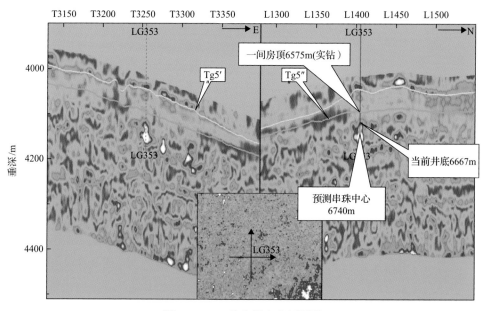

图 8-25　A8 井分频十字剖面图

东西向断层夹持，距井约 800m，两侧断层进一步增强了裂缝发育及溶蚀作用。最大主应力方位为北东-南西向，与天然裂缝方位一致，酸压人工缝延伸至断层的可能性小，断层也并非北东-南西向的深大断裂，导致沟通深部水层的可能性小。

2. 设计原则与思路

本井改造的出发点是尽可能地大范围疏通钻遇的洞顶裂缝系统，同时争取沟通下部的缝洞储集体的主体(串珠主体)，努力实现酸压后的高产与稳产。酸压改造采用较大规模前置液酸压，沟通近井广泛发育的裂缝系统，用大排量争取裂缝向下的足够延伸，沟通缝洞储集体的主体；酸液采用 DCA 体系，利用 DCA 的高黏及转向作用，尽可能对广泛发育的裂缝体系形成高效的"网络"酸化的效果，并减小对酸蚀缝的污染伤害。

本井采用高温智能转向酸化酸压施工(图 8-26)，酸压后用 8mm 油嘴求产(图 8-27)，油压 37.7MPa，套压 2.71MPa，日产油 $31.7m^3$；日产气 $401520m^3$，日排残酸 $46.7m^3$。试油结论为油气层。

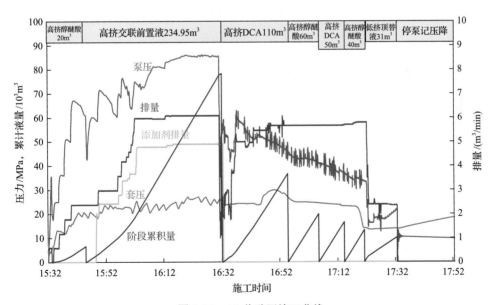

图 8-26　A8 井酸压施工曲线

施工井段：6626.33～6667.00m；施工层位：奥陶系鹰山组一段；施工日期：2009 年 1 月 23 日

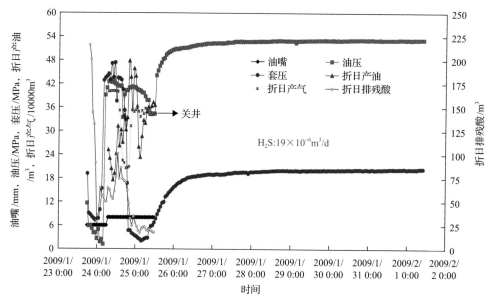

图 8-27　A8 井酸压后求产曲线

8.5　裂缝上下定向酸压工艺

裂缝上下定向酸压技术是在研发上浮式转向剂等技术基础上发展起来的一项新技术，在部分油田进行了针对性应用，具体应用情况见表 8-13。

表 8-13　国内塔里木油田裂缝上下定向酸压技术应用情况

序号	井别	井号	施工井段/m	求产方式	定产制度	压后产量/(m³/d)			试油结论
						油	气	水	
1	开发	A5-1 井	5510.4～5589.0	自喷	6mm	72	140000	残液	油气层
2	开发	A5-2 井	5230.7～5404.0	气举	H2800m	0	0	残液	干层
3	开发	A5-3 井	5218.96～5302.00	自喷	4mm	82.95	0	0	油层
4	开发	A5-4 井	5160～5230	自喷	3mm	32.76	0	0	油层
5	勘探	A5-5 井	6900.0～6935.0	自喷	4mm	67.76	12000	6.6 残液	油层
6	开发	A5-6 井	5989.0～6010.0	自喷	4mm	13.68	480	0	油层
7	勘探	A5-7 井	6555.0～6605.0	气举	H1500m	0	0	4.5	干层
8	开发	A5-8 井	6815.48～6940.00	气举	H800m	0	0	154	水层

1. A9 井碳酸盐岩储层特征

A9 井酸压目的层段为 5510.4～5589.0m，跨度 78.6m。本井位于岩溶坡地的溶丘洼地，处于背斜的较高部位，附近Ⅲ级断裂较发育；由实钻井眼看，本井酸压目的层段处于强振幅反射区上部（距离 75m）；本井目的层油气显示一般，5517.0～5518.0m 全烃 0.26%上升至 1.48%；由于井眼过小，测井工具无法下入，目的层段未测井。

2. A9 井设计原则与思路

本井酸压的难点是使人工缝向下延伸足够的长度沟通下部储集体。酸压主体思路是在人工裂缝上部形成人工遮挡层，使缝高向下增长，尽可能地沟通下部储集体。具体方案为：首先控制造缝，再以低排量注入携带上浮式转向剂的低黏液体，保证上浮式转向剂上浮形成遮挡；大规模、高排量注入前置液造缝，上浮式转向剂的作用，努力使裂缝向下延伸沟通，再利用酸液对裂缝进行酸蚀疏导，努力获得较好的效果。

3. A9 井施工情况

本次施工设计酸压井段为 5510.4～5589.0m，2008 年 10 月 6 日对本井段进行了加入上浮式转向剂的定向酸压施工。挤入井筒总液量 838m³，其中压裂液 530m³，变黏酸 280m³，顶替液 28m³。本次酸压施工排量 0.65～6.5m³，施工压力为 33～82MPa。施工曲线见图 8-28，可以看到，前置液控制排量造缝，保证转向剂到位后有向下造缝余地，转向剂到位后有明显暂堵降滤作用；同时说明多裂缝条件下裂缝宽度小；转向剂进缝后提高排量造缝，有小的沟通显示；后期有明显沟通显示（泵压下降大于 10MPa），停泵压力 14.83MPa，测压降 20min 下降 14.4MPa。

4. A9 井改造效果

用 Φ6mm 油嘴控制放喷求产，出残液 42m³，密度为 1.0g/cm³，pH 为 5；用 Φ7mm 油嘴控制放喷求产，出油 26.46m³，折日产气 127560～234912m³；用 Φ6mm 油嘴控制放喷求产，出油 23.5m³，折日产气 160824～139008m³，累计出油 49.96m³。截至 2011 年 10 月，本井已累计产油 3.76×10⁴t，累计产气 0.18×10⁸m³。

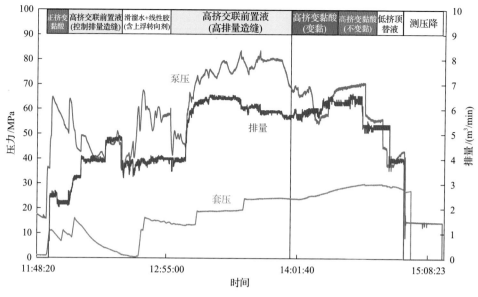

图 8-28　A9 井定向酸压施工曲线

8.6　体积酸化酸压工艺

体积酸化酸压技术是主要针对水平井、长井段集成创新的一项酸压技术，旨在使长井段全井段能够多点沟通并最大范围地布酸，争取最大化地酸化酸压改造体积。本技术在国内塔里木油气田轮古区块、和田河油气田和塔中区块等进行了应用。部分井统计见表 8-14。

表 8-14　国内塔里木油田裂缝上下定向酸压技术应用情况

序号	井别	井号	施工井段/m	求产方式	定产制度	压后产量/(m³/d)			试油结论
						油	气	水	
1	开发	A6-1	5614.07～5949.00	掺稀	7mm	103.53	0	0	稠油层
2	开发	A6-2 井	2322～2785	自喷	20mm	6.46	582860	残液	凝析气层
3	一体	A6-3 井	4418.00～5007.15	自喷	6mm	26.6	84329	0	凝析气层
4	开发	A6-4 井	5367.67～5833.00	自喷	5mm	3.0	0	40 残液	低产油层
5	开发	A6-5 井	4318.02～5592.00	自喷	4mm	64.8	35214	28.8 残液	油气层
6	开发	A6-6 井	4906.00～5046.75	自喷	4mm	12.96	36581	12.24 残液	油层
7	开发	A6-7 井	5292.0～5935.0	自喷	4mm	90.7	9032		油层
8	开发	A6-8 井	5557.63～5624.00	自喷	4mm	49.92	42264	0	油层
9	勘探	A6-9 井	6097.71～6980.00	气举	H1500m	0.48	0	29.28	油干层

8.6.1　A10 井

1. A10 井碳酸盐岩储层特征

A10 井是塔里木盆地中央隆起塔中低凸起塔中 I 号坡折带中段塔中 82 号岩性圈闭上的一口水平开发井。该井于 2010 年 11 月 5 日开钻。2011 年 2 月 19 日钻进至井深 5576.0m 发生井漏，堵漏成功后继续钻进。3 月 17 日钻进至井深 5935.0m，22 日在下钻划眼(井段 5402.0～5479.0m)过程中发生井漏，24 日堵漏。鉴于出现井漏和井溢等复杂情况，并见到良好油气显示，决定提前完钻。本井累计漏失钻井液 303.3m^3。17.78cm 套管下深 5292.00m，A 点斜深 5507m，垂深 5354m，B 点斜深 5935m，垂深 5371m，水平段长 428m。

A10 井的水平段位于有利储层发育的强振幅区，储层呈准层状展布。从过 A10-1 井地震剖面看，目的层为上奥陶统灰岩顶面 T-O$_3$s 反射清晰，丘状凸起明显，呈串珠状反射(图 8-29)。

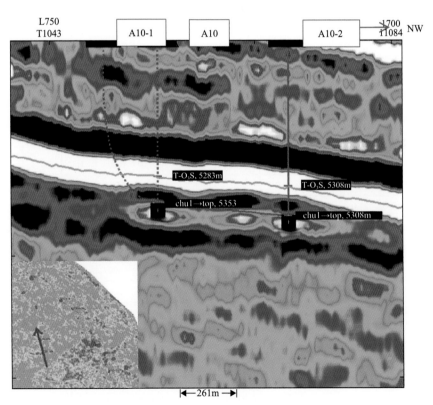

图 8-29　A10 井轨迹地震剖面图

从地震反射特征看，本井主要发育 3 段储集体，5400.0～5576.0m（串珠反射）、5620.0～5710.0m（弱反射）和 5770.0～5935.0m（串珠反射）。

目的层奥陶系良里塔格组见气测显示 93.0m/9 层，从油气显示上看，本井储层段可以分为 5 段：5400.0～5540.0m、5560.0～5576.0m、5620.0～5710.0m、5770～5900m 和井底 5935m。

2. A10 井先导性试验效果分析

A10 井是 2005 年我国塔中油田的一口重点探井。该井颗粒灰岩段 5420.0～5483.58m 共取心 10 筒，取心 45.94m，其中，油斑 0.75m，油迹 3.78m，荧光 20.73m，不含油储层 2.39m。岩性为褐灰色油迹粉晶灰岩、褐灰色油斑粉晶灰岩、灰褐色荧光粉晶灰岩、褐灰色油迹粉晶灰岩、褐灰色荧光粉晶灰岩、褐灰色荧光藻灰岩、褐灰色泥晶灰岩、褐灰色荧光泥晶灰岩、褐灰色泥晶灰岩、褐灰色荧光泥晶灰岩。

A10 井施工井段为 5420～5487m，为低孔低渗灰岩储层，地层温度为 139℃。测井解释孔隙度为 0.2%～2%，非均质性强，连通性较差，改造前评价为Ⅲ类油气层，其测井综合解释成果见表 8-15。

表 8-15 A10 井（5430～5486m 井段）测井解释成果表

深度层段/m	厚度/m	自然伽马/API	中子/%	密度/(g/cm³)	声波/(μs/ft)	深侧向/(Ω·m)	浅侧向/(Ω·m)	孔隙度/%	裂缝孔隙度/%	综合解释结论
5430.0～5435.0	5.0	25	1	2.68	57	1100	1100			
5435.0～5439.0	4.0	16	1	2.70	47	5000	1300	1.0		干层
5439.0～5445.5	6.5	15	1	2.70	55	3000	1000	1.5	0.013	
5445.5～5449.5	4.0	16	2	2.68	66	1000	500	2.0	0.014	差气层
5449.5～5470.5	21.0	18	0	2.55	47	100000	10000	0.0		干层
5470.5～5473.0	2.5	17	0	2.67	48	1300	900	1.5	0.008	差气层
5473.0～5476.5	3.5	18	0	2.72	48	3000	1600	0.4		干层
5476.5～5481.0	4.5	18	0	2.67	48	2700	1300	1.1	0.006	
5481.0～5482.0	1.0	13	−1	2.72	48	12000	3500	0.2		干层
5482.0～5486.0	4.0	21	0	2.66	48	1600	800	0.8	0.010	

3. A10 井酸压工艺思路

本井酸压目的层段长达 643m，且不同井段储层发育状况差别较大，A 点附近和 B 点附近表现为串珠状反射，气测显示值高；A 点附近井段钻井过程中漏失大量泥浆，而中间层段表现为弱反射特征且油气显示好；酸压原则是尽量使长水平段的多个储层发育段都获得有效改造，考虑采用 DCF 暂堵转向酸压工艺，争取形成多条裂缝、获得多处沟通。

具体方案：首先泵注一定规模前置液造缝，然后注入 DCF 形成暂堵，继续注入前置液争取在另一井段形成新的裂缝，再注入酸液对所形成的人工裂缝及其连通的天然缝洞系统进行酸蚀疏通，建立高效的导流通道。

先使用低黏度的胶凝酸在不压开储层条件下，对作业层段进行酸处理，使其应力释放，降低后续压开地层的施工压力。酸压工艺采用变黏酸+胶凝酸交替注入，使酸液实现较远距离的穿透，进一步提高酸蚀裂缝的导流能力，增大沟通缝洞的概率并保证压后高产稳产。

4. A10 井施工情况

2006 年 8 月 6 日对 A10 井 5430～5487m(射孔井段为 5430～5449.5m/5470～5486m)进行了变黏酸酸压闭合酸化施工。挤入井筒总液量 471.28m³，其中 6%KCl 液 30m³，闭合酸 65.91m³，变黏酸 300.04m³，胶凝酸 50.2m³，顶替液 25.13m³。本次酸压施工排量为 1.7～5.6m³/min，施工压力为 12.5～92.97MPa。施工泵注程序及曲线如表 8-16 和图 8-30 所示。

表 8-16　A10 井温控变黏酸酸压泵序表

序号	时间	泵注程序	油压/MPa	套压/MPa	排量/(m³/min)	液量/m³
1	10:30～11:25	低替 6%KCl 液	3.4～4.5		0.00～0.55	30
2	11:30～11:35	打压射孔	23～15.0			
3	20:04～20:14	地面高压管汇试压 95MPa，稳压 10 分钟不刺不漏合格				
4	20:19～20:40	低挤闭合酸	64.6～77.02	27.7～30.35	1.00～1.56	25.0
5	20:40～20:57	低挤变黏酸	63.2～67.29	27.3～30.97	1.4～1.7	25.0
6	20:57～21:30	高挤变黏酸	67.2～92.97	30.3～35.62	3.5～4.1	125.2
7	21:30～21:45	高挤胶凝酸	32.9～41.66	30.6～31.2	2.8～3.9	50.2
8	21:45～22:18	高挤变黏酸	25.0～72.8	26.3～31.3	2.8～5.6	150.02
9	22:18～22:35	高挤闭合酸	17.5～29.8	26.7～28.7	1.7～4.0	40.91
10	22:35～22:44	低挤顶替液	26.3～39.31	27.4～27.9	2.4～0.6	25.13
11	22:40～23:04	停泵测压降 20min　油压与测压降前持平 15.5MPa				

从酸压施工曲线看，本井施工过程中前 140m³ 酸液，泵注压力高；泵注 143m³ 变黏酸后，压力显著下降，表明变黏酸具有良好的造缝和穿透能力，酸压施工达到了解除污染、沟通地层天然裂缝和孔洞的目的。酸压后共排出返排液 10.57m³ 后开始中见油气，最终仅自喷排出残酸 47.16m³(11%)，采用 8mm 油嘴放喷，日产油 192m³，日产气 27.98 万 m³，油压 44.85MPa。酸压取得了显著效果。

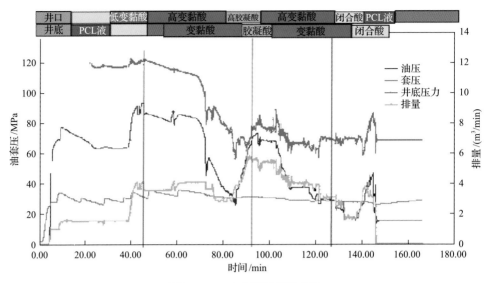

图 8-30 A10 井酸压施工曲线

2011 年 4 月 17 日进行酸压施工，液体体系：前置压裂液+TCA+胶凝酸+DCF，挤入地层总液量 600m³，TCA 酸液 118m³，胶凝酸 118m³，压裂液 315m³，泵压 35.2～81.7MPa，排量 0.94～7.37m³/min。从酸压施工曲线看(图 8-31)，第一级前置液造缝后无明显沟通显示，注入 DCF 转向液过程中排量稳定，下泵压呈上升趋势，反映 DCF 转向液在井底缝口的积聚暂堵过程，将排量提高至每一级前置液水平时，泵压有一定增加，DCF 起到转向作用，注入酸液进入地层后泵压下降，酸蚀效果明显。

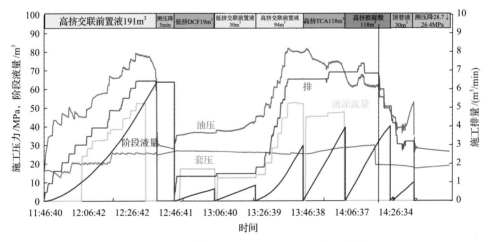

图 8-31 A10 井 5292.0～5935.0m 酸压施工曲线

施工井段：5292.0～5935.0m；施工层位：奥陶系；施工时间：2011 年 4 月 17 日

通过三维酸压裂裂缝模拟计算(图 8-32 和图 8-33),酸压酸蚀缝长 72m。施工过程中有明显的沟通地层中的大的天然裂缝及溶洞带的显示,井底压力下降了30MPa。压开裂缝时压力梯度为 0.0198MPa/m,停泵时裂缝延伸裂缝压力梯度为0.0129MPa/m。

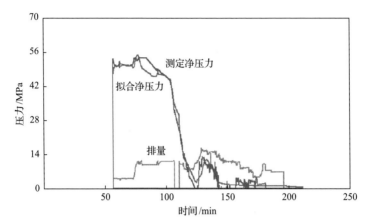

图 8-32 A10 井 5440~5487m 变黏酸压裂施工井底压力分析曲线

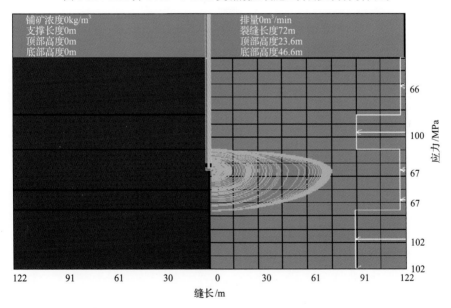

图 8-33 A10 井 5440~5487m 变黏酸压裂反拟合裂缝形态

从酸压施工曲线看,本井施工过程中前 140m³ 酸液泵注压力高;泵注 143m³ 变黏酸后,压力显著下降,表明变黏酸具有良好的造缝和穿透能力,酸压施工达到了解除污染、沟通地层天然裂缝和孔洞的目的。

TCA 温控变黏酸酸压取得了显著效果。改造前没有油气显示,经 TCA 温控变黏酸酸压改造后，在 12.7mm 油嘴，油压 37MPa 条件下，获得日产油 485m³、日产气 72.7×10⁴m³ 的高产油气流（图 8-34）。试采结束关井，已累计产黑油 1.7345×10⁴t，产天然气 0.4016×10⁸m³。

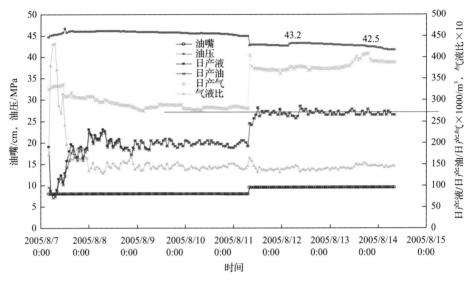

图 8-34　A10 井颗粒灰岩段求产情况

5. A10 井酸压改造效果

酸压后用 4mm 油嘴求产，油压 19.95MPa，折日产油 90.7m³，折日产气 9032m³，不产水。定性为油层（图 8-35）。

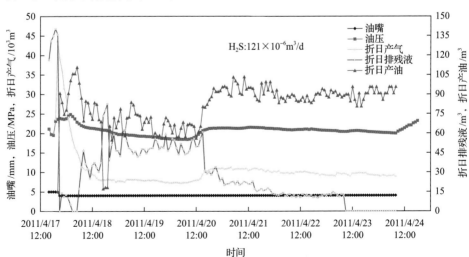

图 8-35　A10 井酸压后求产曲线

8.6.2　哈萨克斯坦让纳若尔油田 A11 井

1. 让纳若尔碳酸盐岩储层特征

让纳若尔油田位于哈萨克斯坦滨里海盆地东缘，在区域构造上属于滨里海盆地东缘隆起带上的一盐下古生代隆起，为一大型复杂碳酸盐岩油气田，让纳若尔油田由南北两个穹窿组成的背斜构造，包含石炭系 KT-Ⅰ、KT-Ⅱ两套碳酸盐岩含油层。让纳若尔油田地理位置如图 8-36 所示。

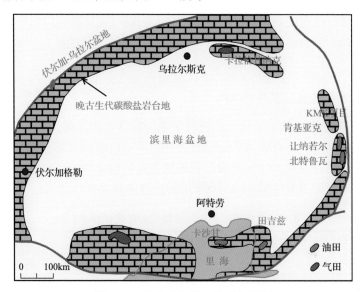

图 8-36　让纳若尔油田地理位置图

让纳若尔油气田于 1986 年编制了整体开发方案，油气田分 4 套层系(Б、В、Г、Д) 8 个单元(Б 南、Б 北、В 南、В 北、Г 北、Д 上南、Д 下南、Д 北)投入全面开发。让纳若尔油田探明石油地质储量 $39992.2 \times 10^4 t$，探明溶解气地质储量 $1098.31 \times 10^8 m^3$，探明气顶气地质储量 $1004.81 \times 10^8 m^3$，凝析油地质储量 $4070.9 \times 10^4 t$。动用石油地质储量 $39992.2 \times 10^4 t$，可采储量 $11814 \times 10^4 t$。让纳若尔油田主要储集类型有孔隙-裂缝型、孔隙型和孔隙-孔洞型，平均孔隙度为 10.6%～13.7%，平均渗透率为 $13.1 \times 10^{-3} \sim 138 \times 10^{-3} \mu m^2$ (表 2-40)，总体上，让纳若尔油田碳酸盐岩储层属于一套低孔隙低渗透型储层。

KT-Ⅰ层物性较好，平均渗透率为 $70.3 \times 10^{-3} \sim 138 \times 10^{-3} \mu m^2$，平均孔隙度为 10.6%～13.7%；KT-Ⅱ层物性较差，Г 层和 Д 层渗透率分别为 $45 \times 10^{-3} \mu m^2$ 和 $13.1 \times 10^{-3} \mu m^2$。

储层非均质性 KT-Ⅰ层大于 KT-Ⅱ层。KT-Ⅰ层层内渗透率变异系数为 2.62，

KT-Ⅱ层为 1.155～2.62；渗透率级差 KT-Ⅰ层为 18536.12～847.17 倍，KT-Ⅱ层为 5680～22.69 倍；层内渗透率突进系数 KT-Ⅰ层为 44.42～3.81 倍，KT-Ⅱ层为 19.13～1.03 倍。

(1)Γ 层与 Д 层的平均孔隙度基本近似，分别为 12.4%和 12.0%；平均渗透率相差较大，分别为 45.0×10^{-3}μm^2 与 13.1×10^{-3}μm^2。层内物性非均质性强，Γ 层渗透率变异系数为 4.7 倍，级差 22.69 倍，Д 层渗透率变异系数 19.1 倍，级差 5680 倍。

(2)水平渗透率 K_H 与垂向渗透率 K_V 在总体上差异不大，全直径岩心渗透率试验结果为 K_V/K_H=0.83。

(3)天然裂缝(含张开型与潜在性裂缝)较发育，Γ 层超出 Д 层。

让纳若尔油田地层原油性质具有密度低、黏度低、气油比高、体积系数大的特点。

2. 让纳若尔碳酸盐岩改造技术背景

自 1998 年以来，油田公司先后进行了水力振荡、热聚爆、段塞气举等工艺，均因选井条件苛刻、作业成功率低、有效期短而难以形成主体工艺。让纳若尔油田 KT-Ⅱ低渗灰岩油藏以往多年来是实施常规基岩酸化措施，每年都有较大的施工井数。表 8-17 是让纳若尔油田 1999 年酸化措施效果统计结果。

表 8-17　让纳若尔油田以往酸化效果统计(1999 年)

井别	措施井数	有效井数	成功率/%	措施前产量/(t/d)	措施后产量/(t/d)	增产(注)量/t	有效期/d
油井	32	6	18.8	5.3	11.3	6	53
水井	43	24	55.8	157.6	228.1	70.5	152

由表 8-17 可见，采油井与注水井的有效成功率低，增产(注)量都不能达到预期的经济效果。在油藏已开发的 14 年中，一般使用了小型基岩酸化增产处理，但未能取得预期效果。按 1999 年统计(进行先导性试验的前一年)，进行采油井酸化 32 口，有效井数 6 口，平均单井增产量 6t/d(从 5t/d 至增产后的 11t/d)，平均有效期 53 天；注水井酸化 43 口，有效井数 24 口，平均单井增注量 70m^3/d(从 158m^3/d 至增注后的 228m^3/d)，平均有效期 152 天。基岩酸化是一般的储层常规解堵措施，只能恢复自然产能，但对碳酸盐岩储层，特别是含天然裂缝的碳酸盐岩储层，小型常规的基岩酸化不能满足解除地层深部伤害要求。另外，对于低渗碳酸盐岩储层增产，一般应考虑对井层激化程度高的水力压裂或酸压裂措施。于 2000 年(在进行本先导性试验前)，曾由菲利普-奥兰姆公司对 2120 采油井与 2093 注水井实施了一定作业规模的酸压裂措施，酸压前 2120 井产量为 5t/d，在注水压力 144atm[①]

---

① 1atm=1.01325×10^{5}Pa。

下 2093 井的注入量为 10m³/d，而采取措施后产量最高为 15t/d，平均为 7~10t/d，在注水压力 145atm 下的注入量为 36m³/d，措施效果较差或基本无效。

3. 让纳若尔碳酸盐岩设计原则与思路

该区块水平井长为 400~500m，原有完井方式为压裂滑套+裸眼封隔器完井，进行了分段酸压改造后投产，目前产量较低需要进行重复酸压改造。

方案设计原则如下。

(1)采用复合材料广谱转向技术实现前期形成的裂缝封堵，形成新缝，并实现缝间转向和缝内转向，使裂缝网络复杂化，提高裂缝改造的 SRV。

(2)复合材料可在酸压改造后完全降解，真正实现"暂堵"，保证改造裂缝全部动用。

(3)采用滑溜水在高排量下注入，进入并张开更多的天然裂缝和孔隙，采用粉陶形成有效支撑，获得长期导流能力。

(4)采用转向酸液体系代替稠化酸液体系，伤害更低、滤失更小。

(5)对原有分段完井的第 3、4 段进行大型改造。

(6)采用 11.43cm 油管更换目前的 8.89cm 油管，保证排量在 8m³/min 以上。

本书提出了重复酸压主要设计思路，该思路主要是在原管柱条件下提出的。具体如下。

(1)采用暂堵液封堵前期酸压裂缝，如图 8-37 所示，以 A11 井为例，原酸压分为 5 段，则利用暂堵液的性能封堵 1、2、3、4、5 裂缝。

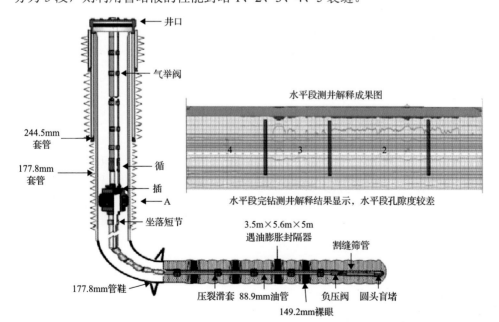

图 8-37　A11 井分段酸压管柱及其测井解释分段

(2)采用大型滑溜水+粉陶压裂改造，图 8-37 中的 1、2、3、4、5 段的笼统压裂改造，形成新的裂缝。

(3)投球封堵第 3 或 4 滑套处，封堵靠近水平井趾端的 1、2 段。

(4)对第 3、4 段(或 4、5 段)开展大型无级次体积酸压改造，形成长的分支裂缝。

4. 让纳若尔典型井转向酸压施工设计

1)施工排量及管柱优选

为了获得好的改造效果，需要在设备允许的条件下采用尽可能高的排量。重复改造的排量必须大于初次酸压改造的排量。因此，对于排量的预测十分重要。本书主要计算了两种情况的改造，一种是直接采用原管柱(8.89cm)进行大型改造，另一种是采用 11.43cm 进行大型酸压改造。

计算不同破裂压力梯度下的井口压力变化，如图 8-38 所示，可以看到当破裂压力梯度为 0.021MPa/m 时，井口压力如果限压 70MPa，排量可达到 9m³/min。

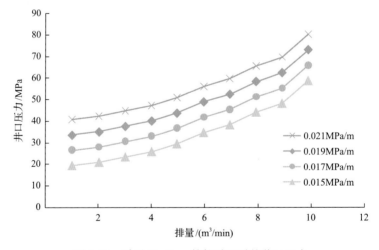

图 8-38　采用 11.43cm 管柱酸压时的井口压力

根据井口压力和排量，对压裂车台数进行了计算。结果表明，9 台 2000 型压裂车基本可以实现 9~10m³/min 的排量要求；从图 8-39 可以看出，若考虑暂堵引起的压力升高，设备需求更高。

2)裂缝封堵转向压力确定

重复酸压形成新的裂缝时首先要封堵已有的老裂缝，因此需要有足够的裂缝封堵转向的压力，才有形成新裂缝的可能性。当封堵压力克服水平主应力差，就为新裂缝的产生提供了可能性。并使之网络化，形成所谓的体积裂缝。

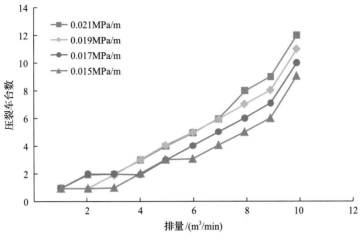

图 8-39　需要 2000 型压裂车台数

　　如前试验结果所述，地应力与天然裂缝夹角越小，所需裂缝转向的封堵压力越小。德南的大部分天然裂缝角度低、开度小、连通差，含少量高角度天然裂缝，有利于转向，却不利于形成网络裂缝。如需要形成网络裂缝，则裂缝净压力需要克服地应力差，因此，评估地应力差值及其差异系数以确定是否具有网络裂缝的可压性。

　　结合酸压评估的结果，得到了水平井的最小主应力、破裂压力，基于此计算得到了 A11、A11-1、A11-2 井的地应力差。由于水平井酸压每一段的施工压力不同，得到的最小主应力也是变化的，推断与储层的非均质性有关，但一般水平下地应力差为 12～15MPa，最小为 4～6MPa。因此，施工时如果老裂缝封堵压力在 15MPa，则可以提高 15MPa 的裂缝净压力以克服该地区的地应力差值，为形成网络裂缝创造条件。

　　综上所述，确定裂缝封堵转向压力为 15MPa。

　　3）液体规模及配方

　　设计了重复改造所需要的液体体系，共有 8 种，具体如表 8-18 所示。

　　4）施工规模优化

　　根据重复改造的设计思路，主要施工分为 2～3 个阶段。第 1 阶段是全井筒笼统暂堵和笼统大型压裂阶段，第 2 阶段是第二次暂堵（投球），余下根部 2 段进行大型无级次转向酸压改造，第 3 阶段采用暂堵液封堵裂缝，改造最后 1 段。采用 FRAC PT 软件对其进行了方案优化，主要是优化施工规模。

表 8-18　8 种重复改造所需要的液体体系

序号	液体名称	液体配方	单井配制量/m³	主要功能
1	互溶剂	柴油	40～80	
2	滑流水	0.01%降阻剂+0.1%助排剂	700～1000	造缝
3	暂堵液 1 (封堵裂缝)	2%纤维+2%(3～5mm)颗粒+1%(5～10mm)颗粒 +0.01 降阻剂+0.1%助排剂	100～200	封堵裂缝
4	暂堵液 2 (缝内转向)	2%纤维+2%(1～3mm)颗粒+2%(3～5mm)颗粒 +1%(5～10mm)颗粒+0.01 降阻剂+0.1%助排剂	20～60	缝内转向
5	粉陶	100 目	40～80	降滤失、裂缝转向、 裂缝支撑
6	转向酸	6%转向剂+多效添加剂	80～1000	
7	液氮		20～30	助排
8	树脂球	根据各井具体滑套尺寸确定	1～2 个	

(1)第 1 阶段。

第 1 阶段的主要情况是 4 段笼统压裂，由于储层情况复杂，最不乐观的情况是 1、2、3、4 段同时延伸。基于此，进行 4 段裂缝同时延伸时的优化。

第 1 阶段模拟的主要目标是让靠近趾端的 3 段形成 30～50m 的酸蚀缝长。以 A11 井为例，优化结果如表 8-19 所示，各施工规模下的酸压裂缝模拟如图 8-40～图 8-43 所示。结果表明，第 1 阶段的施工规模必须大于 300m³，在 450～600m³ 可以达到更好的效果。

表 8-19　第 1 阶段施工规模优化结果

	施工规模			
	150m³	300m³	450m³	600m³
酸蚀缝长/m	41	65	76	82
导流/(D·cm)	4.8	17.8	33	57

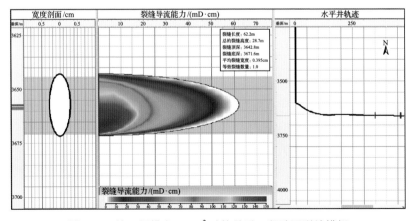

图 8-40　施工规模在 150m³ 时的最后 2 段酸压裂缝模拟

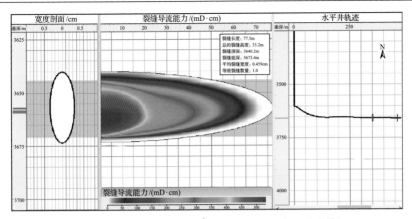

图 8-41 施工规模在 300m³ 时的最后 2 段酸压裂缝模拟

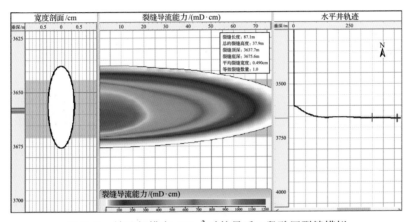

图 8-42 施工规模在 450m³ 时的最后 2 段酸压裂缝模拟

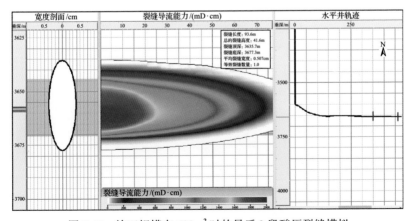

图 8-43 施工规模在 600m³ 时的最后 2 段酸压裂缝模拟

(2) 第 2 阶段。

第 2 阶段主要是投球后，对根部 2 段施工规模的优化。模拟时仍然考虑随暂堵液的注入引起的分流量的变化。模拟计算结果见表 8-20，各施工规模下的酸压裂缝模拟如图 8-44～图 8-48 所示。

(3) 重复酸压模拟。

以 A11 井为例，采用 900m³ 转向酸液，800m³ 滑溜水进行酸压施工，期间加入粉陶 5t，酸液排量为 8～10m³/min，采用上述 3 个阶段暂堵和转向酸压改造。裂缝模拟结果如表 8-21 所示，裂缝分布如图 8-49 所示，单个裂缝的酸蚀缝长预计可超过 50m。

表 8-20　第 2 阶段施工规模优化结果

	施工规模				
	150m³	210m³	270m³	330m³	390m³
酸蚀缝长/m	56	73	82	88	92
导流/(D·cm)	4.8	10.1	14.4	21.5	30.5

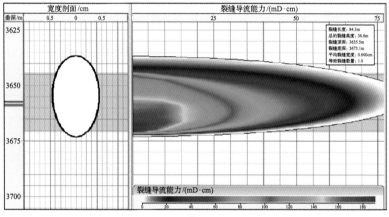

图 8-44　施工规模在 150m³ 时的最后 1 段酸压裂缝模拟

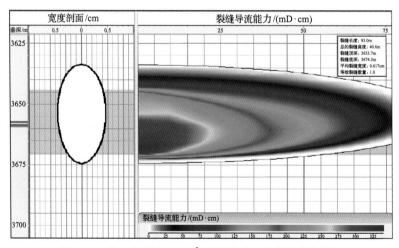

图 8-45　施工规模在 210m³ 时的最后 1 段酸压裂缝模拟

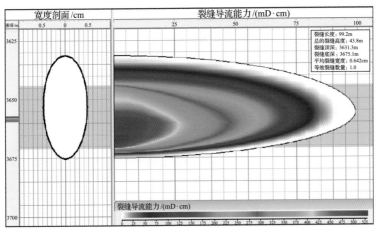

图 8-46　施工规模在 270m³ 时的最后 1 段酸压裂缝模拟

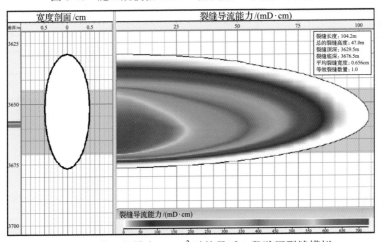

图 8-47　施工规模在 330m³ 时的最后 1 段酸压裂缝模拟

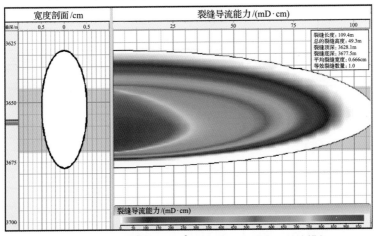

图 8-48　施工规模在 390m³ 时的最后 1 段酸压裂缝模拟

表 8-21　A11 井酸压模拟结果

	第 1 段	第 2 段	第 3 段	第 4 段
酸蚀缝长/m	62	84	82	79
裂缝高度/m	37	43	40	43
裂缝顶部深度/m	3638	3633	3635	3630
裂缝下部深度/m	3674	3676	3675	3673
平均导流能力/(D·cm)	25	33	32	25

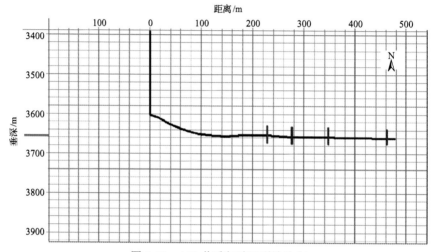

图 8-49　A11 井重复酸压裂缝分布

5）施工泵注程序

以 A11 井为例，施工分为 3 个阶段。

（1）第 1 阶段。

第 1 阶段施工泵注程序如表 8-22 所示。

表 8-22　A11 井第 1 阶段施工泵注程序

程序	序号	液体类型	液量/m³	排量/(m³/min)	粉陶/t	砂浓度/%	备注
第 1 次 暂堵：全 井封堵	1	溶剂	30	2.0～3.0			
	2	暂堵液 1	10～20.0	2.0～3.0			封堵裂缝，观察压力变化
	3	滑溜水	30	8.0～10.0			
	4	暂堵液 1	20～60	2.0～3.0			如果前期暂堵有明显压力显示，则忽略此步，否则，加入该暂堵液至压力上升 10～15MPa
第 1 次 压裂：笼 统改造 全井段	5	滑溜水	150	8.0～10.0	1	3～5	分 5 次段塞式注入，一次 200kg
	6	转向酸+液 N₂	150	8.0～10.0			
	7	暂堵液 2	2	2.0～3.0			降滤失、缝内暂堵转向
	8	转向酸+液 N₂	150	8.0～10.0			

(2)第 2 阶段。

第 2 阶段施工泵注程序如表 8-23 所示。

表 8-23　A11 井第 2 阶段施工泵注程序

程序	序号	液体类型	液量/m³	排量/(m³/min)	粉陶/t	砂浓度/%	备注
第 2 次投球/暂堵	10	注滑溜水投 47.63mm 树脂球	30	1			正常碰压,预计压力上升 15MPa
	11	暂堵液 1	20~40	2.0~3.0			如果暂堵球正常封堵,则忽略此步,否则,加入该暂堵液至压力出现明显上升
第 2 次酸压改造 4~5 段	12	注滑溜水	100	8.0~10.0	2	3~5	分 10 次段塞式注入,一次 200kg
	13	转向酸+液 N₂	100	8.0~10.0			
	14	暂堵液 2	2	2.0~3.0			降滤失、缝内暂堵转向
	15	转向酸+液 N₂		2.0~3.0			

(3)第 3 阶段。

第 3 阶段施工泵注程序如表 8-24 所示。

表 8-24　A11 井第 3 阶段施工泵注程序

程序	序号	液体类型	液量/m³	排量/(m³/min)	粉陶/t	砂浓度/%	备注
第 3 次投球/暂堵	16	暂堵液 1	20	2.0~3.0			封堵裂缝,观察压力变化
第 2 次酸压改造第 5 段	17	滑溜水	100	8.0~10.0	2	3~5	分 10 次段塞式注入,一次 200kg
	18	转向酸	200	8.0~10.0			

6)施工设备

根据前面的酸液裂缝模拟优化,以及单井的设计结果,估算了施工设备需求,具体如表 8-25 所示。

表 8-25　施工设备需求表

序号	型号	数量	备注
1	压裂车	9~10 台 2000 型	
2	混砂车	1 台	
3	仪表指挥车	1 台	
4	吊车	2 台	30t、70t 各一台
5	管汇车	1 台	
6	配液车	2 台	
7	酸罐	3 台	300m³ 罐容
8	压裂液罐	16~20 台	40m³ 罐容
9	液氮车组	1 台	

5. 让纳若尔典型井转向酸压改造效果评估

1)两口井酸压施工情况

A11 井采用四级滑套分层,混合液氮酸压工艺施工,施工曲线如图 8-50 所示。

本井采用四级滑套分层,混合液氮酸压工艺施工。共四层混入液氮 32m³。本井历经 495 分钟施工顺利结束。

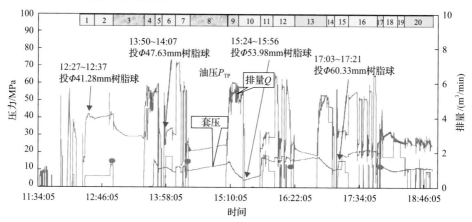

图 8-50　A11 井酸压施工曲线

1~20 表示泵注顺序号

2)两口井酸压施工评估

(1)A11 井。

第 1 段:4131.72~4230m,滑套 4148.67m,稠化酸 50m³,降阻酸 36m³,液氮 3.5m³。其酸压施工曲线如图 8-51 所示,酸压裂缝反演和净压力拟合如图 8-52 所示。

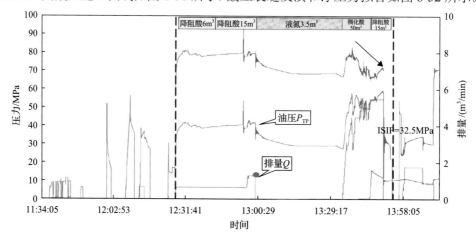

图 8-51　A11 井第 1 段酸压施工曲线

ISIP-瞬时停泵压力

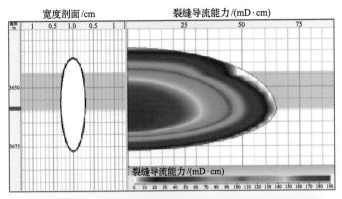

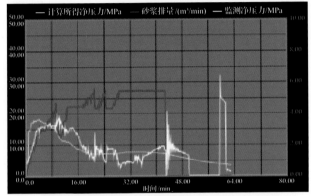

图 8-52　第 1 段酸压裂缝反演和净压力拟合

第 2 段：4006.12～4131.72m，滑套 4034.37m，稠化酸 60m³，降阻酸 55m³，液氮 4.5m³。其酸压施工曲线如图 8-53 所示，裂缝反演和净压力拟合如图 8-54 所示。

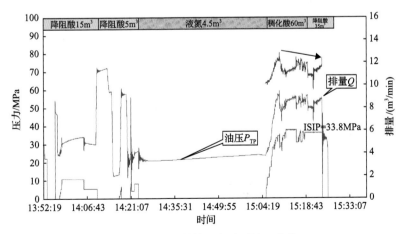

图 8-53　A11 井第 2 段酸压施工曲线

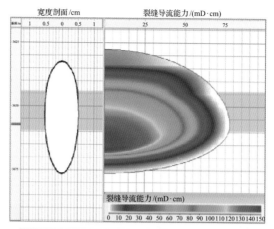

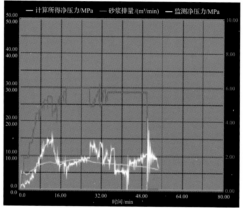

图 8-54　A11 井第 2 段酸压裂缝反演和净压力拟合

第 3 段：3927.56~4006.12m，滑套 3989.01m，稠化酸 48m³，降阻酸 50m³。其酸压施工曲线如图 8-55 所示，裂缝反演和净压力拟合如图 8-56 所示。

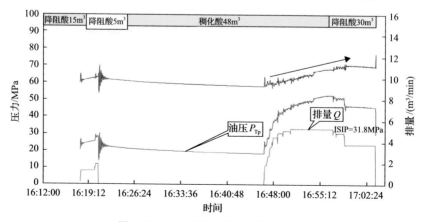

图 8-55　A11 井第 3 段酸压施工曲线

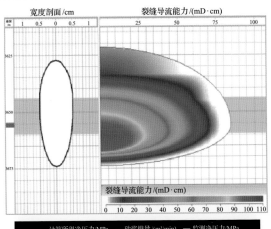

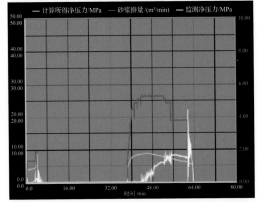

图 8-56　A11 井第 3 段酸压裂缝反演和净压力拟合

第 4 段：3830～3927.56m，滑套 3874.05m，稠化酸 45m³，降阻酸 41.5m³，活性水 20m³。其酸压施工曲线如图 8-57 所示，裂缝反演和净压力拟合如图 8-58 所示。

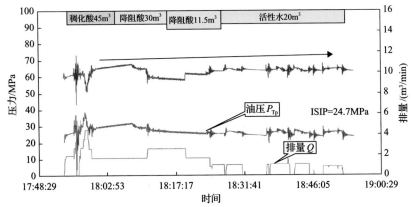

图 8-57　A11 井第 4 段酸压施工曲线

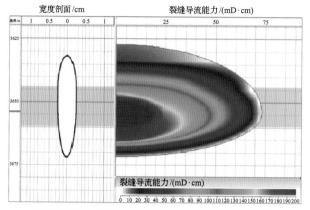

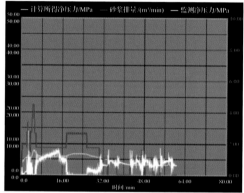

图 8-58　A11 井第 4 段酸压裂缝反演和净压力拟合

（2）A11-1 井。

第 1 段：4150～4260m，滑套 4119m，稠化酸 65m³，降阻酸 35m³，液氮 1.8m³。其酸压施工曲线如图 8-59 所示，裂缝反演和净压力拟合曲线如图 8-60 所示。

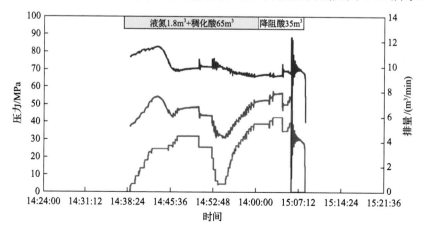

图 8-59　A11-1 井第 1 段酸压施工曲线

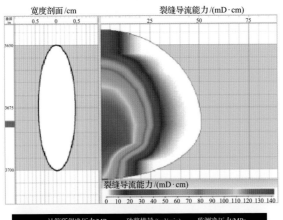

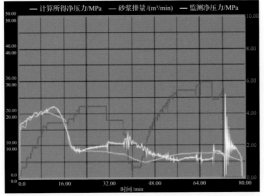

图 8-60　A11-1 井第 1 段酸压裂缝反演和净压力拟合

第 2 段：4150～4260m，滑套 4119m，稠化酸 45m³，降阻酸 25m³，液氮 1.3m³。其酸压施工曲线如图 8-61 所示，裂缝反演和净压力拟合曲线如图 8-62 所示。

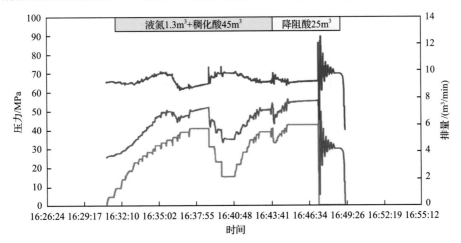

图 8-61　A11-1 井第 2 段酸压施工曲线

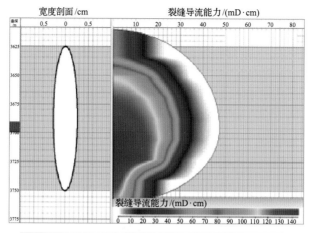

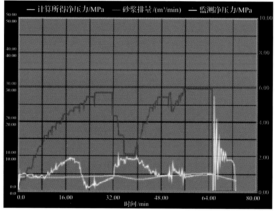

图 8-62　A11-1 井第 2 段酸压裂缝反演和净压力拟合

第 3 段：3956～4053m，滑套 4040m，稠化酸 47m³，降阻酸 28m³，液氮 1.3m³。其酸压施工曲线如图 8-63 所示，裂缝反演和净压力拟合如图 8-64 所示。

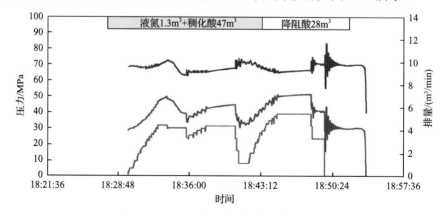

图 8-63　A11-1 井第 3 段酸压施工曲线

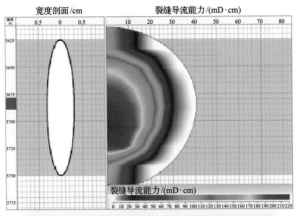

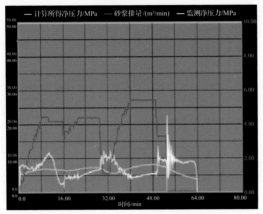

图 8-64　H11-1 井第 3 段酸压裂缝反演和净压力拟合

第 4 段：3866～3956m，滑套 3900m，稠化酸 46m³，降阻酸 5m³，液氮 2.0m³。其酸压施工曲线如图 8-65 所示，裂缝反演和净压力拟合如图 8-66 所示。

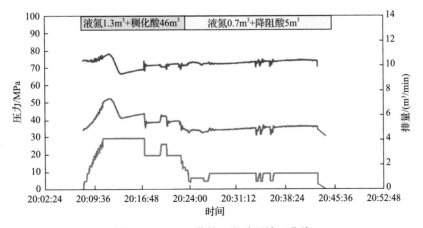

图 8-65　A11-1 井第 4 段酸压施工曲线

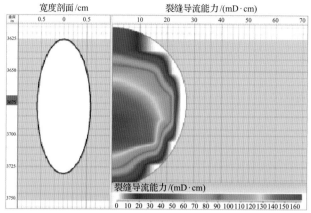

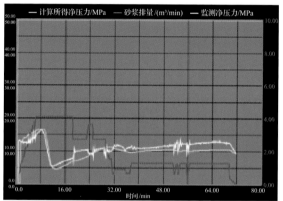

图 8-66　A11-1 井第 4 段酸压裂缝反演和净压力拟合

3) 两口井酸压后产量

A11 井水平段长度为 431.3m，钻遇油层厚度为 152.7m，储层钻遇率为 35.4%；初期日产油 44t，第二月起快速递减，初期月递减达到 8.1%，生产气油比高。截至 2015 年 12 月日产油 5t，不含水，累计产油 9497t。A11 井酸压后产量曲线如图 8-67 所示。

A11-1 井水平段长度为 396.8m，钻遇油层厚度为 145.4m，储层钻遇率为 36.6%；初期日产油 55t，第二月起快速递减，初期月递减达到 8.9%，生产气油比高。截至 2015 年 12 月日产油 5t，不含水，累计产油 12638t。A11-1 井酸压后产量曲线如图 8-68 所示。

4) 酸压评估认识

（1）A11 井和 A11-1 井 2 口井测井解释(7%)油层厚度相当，6%和4%测井解释油层厚度中 A11 井均较大、钻遇率高；A11 井测井解释裂缝发育；施工工艺相同，酸压后 A11-1 井效果好于 A11 井。

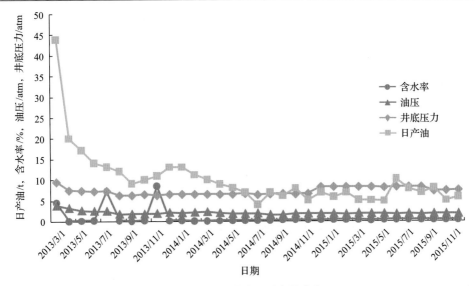

图 8-67 A11 井酸压后产量曲线

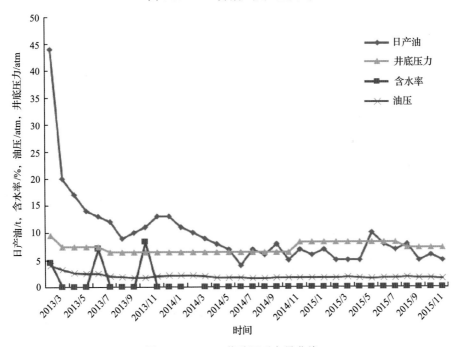

图 8-68 A11-1 井酸压后产量曲线

(2) 2 口井均采用水平井裸眼封隔器分段改造分 4 段进行, 用酸规模、施工压力和排量基本相差不大, 施工顺利。

(3) 2 口井滑套打开情况表明, 4 段有正常碰压显示。A11 井打开过程较难。

(4) 摩阻评估表明, 2 口井酸液降阻性能相当, 降阻率均在 18%～22%。

(5) 2 口井的停泵油压都在 24~31MPa，破裂压力均在 68~72MPa，破裂压力梯度为 0.021MPa/m，延伸压力梯度为 0.017~0.019MPa/m，闭合压力梯度为 0.015~0.017MPa/m。

(6) A11 井酸压后初产 44t/d，累产 9007t，H12 井酸压后初产 55t/d，累产 12638t，A11 井生产时间多于 A11-1 井 180d，A11-1 井酸压后效果更好。

(7) 从酸压施工看，A11-1 井加入了更多的液氮($32m^3$)，A11 井仅加入 $8m^3$ 液氮。

从目前情况推断，施工液体的快速返排对于施工效果起到了十分重要的作用。A11 井测井解释物性较好的层段是第 3 段，然而该段从施工曲线上没有很好的显示，第 3 段和第 4 段因液氮泵车出现事故没有混注液氮。

8.6.3　A12 井

1. 基础资料

青海尕斯库勒油田 E_3^1 油藏平均埋深 3500m，油藏温度较高(一般为 115~130℃)，平均储层中深温度为 120℃。

A12 井为 E_3^1 油藏的一口开发井，其基础资料见表 8-26 和表 8-27，酸化层段资料见表 8-28。

表 8-26　A12 井基础数据表

井号	A12 井	井别	开发井
坐标 X	4225223.0	坐标 Y	16318636.3
地面海拔/m	2837.82	补心海拔/m	2841.32
开钻日期	1983.5.27	完钻日期	1983.7.15
完井日期	1983.7.22	完钻井深/m	3463.0
阻流环位置/m	3452.01	完井人工井底/m	3449.05
短套管位置 1#	3214.69-3218.65m，长 3.96m	短套管位置 2#	3315.93-3320.03m，长 4.10m

表 8-27　A12 井井深结构数据表

套管名称	表层套管	技术套管	油层套管
规范×下深/(mm×m)	339.70×401.92	244.50×2327.2	139.70×3456.35
壁厚/mm	9.65	10.03、11.05	9.17、7.72、7.72、10.54
钢级	J55	N80、P110	N80、N80、J55、P110
联入/m	3.70	3.17	2.94
水泥返高/m	地面	1024.65	2808.0
固井质量			合格

表 8-28 A12 井改造层段资料

序号	小层编号	射孔井段/m	厚度/有效厚度/m	性质	孔数	孔隙度/%	渗透率/10^{-3}μm^2	含油饱和度/%
1	IV-5	3409.4~3414.4	5.0/3.0	油层	102	6.1	0.52	—
2	IV-4	3396.6~3400.0	3.4/2.4	油层	54	13.9	24.4	63.41
3	IV-3	3386.4~3389.2	2.8/1.6	油层	45	13.9	24.4	66.49
4	III-5	3351.0~3354.4	3.4/2.4	油层	64	15.4	52.5	66.73
5	III-3	3337.0~3339.0	2.0/1.0	油层	32	7.7	1.1	40.31
6	II-4	3291.6~3296.4	4.8/2.6	油层	83	9.3	2.4	47.04
7	I-6	3249.6~3255.4	5.8/4.6	油层	102	15.4	52.5	72.16
8	I-4	3230.0~3233.0	3.0/2.6	油层	77	15.4	52.5	63.33
9	I-3	3226.0~3227.0	1.0/1.0	油层	32	12.3	11.3	87.78
10	I-3	3221.0~3222.2	1.2/1.2	油层	35	13.9	24.4	79.96
合计			32.4/22.4		626			

2. 设计原则与思路

A12 井的改造层段为 3222~3409m，跨度为 187m，共有 10 个层(表 8-24)。第 7 层和第 8 层渗透率最高，为 52.5×10^{-3}μm^2，第 1 层渗透率最低，仅为 0.52×10^{-3}μm^2，渗透率级差高达 210 倍，可见要酸化的层段非均质性极强。根据该井的改造层段跨度大、非均质性强的特点，为了使所有储层均有所贡献，确定本井使用就地自转向酸化改造。

该井就地自转向酸化改造的原则和思路如下。

(1)基于改造层段跨度大、储层非均质性强的特点，采用缓速、清洁自转向酸化，以实现对储层的全面、均匀、清洁酸化改造。

(2)由于储层温度高达 123℃，应使用高温就地自转向酸液体系；为了保证缓蚀效果和施工安全，DCA-6 缓蚀剂的用量定为 2%。

(3)为确保残酸返排彻底，采用自转向酸和含有醇醚破胶剂的醇醚酸分级注入。

(4)因所需改造层段跨度大，为了提高改造层的吸酸比例，在作业设备条件许可的情况下，应尽量提高施工排量。

3. 施工情况

A12 井就地自转向酸化施工泵注程序见表 8-29。

表 8-29 A12 井酸化施工泵注程序表

工序	时间	压力/MPa	排量/(m³/min)	液量/m³
试压排空	12:05～12:21			
洗井	12:21～12:30		1.0	15.0
常规酸	12:30～12:50	3.0～21.0	1.0	15.0
转向酸	12:52～13:08	18.0	0.5～0.6	18.0
醇醚酸	13:08～13:20	19.6～21.6	0.6	10.0
转向酸	13:31～14:30	24.0～20.0	0.2-0.6	30.0
醇醚酸	14:50～15:08	25.0	0.8	15.0
顶替	15:08～15:17	22.7～24.3	0.8	7.0

A12 井就地自转向酸化施工曲线见图 8-69。施工资料分析表明,A12 井在施工过程中排量在 0.2～0.6m³/min 变化较大,压力在 12.6～25MPa 波动很大,由于施工时的排量无准确记录,无法准确对施工曲线进行分析,但从压力的大幅波动看,酸液很好地实现了在层间和层内的转向,达到了对储层的非均质性全面改造的目的。

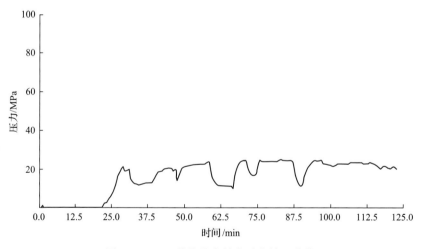

图 8-69 A12 井就地自转向酸化施工曲线

4. 酸化效果分析

该井施工前已停产,酸化后求产初期产油 15.7t/d,最高产量 25.3t/d,至 2004 年 5 月 6 日计划再次改造前求产产量为 15t/d,仍然有效。按酸化前无产计算,已累计增产原油 3186.60t,有效期达到 226d(表 8-30)。

表 8-30　A12 井酸化施工效果统计

日期	产液量/(t/月)	产油量/(t/月)	产水量/(t/月)	月增油/t	备注
2003/9/18～2003/9/30	274.20	195.10	79.00	195.10	9 月 13 日施工,求产最高 25.3t
2003/10	640.60	484.70	155.90	484.70	求产最高 19.90t
2003/11	576.40	439.90	136.50	439.90	求产最高 25.30t
2003/12	504.70	390.10	114.60	390.10	求产最高 23.40t
2004/1	480.90	357.90	123.00	357.90	求产最高 14.70t
2004/2	371.00	289.30	75.50	289.30	求产最高 13.10t
2004/3	598.20	469.90	38.30	469.90	求产最高 18.90t
2004/4	601.20	469.70	41.70	469.70	求产最高 18.60t
2004/5	109.20	90.00	2.40	90.00	生产 6d，求产最高 15t
累计	4156.40	3186.60	766.90	3186.60	